U0225261

方健 匯編校證

中國茶書全集校證

5

補編

中州古籍出版社

宋會要·食貨類·茶門

〔宋〕官　修

〔提要〕

《宋會要》是一部全面反映宋初至南宋寧宗朝以前二百六十餘年（九六〇——一二二四）間史事的百科全書式的政書，是關於宋代史事檔案的分類彙編，具有資料的原典性、豐富性和機密性（對宋朝而言）。其反映宋代社會經濟、政治、軍事、文化等方面情況的深度廣度，遠勝於其他史書。我們今天還能讀到這部宋代最重要的史料書，首先要感謝明初《永樂大典》的修纂者和清人徐松的遠見卓識，如果没有他們過人的學術眼光，將這部近千萬字的大書收入《大典》，徐松又利用開《全唐文》館的良機，從《大典》輯出這部大書的話，很可能《宋會要》就像其他許多珍本秘籍一樣灰飛煙滅，蕩然無存。當然，還應感謝近代的一些學者，爲保存和傳播這部《宋會要》所作出的努力。如繆荃孫、劉承幹兩度搶救性地收購了《宋會要》徐輯本原稿；以陳援庵先生爲首的『編印《宋會要》委員會』，在八十餘年前的苦心經營，籌畫影印出版等。

二十世紀三十年代以來，幾代學者對《宋會要》進行了鍥而不舍的研究，使我們對《宋會要》有了比較清晰的認識。如湯中《宋會要研究》（上海商務印書館一九三二年版），王雲海《宋會要輯稿研究》（《河南師範大學學報》一九八四年增刊）、《宋會要輯稿考校》（上海古籍出版社一九八六年版）等，代表了不同歷史時期研究《宋會要》的最高學術水平。尤其是陳智超先生多方尋覓，發現了八十餘萬字的《宋會要》遺文並將其影印出版，還完成了研究《宋會要》集大成又頗具創見之作——《解開宋會要之謎》（社會科學文獻出版社一九九五年版，下簡稱《解謎》）。此外，王德毅先生《〈宋會要輯稿〉人名索引》（臺灣新文豐出版社一九七八年版），日本學者編製的《宋會要研究備要》、《〈宋會要輯稿·食貨〉索引》（日本東洋文庫宋代史研究會一九七〇年、一九八二年版）等則不失爲研究、使用《宋會要》十分重要的工具書。以自己的辛勞，爲後來的學者研究整理、使用《宋會要》提供了極大的便利，實在是功德無量。他們都不失爲《宋會會》的功臣。筆者點校整理見於《宋會要·食貨類·茶門》、《食貨類·榷易門》、《兵類·馬政》、《職官類·都大提舉茶馬門》及《職官類·提點綱馬驛程》等宋代茶事、茶馬史料，曾獲益於這些頗爲出色的研究成果，上述工具書也省了筆者許多翻檢之勞。没有他們的努力和成果，也許筆者會走更多的彎路或用時更曠日持久。因爲整理《宋會要》實在難度太大，對筆者而言就更是如此。《宋會要輯稿》的整理堪稱古籍整理中最難的項目（没有之一），這也許是近代以來是書未有校點整理本行世的主要原因。令人欣慰的是，今年十月筆者終於得到了一部由劉琳先生等點校整理的《宋會要輯稿》（上海古籍出版社二〇一四年版）。遺憾的是，未及拜讀並進一步校核。

關於《宋會要》的書名，首先有正名的必要。這是元、明以後人稱『宋朝會要』的約定俗成。《宋會要》，指宋代官修的本朝會要，顯然，宋人不可能稱本朝爲『宋』，而是習稱爲『皇宋』、『大宋』、『聖宋』，或作『國朝』、『皇朝』、『本朝』。據陳智超考證，見於宋代文獻的本朝官修《會要》有十六部之多，其中北宋有三部，南宋有十三部。除了官方正式名稱外，有通稱、别稱、異稱等，出現一書多名的複雜現象。其内容則又有重叠交叉。北宋三部會要，均一通到底，即始於宋初，訖於《會要》纂修斷限之前；南宋則多斷代爲書，僅張從祖所編十一朝《會要》和李心傳所編《十三朝會要》例外。李心傳編纂的《十三朝會要》起於宋初，訖於寧宗末，即公元九六〇年至一二二四年，幾近三百年（凡二百六十五年），這也許是海内外學者多以爲此乃《大典》據以録入之本的主要原因。另一個令人費解的問題是這部縱貫兩宋十三朝的《國朝會要總類》，其卷數竟與張從祖類輯的十一朝《嘉定國朝會要》完全相同，均爲五八八卷，是偶然的巧合，還是陳振孫《直齋書録解題》卷五將兩書混爲一談的偶誤（《通考》卷二〇一沿之），今書闕有間，似已無從考證。重要的是，陳智超已令人信服地論證了：《大典》據以採録的《宋會要》底本，很可能是南宋秘書省官員所編的兩種合訂本。乾道九年成爲這甲、乙兩種合訂本的分界綫，其前者，《大典》事目一般以《宋會要》作標目；其後，分别以《續會要》、《續宋會要》、《宋續會要》爲標題，也成爲甲、乙兩種合訂本在《大典》中存在的顯著標識。這和陳智超考定《大典》所收《宋會要》文卷數一覽表、破解類門之謎以及《宋會要》各類的基本復原，也許是《解謎》一書最重要的研究成果（請參閲陳著《解謎》頁六四至三七九）。作爲一般的《宋會要》使用者，掌握這四個方面結論足矣。如果要深入研究《宋會要》，則是一部很厚專著的規模。劉琳在點校本序言中已斷言稱：收入《永樂大典》的只能是『張從祖編、李心傳續編的《總類國朝會要》』。關於今傳本《宋會要輯稿》的史源問題，似仍有待深入研究與探討。

宋人或宋代史料中，提到本朝各本《會要》時通常分别稱其爲特定的『某朝會要』，或統稱《國朝會要》、《會要》、《續會要》；而元、明及其後之人則一般稱之爲《宋會要》。今在整理本校記中亦姑以《宋會要》或《會要》名之。在首次出現時分用其全稱《宋會要輯稿》和《宋會要補編》，再次出現時則省稱爲《輯稿》及《補編》，下按慣例分標類名和頁碼。

宋官修《會要》的體例爲類—門—目—條四級，當然，在大部分内容中，只有類—門—條三級，僅在内容豐富的某些部分，『門』下又分爲『目』，或稱子目。宋各種《會要》有分二十一類、十七類、十五類等三種，其類名及次序在宋代文獻中有明確記載。門的情況要複雜許多，甚至同一部《會要》，其門數也有不同的記載。如王珪所上《國朝會要》爲八五五門（一作八五四或八五八門），虞允文所上《乾道續國朝會要》爲六六六門，而京鏜上《慶元光宗會要》只有三六四門。《宋會要》收録史事的基本單位爲條，除各門小序外，通常以年、月、日爲斷而收録。今傳本《宋會要輯稿》凡十七類，其名稱和次序爲：帝系、后妃、禮、樂、輿服、儀制、崇儒、運曆、瑞異、職官、選舉、道釋、食貨、刑法、兵、方域、蕃夷。其中食貨類凡今存七十一門，約一百餘萬字，約佔《宋會要》十分之一篇幅，是《宋會要》中最爲重要、使用率最高、内容最爲豐富的一類。其主幹部分被分割連續地收録於《大典》卷一七五三一至一七五六六上半卷。徐松輯出後，雖經幾次不得其法的『整理』，被完全打亂，保存在《輯稿》和《補編》中，但由於原文被按順序完整保存在《大典》貨字韻·食貨事目中，而且值得慶幸的是其門名也按順序被完全保存，這就爲復原創造了必要的條件。因此，在三十年前就已被陳智超先生基本復原。但這從上述三十五卷半《大典》中輯出的《宋會要》食貨類，僅四十八門，約近九十一萬字，是關於宋初至乾道九年（一一九三）的内容，即陳智超《解謎》第十三章所論證的甲合種本《會要》中之内容。還有乙合種本，即淳熙元年至嘉定十七年（一一七四—一二二四）約五十年間的内容，及《大典》據其他宋官私修《會要》本收録於不同字韻、事目中的内容，凡二十三門，約數十萬言。今《輯稿》食貨類中存有大量應劃入職官等其他類的内容，也有崇儒類等需劃入食貨類的少量内容。總之，陳著《解謎》第十三章所載《宋會要》食貨類復原方案，不失爲整理此類一個比較合理的目録。

《宋會要·食貨類·茶門》，下分茶色號、買茶價、賣茶價、買茶額、賣茶額、買茶場、賣茶場、茶額、茶法雜録（又分上、中、下）等九目，被收入《大典》卷一七五六〇至一七五六二的『貨字韻·食貨』事目，其複文則被收入《大典》卷五七八一至五七八五的『茶字韻·榷茶事目』；其中輯自《大典》卷五七八一，今存於《輯稿》食貨三一之二二至三四的近萬字（即『茶法雜録下』），可補正文之闕。茶門今存約十萬字，是關於宋代茶、茶法、茶政、茶制、茶租税等方面最集中、最完備的史料，幾乎涉及宋代茶業經濟史的各個方面，且其内容多爲獨家記載，就更值得珍視。另外，比較完整地記載宋茶貿易方面資料的《宋會要·食貨類·榷易門》則作爲本書的附録收入，點校凡例均同茶門。必須指出，宋代茶事資料十分豐富，在《宋會要·食貨類·鹽門》、『市糴糧草門』，乃至『職官類』的『榷貨務』門、『茶庫』門（原被《輯稿》整理者誤入『食貨類』）等均保存了相當多的宋代茶事資料；此外，在其他類門也還保存有一些零星的宋茶史料。今從以《宋會要》茶史料逐條與他書相比勘的過程中發現，也存在詳於北宋而略於南宋的現象。在其他的宋代資料書中，記載茶事最多的當首推《長編》。李心傳的《繫年要録》雖高宗一朝就用了二百卷，但除宋代茶鹽司、茶馬司官的任免外，很少有記載茶事者。從宋茶資料保存的豐富程度考察，《要録》難望《長編》項背，因此，有學者認爲《要録》記事詳於《長編》，應是没有根據的揣測之詞。至少從茶史角度考察是如此。

也有學者認爲，《宋會要·食貨類·茶門》之類不能算作茶書。筆者卻認爲這是名實相符的茶書。萬國鼎先生《茶書總目提要》既已將明·陳講《茶馬志》、徐彦登《歷朝茶馬奏議》，清·鮑承蔭《茶馬政要》、蔡方炳《歷代茶榷志》等著録爲茶書；元明之際的陶宗儀則更將宋·沈括《本朝茶法》，從《夢溪筆談》中析出，作爲一種茶書收入其主編的叢書《説郛》。筆者將《宋會要》中的若干門，作爲三種茶書編入本書《補編》，就並非標新立異，而是前有成規。且將茶法類茶書作爲最有史料價值的茶書收入，完全是學術不斷發展的需要。如果説，以前傳統意義上的茶書頗具文化史價值，茶法類茶書的輯集，無疑將對歷代茶業經濟史的研究産生深遠的影響。這類茶書的點校整理極具難度，必將深受學界的重視和歡迎。以《宋會要·茶》爲代表的新編入茶書，應是本書的核心和精華部分。

必須指出，《宋會要·食貨類·茶門》中就已包括了近十種茶法類茶書，今分列其目：（一）林特等編《茶法條貫》（今僅存序）；（二）陸師閔編《元豐茶法通用條貫》；（三）《川陝般茶鋪條貫》；（四）《紹聖茶法條貫》；（五）《紹聖茶法條約》（以上均陸師閔主編）；（六）蔡京編《政和茶法》；（七）尚書省編《政和私茶鹽賞罰格》；（八）户部編《紹興福建路蠟茶客販條貫》；（九）秦檜等編《紹興編類江湖淮浙福建廣南京西路茶法》（全書凡一〇四卷，已佚，僅《茶法敕令格式》一卷存於《宋會要》及《慶元條法事類》等書中，周麟之撰《進表》今存）。

今參據陳智超《宋會要·食貨類·茶門》復原方案，進行整理。以原收入《大典》卷一七五六〇至一七五六二今存《輯稿》及《補編》的内容作爲底本，將原收入《大典》卷五七八一至卷五七八五的複文作爲主校本，參校相關的現存宋代文獻。校勘體例同本書凡例。惟因經《大典》和《全唐文館》抄胥的兩次轉録，及屠寄、劉富曾等人的竄亂，産生了大量的文字譌誤奪倒及錯簡。爲免繁瑣，《宋會要》中輯出的《茶門》等四種茶書（包括《榷易門》附録）校勘時略作變通，即明顯而可確定的誤、衍字用圓括號（ ）表示，改正或所補的字用六角括號〔 〕表示，除特殊情況外，不再一一另出校記，以免繁瑣。在各門標題下注明《大典》卷數、《宋會要》輯稿或補編的位置、頁碼，以便讀者查核或檢索。以當代學術視野和水準，對《宋會要》涉及茶事的資料進行規範的整理，這還是初步的嘗試，難度極大，亦頗具挑戰性。筆者不僅期待對涉茶史料作全面的整理，也極盼爲《宋會要》整部書的整理提供一個必要的例證。限於學力，一定存在不少疏誤，亟盼識者批評指正。

茶色號〔一〕

《大典》卷一三五六〇、《會要補編》頁六八六〔二〕

《食貨志·茶色號》：凡片茶：龍、鳳，二號止充貢。的乳、白乳、頭金、（臘）〔蠟〕面、頭骨、次骨、第三骨、末骨、山茶，以上建茶〔三〕。的乳、白乳、（臘）〔蠟〕面、頭金、次骨、第三骨、山鋌，以上南劍州。華英、先春、來泉，以上歙州。慶合、福合、運合、片茶、頭骨，以上池州。慶合、運合、仙芝、不及號、頭金、（臘）〔蠟〕面、頭骨，以上饒州。泥片，虔州。玉津、金片、緑英，以上袁州。第二、第三號，杭州。第一、第二、第三號，以上越州。片茶，明州。方茶，婺州。第一、第二、第三號，以上湖州。折税，第一、第二號，台州。第一、第二、第三（號）、第五號，以上衢州。大捲、上等、中等，以上常州。中號（等？），温州。第一、第二、第三號、不及號、小方、次不及號，以上鄂州。大方、開捲，以上復州。大方、開捲、小捲、生黄，以上岳州。片茶，澧州。第一、第二、第三號，以上鼎州。大方茶、靈草、緑芽茶，以上潭州。

凡散茶：上、中、下號，以上廬州。上、中、下號，以上壽州。上、中、下號，以上舒州。上、中、下號，以上光州。苗茶：上、中、下號，以上蘄州。上、中、下號，以上黄州。第二、第三號，以上宣州。茗，歙州。下號，江州。茗茶、末散茶、屑茶，以上池州。末茶、麤茶，以上饒州。第二、第三號，廣德軍。上、中、下號，以上洪州。茗子、第一、第二、第三號，以上袁州。散，撫州。散，筠州。散，並興國軍、臨江軍、南安軍、建昌軍。中、下號，以上南康軍。散，並杭州、蘇州、湖州、婺州、處州、衢州、温州。第三號，越州。第二號、第三號，明州。末等，台州。第二號、第三號，睦州。建寧大柘、退場葉末、府管楊木、草子，以上潭州。第四等，衡州。草子，澧州。税茶，柳州。散，峽州。土産，邵武軍。

買茶價　《大典》卷一七五六〇、《輯稿》食貨二九之八至一〇[四]

買茶價　淮南路西路　廬州王同場散茶：　上號，每斤二十六文四分；　中號，十九文八分；　下號，十五文四分。壽州三場，霍山場散茶：　上號，每斤三十四文一分；　中號，三十文一分[五]；　下號，二十二文。麻步場：　上號，三十四文一分；　中號，三十文一分；　下號，二十二文。開順場：　上號，三十三文；　中號，二十八文六分；　下號，二十二文。舒州三場，羅源場散茶：　上號，每斤二十八文；　中號，二十五文；　下號，二十二文。太湖場：　上號，三十八文五分；　中號，三十三文；　下號，二十七文。龍溪場：　上號，二十七文五分；　中號，二十四文二分；　下號，十八文七分。光州三場，商城場散茶：　上號，每斤三十四文一分；　中號，三十文八分；　下號，二十四文二分；　淺山，一十九文八分。子安場：　上號，三十三文；　中號，二十七文五分；　下號，二十二文；　淺山，十七文六分。光山場：　中號，十七文六分；　下號，十五文四分。蘄州三場，洗馬場散茶：　上號，每斤三十八文五分；　中號，三十三文；　下號，二十七文五分[六]；　次下號，二十二文。石橋場：　上號，三十五文二分；　中號，二十九文七分；　下號，二十四文二分；　次下號，二十二文。王祺場：　上號，三十五文二分；　中號，二十九文七分；　下號、并次下號，並二十二文。黄州麻城場散茶：　上號，每斤三十五文二分；　中號，二十九文七分；　下號，二十四文二分。

江南路東路　歙州片茶：　華英、先春、來泉並折税。江州散茶：　下號，每斤十六文五分。池州片茶：

慶合，每斤百三十二文；福合，百二十一文；運合，百一十文；不及號，七十七文。散茶，十三文。饒州片茶：慶合，每斤百四十三文；運合，百三十二文；仙芝，百一十文；不及號，七十七文。廣德軍散茶：第二、第三號，並每斤七十文六分。

西路 洪州散茶：上號，每斤十九文八分；中號，十八文七分；下號，十六文五分。虔州泥片，每斤八文〔七〕。袁州片茶：緑英號，每斤百八十七文；玉津號，百四十三文；金片，百一十文。撫州散茶，每斤二十九文。筠州散茶，每斤十六文五分。興國軍片茶：不及號，每斤六十五文〔八〕；兩府號，四十文。散茶，十四文六分。建昌軍散茶〔九〕，每斤十二文足。臨江軍：片茶，每斤百九十八文；散茶，十三文。南安軍散茶，每斤三文。

兩浙路 杭州：片茶第二等，每斤百六十五文；第三等，百三十二文。散茶，十三文。越州：片茶第一號〔一〇〕，每斤百八十七文；第二號，百六十五文；第三號，百三十二文。散茶第三等，十八文。湖州：片茶第一號，每斤百八十七文；第二號，百六十五文；第三號，百三十二文。散茶，十七文六分。婺州：方片第二等，每斤二十二文；散茶第三等，十八文七分。明州：片茶，每斤三十五文五分。散茶第二等，二十三文；第三等，十六文。常州：片茶大捲上號，每斤百九十八文；中號，百六十五文。散茶，上等三十三文；中等，二十七文；下等，二十二文。温州：片茶中號，每斤百六十五文；散茶第五等，每斤八文。台州：散茶末等，每斤二十二文。衢州：片茶第二等，每斤二十二文；第三等，十八文七分；第四等，十六文五分；第五等，十四文三分。散茶，十二文三分〔一一〕。睦州：片茶第一號，每斤三百四十二文〔一二〕；

第二號，二百九文；第三號，百七十六文。散茶第二等，二十二文。

荆湖路南路　潭州：大方茶獨行，每斤二百七十五文；靈華（草？），二百四十二文；緑芽，二百二十二文；片茶，百三十二文。茗子，四十四文。

北路　江陵府散茶：建寧大柘、退場頭子，每斤並十三文足；府管、楊木、草子，十九文三分足。鄂州片茶：第一號，每斤百六十五文；第二號，百三十二文；第三號，九十九文；不及號，七十七文；次不及號，五十文。鼎州片茶：第一號，每斤二百三十一文；第二號，百九十八文；第三號，百七十六文。澧州片茶，每斤百六十五文。峽州散茶：草子，每斤十七文一分六釐。岳州：片茶大方，每斤百七十六文；開捲，十五文一分八釐；小捲，十二文九分八釐。散茶，十八文七分；生黄，二十二文；第三、第四號，並十六文五分。歸州散茶，每斤十五文〔一三〕。

福建路　建州：的乳，每斤百九十文；白乳，百六十文；頭金，百三十五文；（臘）〔蠟〕茶，百二十文；頭骨，九十文；次骨，六十文；第三骨，四十五文；末骨，二十四文；山茶，十三文。南劍州：的乳，每斤百八十文；白乳，百五十文；頭金，百四十文；蠟面，百一十文；頭骨，八十文；次骨，五十文；第三骨，三十五文；末骨，二十五文；山（挺）〔鋌〕十三文。邵武軍：土産散茶，每斤十文。

賣茶價

賣茶價 《大典》卷一七五六〇、《輯稿》食貨二九之一〇至一四

淮南路東路　海州〔並〕諸州般供：　建州頭金，每斤五百文；　蠟面，四百一十五文；　骨茶，三百五十五文。潭州雨前散茶，百二十文。興國軍不及號片茶，二百〔文〕。宣州、洪州、岳州、廣德軍散茶，興國軍不及號散茶，並五十文。

海州榷貨務：　杭州第一號，九百一十七文；　第二號，八百五十文；　第三號，七百七十九文。明州、婺州、衢州中號，並八百七十五文。常州第一號，八百五十文；　第二號，八百三十三文。台州第一號，八百二十五文；　第二號，七百九十一文。越州第一號，八百八文；　第二號，七百七十五文；　第三號，七百五十八文。睦州第一號，一貫一文；　第二號，九百九文；　第三號，八百四十文。湖州第一號，八百八文；　第二號，七百七十五文；　第三號，七百五十八文。温州中號，九百一十七文。

真州並諸州般供：　建州片茶：　頭金，每斤五百文；　蠟面，四百一十五文；　頭骨，三百五十五文。潭州散茶，雨前百二十文。興國軍不及號，二百文。宣州、岳州、興國軍、廣德軍、南康軍、洪州散茶，並五十文。

真州榷貨務：　潭州獨行，八百一十五文；　靈草，七百五十六文；　緑芽，七百一十四文。建州頭金，四百二十文；　蠟面，三百六十文；　頭骨，二百八十八文。饒州片茶：　慶合，六百五文；　運合，五百三十八文；　仙芝，五百三十文；　不及號，四百四十六文。歙州：　勝金，五百六十三文；　嫩蘂，五百三十八文；

華英，五百二十文；　運合，五百三十八文；　來泉，四百六十二文；　先春，四百八十八文；　仙芝，五百三十文；　不及號，四百四十六文。池州片茶：　慶合，每斤五百三十四文；　福合，四百九十二文；　運合，四百九十文；　不及號，三百八十七文。袁州片茶：　緑英，七百四十八文；　玉津，六百九十八文；　金片，五百八十八文。興國軍片茶：　兩府號八百文，不及號二百六十文；　散茶五十文。臨江軍片茶：　玉津六百九十八文，金片五百八十八文；　散茶五十九文。洪州上、中號，並六十三文；　下號六十一文。吉州、江州散茶，並五十九文。撫州散茶，六十一文。宣州散茶，五十八文。

西路　廬州王同場散茶：　上號五十六文，中號四十五文五分，下號三十七文一分。壽州三場，霍山麻步場：　上號並八十八文二分，中號七十九文八分，下號六十三文。開順場：　上號八十文五分，中號七十文，下號五十六文。舒州三場，羅原場：　上號六十三文，中號五十六文，下號五十一文。太湖場：　上號八十八文二分，中號七十五文六分，下號六十七文一分。龍溪場：　上號六十七文二分，中號五十八文八分，下號五十文四分。光州三場：　商城場：　上號七十三文五分，中號六十七文二分，下號五十六文，淺山四十二文。子安場：　上號七十文，中號五十九文五分，下號四十九文，淺山四十文六分。光山場：　中號三十八文五分，下號三十三文六分。蘄州三場：　洗馬場：　苗茶每斤八十五文，上號八十四文，中號七十五文六分，下號六十三文，次下號五十六文。石橋、王祺場：　上號並七十九文八分，中號六十七文二分，中下號六十九文，次下號五十八文八分。

蘄口榷貨務供般：　頭金每斤五百文，蠟面四百一十五文，頭骨三百五十五文；　黄晚係園户不堪者，每斤三十文。

蘄口榷貨務：興國軍片茶不及號，每斤百六十八文；兩府號充耗茶支，其散茶，下號五十五文。潭州大方茶〔一四〕，獨行七百四十七文，靈草六百九十三文，緑芽六百五十四文。建、劍二州：頭金每斤並四百二十文，蠟面三百六十文，頭骨三百文。洪州：分散中號六十三文，下號六十一文。黄州麻城場：上號每斤七十文，中號六十一文六分，下號五十二文五分。

無爲軍〔榷〕貨務：潭州獨（亍）〔行〕號，每斤八百一十一文；靈草七百五十二文，緑芽七百一十文。建州頭金，四百二十文，蠟面三百六十文，頭骨三百文。饒州仙芝號，五百一十三文，不及號四百二十九文；慶合五百八十文，運合五百二十一文〔一五〕。歙州先春四百七十一文，來泉、嫩蘂並四百六十二文。池州福合四百六十一文，慶合五百九文，運合四百二十五文，不及號三百七十文。袁州玉津六百七十二文，金片五百八十八文。興國軍：片茶不及號百七十五文，兩府號百九十文；散茶五十四文。洪州上、中號，並六十一文；下號五十九文。江州、南康軍散茶，並五十九文。宣州、筠州散茶，每斤五十四文。

江南路東〔西〕路　江寧府並諸州供般：廣德軍，第一號每斤六十文〔一六〕，第二號五十五文，第三號五十文。潭州私末茶，六十文。建州頭金五百文，蠟面四百一十五文，骨茶三百五十五文，山茶八十文。宣州買茶場，五十文，私茶五十文。池州買茶場，五十文。袁州私片茶，四十三文，粗黄每斤四十文。宣州散茶第一、第三等，每斤並四十六文。歙州折稅茗茶，每斤二十七文。江州散茶下號，每斤三十八文。池州散茶、茗茶，每斤並二十八文；片茶三十五文，頭骨三百五十文；末茶二十八文，屑茶三十三文。饒州頭金每斤五百文，蠟面四百一十五文，頭骨三百五十五文；茗茶、末茶，並四十一文；粗黃三十七文。

信州並諸州供般：　筠州，每斤二十七文；饒州，二十文；洪州，下號三十五文；袁州，二十八文；南康軍，散末中號每斤六十文，下號五十五文〔一七〕；廣德軍，散茶每斤第二號四十二文，第三號三十七文。

西路　洪州散茶，下號每斤三十五文。虔州泥片，每斤十八文。吉州並諸州供般：洪州，每斤三十五文足；虔州，二十八文足；袁州，三十五文足，麤黃三十文足。袁州退茶，每斤三十八文足，茗子二十九文足，第一等二十八文足，第二等、第三等，並二十三文足。撫州散茶，每斤三十九文。筠州散茶，每斤二十七文足。興國軍散茶下號，每斤三十七文；建昌軍散茶，每斤三十五文足；臨江軍散茶，每斤三十八文足；南安軍土産，每斤二十六文。又諸州供般者：洪州下號粗黃、袁州退茶，每斤並四十文。

兩浙路　杭州散茶，每斤三十文；越州散茶第三等，每斤三十文八分七釐；蘇州散茶，每斤四十五文足。其諸州供般者：建州頭金，每斤三百八十五文足，蠟面三百二十五文足，頭骨二百七十四文足；温州第三等大片，每斤七十四文足。睦州散茶第三等，六十二文足；杭州散茶第五等，五十文足；湖州散茶，五十六文足。潤州並諸州供般：湖州散茶，每斤七十四文〔一八〕。睦州散茶，每斤八十五文；頭金五百文，蠟面四百十六文，頭骨三百五十五文〔一九〕。湖州散茶，每斤五十五文。其南劍州供般者〔二〇〕：頭金五百文，蠟面四百十六文，頭骨三百五十五文。婺州散茶，每斤三十四文足。明州散茶（等）〔第〕二等，每斤五十六文六分五釐，第三等三十八文。常州片茶，中等每斤九十六文，下等九十文；散茶，每斤上號七十五文，中號六十五文，下號四十六文。秀州並諸州供般：杭州，私茶第三等每斤六十文，第五等四十文；湖州，第三等七十文；　温州，第三等九十五文；　睦州，第二等九十二文足，第三等六十六文足。　温州散茶，每斤五十四文；台州散茶末等，每斤三十六文；　衢州散茶，每斤四十六文；　睦州散茶，第二等每斤六十五文，第三等五十八文；　處州散茶，每斤四十文。　温州供般：　大片第三等，每斤七十文；　第五等散茶，三十六文。

荆湖路南路　潭州：　建寧大柘并退場葉末，並三十文足〔二一〕，府管、楊木、草子，並十九文八分足〔二二〕。衡州第四等土産，每斤三十八文。　郴州税茶，每斤六十八文。

北路　江陵府並諸州供般：　〔南〕劍州頭金每斤五百文，蠟面四百一十五文；　建州頭骨三百五十五文。　湖南緑芽八百七十六文；　鼎州大方第二號七百八十文，第三號七百二十文。　岳州開捲二百文，小捲百一十文。　歸州、峽州草子，並九十文。　又，本府官退場頭子葉末，三十五文。

江陵府榷貨務：　潭州大方，每斤獨行六百八十八文八分，靈草六百五十五文二分，緑芽六百一十三文二分，片金五百四文；　鼎州大方第一號五百八十八文，第二號五百四十六文，第三號五百四文；　岳州大方四百九十五文六分，開捲百四文，小捲七十七文；　澧州大方四百九十文。　峽州草子六十三文；　荆南、建寧大拓并退場葉末〔二三〕及府管、（場）〔楊木〕、草子，並六十三文。　鄂州片茶，第一號每斤百六十五文，第二號百三十二文，第三號九十九文，不及號七十七文，次不及號五十文；　退庫破碎每斤二百四十文，退庫破屑百三十文；　雷池第四號八十文，碎末二十五文。　鼎州土産片屑、散碎退庫茶，每斤六十文。　澧州草子茶，每斤六十九文三分。　峽州散茶草子，每斤四十五文。　岳州大方、開捲、小捲，並供荆南榷務：　大方每斤四百九十五文六分，開捲百四十文，小捲七十七文。

漢陽軍並諸州供般： 鄂州不及號每斤四百二十文，次不及號二百九十文。又於荊南般供： 岳州開捲每斤二百六十文四分六釐，大方七百二十八文二分。澧州大方七百二十文二分，湖南六百九十二文二分，鼎州大方七百四十文二分。

漢陽軍榷貨務： 鄂州片茶第一號每斤五百八十八文，第二號五百三十文，第三號四百六十二文，不及號四百二十文； 小方茶二百一十文。次不及號無價，充本務耗茶支給。復州不及號大方，每斤五百二十三文，開捲二百六十文，今廢。

福建路　福州並建州供般： 的乳每斤三百七十文，白乳三百一十文，頭金二百七十文，蠟面二百四十文，頭骨百九十文，次骨百五十文，第三骨九十五文，末骨七十五文，山茶、山鋌，並六十二文。又本州捉到私茶，每斤草茶、草骨，並四十八文足。 泉州並建、〔南〕劍州供般： 的乳每斤二百八十六文足，白乳二百三十九文足，頭金二百四十四文足，蠟面二百九文足，頭骨百七十八文足，次（次）骨百一十六文足，第三骨、末骨，並七十四文，山鋌、山茶並四十七文。 建州的乳每斤三百六十一文，白乳三百文，頭金二百八十文，蠟面二百二十一文，頭骨百六十一文，次骨百五十文，第三骨九十五文，末骨七十五文，山茶四十九文。 漳州並建、劍州供般： 的乳每斤三百一十六文足，白乳二百七十文足，頭金二百六十三文足，蠟面二百四十七文足，頭骨二百九十文足，次骨百四十七文足，第三骨百五文足，山鋌四十八文足。 南劍州的乳每斤三百六十一文，白乳三百文，頭金二百八十文，蠟面二百二十一文，頭骨百六十一文，次骨百五十文，第三骨并末骨，並九十五文，山鋌五十七文。 汀州並建州供般： 頭金每斤四百四十文，蠟面二百八十文，頭骨三百四十文，次骨百五十文；

白乳、頭金、的乳，並四百四十文；第三等骨九十五文，末等骨八十文。邵武軍土産茶，每斤五十文。又，建州供般：白乳每斤三百八十文，頭金二百八十文，蠟面二百七十文，頭骨百九十文，次骨百五十文。

買茶額 《大典》卷一七五六〇、《輯稿》食貨二九之六至七

買茶額 淮南路（東）〔西〕路 黄州麻城場，年額二十一萬七千四百八斤。蘄州三場：洗馬場，年額百二十二萬一千八百八十七斤；石橋場，二百萬四千七百二十九斤；王祺場，五十七萬三千八百三十二斤。壽州三場：霍山場，年額八十四萬五千六十四斤；麻步場，四十二萬三千六百斤；開順場〔二四〕，三十六萬八千八百三十八斤。光州三場：光山場，年額十八萬八千一百九十一斤〔二五〕；商城場，三十八萬三千二百六十三斤；子安場，十三萬三千五百六十二斤。舒州二場：羅源場〔二六〕，年額三十萬八千一百五十斤；太湖場，百二十一萬四千一百四十八斤。廬州王同場，年額七十七萬六千一百二十七斤〔二七〕。凡十三場〔二八〕，皆課園户，焙造輸賣或折税，以備（權）〔榷〕貨務商旅算請。

江南路東路 宣州，百九萬二千三百九十八斤；歙州，六萬七千二百六十四斤；池州，十五萬六千六百八十七斤；饒州，五十五萬一千八百三十九斤；信州，二萬四千四十九斤；江州，六十九萬八千五百四十七斤；廣德軍，一十二萬二千三百九斤；南康軍，十二萬七千二百三十一斤。

西路 洪州，百六十萬八千二百三十一斤；撫州，十萬三千五十四斤；筠州，八萬六百七十九斤；袁

州，二十萬六千六百九十七斤；　臨江軍，二萬六千八百六十四斤；　興國軍，五百二十九萬七千三百六十斤；　建昌軍，七千八十二斤。　虔州、吉州、南安軍，無茶額，只納折税茶，充本處食茶出賣〔二九〕。

兩浙路　杭州，四十二萬八千一百一十五斤；　越州，二萬一千六百五十三斤；　蘇州，六千五百斤；　湖州，十二萬一千九百一十斤；　明州，六萬六千六十四斤；　婺州，五萬二千二百七十六斤〔三〇〕；　常州，五萬一千二百六十一斤；　温州，七萬八千一百九十斤；　台州，一萬三千一百斤；　衢州，六千八百九斤；　睦州，四十二萬一千七十三斤〔三一〕；　處州，一萬三千八百二十四斤〔三二〕。

荆湖路南路　潭州，四十七萬七千七百八十五斤〔三三〕；　郴州，無買額，止納折税茶，充本處食茶出賣。

北路　荆南府，二十九萬四千斤；　鄂州，三十六萬三千一百三十五斤；　岳州，一百二萬八百八十九斤；　澧州，二千八百八十七斤；　鼎州，一萬二千九百一十六斤；　歸州，五萬三千六百一十四斤；　峽州，六萬四千六百二十八斤〔三四〕；　辰州，無買額，只納折税茶，充本州食茶出賣；　荆門軍，一萬二千一百六十斤。

福建路　建州，三十四萬六千九百九十五斤；　南劍州，四萬六千五百八十八斤。

川峽、廣南州軍，止以土産茶通商，别無茶法。

賣茶額

《大典》卷一七五六〇、《輯稿》食貨二九之七，參校《補編》頁二九二上

賣茶額　江陵府務受本府及潭、贛、澧、鼎、歸、峽州茶〔三五〕，祖額三十一萬五千一百四十八貫三百七十五

文。真州務受洪、宣、歙、撫、吉、饒、江、池、筠、袁、潭、岳州、臨江、興國軍茶〔三六〕，祖額五十一萬四千二十三貫九百三十三文。海州務受杭、越、蘇、湖、明、婺、常、温、台、衢、睦州茶〔三七〕，祖額三十萬八千七百三貫六百七十六文。蘄州蘄口務受洪、潭、建、劍州、興國軍茶，祖額三十六萬七千〔七〕百六十七貫一百二十四文。無爲軍務受洪、宣、歙、饒、池、江、筠、袁、潭、岳、建州、南康、興國軍茶〔三八〕，祖額四十三萬五百四十一貫五百四十文。漢陽軍務受鄂州茶，祖額二十一萬八千三百一十一貫五十一文。

凡六榷貨務掌受諸州軍買納茶，以給商人，於在京及本務入納見錢算請〔三九〕。

《大典》卷一七五六〇、《輯稿》食貨二九之七

買茶場

買茶場 壽州霍丘縣場，太平興國六年置，嘉祐四年罷。廬州舒城縣場，舊置〔四〇〕，嘉祐四年罷。蘄州蘄春縣洗馬場，乾德三年置；石橋場，開寶二年置；蘄水縣王祺場，淳化二年置；並嘉祐四年罷。舒州羅源場、太湖場，舊制，嘉祐四年罷。光州光山場、商城場、子安場，舊制，嘉祐四年罷。眉州丹稜縣場〔四一〕，熙寧十年置。蜀州永康縣場，熙寧七年置；青城縣場、味江寨場，並熙寧九年置。彭州堋口場〔四二〕，相承舊有；導江縣場、蒲村鎮場、木頭場，並熙寧十年置。綿州彰明縣場、龍安縣場，熙寧十年置。漢州楊村場〔四三〕，熙寧十年置。嘉州洪雅縣場、楊村鎮場，並熙寧十年置。邛州在城場，景德二年置，康定元年併入都稅務；火井場、大邑場〔四四〕，並景德二年置；思安場，熙寧五年置。雅州在城場，熙寧九年置；名山縣場，熙寧七年置；

百丈鎮場，九年置。黄州麻步場，舊制，嘉祐四年罷。興元府在城場、油麻〔垻〕場，並熙寧七年置〔四五〕；城固縣場〔四六〕，八年置。洋州在城場、斯多店場、西鄉場，並熙寧七年置。文州在城場，熙寧八年置。建州在城場，舊制〔四七〕。

賣茶場

《大典》卷一七五六〇、《宋會要補編》頁二九八，參校《輯稿》食貨二九之一四至一五

賣茶場　在京，都茶庫。秦州：在城及（青）〔清〕水縣、隴（成）〔城〕縣、百家鎮、鐵冶鎮、伏羌城、甘谷城、三陽寨、安遠寨、弓門寨、鷄川寨、隴城寨、永寧寨〔四八〕，熙寧八年閏四月（月）置。涇州：在城及靈臺縣、良原縣、百理鎮，熙寧九年十二月置。熙州：在城及寧河寨、慶平堡、渭源堡，熙寧八年六月置。隴州：在城及汧陽縣，熙寧九年十二月置。成州：在城及府城場、栗亭場、渥陽場，熙寧九年十二月置。岷州：在城及長道縣、大潭縣、鹽官鎮、宕昌寨、閭川寨、長川寨、荔川寨、穀藏堡，熙寧八年閏四月置。渭州：在城及潘原縣、安化縣、瓦亭寨，熙寧九年十一月置。原（川）〔州〕：在城，熙寧九年十月置。階州：在城及將利縣、西故城鎮、峯貼硤寨，熙寧八年八月置。鎮戎軍：在城，熙寧九年十一月置。德順軍：在城及靜邊寨、治平寨，熙寧九年十月置。通遠軍：在城及塾羊寨、鹽川寨，熙寧八年七月置。壽州：霍丘縣，太平興國六年置，嘉祐四年二月罷。廬州：舒城縣，舊制，嘉祐四年二月罷。蘄州：蘄水縣王祺場，淳化二年置，嘉祐四年三月罷；蘄春縣洗馬場，乾德三年置，嘉祐四年罷〔四九〕。

祖額〔五〇〕

《大典》卷一七五六〇、《輯稿》食貨二九之一五至一六，參校《補編》頁二九八至二九九

凡税租之數，總二十二萬八千七百五十二斤。江〔南〕東路，夏二萬五千六百六十三斤〔五一〕，秋九千四百六十斤；西路，夏八萬二千五百六十一斤；荆湖北路，夏七百三十六斤；福建路，夏二萬四千一百九十九斤；利州路，夏三萬七千二十八斤，秋一百七十斤；夔州路，夏七千九百九團〔五二〕。

凡山澤之入，總四十八萬二千一百七十九斤。蠟茶三十五萬五千七百七斤：福建路龍茶二百八十斤，鳳茶二百八十斤，京鋌茶二百六十斤，的乳茶一萬二千二十八斤，白乳茶四千九百二十六斤，頭金茶二萬三千三百九十二斤，頭骨茶二十一萬九千八百七十斤，次骨茶五百三十六斤，蠟面茶七萬五千三百二十七斤，山茶一萬一千八百八斤〔五三〕。草茶一十二萬六千四百七十二斤：江南東路草〔芽〕〔茶〕，五千一百九十二斤；西路草茶，七萬斤；荆湖北路草茶，五萬一千二百八十斤。

凡租錢之數，總二十二萬三千七百九十六貫。淮南西路三萬八千一百二十九貫，兩浙路四萬七千四百四十貫，江南東路二萬二千五十四貫，西路一萬六千九百六十七貫，荆湖南路二萬三千六百四十四貫，北路七萬五千二百五十七貫，福建路三百五貫文。

凡本錢之數，總四十四萬七千一百四十四貫。淮南西路一十萬六千一百四貫，兩浙路十萬八千三十貫，江南東路五萬五千五百一十貫，西路五萬九千一百五貫，荆湖南路九萬一千三百七十五貫，北路五萬七千二

十貫。

凡榷易之利，總八萬貫。市易務四萬貫，都茶鹽院四萬貫。

凡稅錢之數，總銅錢計四十五萬八千六百六十貫，鐵錢六萬五千七百七十一貫。在京稅院六萬八千九百一十六貫，府界一萬七千三百五十七貫，京東東路二萬二千八百九十四貫，西路二萬九千九百二十貫，京西南路二萬六千二百二十七貫〔五四〕，北路二萬一千七百一十二貫，永興軍路八千八十五貫，秦鳳路三萬一千六百八十五貫，河北東路五萬五千三百三十四貫，西路三千八百九十九貫；河東路銅錢一萬二千一百六十五貫，鐵錢一千七百四十四貫；淮南東路三萬二千一百九貫，西路三萬一千七百九十四貫，兩浙路五萬一千九貫，江南東路一萬四千九百八十三貫，西路一萬二百三十一貫，荊湖南路六千五十五貫，北路一萬四千七百六十一貫，福建路二千一百九貫，廣南東路四百七十七貫，西路九百四十二貫；成都府路三萬三百一貫，梓州路七千二百七十貫，利州路七千五百九十七貫，夔州路一萬八千八百五十九貫。已上《國朝會要》

茶法自政和以來，官不置場，收賣亦不定價，止許茶商赴官買引，就園户從便交易。依引內合販之數，赴合同場秤發。至于今不易，公私便之。

茶額〔五五〕　《大典》卷一七五六〇、《輯稿》食貨二九之二至五，參校食貨二九之一七至二二、《補編》頁二九〇至二九一

茶額　以户部左曹具紹興三十二年諸路州軍縣所産茶數修入〔五六〕。

兩浙東路　紹興府：　會稽、山陰、餘姚、上虞、蕭山、新昌、諸暨、嵊，三十八萬五千六十斤。明州：　慈溪、定海、象山、昌國、奉化、鄞，五十一萬四百三十五斤。台州：　臨海、寧海、天台、仙居、黄巖，一萬九千二百五十八斤一十一兩七錢。温州：　永嘉、平陽、樂清、瑞安，五萬六千五百一十一斤。衢州：　西安、江山、龍游、常山、開化，九千五百斤。婺州：　金華、蘭溪、東陽、永康、浦江、武義、義烏，六萬三千一百七十四斤九兩二錢；　處州：　麗水、龍泉、松陽、遂昌、縉雲，一萬九千八十二斤。

兩浙西路　臨安府：　錢塘、於潛、臨安、餘杭、新城、富陽，二百一十九萬六百三十二斤二十三兩。湖州：　烏程、歸安、德清、武康、長興、安吉，一十六萬一千五百一斤。嚴州：　建德、壽昌、淳安、遂安、桐廬、分水，二百一十二萬一百六十斤。平江府：　吴縣，六千二百斤。常州：　宜興，六千一百二十二斤。

江南東路　太平州：　繁昌，二百斤。寧國府：　宣城、南陵、太平、寧國、旌德、涇，一百一十二萬六百五十二斤〔五七〕。徽州：　休寧、婺源、績溪、祁門、黟、歙，二百一十萬二千五百四十斤一十四兩。池州：　貴池、青陽、石埭、建德〔五八〕，二十八萬四百八十九斤〔五九〕。饒州：　鄱陽、浮梁、德興，一十三萬五千五百五十五斤三兩。信州：　上饒、鉛山、弋陽、玉山、永豐、貴溪，一萬九百三十一斤一十五兩。南康軍：　星子、建昌，三萬九千一百四十九〔斤〕。廣德軍：　廣德、建平，六萬九千七百一十斤。

江南西路　隆興府：　靖安、新建、分寧、奉新，二百八十一萬九千四百二十五斤。建昌軍：　南城、南豐、新城、廣昌，九千五百八十斤。贛州：　瑞金、贛，一萬四百斤。吉州：　廬陵、永新、永豐、太和、安福、萬安、吉水、龍泉，一萬七百八十斤。撫州：　臨川、崇仁、宜黄、金谿，二萬一千七百二十六斤一十二兩四錢〔六〇〕。袁州：　宜春、萍鄉、萬載、分宜，九萬六百八十三斤二兩。江州：　德化、瑞昌、德安，一百四十六萬五千二百五十斤〔六一〕。筠州：　高安、新昌、上高，八千三百一十六斤。興國軍：　永興、通山，九十三萬六千五百五十五斤。南安軍：　大庾、上猶、南康，四千一百五十斤。臨江軍：　清江、新喻、新淦，六千六百三斤。

荆湖南路　潭州：　善化、長沙、瀏陽、湘陰、澧陵、衡山、寧鄉、湘潭、安化、益陽、湘鄉、攸〔六二〕，一百三萬四千八百二十七斤一十二兩五錢。衡州：　耒陽、安仁、常寧、茶陵〔六三〕，一千六百七十五斤。永州：　零陵，二萬三百（十二）（一十）斤。邵州：　邵陽、新化，六千二百五十斤一十三兩五錢。全州：　清湘、灌陽，三千八百五十斤一十三兩。郴州：　永興、宜章、桂陽、郴，一萬九百九十四斤。桂陽軍：　平陽、藍山〔六四〕，一千三百二十五斤。武岡軍：　武岡，四萬六千六百一十五斤。

荆湖北路　常德府：　武陵、桃源、龍陽，一十三萬一百八十斤。荆南（府）：　江陵、松滋、石首、枝江，三千二十五斤八兩。荆門軍：　當陽，一百斤〔六五〕。沅州：　盧陽、麻陽，三百七十一斤。歸州：　秭歸、巴東、興山，四萬八千五百斤。辰州：　沅陵、辰溪〔六六〕，二千三百三十九斤一十兩。澧州：　澧陽、石門、慈利，一萬一千五百斤。峽州：　夷陵、宜都、長陽、遠安，三萬八百八十斤。岳州：　巴陵、平江、臨湘、華容，五十萬一千二百四十斤。鄂州：　蒲圻、江夏、通城、武昌、嘉魚、咸寧、崇陽，一十七萬七千七百一十斤一十二兩。

福建路　南劍州：　將樂、尤溪、劍浦、順昌、沙，一萬一百斤。福州：　古田，二百一十斤。建寧府：　建陽、崇安、浦城、松溪、政和、甌寧、建安〔六七〕，九十五萬斤。汀州：　寧化、上杭、清流、武平、長汀、蓮城〔六八〕，一萬一百斤。邵武軍：　泰寧、邵武、建寧、光澤〔六九〕，一萬一千二百五十九斤八兩。

淮南西路　舒州：　懷寧、太湖、宿松、桐城，一萬三百三十九斤五兩。廬州：　舒城，二百二十六斤八兩五錢。蘄州：　蘄春、廣濟、黄梅、蘄水、羅田，七千一百三十二斤三兩五錢。壽春府：　六安，一千五百六十斤。

廣南東路　循州：　龍川，一千七百斤。南雄州：　保昌，九百斤。

廣南西路　融州：　融水，二千斤。靜江府：　臨桂、靈川、興安、荔浦、義寧、永福、古、修仁〔七〇〕，七萬二千二百八十六斤六兩。潯州：　平南，一千一百斤。鬱林州：　南流、興業，六千二百斤。賓州：　嶺方，六百五十斤。昭州：　立山，七千五百斤。以上《中興會要》。

浙東路　紹興府：　會稽、山陰、諸暨、蕭山、餘姚、上虞、嵊，三十三萬三千九百斤二兩。台州：　臨海、黄巖、寧海、天台、仙居，二萬七百斤一十一兩七錢〔七一〕。婺州：　金華、蘭溪、武義、浦江、義烏、東陽、永康，六萬三千七百一十四斤一十三兩。温州：　永嘉、瑞安、平陽、樂清，四萬七千八百五十斤。處州：　麗水、龍泉、松陽、遂昌、縉雲、青田，一萬八千一百一十一斤。衢州：　西安、江山、龍游、常山、開化，一萬一千四百二十四斤。明州：　鄞、慈溪、奉化、象山、定海、昌國，三十四萬六千六十六斤。

浙西路　臨安府：　錢塘、餘杭、富陽、於潛、臨安、新城，二百八萬三千一百三十斤。湖州：　烏程、歸安、長興、安吉、德清、武康，七萬九千四百四十六斤。平江府：　吴縣，七百斤。常州：　宜興，六千三百斤。嚴州：　建德、淳安、分水、桐廬、遂安、壽昌，二百五十六萬九千六百四十斤〔七二〕。

江南東路　太平州：　繁昌，二百斤〔七三〕。寧國府：　宣城、寧國、旌德、太平、涇，七十七萬八千三百五十斤〔七四〕。徽州：婺源、休寧、（祈）〔祁〕門、黟、歙，二百二十八萬六千一百斤。池州：貴池、青陽、石埭、建德，五萬九千七百二十斤。饒州：鄱陽、浮梁、德興，一十萬七千一百四十斤。信州：上饒、鉛山、貴溪、弋陽、永豐、玉山，一萬二百斤。南康軍：星子、建昌，四十七萬三千四百九十斤〔七五〕。廣德軍：廣德、建平，二萬六千二百八十斤。

江南西路　隆興府：南昌、新建、分寧、武寧、豊城、進賢、奉新、靖安，三百四萬一千一十斤。江州：德化、瑞昌、德安，一百四十八萬六千七百二十斤。筠州：高安，一萬四千一百斤。袁州：宜春、分宜、萍鄉、萬載，三萬七百斤。贛州：瑞金、贛，七千四百斤。吉州：廬陵、吉水、永豊、安福、永新，九千七百斤。撫州：臨川、崇仁、宜黄、金谿，三千六百斤。建昌軍：南城、南豊、廣昌、新城，九千四百斤。興國軍：永興、通山，六十四萬七千一百六十斤。臨江軍：清江、新淦、新喻，六千九百斤。南安軍：大庾、南康、上猶，三千五百斤。

荆湖南路　潭州：長沙、善化、湘潭、衡山、湘陰、醴陵、瀏陽、益陽、寧鄉、安化、湘鄉、攸，一百二萬五千三百四十九斤一十兩半〔七六〕。衡州：耒陽、常寧、安仁，五千四百四十九斤一十兩半。永州：零陵，二萬三百一十斤〔七七〕。邵州：新化，六千二百五十斤一十三兩半。全州：清湘、灌陽，四千四百斤。郴州：永興、郴，一千九百九十四斤。桂陽軍：平陽，一千一百二十五斤。武岡軍：武岡，九千八百二十三斤。

荆湖北路　岳州：在城合同場、平江，五十萬九百六十斤。鄂州：在城合同場、蒲圻、崇陽、武昌、咸寧、嘉魚〔七八〕，一十七萬七千二百四十斤〔七九〕。歸州：在城合同場、興山、巴東，三萬五千三百斤。峽州：

在城合同場、宜都、長陽、遠安，一萬九千五百八十斤。荆南：在城合同場，二千五百斤〔八〇〕。澧州：在城合同場，一萬一千五百斤。常德府：在城合同場，一十二萬九千九百斤。

福建路　建寧府：建安、（歐）〔甌〕寧、建陽、崇安、政和，九十八萬三千四百九十三斤。南劍州：劍浦、將樂，二萬九千八百三十五斤一十三兩。福州：古田，一百七十斤。汀州：長汀、寧化、清流、蓮城，五千二百斤。邵武軍：邵武、光澤、建寧、泰寧，一萬九千一百八十六斤一十三兩九錢。

淮南西路　廬州：舒城，一千八百一十六斤五兩。舒州：懷寧、桐城、宿松、太湖，一萬一千八百五斤九兩二錢。蘄州：蘄春、廣濟、黄梅、蘄水、羅田，七千六百七十三斤一十五兩。安豐軍：六安，一千六百五十七斤一十四兩。

廣南東路　南雄州：保昌，四百斤。循州：龍（山）〔川〕，一千四百斤〔八一〕。

廣南西路　静江府：臨桂、靈川、興安、義寧、永福、古、修仁、荔浦〔八二〕，四萬八千一百二十三斤。潯州：平南，一千九百九十五斤。賓州：嶺方，七百斤。鬱林州：南流、興業，一千二百四十斤。昭州：立山，四百七十斤。以上《乾道會要》〔八三〕。

茶法雜録上〔八四〕　《大典》卷一七五六〇、《輯稿》食貨三〇之一至一〇，參校《補編》頁二九九至三〇八

太祖乾德五年，詔：『客旅于官場買到茶，如於禁榷地分賣者〔八五〕，並從不應爲情重定斷〔八六〕。』

六年二月二十一日，江南國主上言：『乾德四年，以邸院稍乏贍供，將大茶二十萬斤於建安軍中納，在京量給價錢。尋頒明詔，依奏。此日再祈聖造，望允丹衷。』從之。

開寶七年閏十月，有司以湖南新茶厚重異於常歲，請高其價以出之。帝謂宰相曰：『茶則善矣，無乃重困吾民乎！』乃詔自今止依舊日棬模製造〔八七〕，無得增加。

太宗太平興國元年十月二十二日，詔曰：『先是，募民掌茶、鹽榷酤〔八八〕，民多增常數，求掌以規利，歲或荒儉，商旅不行，至虧失常課，多籍没其家財以償，甚乖仁恕之道。自今並宜以開寶八年額爲定，不得復增。』

二年正月，江南轉運使樊若水言〔八九〕：『江南諸州茶，官市十分之八，其二分量税取其什一，給公憑，令自賣。踰江涉淮，乘時取利，紊亂國法，因緣爲奸，望嚴禁之。官所市茶價直未稱，望稍增之，以便於民而利於國。』詔有司以茶品差增其直。

二月〔九〇〕，有司言：『江南諸州榷茶，準敕於沿江置榷貨八務，民有私藏茶者，等第科罪；匿而不聞者，許鄰里論告，第賞金帛有差。仍於要害處張榜告示。』從之。

五年八月，遣監察御史薛雄詣沿江諸州禁絶私茶〔九一〕。

九年十月，鹽鐵使王明言：『荆湖、兩浙、江淮諸州出産茶貨處，買納數與賣數比較，若不相遠。緣自前收復諸處，舊管茶貨數多，以至相承積壓〔九二〕。臣前爲荆湖、江南轉運使，備見利害。税茶并折色茶外〔九三〕，買諸色茶等人户各有舊額，使臣職員務買數多，用爲勞績，揀選不精。人户啓倖，多採粗黄晚葉，仍雜木葉蒸造，用填額數。并於額外别利價錢，名爲不及號茶。新時出賣不行，積歲漸更陳弱。欲望禁諭出茶州縣人户，將來造茶，須及時（探）〔採〕新芽、嫩葉蒸造〔九四〕，賣納入官，至八月終中賣、送納了畢。又慮採造不及所賣元額，乞於遞年數内只買八分。内有人户元定根税茶額外，後來茶園荒薄，採納不辦，曾有被訴稱每年吏私於有茶人户處收買供納者〔九五〕。委自州縣檢驗不虚，别無體量，依例定地税申奏。又收復江南後，將諸色税物折科茶貨，亦有送納不以辦者〔九六〕。乞許人户取便送納，元無税物，願以茶折納者亦聽。如此，則人遂寬舒，茶無積壓。如人户依前將不堪茶貨賣納，茶司依條施行，監場使臣、職員等容縱，專典、揀子等啓倖買納下次弱茶，亦乞勘罪嚴斷。其建州的乳已下茶貨，買納即多，支賣全少，乞别降指揮擘畫。』從之。

淳化三年七月，詔淮南茶場：『今後商旅只得於園户處就賤收買，將赴官場貼射，違者依私茶例區别〔九七〕。』

四年二月四日〔九八〕，詔廢沿江榷貨務八處。應茶商並許於出茶處市之，自江之南，悉免其算。先是，秘書丞劉式上言：『榷務茶陳惡，商賈少利，歲課不登，望盡廢之。許商人輸錢京師，給券，就茶山給以新茶。縣官減轉漕之直，而商賈獲利矣。』帝從之。先遣雷有終等乘傳按視，因降此詔。

七月十二日，詔曰：『先是，上言者以茶法未便，商賈少利，因令停廢榷務〔九九〕，許商人賫券詣茶山，官以新茶給之。申命近臣，乘傳按行，别立新制，永爲通規。而商旅之間，積習斯久，頗憚江波之險，各利風土之宜。將徇羣情，宜仍舊貫。其沿江榷貨八務，並令仍舊，諸路制置司宜停，雷有終等並發來赴闕。』

八月二十三日，詔：『京城及諸道州府民賣茶，多雜以土藥，規其利，一切禁之。犯者，以私販鹽麴法從事。』

至道元年七月十九日，以西京作坊使楊允恭爲江南、淮南、兩浙發運兼制置茶鹽使，西京作坊副使李廷遂、著作郎王子輿副之。先是，允恭等同領漕運及經度茶鹽等事，因奏課京師〔一〇〇〕。祕書丞劉式先建議廢沿江榷務，許商人就茶山，官給新茶，以便之。允恭等上言：『商人雜市諸州茶，新陳相糅，兩河陝西諸州〔一〇一〕，風土各有所宜，非雜以數品，則商旅少利〔一〇二〕。』事既矛（楯）〔盾〕，帝令宰相召鹽鐵使陳恕及判官等并允恭、式定議於中書，恕等皆附允恭。先是，式之議已罷，式猶固執，至是遂寢焉，允恭等故有是命。

二年九月〔一〇三〕，詔建州歲造龍鳳茶。先是，研茶丁夫悉剃去鬚髮，自今但幅巾，洗滌手爪〔一〇四〕，給新淨衣。吏敢違者，論其罪。

真宗咸平二年正月，詔曰：『如聞榷茶之官不售者，必毀棄之，斯可惜也。自今令第其品而受之，輕其價而出之，使物無棄而民獲利。』

九月二十三日，江淮制置茶鹽、度支員外郎王子輿言：『江淮、兩浙賣茶鹽，都收錢三百九十七萬餘貫，比高額增五十萬八千餘貫。』

三年七月二十一日，江南轉運副使任中正言：『準詔，以饒州置場買納浮梁、婺源、祁門縣茶〔一〇五〕，不便於民，令臣與三班借職胡澄審行計度。今親到饒、歙二州茶倉，詢問逐處民俗，皆言溪灘險惡，艱阻尤甚，願各復往日茶倉，就便輸納。及據浮梁縣民李思堯等衆狀，願備材木起造倉廒。』從之。仍降詔曰：『山澤之征，所期公共〔一〇六〕，苟便氓俗，豈圖羨贏？而言事之人〔一〇七〕，不明大體，務爲沿革，罔卹蒸黔。特命使車，往詢疾苦，用循舊制，式遂輿情。已令制置茶鹽、江南轉運司並依任中正所奏。』

二十三日，作坊副使、制置茶鹽楊允恭言：『産茶之地，民輸賦者悉計其直而官售之，精粗不校，咸輸榷務。商人弗肯計允〔一〇八〕，久而不鬻，官即焚之。今請均其色號、以年次給之。』從之。

五年十二月，廣南轉運司言：『新州僞廣日，因運茶歲久損棄，以其價數十萬分配部民郭懷智等百餘丁輸之，遂以爲常。民貧，力所不逮，請均賦諸縣。』詔永除之〔一〇九〕。

景德二年五月二十六日，詔：『自今諸處茶、鹽、酒課利增立年額，並令三司奏裁。』先是，榷務連歲有增羨，三司即酌中取一年所收立爲祖額〔一一〇〕，不俟朝旨。帝以有司務在聚斂，或致掊克于下，故戒之。

八月十七日，通判鳳翔府王爲寶請於興元府置榷茶務，帝以擾民，不許。

二十八日，詔：『如聞茶場大納茶貨〔一一一〕，及將最下不堪色號作上色支賣，而商旅入中虚錢，賤價出賣，虧官擾民，爲日斯久。其令制置、轉運司躬親安撫園户，及計究弊源〔一一二〕，務在經久，公私通濟。』

十月，廢虔州雜料場茶園，以其率民採摘，煩擾故也。

三年正月，遣虞部員外郎張令圖〔一一三〕、太常博士胡則、殿中丞王曆、太子中舍袁成務提點江浙、荆湖買納茶貨〔一一四〕。

七月三十日，以有司條制茶事過爲嚴急，時帝諭之曰：『園户採擷，須資人力。所造入等則給價直，不入等者既不許私賣，亦皆納官錢〔一一五〕。若令一切精細，豈不傷園户？採摘用力者多是貧民，儻斥去之，安知不聚爲寇盜？此等事宜即裁損，務令便濟。』

四年八月十六日，三司鹽鐵副使、司封員外郎林特爲祠部郎中，依前充職；皇城使、勝州刺史劉承珪領昭州團練使；崇儀副使、江南都大制置茶鹽發運副使李溥爲西京作坊使，充發運。並以議茶法、課程增溢故也〔一一六〕。詔曰：『茶榷之法，流弊寖深〔一一七〕，釐改已來，利課豐羨。既規畫之斯定，歸職分以攸宜。其定奪司公事，宜令三司行遣，不得輒有更改。』

大中祥符二年五月二十一日，三司鹽鐵副使、户部郎中林特，昭宣使、長州防禦使劉承珪，江淮制置發運使李溥等上編成《茶法條貫》〔一一八〕。序云：『夫邦國之本，財賦攸先；山澤之饒，茶荈居最〔一一九〕。寔經野之宏略，富國之遠圖也。頃以邊陲之備，兵食爲先〔一二〇〕，而乃許折緡錢〔一二一〕，以入芻米；給彼茶茗，便于商人籠貨物之饒〔一二二〕，助軍國之用。歲月既久，而條制稍失，吏民罔上而因緣爲姦〔一二三〕。始增饒以爲名，終蠹弊而滋甚，遂致廪庾之畜，年收無幾；採擷之課，歲計漸虛。商旅之貨不行，公私之利俱耗。于是，縉紳之列，伏閤以論奏；草萊之士，抗章以上言。國家思建經久之規，以定酌中之法。乃命臣等博訪利病，徧閲詔條〔一二四〕，參酌遠謀，别議新式。虔承旨誨，周詢抗弊，遠采輿誦，旁察物情，將克正于紀綱，乃别立于科制。務存體要，用叶經常。歲序再周，課程增羨。先是，年收錢七十三萬八百五十貫〔一二五〕，自改法二年，共收錢七百九萬二千九百六十貫。歲時未幾，商賈自陳，知所利之寔多，慮虧公以爲責。爰求奏御，俄奉德音。時方洽于還淳，事宜從于務寔，俾于賣價，盡減虛錢〔一二六〕，仍加資緡，用濟園户。兼許客旅，應經道途以所歷之關徵，悉會輸于天邑。詔旨方下，財貨已行。自降詔日，即有入中金銀、錢帛，數踰萬計，寔興利以除害，亦贍國而濟民。其所定宣敕條貫，共二百九十九道。内二百道出于榷制〔一二七〕，非可久行，今止列事宜，不復備録。餘皆合從遵守，以著法程。并課利總數，共成二十三策〔一二八〕。式資永制，允契豐財〔一二九〕。』其自述如此。

四年十月，詔以淮南諸州軍所賣食茶估價不等，令三司與制置茶鹽李溥定奪均減。

五年四月，除海州榷貨務請茶開裹功錢。饒州舊例：集民爲甲，令就官場買茶，自今聽從民便收市。

四月十一日，三司言：『民販茶有違法者，望許家人論告。』帝曰：『是犯教義，非朝廷所當言。』不許〔一三〇〕。

五月三日，永康軍言：『蒲村鎮民每春採茶者甚衆，望令本軍監押至時往彼巡邏。』從之。

六年四月三日，三司言：『準詔，參定監買茶場官賞罰條式。今請除沿江六榷務、淮南十三場外，江浙、荆湖諸州買茶場自今納到入客算買茶，及得祖額、遞年前界有羨餘者，依元敕酬奬；虧損者，依至道二年敕：一厘以上奪兩月俸，七厘以上奪兩月半俸，九厘以上奪一季俸，仍降差遣。其買到不入客算茶數，于祖額、遞年前界羨餘，並不理爲勞績。』

八年閏六月十二日，帝曰：『屢有人言，所改茶法不便。錢額增損，茲亦常事〔一三一〕，如聞不利小商。』王旦等曰：『改法以來，亦未見不便事。所降元敕，無厘革小商之文。如上言者實有所長，則望付中書施行。或欲杜絶羣言〔一三二〕，則須別命朝臣較量利害。』帝復以問樞密院王欽若，欽若〔一三三〕言：『素不詳其本末。』陳堯叟言：『但得錢物入庫，即便是課利。』丁謂曰：『河北、陝西入得芻糧，即是官物入庫；沿江榷場無剩茶，即是茶法行也〔一三四〕。其餘瑣細風傳之詞，不足憑信。或有章奏，望一一宣示，可以商榷。』大抵未改法日，官中歲虧茶本錢九千餘貫；改法之後，歲所收利常不下二百餘萬貫〔一三五〕。』

十月九日，江淮、兩浙發運使李溥言：『江浙諸州軍、淮南十三山場，今歲自開場至七月，十旬，凡買片、散茶二千九百六萬五千七百餘斤，比元額計增五百七十二萬八千餘斤，比遞年計增五百六十八萬一百九斤。』

九年六月，李溥請省淮南十三場提點使臣。每年旋差使臣四人，分定場分買納，并與逐場隔手算買。從之。先是，景德中改法之後，常遣使臣三人分場提點，率以三年一替。在任既久，多與場務款熟，無所振舉，故蠲革之。

十月二十六日〔一三六〕，詔曰：『朕思俾蒸黔〔一三七〕，共登富壽。山澤之禁，雖有舊章，措置之宜，慮傷厚斂。將期惠物，無憚從寬。專命朝臣，僉謀邦政〔一三八〕。俾共詳于定式，庶俯洽于羣心。宜令翰林學士李迪、給事中、權御史中丞凌策，與三司同議茶鹽制度。俾茶園、鹽亭户不至失所，客旅便于興販，百姓供用不匱，明具條約，送中書門下參詳以聞。仍令榷貨務告示客旅，應入中算射茶、鹽，一依往例，更不別生名目，致有疑惑〔一三九〕。』

十二月十一日，命刑部員外郎、兼侍御史知雜事吕夷簡同定茶鹽，以凌策病故也〔一四〇〕。

天禧元年五月，詔福建路買納民茶，斤增十錢〔一四一〕。

二年十月二十八日，秘閣校理李垂請令江浙兩路放行茶貨。左諫議大夫孫奭言：『茶法屢改，商賈不便，非示信之道。望遣官與三司同定經久之制。』詔奭與三司詳定，務從寬簡。

四年四月十一日，詔茶場、榷務：『自今令三司副使、判官、轉運使副、制置茶鹽司舉官監蒞〔一四二〕。六榷務，以在京朝官、殿直以上使臣充；茶場以幕職、令録充。』

五年十月十三日，淮南、江浙、荊湖發運使周寔言：『陝西入中芻糧甚少，淮南茶停積〔一四三〕，望令三司再定商旅算買交引，以便公私。』從之。

仁宗天聖元年三月，詔：據定奪茶鹽所上茶鹽課利比附增虧數目，宜差樞密副使張士遜、參知政事呂夷簡、魯宗道與權三司使事李諮、御史中丞劉筠、入内内侍省副都知周文質、西上閤門使薛貽廓及三部副使，同詳定經久利害聞奏，遂置計置司。計置司奏言〔一四四〕：『準内降劄子：「淮南十三山場賣茶年額僅五十萬貫，天禧五年止收二十三萬餘貫〔一四五〕，比祖額虧二十七萬貫〔一四六〕。」今將五年賣茶收錢折算〔一四七〕，每百貫交引，在京見賣價錢五十五貫，都計實錢十三萬餘貫。内降買茶本錢九萬餘貫外，有利錢三萬餘貫。若每年趁及元額五十萬貫，裁得實利錢七萬餘貫，監官請給、費用不在數。以此折算課額，虛數甚多。或交引價減，必轉陷失。欲望自天聖元年以後，更不支園户本錢〔一四八〕，並許大小客取便將錢帛、斛斗於十三山場收買，入場貼射。官中止收淨利，給與公引放行。其貼射茶，並定爲中估〔一四九〕。若依此施行，即在京榷貨務入便，得客人山場買茶本錢相兼支用。諸處小客將行貨買茶，經過沿路州縣，又各收得税利。并官中收貼射淨利，悉去虛錢數目，又不支腳錢本，免買下低弱茶貨，算賣不行。兼園户既不於官場請本納茶，且免山場上下邀難侵尅，商販大行，民間遍及。今詳定爲便，請頒下施行。應客旅於山場買茶，赴官場貼射，並於在京榷貨務納淨利實錢。每百千爲則，内五十千見錢，五十千金、銀、紬、絹、小綾。如無本色，即納見錢。園户自來中賣，正茶每百斤，納耗二十斤至三十五斤。今既許客與園户商量貼射，其耗茶並請除放。客人般茶地理遠近，合有分數則例饒潤。今定蘄州王（琪）〔祺〕場，每百六十斤；黄州（蔴）〔麻〕城場、蘄州石橋場，每百五十斤；廬州王同場、蘄州洗馬場、舒州太湖場、羅源場，每百四十五斤；壽州霍山場、麻步場、開順口場〔一五〇〕，光州光山場、子安場、商城場，每百四十斤。已上各收百斤淨利，所收淨利仍依例收稅。如就本處貼射者，比在京入納則例，於饒潤茶數内與減十斤〔一五一〕。其園户舊例額茶，委逐場置(薄)〔簿〕給據，所納數勾銷剗刷，提舉不以多少〔一五二〕，悉赴場中賣〔一五三〕。如園户願依客人入錢貼射者，止得於通商地分貨賣。凡貼射之例：如舒州羅源茶場中色者，凡買一斤，官破本錢二十五文，至出賣收錢五十六文。其二十五文，今來客人自出錢物與園户。其官破本錢更不(反)〔返〕給，止收淨利三十一文，令客人貼納。其客人買茶赴場〔一五四〕，卻於在京入納錢物者〔一五五〕，每百四十五斤，内百斤，依前項則(利)〔例〕貼納淨利錢三千一百〔一五六〕，餘四十五斤饒潤客人。如只就本處入納錢物者，每百三十五斤，内百斤依前項貼納淨利錢三千一百，三十五斤饒(順)〔潤〕客人。凡貼納淨利，沿路所經及住賣之處，悉收稅例。如客旅入山買茶，并雇腳、商稅、裹纏等錢，許於在京榷貨務入便見錢，聽客取便指射山場或所屬州府請領其茶〔一五七〕。如要於沿路通商地分破賣亦聽，仍依例收稅。所有將河北、陝西交抄貼算得茶交引，並給乾興元年以前茶；其今來全入錢物買到交引，即給天聖元年(已)〔以〕後新茶。』並從之。又言：『所許客人取便於十三山場買茶，津(搬)〔般〕入場貼射，官中只收淨利，給與公引放行。如客人入山買茶、貼射之後，恐有園中客旅及無圖輩將茶貨吏私興販〔一五八〕，不入官場貼射，紊亂條法，侵奪課利。望令十三山場地分巡檢捉賊并捉私茶鹽使臣、縣尉，自今常切用心覺察巡捉。如獲私茶五千斤以上〔一五九〕，顯經斷遣，候得替，委制置司保明聞奏，使臣免短使，家便差遣，縣尉免選注官。如萬斤以上，特與酬獎。數目不多，亦委本州軍批上(曆)〔歷〕子，用爲勞績。如或不切用心巡捉，別有透漏，依條斷遣。』

四月，定奪茶鹽所言：『客人將陝西、河北入中便糴糧草交抄貼納錢物，算射茶貨，其間多有加增價直〔一六〇〕，以虛錢支請實茶數多，因此交引價錢〔一六一〕。即今十三山場、四榷務，茶交引每百斤止賣六十三千〔一六二〕，比元定則例小十七千。看詳十三山場茶貨，自來多有小客興販，今請以乾興元年已前茶兼帶支給；其六榷務，並以天禧四年已前茶支給，仍準例給耗。今日已前，小客交引錢及一千貫已下者，許將天禧五年已前茶相兼支給。今日已後，陝西、河北虛實錢交抄，於在京榷貨務算買，六榷務茶交引者〔一六三〕，每百千於在京別納見錢五十千，更無加擡〔一六四〕，共支與天禧五年茶百五十千，仍給耗茶。所有自來貼納加饒則例，依舊施行。今後算射六榷務乾興元年並天聖元年已後茶者，如願請蘄口、真州、無爲、漢陽軍四務茶，即於在京榷貨務入寔錢百千〔一六五〕，內四十千見錢，六十千金、銀、紬、絹、小綾，共支百二十五千茶。願請荆南、海州兩務茶，即入寔錢百千，內四十五千現錢，五十五千金、銀、紬、絹、小綾，共支百三十五千（其）茶。只就逐處榷務入納錢物，如願請蘄口等四榷務茶，即入中實錢百千，四十千見錢，六十千金、銀、紬、絹、〔小〕綾等，共支與百二十五千茶。願請荆南等兩榷務茶〔一六六〕，即入中實錢百千，內四十五千見錢，五十五千金、銀、紬、絹、小綾等，共支與百二十五千茶〔一六七〕。其陝西新入中糧草交抄，每虛實〔錢〕百千，在京見今破錢五千收買。若要茶，即支茶貨七千。欲令客旅如願入納淨利貼射十三山場天聖元年新茶，及入中錢物筭買六榷務乾興元年、天聖元年以後新茶，并貼納錢數見錢帶請舊茶〔一六八〕。即並依今來所定則例，取客穩便，許將每虛實錢百千充五千見錢筭射，貴免客人請納錢兩度縻費〔一六九〕。其十三場天聖元年後來新茶，已準敕許客貼射，又官中饒潤不收淨利。茶貨及令沿路州軍免稅，候到住賣去處收納稅錢。所（是）〔有〕六榷務今後支到耗茶，并十三山場賣乾興元年已前茶貨支與耗茶，亦合一體施行。逐處榷務、山場今後客人算請茶貨，須于公引內將正、耗各別開坐數目，令經過沿路州軍税務驗引，如正耗相隨，即放免耗税。到住賣去處〔一七〇〕，不以正、耗，盡底收税。如別無正茶，只稱是耗茶，緣官中難以辨明〔一七一〕，沿路州軍據數收納税錢。』並從之。

二年三月，屯田員外郎高覿言：『諸州軍捕得私茶，每歲不下三二萬斤，送食茶務出賣。並是正色好茶，若作下號估賣，頗甚虧官。請自今捉到私茶〔一七二〕，令定驗色號等第，送山場貨賣。又既許商人貼射茶貨，不拘斤數，多有小客於諸場貼射止一二十斤，便出公引。慮以貼射爲名，影帶私茶出界。請自今小客貼射茶貨，須八十斤以上成(檐)〔擔〕，即給公引，批鑿斤數，并許放商。地分程途，如限外未出界，即收捉勘罪，没納茶貨。』並從之。

八月，淮南、江浙、荆湖制置茶鹽司言：『舒、廬、蘄、黄、光、壽州茶場元賣額茶，除係客人貼射外，據餘貼買不盡茶數勾收入場中賣，支與價錢，須管敷及年額。若至住場日有欠中賣額茶，即依客人貼射體例，一斤送納一斤淨利錢。看詳山場客旅收買茶貨赴場貼射，官中定作中色，並是好茶。若將所欠中賣額體量茶依此，慮園户承認淨利，難爲送納。欲自今以三十斤爲則，所貴園户不至艱辛。』從之。

三年八月二十二日，中書門下言：『累據臣僚上言茶法未便，及先令客旅於邊上入納糧草，支與交引，留得在京見錢，免致般運勞費。』詔差孫奭、夏竦等同共詳定以聞〔一七三〕。』

九月四日，翰林侍講學士孫奭等言：乞差三司使范雍同共詳定茶法，從之。

十一月一日，詔三司罷貼射茶法。初，上封者請募商旅入芻粟塞下，給江淮茶引，而不費京師見錢。乃命孫奭等與三司再詳定。遂令入中河北沿邊州軍糧草，而給以香、茶、見錢三色交引，往十三山場算茶〔一七四〕，而罷貼射法。

十二月九日，權三司使范雍言：『淮南十三山場并六榷務買賣茶貨，各有祖額。累有條制，勸誘園户及時將真正好茶入官賣。近年監官止欲界分數多〔一七五〕，用爲勞績，致納下夾雜草木、黄晚不堪茶貨，有誤商人算請。望下制置司鈐轄、逐場務監官〔一七六〕，自今止依元定祖額買納好茶，但及元額，並依條例酬奬，無得額外增數買納不堪茶貨。違者嚴斷，勒令均償，仍不理爲勞績。』從之。

十三日，淮南、江、浙、荆湖制置使方仲荀等言：『準至道三年、大中祥符六年敕，淮南十三山場買到茶，限至次年未買新茶已前賣盡。勘會山場所買茶自三月開場，至七月終住場，客人多是開場後方於在京入便錢物，博買交引，或有阻滯，不趁元限月分，到場。望依至道三年敕限施行。』從之。

七年三月二十五日，上封者言：『天下茶、鹽之課虧，請下三司更議其法。』帝謂輔臣曰：『茶、鹽民所食，而強設法以禁之，致犯法者衆。但以贍養兵師〔一七七〕，經費尚廣，未能弛之耳。』

九年四月五日，三司請在京榷貨務入末鹽錢〔一七八〕，歲以百八十萬三千緡，建州市茶歲以五十萬斤，真州轉般茶倉歲以二百五十綱爲定額。詔建州茶減五萬斤，餘從之。

景祐元年九月十三日，臣僚上言：『近年以來，有百姓採摘諸雜木葉造成社茶〔一七九〕，夾帶貨賣。乞賜止絶，及許人告捉，比私茶例給賞〔一八〇〕。』詔令審刑院別定刑名，嚴行止絶。

二十一日，樞密院副使李諮言：『天聖初，奉敕定茶法，方成倫敍〔一八一〕。臣僚挾情上言，差官重定，稱是不當。手分王舉等並皆決配。今來茶貨大段虧官，三司乞依天聖年改定施行，顯是當行手分枉遭決配，舉等乞依出職安排。』詔王舉、于貴、勾奉元各轉一資。

十一月二十三日，淮南轉運司言[一八二]：『廬州舒城縣自僞命以來，納贍軍年額茶七千三百斤[一八三]，委是不折苗稅，不請官錢，虚致煩擾，望除放。』從之。

二年正月二十二日，詔：『山澤之民擷取草木葉而爲僞茶者，計其直從詐欺律準盜論[一八四]，仍比真茶給賞之半[一八五]。』

三年正月九日，命知樞密院事李諮、參知政事蔡齊、三司使程琳、御史中丞杜衍、知制誥丁度同議茶法。仍許召商人至三司，以訪利害。時三司吏孫居中等言：『今河北所納芻糧多虚估，而官給實錢及香茶交引，(寢)〔寖〕以虧官。請復用天聖元年所更法。』故詔更議之。

三月十四日，詔三司：復令商賈以見錢算請官茶，其景祐二年以前用河北入納糧草虚寔錢交引，一切罷之。

四月二十四日，詔：『諸州茶場、榷務，其未改法以前交抄，上以景祐二年以前茶給之[一八六]。』

五月十四日，詳定茶法所言：『天聖元年，商人皆於在京榷貨務納錢[一八七]，以買荆南、海州榷務茶。每直百千，聽納實錢八十千[一八八]。如就本州榷貨務納錢者，每八十千，增七千[一八九]。蓋荆南、海州茶，賈人之所願售也[一九〇]。自天聖四年，將許陝西糧草交鈔直批往逐處算買，遂致在京無見錢入納。今請一如舊法，令在京入納見錢，比天聖元年量減茶價，以便商旅[一九一]。其陝西入中交抄並勒賫至京師，給以見錢。願請它處茶、或香藥及外州見錢者，並聽。』從之。

十二月，詳定茶法所言：『天聖三年改法以來，歲損財利不可勝計。今以河北沿邊十六州軍，自天聖九年至景祐二年終〔一九二〕，五年便糴糧草計虛費錢五百六十八萬餘貫。竊恐豪商欲仍舊法，結托權貴，以動朝廷。請先降勑命申諭。』從之。

四年正月，命侍御史知雜事姚仲孫同定茶法。本所請自今商人對買茶，每百千：六十千見錢，四十千許以金、銀折納。從之。

五年正月二十九日，臣僚上言：『自茶法改更以來，連年將銀絹配率河北，坐致困竭。明出内庫錢帛，暗虧舊額課利。天下商旅，無不嗟怨。望差公正近臣，別定酌中之法。』詔王博文、張觀、程戡、韓琦與三部副使、本案判官〔一九三〕，將新舊茶法，依公疾速酌中定奪經久可行、不虧損公私利害條約以聞。

六月二十六日，中書門下言：『三司副使司馬池、侍御史程戡、司諫韓琦等各上茶法利害，欲乞夏竦等仔細看詳，定奪事理，不得依前各具利害，卻取朝旨。務要公私利便，經久可行，疾速連書以聞。』

寶元元年七月二日，詳定茶法所言：『在京榷貨務筭買十三山場、四榷務茶，每見錢七十千支茶百千，今請減爲六十七千〔一九四〕。其河北沿邊入便糧草，願請茶者減爲六十六千。在京算買香藥、象牙，每見錢百千，加饒五千；今請增二千，爲七千。其河北沿邊入納糧草，願請香藥、象牙者加饒外，今請增三千，爲八千。若到京願請見錢者亦聽。』詔特更與增、減錢，各二千。

二年四月二十三日，鄜州觀察使、勾當皇城司李用和言：『乞差御史中丞孔道輔、入内都知，別置一司〔一九五〕，重定茶法。』詔送三司。

康定元年正月，三司請榷定商旅入見錢五分於榷貨務〔一九六〕，市真州等處茶引，其半召保置籍〔一九七〕，限半年輸官，違者倍罰。從之。

十二月，詔三司以見行茶法就加裁定饒裕商人之法以聞。初，權三司使公事葉清臣言〔一九八〕：『新茶法未得適中，請委曉知財利之臣別行課較〔一九九〕。』帝不欲數更，故令就裁定之。

慶(歷)〔曆〕七年三月二十一日，詔權停建州造龍鳳茶〔二〇〇〕。

嘉祐三年八月五日，命翰林學士韓絳、龍圖閣直學士、知諫院陳升之、御史知雜呂景初詳定放行茶法〔二〇一〕。先是，著作佐郎何鬲上言：『今天下榷茶，刑煩而不能止其弊。又官爲置場務，而諸費出其中，顧歲入官之利薄。請一切通商，收逐處淨利及所過往之税，歸榷貨務。以還沿邊入中糧草之直，誠足以疏利源而寬民力也。』故命絳等置局三司議之。

四年二月，詔曰〔二〇二〕：『古者，山澤之利與民共之，故民足于下而君裕於上。國家無事，刑罰以清。自唐建中〔二〇三〕，始有茶禁，上下規利，垂二百年。如聞比來，爲患益甚，民被誅求之困，日惟咨嗟；官受濫惡之入，歲以陳積。私藏盗販，犯者寔繁，嚴刑重誅〔二〇四〕，情所不忍〔二〇五〕。是於江湖之間〔二〇六〕，幅員數千里爲陷穽以害吾民也。朕心惻然，念此久矣！間遣使者往就問之，而皆驩然，願弛其禁〔二〇七〕。歲入之課，以時上官。一二近臣，件析其狀〔二〇八〕，朕嘉覽於再，猶若慊然〔二〇九〕。又于歲輸，裁減其數，使得饒阜，以相爲生。剗去禁條，俾通商利〔二一〇〕。歷世之弊，一旦以除，著爲經常，弗復更制〔二一一〕，損上益下，以休吾民。尚慮喜於立異之人、緣而爲姦之黨，妄陳奏議，以惑官司〔二一二〕，必寘明刑，無或有貸〔二一三〕。』

七年正月，命翰林學士王珪、吳奎同詳定茶法。

茶法雜録中

《大典》卷一七五六一至一七五六二、《補編》頁六八七上至七一三下，參校《輯稿》食貨三〇之一一至四四

神宗熙寧四年正月十三日，詔發運司六路及京東轉運司，封椿茶本、租税錢，易金銀、綿絹上京。

二月十三日，上因言向來茶法之弊。文彦博對曰：『非茶法弊，蓋緣昔年用兵西北，調邊食急，用茶償之。厥數既多，茶不售則所在委積，故虚錢多而壞法也。』王安石曰：『権茶所獲利無多。』吳充曰：『仁宗朝茶法極弊時，歲猶得九十餘萬貫，亦不爲少。茶法因用兵而壞，彦博所言是矣。然立法之初，許商人入芻粟邊郡，執交（抄）〔鈔〕至京師，或使錢，或銀、紬、絹，或香藥、象牙，唯所欲商人便之，故法大行。後因祥符初限以三説之法，定立分數，不許從便，客旅拘制。又買茶官多買納下號茶，苟趁課額，搭饒與客。茶既品下，而腳乘與税錢重〔二一四〕，商人往往折閲。又法數變易，民不爲信。此其所以至於大壞。如邊鄙無事，法令不爲小利輕變易，自無不行之法〔二一五〕。』

七年十一月十一日，權發遣三司鹽鐵判官公事、太子中舍李杞，三司勾當公事蒲宗閔並提舉成都府、利州路買茶公事，賜對遣之。

八年二月三日，都大提舉熙河路買馬司奏：『據提舉熙河路市易司狀申：準都大提舉買馬司劄子，坐準熙寧七年七月十六日中書劄子内聖旨指揮施行。内一項節文：客人興販川茶入秦鳳等路貨賣者，並令出産

州縣出給長引，指定只得於熙、秦州、通遠軍及永寧寨茶場中賣入官。今來已有客人興販茶貨到岷州茶場中賣。竊慮頒行近降條貫，其產茶州縣不發長引赴岷州，卻致客人枉路，茶貨不得通行。伏乞於上項條貫內「熙、秦州、通遠軍」字下，及「永寧寨」字上添入「岷州」二字。所貴客人茶貨通行，不致阻節。本房檢會熙寧七年九月八日中書劄子，內一項：客人興販雅州名山、洋州、興元府大竹等處茶入秦鳳等路貨賣者，並令出產州縣出給長引，指定只得於熙、秦州、通遠軍及永寧寨茶場中賣入官，仍先具客人姓名，茶色、數目，起離月日，關報逐處上簿，候客人到彼，畫時收買。如計程大段過期不到，即令行遣根逐。若客人私賣茶與諸色人，及將合入秦鳳等路貨賣茶虛作永興軍等路回避關報逐處者，並依《熙寧編敕》禁榷蠟茶法斷罪、支賞。所有熙寧七年七月十六日朝旨內上項一節更不施行。今欲依所乞，於熙寧七年九月八日中書劄子於「熙」字下、「秦」字上添入「岷」字。』從之。

四月十九日，提舉成都府等路茶場司言：『雅州名山縣發往秦、熙州等處茶，乞聽官場盡買，不許商販。』詔商人就官場買者聽之，每馱納長引錢，令指定州軍貨易〔二一六〕。

八月十九日〔二一七〕，詔蠲鄂州失催茶税錢歲二萬五千七百餘緡。仍令民自熙寧七年復認舊數輸納。以三司言：自嘉祐四年茶法通商，至熙寧六年總十五年，失催錢至三十八萬五千六百三十餘緡故也。

九年四月二十二日，體量成都府等路茶場利害劉佐言：『商人販解鹽入川，買茶至陝西，獲利甚厚。欲依商人例，歲以鹽十萬席易茶六萬馱，約用本錢二百一萬緡。比商賈取利〔二一八〕，皆酌中之數，禁商人私販。』從之。

二十四日，措置熙河財利孫迥言：乞罷熙、河、通遠三茶場，可省官吏五十餘人〔二一九〕。詔劉佐相度以聞。

五月一日，體量詢究川茶利害劉佐言：『準朝旨，具析買川茶應副熙河等路博馬及糴買糧草，與李杞利害不同等事。緣李杞將六月終買茶數搭倍約作全年，又不曾計置販鹽入川及計置到物貨，卻將出空頭牒，差官百員分領，此與佐議不同。其有雇脚般茶雖同杞，又須令店户晝時申報抄劄，截留客人驢騾，亦與佐有異。』

十一月六日，提舉成都府、利州、秦鳳、熙河等路茶場司狀：『已準朝旨立法，令盡數收買茶貨。勘會新法内階、成州係次邊禁茶地分〔二二〇〕，及於陝西路秦、鳳州、西南入利州路以西，並爲川蜀出茶地分。今來彭州堋口、蒲村，導江至德山，綿州龍安，漢州綿竹、楊村等處，係利州以西州縣；嘉州洪雅縣，眉州丹（陵）〔稜〕縣並係産茶貨去處。緣新法内開説不盡，欲乞應成都府諸州縣産茶地分〔二二一〕，並依邛、蜀等州買茶税場條例，差委逐處税務收買，並依新法施行。』從之。

十年四月二十五日，詔：市易務茶限二年結絶，許客茶交易。

十月十六日〔二二二〕，詔：秦鳳路轉運判官孫迥，應承受茶法文字及所聞利害，並關提舉茶場司。以迥言茶法有未便事，乞赴闕奏稟故也。

元豐元年正月十二日，三司言：『建州熙寧六年買茶三十二萬九千餘斤，有粗惡茶剋納錢二萬六千餘緡〔二二三〕，當於園户及干繫人催理〔二二四〕。雖淹歲月，以致破産，未必能償〔二二五〕。乞計其直，令復準茶入官，以寬遠民監催勾擾之弊。』從之。

十七日，詔：提舉成都府等路茶場司李稷相度置場買茶，聽商人於熙河路入錢及糧草，定價給引，指射請販利害以聞。

二十五日，詔：成都府路轉運司劾成都府官司越職受理茶場司事者，茶園户等如有罪，亦劾之；已決者，具析以聞。提舉茶場李稷言，知成都府劉庠受名山知縣楊少逸越訴事，不下提舉茶場司故也。

二月七日，提舉成都府等路茶場司奏：『請自今應支撥與諸司錢糧，並支見錢、金帛〔二二六〕，勿以茶折。所貴不致諸司增損茶價，有害茶法。』從之。

二十四日，詔：提舉成都府等路茶場司，應置場賣茶州軍知州、通判，並兼提舉；經略司所在，即專委通判（從）〔兼〕之。

四月三日，提舉成都府等路茶場司言：『秦鳳路副總管夏元幾用禁軍回易私茶，侵壞茶法。』詔轉運司劾之。

四日，提舉成都府等路茶場李稷奏：請賣茶錢裁立中價，聽隨市色增損，仍定歲入課額及設酬賞格。又言：蕃部無錢，止以米及銀、絹、雜物賣錢買茶，乞許以茶博易銀、米等物，立限半年易錢。從之。

五月一日，權利州路轉運使、尚書司封郎中張宗諤，轉運判官、太子中舍張升卿各降兩官勒停。初，宗諤等乞廢茶場司，止委轉運司收茶税、歇馱錢，而提舉茶場李稷言其所陳皆疎謬不實故也。

七日，提舉茶場司言：『産茶般輦州縣〔二二七〕，乞同轉運司選差知州、通判、知縣、縣令及排岸官一次。其彭、漢知州或通判，許本司權奏辟。如能協力，保明留再任。』從之。

十六日，詔：『應南茶輒入熙河、秦鳳、涇原路，如私販蠟茶法。其巡捕，如川峽茶入禁地法。』

十九日，提舉茶場司言：『歲運官茶四萬馱饋邊，常患輦送不繼。欲以本司頭子錢置百料船三十隻，差操舟兵士六十人、軍大將一人管押。歲終比較，如年課辦比陸運省便，即計所贏，以十之三賞軍大將等；有損壞遺闕，以賞錢、請受備償。』從之。

六月二十三日，提舉茶場李稷乞定成都府、利州路茶場監官〔二二八〕，買茶無雜僞粗惡，替罷委提舉官保明。滿五千馱與第五等酬獎，一萬馱與第四等，每一萬馱第加一等。若買粗惡僞濫雜茶，估剩計所虧坐贓論。同監官賞罰聽減一等，即徒罪不至追官者，並衝替。其賣買食茶，依收息給賞。從之。

九月十一日，提舉成都府等路茶場司請出茶州軍每歲諭園户，毋得採造秋黄老葉茶中賣，不以多寡没官〔二二九〕。仍乞許每歲别委官檢視〔二三〇〕，已納到如此色樣〔二三一〕，並燒毁。從之。

二年四月五日，權發遣三司鹽鐵判官、提舉成都府等路茶場李稷言：『自熙寧十年冬推行茶法，至元豐元年秋，凡一年，通計課利及舊界息税并已支見在錢七十六萬七千七十六緡〔二三二〕。』上批：『蜀茶變法，又前後奉行，使者失指，議論紛紛，恐動羣聽。稷能推原法意，日就事功，宜速遷擢，以勸在位。』遂落權發遣。

二十四日，提舉成都府等路茶場司奏請：自今歲課茶息税錢已定十五萬緡，歲以五萬緡給轉運，餘以待詔用。

二十五日，又言：乞留銅錢百萬緡爲本。並從之。

二十八日，又言：『洋州西鄉縣茶，舊與熙河、秦鳳路蕃漢爲市，而商人私販，南入巴、達州，東北入金州、永興軍、鳳翔府。官未置場以前，於州界仙游、少府、鷄雄、歸仁、洋口等鎮、鋪，差牙校編欄抄發，指州縣輸稅。熙寧十年，廢罷四場牙校，止留洋口一處，州縣慢令，私販公行，西鄉茶稅額比舊減少〔二三三〕。乞鷄雄等場，令州縣督責買撲人編欄；歸仁一鋪，乞依舊輸差稅務牙校編欄抄發。園户中官茶數，歲以三十萬斤爲額。增及萬斤，賞錢一千，如虧少〔二三四〕，量事決罰。』從之。

五月十一日，詔：成都府等路茶場司勾當公事官六人〔二三五〕，並遷一官，以歲課增羨也。

十一月三日，三司言：『福建路蠟茶自禁私販，官場漸多售者。乞自今歲計所市茶預下轉運司，限當年運至京師，其江、浙、荆湖、川峽路即權許通商。』從之。

三年四月十三日，陝西轉運司言：『茶場司自熙寧七年置場，至十年總入息稅錢百二十二萬九千餘緡。』詔：提舉成都府等路茶場蒲宗閔及勾當公事官并曾任茶事官，並遷官、循資有差。

六月二十四日，提舉成都府等路茶場司言〔二三六〕：『本司比歲積錢鉅萬，累詔已給賜別司外，欲以所有金帛爲錢三十萬緡輸内藏庫。』詔就近經略使所在州封樁，委茶場司管勾〔二三七〕，如封樁錢物法。自今有羨錢準此，歲終具數以聞。

閏九月二日，提舉成都府、利州、秦鳳、熙河等路茶場司奏：『勘會川路茶場二十九所，内七場係舉官監臨。自創始行法至今，累年牽循定制，未嘗更改，略已成就。數内洋州斯多店茶場，在州西南約四十里村野，内所出淺山茶至薄，合舉官一員專監，前後無人願就。今欲乞將上件茶場更不舉官〔二三八〕，併廢入所在州作一場管係。乞洋州茶場買茶監官更不兼監本州商稅〔二三九〕，所有商稅員闕，卻乞依舊令三班院別差一員專監。』

從之。

十月七日，提舉成都府利州秦鳳熙河等路茶場司奏：『勘會熙、秦、岷、河、階州、通遠軍、永寧寨七處茶場〔二四〇〕，各係依條不拘常制奏舉監官一員。今相度秦、熙州、通遠軍、永寧寨四場〔二四一〕，歲收本息不下七十餘萬貫，比其餘場分給納浩瀚。乞將上件四處茶場監官，各以兩員爲額〔二四二〕，並依元條奏舉。』從之。

十二月二日，中書省劄子：『權陝府西路轉運使、都大提舉成都府、利州、秦鳳、熙河等路茶場公事李稷奏：「勾當公事官日夜出入道路，尤著勤績，未蒙推恩。」』詔令提舉成都府、利州、秦鳳、熙河等路茶場司立定祖額，依課利場務條具，三年一次比較聞奏〔二四三〕。

四年四月十九日，詔：〔準〕茶場司條，令中書別立抵當法。先是，特旨令市易司罷賒請官錢〔二四四〕，令民用金帛抵當，公私以爲便，故欲推廣之。

五年正月二十三日，福建路轉運使賈青言：『準朝旨，相度年額外增造龍鳳茶。今度地力，可以增造龍、鳳茶五七百斤〔二四五〕。』詔增額外五百斤，龍、鳳茶各半，別計綱進。又言：『乞所造揀芽茶〔二四六〕別製小龍團〔二四七〕，斤爲四十餅〔二四八〕，不入龍腦。』從之。

十月二十五日，同提舉茶場蒲宗閔言：『諸茶場立額出賣，比較申奏。每收息二萬緡，監官減磨勘一年，餘數更比類酬奬；不滿二萬緡及不願就減年者〔二四九〕，每息錢百緡，支賞錢二千。選人依第四等酬奬，與免試〔二五〇〕，無可免者，陞一年名次。』從之。

六年四月三日，同提舉成都府等路茶場陸師閔言：『文州與階州接境，有博馬及賣茶場，〔文〕、龍州舊許通商。乞以文、龍二州並爲禁地〔二五一〕。其秦州本司差官一員造帳，計置川路羨茶，徧入陝西路出賣〔二五二〕，仍於成都府置博賣都茶場〔二五三〕。』從之。

閏六月十三日，同提舉茶場公事陸師閔劄子奏：『竊見新修茶場司敕尚未奎開〔二五四〕，臣今擇出合行《通用條貫》三十八件，内有於新法干礙者，略加删正下項〔二五五〕：

諸成都府、利州路、金州産茶處，各就近置場，等數買園户茶〔二五六〕；許(各)〔客〕人於官場收買，販入川(陝)〔峽〕四路并金州界，都民間食用〔二五七〕。私輒買賣、博易，興販及入陝西地分者，並許人告捕，依犯私蠟茶法施行。

諸陝府西路並爲官茶禁地，諸路客販川茶、南茶、蠟茶無引雜茶犯禁界者，許人告捕，並依犯私蠟茶法施行。

諸園户賫茶往不置場處，并用有引茶及空引影帶私茶，並未經販賣，及諸色人販茶偷謾商税者，皆許人告捕。依漏税法斷罪外，一斤以上賞錢三貫文，每十斤加三貫，至三十貫止。禁地官茶偷税准此。

諸産茶州縣，每歲於民間闕乏時，預先計置見錢斛斗，召園户情願結保借請，每貫出息二分。至茶出時曉示，令以茶赴官折納。過夏季不納，即追催；秋季不足，量分數科校。

諸産茶州縣買茶，正斤外，依市例量收耗茶〔二五八〕。非理責加耗者，許賣茶園户告，計所剩坐贓論罪，止杖一百。即官庫漏底，雖有出剩，不得理爲勞績。

諸産茶州縣出賣食茶，並隨時價高下增息，仍準價别收長引錢一分訖，給引放行。

諸産茶州縣出賣食茶，各以元豐元年爲額，提舉司歲終比較。不虧，每收息一百貫文，支賞錢五貫文，充監官公人添給。監官四分，公人六分，其開場在元豐元年以後者，並以第一年全年爲額。賣鹽準此。

諸茶場官舍有闕，牒轉運司應付。其合占那民地者，令指射官地對換；係樓店務官舍地基及税地者，以茶息錢輸納税租。

諸禁地賣茶場年額敷辦，歲終比較，每收息錢二萬貫，監官減一年磨勘，提舉司保明聞奏，選人比類奏裁。不滿二萬貫，每息錢一百貫文，支賞錢二貫文。以上願留次年併賞者聽。仍將博馬茶通比。秦、熙、階、岷、河（非）〔州〕、通遠軍、永寧〔寨〕七處分茶與外鎮城寨出賣者，亦通比。

諸處出賣官茶，令提舉司立定中價，仍隨市色增減。應增者，本州本場體訪指實〔二五九〕，增訖，申提舉司覆按。應減者，申提舉司待報。賣鹽準此。

諸陝西不立額賣茶場，並以元豐元年課利爲額，歲終比較賞罰。其開場在元豐元年以後者，以第一年全年爲額。

諸買賣茶，每州委見任官一員管勾通計〔二六〇〕，所管課利敷辦者，比監官減半推賞。賣鹽準此。

諸官場以茶、鹽博易到銀、帛、斛㪷、雜物，限半年變轉見錢，除元價外，所增息錢十分中給一分與主轄官吏充賞。官員四分，專典六分。過半年，不得變轉〔二六一〕，不支賞錢。虧元價者，監、專均償〔二六二〕。如博下滯貨，雖已解替，候變轉訖離任〔二六三〕。

諸成都府、利州、陝府西等路〔州軍〕、縣鎮、城寨買賣茶場，無正監官處，就差税務官吏；無税務處，委餘官不妨本職監轄。金州及賣鹽場準此。

諸買賣茶州軍知州、通判兼提舉，經略使〔司〕所在，通判兼提舉茶場。所在州委都監，縣委令、佐兼監。賣鹽準此。

諸轄下州軍，每季輪當職官點檢未批文歷〔二六四〕，如提舉司覆較得官物有侵欺盜用、失陷損惡，違法不職，其干涉季點官，於監官下減一等科罪。

諸買賣茶場年終比較：虧五釐以上，罰俸半月，公人笞四十；滿一分，監官笞二十，干繫公人杖六十；每一分，監官、公人各加二等；三分，各罪止。勾當官以所管場務通比，減正監官一等科罪。監官任滿通比：一界内如及二分，降一年名次；及三分，降一等差遣；無等可降，依差替人例施行。課利一萬貫以下，監官每一分罰一月俸；三分，罪止。

諸轄下買賣茶場監官如有不得力，並許量人材於事簡處對訖，奏乞各與正差。如闕正官，即依川峽四路轉運司差官例，於得替待闕官内權差，或指名牒轉運司，依條差權。

諸提舉司人吏、貼司、軍典及茶場專典、庫秤、牙人等，因公事取與財物，依轉運司人吏法。引領、過度，首從皆用此法。

諸買茶場量事務繁簡，招置有物力保識牙人。應收買起綱茶，依鄉例支牙錢；即收買食茶，亦依鄉例，於合支價錢内尅留。牙錢置歷〔二六五〕，分閑忙月分均給。有餘并不應給者，並入官。

諸雇脚，州縣召有物力行止人充，甲頭準例收尅保引錢，應所保脚户帶官物、脚錢等逃匿，及有所欺隱侵盜致失陷者，甲頭備償。即例外尅取，依倉法。州縣輒役使，杖一百。計庸重者，自從重。

諸水陸般茶鹽所經州縣，並推排腳户，置簿籍定姓名，準備隨時價和雇。如有損失毀敗，全數備償。

諸茶鹽綱所經官司遇有給納，托故不躬親，若住滯經宿者〔二六六〕，依常平法。

諸腳户所般茶鹽遇陰雨，許就寺舍、亭鋪及空閑官屋内安泊。其合顧腳交替州縣，並於要便處那併添兑官舍，充綱院，仍令轉運司應副。

諸見管錢物，其他官司輒支動者，以違制論，不以赦降、去官，自首原減。

諸茶場及轉般庫役人，並隨課利給納大小增損制禄，不得支動本息錢。

諸勾運物貨所經税務，依省定則例收納六分税錢。在成都府、利州路，許以所管勾物貨準折；如係陝西，令逐處税務批抄，理爲年額，轉運司牒提舉司取撥。

諸回（幹）〔勾〕物貨出入川界，量多寡關牒秦、熙州，差指使管押。

諸茶鹽所經道路，巡檢、縣尉、巡鋪使臣，各遞相催驅出界。

諸給公人賞者，專副四分，典吏、庫秤等共六分，闕、無所承者，入官。

諸給納，並每貫收頭子錢五文足。應茶場監官添支、驛料、運船〔二六七〕，提舉司官屬及勾當公事官屬（俸）〔俸〕直〔二六八〕、吏禄、公使、什物雜費，并貼支諸場公人傭食錢等，並以所收頭子、市例錢充。

諸提舉官於轄下官吏事屬相干，同按察；部内有犯〔二六九〕，同監司。諸提舉官點檢職務公事，杖以下罪，就司理斷；事合推究者，送所司；徒以上，依編勑監司點檢法。

諸治茶法職務措置詞訟刑名錢穀等公事〔二七〇〕，除州縣施行外，合申明者，申取提舉司指揮施行，他司不得干預。雖於法合取索文字，並關牒提刑司施行。不得專輒行下諸處，亦不得供報。如已經處置尚有抑屈者〔二七一〕，許以次經轉運、提刑司申理。

諸勾當公事官，川路二年、陝西二年半爲一任。選人願就三考者，聽從便。供給，依廨宇所在州簽判例。州無簽判，依職官例。京官以上及大小使臣，各隨本資給添支。本資無添支者，依舉監一萬貫場務例給。

諸勾當公事官闕無所承，許不拘常制選差轄下官權充。其餘應合差官勾事，並依編敕差官條施行。

諸紙筆、朱墨、油燭、皮角，以係省錢收買，在京申省支給。

諸文字往還，並入急腳遞。

看詳：『熙河、蘭會路，見今不隸陝府西路。竊慮今來條貫内凡稱陝府西路者，須合添入「熙河、蘭會」四字。又第十四項，於「縣鎮」字上，合添入「州軍」二字。以上條貫，乞賜施行。』詔令尚書省檢會，疾速行下。

九月十六日，户部狀：『同提舉成都府等路茶場公事陸師閔劄子奏：《通用條貫》三十八件内第二項，諸陝府西、熙河、蘭會路並爲官茶禁地。本司檢準元豐六年四月三日條節文：文、龍二州，並爲禁地，依秦鳳等路茶法施行。今來所降上件《通用條貫》，係在四月三日後來頒降，欲乞於第二項「諸陝府西、熙河、蘭會路」字下添入「文、龍州」三字。本部看詳，欲依所乞。』從之。

十月十六日，茶場司言：『準勑，每歲下本司熙州椿管茶一萬馱，於經制司年額見錢内除豁，充蘭州博糴糧斗，仍依市價計錢。今乞分四料〔二七二〕，每季支茶二千五百馱。』從之。

二十一日，詔：同提舉茶場陸師閔〔二七三〕，昨付以推廣禁地〔二七四〕。其户部議法不當〔二七五〕，長貳、郎官，户部及都省吏，以差罰銅。

十二月十三日，陸師閔奏：乞川路買茶起綱場監官十員，並許不依常制指名奏差。從之。

十六日，又言：乞依舊許人買在京蠟茶入陝西，計所得淨利立額，本司於息錢認還。户部乞令榷茶司歲認淨利錢萬四千一百緡。詔户部依所申數除之。

七年六月一日，尚書户部言：『準批狀，提舉汴河司言：畿内諸縣民間茶鋪，亦乞請買官茶〔二七六〕。其法施於京師，衆以爲便。府界宜與輦轂下不殊。』從之，候二年立法〔二七七〕。

八月二十八日，都（太）〔大〕提舉榷茶陸師閔言：『川茶之法，肇於熙寧甲寅，行之陝西，既有明效。以河北、河東生聚之衆，唯茶不可一日而闕。若視陝右成法，而歸利於公上，度兩路歲費之數，置官場於荆、楚間和市，歲計運至兩路，率用陝右禁地之法，本利俱積，以助邊費。』詔師閔條具以聞。

二十九日，都提舉汴河堤岸司言：『乞歲買建州蠟茶十七萬斤，依官綱例免税，至京抽解十分之一，送都茶庫。都茶庫所賣茶，本司乞歲買三萬斤，隨新、陳作價』。並從之，其市易務茶，令商議定價。如不售，即申所屬，出開封府界變易。

九月六日，都大提舉榷茶陸師閔乞除放民賒欠茶罰息錢。尚書户部言：罰息錢七萬餘〔二七八〕，乃朝廷封樁錢數。詔本息正數並給限理納，罰息許除之。

十月二十八日，尚書户部言：『廣西轉運判官劉何乞買桂州修仁縣等處茶〔二七九〕，前此官司未嘗經畫，欲且施行，候及一年就緒，令提舉官立法。所乞借常平錢及差官一員提舉，當俟詔旨。』詔：提舉官劉何，其借提舉司錢，限三年還。

十一月二十一日，中書省言：『元豐二年，提舉茶場李稷以息稅五十萬緡爲歲額，後陸師閔奏，自立額後，連歲增羨。乞自七年以百萬緡爲額，未委虛實。』詔榷茶司具自二年立額後至六年，所收息稅有無增剩及支費數以聞〔二八〇〕。本司具數上，下刑部驅磨。其舊封樁及見在錢，並令交割與陝西逐路提舉常平司封樁。

二十二日，都大提舉成都府、永興軍等路榷茶公事陸師閔劄子：『近准朝旨，應係般茶大路，並計置車子遞鋪。臣昨來已行計置，自成都府至利州，自興元府至興州、鳳翔府，自商州上津至永興軍三處，稍有次序。然先降條貫各係指定去處，其間多有抵牾，難以推行。今將前後指揮刪立成條〔二八一〕，乞詳酌先次施行。

一、諸般茶鋪軍人請受，排連保(五)〔伍〕〔二八二〕，老病揀汰，並依遞鋪體例。內有差到本請受多者，從多給請。般茶鋪軍人及一切費用，並於般茶腳錢內支破。

一、諸般茶鋪軍人，並委逐處招刺，仍許投換。如不足〔二八三〕，即以州縣首獲逃軍揀選刺充；尚不足，即於轄下州軍定差，一年一替。

一、諸般茶鋪軍人，諸司及州縣輒別役，告附帶般運差借之數，並依三路役使壯城法。奉朝旨差使揀選，亦許本司執奏。

一、諸般茶鋪軍人不得投換別指揮，逃走首獲，斷訖押回本鋪名下收管。別犯重者，自依本法。

一、諸般茶鋪兵士並量遠近，每馱支給率分錢外，有重難鋪分軍人，仍相度量給添支口食。

一、諸般茶鋪並于川路元差管押茶綱兵級内選差充綱官，往來勾當。

一、諸巡轄般茶鋪使臣請受，當直兵士，並依巡轄馬遞鋪例，出巡給遞馬一疋。每歲比較，如無住滯工限，及逃、死兵士不及五釐，任滿，與減一年磨勘，先次指射家便差遣。伏乞詳酌施行。』詔依陸師閔所奏。

八年二月七日，尚書户部言：『福建路轉運副使王子京乞并鄰近兩浙、江南、廣東復禁茶〔二八四〕，諸路仍通商。未有朝旨。』詔在京及開封府界、陝西路通商之外，並爲榷茶地。

六月三日，詔水磨茶地隸太府寺，仍屬户部右曹。既而，詔在京水磨茶場廢罷，其結絶官物等，令户部措置施行。從侍御史劉摯、右司諫蘇轍、殿中侍御史黄絳、劉次莊所奏也。

哲宗元祐元年二月二日，吏部郎中張汝賢言：『被差福建路按察買茶抑配，今相度，乞並依熙寧五年二月已降指揮施行〔二八五〕。』

五年二月二十一日，户部員外郎穆衍言：『六路茶法，通商久矣。税錢無總數，以較多寡之入；租錢有無欠負，亦不可考。請自今税錢委逐州通判月終比較申州，州歲較申轉運司〔二八六〕，轉運司於次年具總數申户部〔二八七〕。租錢委轉運司歲終具理納大數申户部。如稽違，許從發運司、户部奏劾。』從之。

五月七日，都大提舉成都府、利州、陝西等路茶事司言：『應雅州管下盧山、榮經縣碉門、靈關寨，威、茂、龍州，綿州、石泉縣界〔二八八〕，並爲禁茶地分，如敢侵犯，乞並依熙、秦等路法施行。』從之。

六年正月二十五日，成都府、利州路鈐轄司言：『川峽(西)〔四〕路茶許客通販，内外安便，今並爲禁地。緣逐處皆是接連蕃蠻，若行禁止，竊慮别生邊事。』詔罷前敕。

紹聖元年四月十二日，管勾茶事程之邵言：『川茶元因弛禁，人户請出，遂失元價。欲除催理本錢外，將出限二分息錢蠲免。』從之。

八月二十三日，詔：興復水磨茶，應合行事，令户部先具措置，申尚書省。從户部請也。

十月二十八日，都大提舉成都府等路茶事陸師閔狀，今相度下項：

一、陝西路復爲禁茶地分，盡數收買雅州名山縣茶，般赴陝西路州軍應付博賣。餘並并依見行條法施行。

一、般茶大路並添置茶遞鋪，不得和雇百姓。永興、鄜延、環慶三路，各置巡轄茶遞鋪使臣一員，並復置催發綱運官一員，並依條奏舉。

一、永興軍税務監官，舊條許本司不依常制奏差一員，填見任年滿或承替不得力人勾當，如有已授下待闕官員，令別授差遣。除不依常制一節外，並乞依舊條施行。

一、永寧軍、綿州、石泉縣、雅州碉門寨等處人户興販入蕃茶，上件利害事干邊界，乞候巡歷到川路，與鈐轄司同共相度奏聞。

一、本司創添合舉官闕，如正官未到，舊條管勾文字官等許選差轄下官權〔二八九〕，其監茶場官等許差得替待闕官權。今乞並許於罷閑待闕官内權差〔二九〇〕。詔並依所奏。

十月二十九日，陸師閔又奏：『近因本司奏請增置巡轄、茶鋪使臣，減罷催綱官。臣愚以謂巡轄、使臣固不可無，而催綱官往來點檢，取責收附，尤爲要切。今欲乞見管催發綱運官一員并巡轄、茶遞鋪使臣四員任滿日，依舊許本司奏舉〔二九一〕，所貴不致闕事。如有已差注使臣未到任者，並依條別與差注。』從之。

二年三月七日，户部言：『得旨興修水磨茶事。初，元豐中，都提舉汴河隄岸司總領即汴水流用之〔二九二〕，隄岸司令廢歸都水監〔二九三〕，而措置茶事乃隸户部，事不相應。請依元豐置都提舉汴河隄岸司故事，應一司事並依舊條。』詔：就差提舉茶場水磨官兼提舉汴河隄岸，專管勾自洛至府界，調節汴水，應副茶磨，不得有妨東南漕運。

四月七日，户部言：『茶場自今收買客茶，並拘收長引，對定引内合納税錢，即於茶價錢内尅留歸官，報税院銷會，以充税課。』從之。

十三日，陸師閔劄子奏：『準朝旨，陝西路復爲禁茶地分。已於雅州名山、興元府、洋州等處計置食茶二十綱，計六十餘萬觔，般運前來，候新置茶遞鋪就緒，即可至永興等處分布出賣。今爲置鋪事務未能遽集，深慮民間乏茶食用，未敢先次止絶客販。欲乞候官茶到永興軍日，從本司行下川路諸茶場，更不發引過陝西界。其已發引前來者〔二九四〕，各許依引于陝西路貨賣盡絶外，並依禁茶條貫施行。』從之。

二十一日〔二九五〕，都大提舉成都府等路茶事陸師閔言：『準朝旨，陝西路復禁茶。今量度自鳳州至永興軍先次添置茶遞鋪，更不和雇百姓外，其餘買茶場各般至鳳州等處，不可置鋪，並合依見行雇役般茶條例。龍州界乞仍舊禁茶〔二九六〕，應干茶法，並以舊條從事〔二九七〕。』從之。

六月二日，提舉水磨茶場所言：『應本場所隸人，令更相保任。如有隱欺，並同專副法，許人告捕。若偷盜、貿易擅增，並次斤重第賞。』從之。

十二月三日，詔：『應陝西貸茶户已納本錢有餘者，其見欠息錢特與蠲除。如尚欠本錢，限二年納足。』

三年五月二十四日，江、淮、荆、浙等路制置發運司言：『官員躬親捕獲私茶，累及一萬斤至十萬斤，等第推賞。未獲犯人者，以三比一；差人捕獲者，以三之半比一。』從之。

十二月十九日，樞密院言：『都大提舉成都府利州、陝西等路茶事司陸師閔言〔二九八〕：文、龍二州皆接蕃界，舊法並爲禁茶地分〔二九九〕，向因黄廉按察奏請，文州之法仍舊，而龍州通商，且二州均有邊面，而禁其東不禁其西。緣興元税務十一月間發引〔三〇〇〕，放客茶入龍州一帶地分者計八萬九千餘斤，及引外影帶者不可勝計。此茶入蕃，爲害多矣，唯龍州密邇文、階，害法最甚。兼自來不係蕃戎交易往來之地，别無可慮。望指揮龍州界依舊爲禁茶地分〔三〇一〕。』從之。

四年二月二十四日，新權陝西路轉運副使張元方言：『利州路新産茶，乞依元豐條法復禁榷。』從之。

二十五日，户部狀：『準都省送下朝散郎、都大提舉成都府等路茶事陸師閔劄子奏：「臣勘會元豐茶法〔三〇二〕，成都府、利州路産茶處各就近置場，盡數買園户茶。許客人於官場收買，販入川峽四路〔三〇三〕，充民間食用。私輒買賣博易興販及入陝西地分者，並許人告捕，依犯私臘茶法施行。自黄廉按察並令通商後來，民間不以爲便。蓋客人買賣遲細，少有見錢交易，是致園户失業，比之舊日官場收買，利害明甚〔三〇四〕。臣今乞復行上件條貫。内有雅州、永康、綿州、龍州等一帶近邊地分，昨因放行通商，遂與戎人交易，每年所市茶數不可勝計。議者以謂今若頓行止絶，即恐引惹未便。伏乞下茶事司相度，於逐處各置買賣茶場，只許蕃戎等於官場交易，並依文、黎州條法施行，所貴公私經久利便。今來川路復行舊法，竊慮州縣場務推行或有過當，今具約束如後：一、買賣茶收息不得過二分。一、茶場公人並優給雇直，不得將息錢隨分數給官吏充賞。

一、茶園户並令據所有茶數赴官中賣，不得置簿認數，拘攔入中。所有成都府、利州路合置茶場及税務兼監去處，並依舊例；其舉官處，亦乞依條奏舉。」本部勘當：川茶昨禁榷及通商，並係茶司官與轉運司官同共相度，具利害聞奏，改法。今逐司相度利州路所産茶貨〔三〇五〕，若依元豐年條法復行禁榷，委是利便，經久可行。本部欲依逐司相度到事理施行。』詔依。

閏二月八日，吏、户部狀：『準都省批送下都大提舉成都府、利州、陝西等路茶事司狀：近來逐場監官多求他司不拘常制差出，頗妨茶場職事。乞將茶場監官他司雖不拘常制，並不許差出。其逐官日前差出者，即乞據不在任月日，合得酬奬更不推賞。逐部勘當，欲依本司所乞。』從之。

四月十五日，吏、户部言：『水磨茶場監官錢景逢任内收息一十六萬餘貫，吕安中收息二十一萬餘貫。』詔：錢景逢與轉一官，吕安中候任滿日，保明以聞。

二十一日，詔成都府路産茶州軍復行禁榷。

十一月十一日，户部郎中、提舉水磨茶場孫迥言：『茶磨，乞於在京東水門外沿汴河兩岸踏逐舊日修置水磨去處，别行興復。』從之。

元符元年九月十九日，都省批下都大提舉成都等路茶事司奏：『準勑，成都府復置博買都茶場。本司看詳有未盡事件：一、欲乞立法，應買茶及以物貨博易而官司拘欄或抑勒者，並徒二年。一、欲立法，茶價如合增減，而官司不切體訪市價，行遣失時，並科杖一百。一、客旅以物貨赴場博茶，如不及擔數，並許隨斤重博易。若物價多，茶價少，許貼給物價；若物價少，茶價多，許貼納茶價。内貼給錢，不得過一分。一、元條許本司奏差監官二員。緣今來復法之初，職事未致繁多，乞先且奏差一員，候將來買賣浩瀚，從本司相度添置。』詔依。

二年三月二十七日，户、刑部狀：『修立到下條：　諸茶場監官、同監官、專秤、庫子親戚，不得開置茶鋪，違者杖八十。許人告，賞錢三十貫。上條合入成都府、利州、陝西路并提舉茶事司敕，係創立。　諸提舉、管勾茶鹽官，并吏人、書手、貼司及賣鹽場監官、專秤、庫子親戚，輒開茶鹽鋪，及撲認額數出賣，若於官場買販者，各杖一百。許人告，賞錢三十貫文。上條合入《廐庫敕》。』從之。

十二月十五日，廣西轉運副使張景温言〔三〇六〕：『桂州修仁縣産茶萬數〔三〇七〕，乞復行榷茶之法。』從之。

徽宗崇寧元年十二月八日，尚書右僕射蔡京等言：『荆湖南、北，江南東、西，淮南，兩浙，福建七路産茶，自乾德二年立法禁榷，官置場收買，許商賈就京師榷貨務納錢，給鈔赴十三山場、六榷貨務。《三朝國史·食貨志》：十三場：蘄州王祺一也，石橋二也，洗馬三也，黄梅場四也，黄州麻城五也，廬州王同六也，舒州太湖七也，羅源八也，壽州霍山九也，麻步十也，開順口十一也，商城十二也，子安十三也。六榷貨務：江陵府務，一也；真州務二也；海州務，三也；漢陽軍務，四也；無爲軍務，五也；蘄州之蘄口務，六也。至祥符中，歲收息五百餘萬緡。慶(歷)〔曆〕以來，法制(寑)〔寖〕壞。嘉祐初，遂罷禁榷，行通商之法〔三〇八〕。客人園户，私相貿易，公私不給。利源(寑)〔寖〕銷，歲入不過八十餘萬。元豐中，先帝嘗命有司講求，而法廢已久，議者不能上承聖志，議未及行。竊考在昔茶法之弊，蓋緣科配人户，不計豐凶，州縣催迫，人多逃避。嘉祐改法，指以爲説。今欲將荆湖、江淮、兩浙、福建七路州軍所産茶，依舊禁榷。遣官置司〔三〇九〕，提舉措置，並於産茶州縣隨處置場，官爲收買。更不於人户税上科納〔三一〇〕，禁客人與園户私相交易。所置場處，委官籍記園户姓名。所有置場茶本錢，欲降度牒二千道，末鹽鈔二百萬貫，更特於逐路朝廷諸色封樁錢并坊場、常平剩錢内〔三一一〕，共借四十萬貫，共三百萬貫。令逐路分擘，充買茶本錢。差官分路措置：〔荆〕湖南北路欲差一員，江〔南〕東、西路欲差一員，淮南、兩浙路欲差一員，福建路欲差一員。將來措置就緒，即共差都大提舉七路茶事一員總之，餘官並罷。其勾集園户籍會户數，酌量年例所出，約人户可賣之數，年終立爲茶額。所有復行禁榷條法，檢會大中祥符所行舊法并慶（歷）〔曆〕後來私販害公之弊，取今日可行者酌中修立，接續爲法，頒降施行。』從之。

二年二月二十三日，提舉京城茶場所奏：『紹聖初，興復元豐水磨，推行京畿茶法，歲收二十六萬餘緡。四年，於長葛、鄭州等處京、索、溴水河增磨二百六十一所〔三一二〕，皆用汴水〔三一三〕，極爲要便。自輔郡榷法之罷，遂失其利，今四磨不能給。其元符三年罷輔郡榷茶指揮，乞勿行。』從之，遂置諸路茶場。

二十九日，詔客販福建臘茶免税。

四月二十四日，尚書省言：『諸路茶價不等，難立一定收息之數，乞令隨宜收息，勿得過倍。』從之。

七月二十九日，尚書省言：『茶場歲置臘茶十三萬斤變磨，先春社前，應副在京官員請買。凡係禁地，前准朝旨，許商賈興販入京，則於水磨茶法有妨。乞客到京城日，令本門具名色、斤重即報茶場，依實直中賣。餘依草茶例，違者論如律。』從之。

同日，尚書省言：〔荆〕湖南北路茶事司乞茶場監官及監門官不許差出及兼他職。從之，餘路依此。

八月七日，都大提舉成都府、利州、陝西等處程之邵奏〔三一四〕：『准熙河蘭會路勾當公事童貫已牒〔三一五〕，熙河、岷州、通遠軍將見在茶盡數支撥般運赴湟州，應副支博蕃部物斛。本司已令逐州軍一面支撥應副。今又準熙河路經略司牒，將支降到封樁錢一百萬貫，於秦州并順便城寨劄刷兑買蕃部食茶。本司契勘蕃部食茶多是名山茶，其茶准條專用博馬，不許出賣。緣今來湟州新邊闕博糴斛斗〔三一六〕，本司不敢占留，見聽從熙河路司支撥兑買，應副支用。』詔程之邵得熙河（闕）〔關〕報，不待朝廷〔指揮〕，便逐急應副湟州，委見協心國事，特與轉兩官。

十一日，京西轉運司狀：『檢准二月十九日江、淮、荆、浙、福建州軍所要茶，官置場買，不得私賣。所有告捕支賞及應榷法巡捕等事，並依元符敕令條格施行。今契勘元符條格，别無該載捕獲私販賣真茶賞格。契勘慶（歷）〔曆〕舊行榷茶日，犯私茶，係分草、蠟茶兩等刑名外推賞〔三一七〕，并巡捕透漏約束，止爲一等。今來復行禁榷，亦分草、蠟茶兩等刑名。其巡捕透漏支賞等，今若比附，亦爲兩等，即與舊法不同。兼已降朝旨，告捕支賞及應榷法巡捕，並依元符敕令條格施行，即一切並合遵依見行條令。看詳除《元符雜格》内品官許有禁物一項，係草茶通商日修立，今來既臘茶、草茶皆行禁榷，即草茶亦合許有。今欲乞於本項内「蠟茶」字下，添入「草茶名」三字〔三一八〕，其餘元符敕令條格内應干臘茶條内，並合除去「臘」字一箇。伏請詳酌施行。』詔依。

二十八日，都大提舉成都府、利州、陝西等路茶事，兼提舉陝西等路買馬監牧公事程之邵奏〔三一九〕：『勘會永興〔軍〕、鄜延、環慶、涇原路舊來食用南茶，自榷賣川茶後來，多有私販，抵冒刑憲。今若許令商販通入南茶，委是穩便。』詔依。

十月三日，京城提舉茶場司狀：『勘會未置水磨茶場已前，商客販茶到京，係民間邸店堆垛。候貨鬻了當，或翻引出外，自例出備垛地户錢與邸店之家。興置水磨，客茶到京，並赴茶場堆垛中賣，已係官場指擬數目。訪聞客人近歲以中賣爲名，與官場商量價直，卻一面令人於外路通商地分私相交易，結攬貨賣，意欲津般前去。其間有在官場三兩月間，故意高索貴價，商量不成，遂致翻引離場。不唯虚占廊屋，兼亦有誤官場元指擬之數，未有措置。兼元豐中嘗置垛茶場，遇有客茶到京，盡赴本場堆垛，客人出納垛地官錢〔三二〇〕。今欲乞如客茶到京赴茶場堆垛，除中賣入官外，其翻引出外茶數，從本司相度茶色高下、路分緊慢，量收堆垛錢入官。所貴杜絶奸弊，不致虧損官私。』詔依所申。其客人販到諸路茶，經涉水磨茶場地分到在京茶場，願中賣入官者，不限斤數收買。卻許客人興販水磨末茶往鄜延、環慶、涇原、永興〔軍〕路貨賣。若末茶不足，許以本場客人商量不成交易草茶赴榷貨務翻引，興販前去。如客人已指别路州軍，若到所指地，卻願往陝西者，並令先赴京場。

二十二日，提舉措置兩浙茶事司奏：『睦州在城茶場比去年增四十二萬三千餘斤，賣及九分以上，增數爲最，一路州縣皆不及。』詔知州方通、通判江懋迪各轉一官，監場王公壽、范景武各與循兩資〔三二一〕，占射差遣一次。

二十九日，詔：『川茶毋得過陝西路南茶地分出賣。如違，依私茶法。』

四年二月二十一日〔三二二〕，尚書省勘會已降指揮，陝西、川茶專充熙河路博糴。本路轉運副使吴擇仁博糴貨茶不少，其茶事理合同共管勾。詔陝西等路茶事差擇仁兼同提舉。

六月九日，中書省言：『榷茶本以便園户、通商賈，而奉行官吏全失法意，務貪課額〔三二三〕，抑勒科配，致不辨美惡，乞立條約。』從之。

二十四日，三省言：『已罷官場賣茶，許商賈與園户交易，經營納息，以便客販。然慮私相貿易，虧損官課，乞增立法禁。』從之。

同日，詔：朝請郎、直秘閣、同管勾成都府等路茶事孫鼇抃除直龍圖閣，差遣依舊。以賣茶增羡故也。

十月十二日，詔：『川茶，熙河一路經費所仰，除博馬并博糴外，并不得出賣。輒出賣者，以違制論。』

大觀元年二月二十二日，詔：朝請郎、同管勾成都府、利州、陝西等路茶事、兼提舉本路買馬監牧司公事龐寅孫除直秘閣，差遣依舊。以賣茶增羡故也。

閏十月二十四日，詔：『州縣及當職官奉行茶鹽法稽慢違戾，並不以去官赦降原減。』

二年十二月十二日，詔：『榷茶仍許客販，而執引爲驗，往往影帶舊引，冒詐規利，並官吏因得騷擾。雖各有法，可申嚴行下。』

三年正月二十四日，通奉大夫、提舉太一宫、都大提舉茶事宋喬年奏：『客販諸路茶貨，依鄉原舊例加饒耗茶，分數不一。亦有元無加耗去處，恐客人只就有耗茶處收買，致興販未廣。乞諸路舊例元無加饒耗茶去處，並依江東例加饒一分，所貴招誘客人，廣行興販。』從之。

三月十五日，中書省、尚書省送到劄子：勘會東南七路所産茶貨，客販通行，近據逐路重別立到息錢，多寡不等。詔令逐路茶事司：將逐路茶貨以見今所搭息錢，每斤各量添錢一十文，其見納息錢不及一十文者，並只對數增添。内元買價小搭息多，即不得過元買價一倍。仍具已增息錢申尚書省。

七月十三日，詔罷都大提舉茶事司，在京令户部、在外令轉運司主之。

八月十三日，詔奉直大夫、直秘閣、同管勾成都府等路茶事王完除直龍圖閣，差同提舉成都府等路茶事，以賣茶增羨也。

四年閏八月十二日，左右司狀：『勘會先准朝旨編修《茶鹽香鈔法》，續准朝旨勘會《通商茶法》，係治平年所修頒降，見今引用。緣歲月甚久，其間續降、衝改不少，竊慮別致抵牾。本司見今編修《七路茶法》，正與通商茶法相干。』詔令左右司一就編修聞奏。

二十七日，梓州路轉運司奏：『看詳純、滋州係納土新建州郡，所出產茶若便行禁榷，置場收買，切慮新民驚疑〔三二四〕。且令安習貨易，欲乞候三二年間見得的確產茶數目，別具利害奏陳。』從之。

政和元年三月二十四日，户部相度：『欲乞逐路州軍每月具應客人等收買興販茶數、合納息錢。內若干係住賣處送納〔三二五〕，若干係量添錢外實收到錢數，除紐計分與轉運司外有若干，并量添錢數申發運司拘催，赴內藏庫送納，仍供申左右司官。』從之。先是，朝旨令轉運司催促左右司官總領拘催，令户部條畫，至是來上也。

同日，臣僚上言：『乞應將茶貨高立價例〔三二六〕，約期依限糴賣與卑幼及浮浪之人，並依有利債負條施行。法案檢條〔三二七〕：看詳臣僚上言，客人將茶貨倍立高價賒賣，遠約期限，已有《治平通商茶法》約定三限、并《元符令》高抬賣價不得受理外，有賒(買)〔賣〕茶貨與浮浪及卑幼。今修立下條：諸客人將茶販賣與浮浪及卑幼者，依有利債負法，右合入《通商茶法》。』從之。

四月二十四日，詔有司重行參定《私茶賞格》，無使太重。

二十七日，詔：福建措置茶事〔三二八〕，今歲造到建州北苑龍焙官茶，製作堪好，特異平常。所有措置官柳庭俊已下〔三二九〕，可將上取旨推恩，以勸能吏。

八月二十三日，户部專切提舉京城所奏：『準敕，臣寮上言：永興軍等四路先係川茶禁地，後來改作南茶地分，其四路民庶依舊嗜食川茶，是以客人得便以奪官中厚利。伏望特降睿旨，令改作川茶地分。或乞且令提舉陝西等路茶事司權暫管認南茶及水磨馱茶税息，俟年歲之間，見其管認之外，所得利息顯著，卻令依本司自來專條施行。

又，權發遣成都府、陝西等路茶事張翬狀：乞依元豐舊制，復以四路爲川茶地分等。後批：令户部與提舉京城所一處相度聞奏。看詳張翬奏，見在食茶七萬五千餘馱，占壓本息共四百餘萬緡，今相度永興〔軍〕等四路、并鳳翔府以東岐山等八縣，並合依元豐元年出賣川茶舊法施行。所有南茶税息，内除税錢亦合依元豐法撥還户部外，有茶場支賣馱茶息及客販南茶息錢，近准朝旨，赴茶場送納，係應奉御前。今來張翬乞依元豐舊制，復以四路爲川茶地分，仍以所收息税錢歲用上供，以代水磨末茶之息。緣榷茶司課額係屬朝廷封樁，今據茶場歲收馱茶息錢共一十六萬七千餘貫，今元豐或大觀東、西庫每年分上下半年，内上半年以正月、下半年以七月撥運茶場。卻令提舉榷茶司每歲於收到茶息錢内，依數支撥與陝西轉運司支用，於朝廷合應副本路錢物内（和）〔扣〕除。兼契勘永興軍等路今來復作川茶地分，榷茶司難便計置般運到彼，所有見今客販茶若便行住罷，切慮逐處民間闕茶食用，兼有虧合收茶税額課。乞且許客人般販前去，并茶場見支馱茶，截日更不支發，其已般去數目，亦許且行出賣，並限至歲終發泄盡絶。仍令榷茶司預行計置般運，自來年爲始，出賣川茶，並逐處每年撥還錢，除上項錢數〔三三〇〕。」詔依。

九月二十八日，權發遣同管勾成都府、利州等路茶事李稷劄子：「今相度，應川路産茶場分，賣茶收息，比額雖增，若買賣茶數不敷祖額〔三三一〕，更不推賞。」詔依。

二年八月二十六日，尚書省黄牒：「奉聖旨〔三三二〕，令尚書省措置茶事。今勘當，水磨茶自元豐創置，除近畿外，即不曾分下諸路。昨緣分配諸路，有置官之冗，般輦之勞，致妨客販，收息減少，乃至商賈不通，内外受弊。緣水磨茶先帝建立，不可廢罷。欲只行於京城，與客販兼行，餘路並令客人商販。可走商賈，實中都，惠小民。今具下項〔三三三〕：

一、京城内以水磨茶官賣。其京畿、京東、京西、河北、河東、淮西、兩浙、荆湖、江南、福建、永興〔軍〕、鄜延、涇原、環慶路〔三三四〕，並爲客販南茶地分。

一、客販茶許至京城，與水磨茶兼行。除京城水磨存留外，餘路水磨並罷。

一、在京見置比較鋪並罷。

一、在京置都茶務，專管供進末茶及應干茶事。從朝廷差官四員，管勾供進官一員；專一管勾供進，關樞密院，選差入内内侍省官事〔一管勾供進〕〔三三五〕。

一、供進（等）茶料，每年所闕約二十餘萬斤。除於官庫取撥外，若有少數，以合用茶所出處，取客願，賫引收買，附帶前來。如無人願，依市價和買。其所附茶免稅，計茶本免引錢。

一、諸路茶園户，官不置場收買，許任便與客人買賣，仰赴所屬州縣投狀充茶户，官爲籍記。非投狀充户人，不得與客人買賣。

一、客人許於茶務買引，指定某州縣買；往所指處，任便貨賣。

一、客販茶，並於茶務請長、短二引，各指定所詣州縣住賣。長引許往他路，短引止於本路興販。其約束沿路阻節，給公據，並依鹽引法。

一、客人請到文引，更不經由官司，許徑赴茶園户處，私下任便交易。

一、長、短引，令太府寺以厚紙立式印造、書押，當職官置合同簿注籍訖，每三百道并籍送都茶場務。

一、客請長引，每引納錢一百貫，若詣陝西路者加二十貫文〔三三六〕，許販茶一百二十貫；短引二十貫，許販茶二十五貫。若於非指定〔處〕出賣者，依私茶法罪，告賞亦如之。

一、客販茶不請引而輒販者，加私茶法一等，告賞亦如之。若引外增數搭帶，或以一引兩次行用，若踰限不申繳者，罪賞準此。

一、應茶引輒私造者，依川錢引法，〔告者〕賞錢三百貫。已成未行用，減一等，其賞如之。

一、客請引販茶，許自陳乞限。長引不得過一年，短引一季。於引内批書所至州縣，賣訖批鑿。自赴茶務，或遣親人繳引，務官對簿銷落抹訖，申太府寺。

一、客販長引茶至所指處，餘限未滿，願入别州縣住賣者，經所屬批引前去。賣訖，繳引如上法。

一、客引踰限不繳〔三三七〕，本務下所屬追人并引赴務，依法施行訖，不在販茶之限。

一、應客販茶地分，而諸色人輒以茶侵越本地分者，罪賞以私茶論。已至而未賣者，減一等。

一、客人引違限一日，笞一十；三日，加一等；至徒一年止。若有故，聽申所屬展限訖，報務。展不得過一季，即已展而違者，罪亦如之。

一、茶園户隨地土所出，依久來分爲等第。即不得以上等爲中等，以次等爲上等，餘等亦如之。違者，各杖一百。

一、州縣春月園户茶出時，集人户以遞年所出具實數、賣價，縣申州，州驗實，以前三年實直與今來價，具實封申户部，下茶務照會。若平價不實〔三三八〕，虚擡大估者，杖一百。受贓者，以盜論。贓輕，徒一年；吏人、公人、牙人配千里。許客越訴，或理不直者，經監司、尚書省〔三三九〕。

一、客人賫引輒改易揩改，徒一年；若添減斤重、日限者，加二等；即去失者〔三四〇〕，若水火盜賊，並隨處經所屬自陳，驗實召保，赴茶場再請買。違者，依私販法。

一、客人請引，須正身若親人。正身赴場，不得假倩他客。借人或倩之者，各杖一百。

一、客人賫引販茶，所至州縣，若商税、市易務、堰閘、橋鎮、栅門輒邀阻留難：一日，杖六十；二日，加二等。三日，徒一年；又三日〔三四一〕，加一等；至徒二年止。吏人、公人並勒停，永不叙。即受財者，以自盜論，贓輕吏人、公人配千里。

一、客人賫引販茶，所雇舟車若爲人以他事惹絆，因致留阻者，杖一百。若長引客有罪，杖以下聽留家人受罪，其茶限一日放行。

一、勘會福建路臘茶舊茶法，禁止不許通商，今並許客人依草茶法興販。

一、水磨地分，河北見賣馱茶，候客販到新引茶，截日住賣。其賣不盡茶，具數申尚書省，今後水磨更不起發馱茶，赴諸處出賣。

一、客販茶願借江入汴者聽。入京師者，依舊認納淮西税錢[三四二]；外路，認淮東税錢。

一、客人已販舊法茶，至元指住賣處，仰所至州縣委官抄劄封訖。如未至元指處，願抄劄者聽。其合納税息並依舊法外，將今來新法茶引販到茶對帶出賣，如願赴茶務請新引出賣舊茶者，並依興販新茶法。如違，並依私茶法。

一、客販茶貨，自來起引處雖秤盤封記，多是計會虚套封頭[三四三]，致出務收盛，沿路私拆[三四四]，添填私茶，依條沿路只是點檢封記，不許秤製[三四五]，以此走失税課。今後客茶籠篰，並用竹紙封印，當官牢實粘繫，不得更容私拆。如擅拆封及擦改者，杖一百，許人告，賞錢二十貫[三四六]。

一、客人於園户處買到茶，並令園户於引内批鑿的實色號、斤重、價錢，於所在州縣市易、税務點檢封記。

一、客販茶合納税，並遵依舊法。

一、七路茶法，並依大觀三年四月已前指揮。文意相妨，並依今降指揮。

一、産茶并通商路分茶事，並令鹽事司管勾，無鹽事官處，從朝廷專委官管勾。

一、今後盛茶籠篰，仰所屬州軍專委通判，闕者委以次官。撲定茶籠篰長闊尺寸，并籠葉斤重，分爲二等，一百三十斤爲限。製造，用火印爊記題號，降付市易、税務收掌。隨所販茶，令客人收買盛茶。候裝到茶，令所在州縣市易、税務點檢封記。即不得依前將寬大籠篰收盛茶貨，搭帶私茶。

一、客販茶輒用私籠篰篭、（權）〔罐〕、袋之類。同杖八十，若增損大小、高下者〔三四七〕，加二等。

一、應出茶地分委通判，無者委以次官。依樣選人匠製造籠篰篭、（權）〔罐〕、袋之類同。出賣。每隻除工費外，不得過五十文。以所賣息錢充工料之費，不得增損。若製造不如法，杖八十；增損大小、高下者，杖一百。

一、客人販茶，已依舊法給賣茶公據，未曾賣茶者〔三四八〕，並令繳納，違者依私用法。

一、永興〔軍〕、鄜延、環慶、涇原四路見在川茶，并客人舊販南茶，聽且出賣，候客販到〔新〕引茶住賣。委所屬抄劄舊茶見數，具狀申尚書省。藏匿、免抄劄，依〔私〕茶法。川茶，卻般入川茶地分。

一、舊客販南茶地分鋪户見在茶，並令截日抄劄見數，且令出賣。若隱漏，依私茶法。候客販到新引茶住罷，具賣不盡數，申尚書省。

一、合變磨供進并在京出賣末茶，合用磨盤數，令所屬相度存留。

一、係籍園户，客無引而輒自賣若私販者，杖一百。許人告，賞錢五十貫。已販者，依私茶法。不係籍而與客買賣者，依此。』詔從之。

九月十二日，詔：『川茶如敢侵客茶地分〔三四九〕，以違制論。』

十月二十二日〔三五〇〕，詔客販舊茶，許歲終請買新引出賣。

政和三年正月四日，户部員外郎、提舉荆湖南北路茶鹽事范之才奏：『契勘崇寧二年八月九日敕節文：川茶除入熙河、秦鳳兩路外，有鄜延、環慶、涇原、永興〔軍〕四路，並許客人般販東南茶貨。續承崇寧三年二月十二日朝旨：陝西鹽香司申，諸川茶自來先到鳳翔府，方始轉般入熙河路出賣。緣鳳翔府以東諸縣鎮係賣川茶地分〔三五一〕，與見今客販東南茶地界相接，恐冒法透漏入東南茶界，有害客販。欲將鳳翔府以東岐山、扶風、麟游、盩厔、普潤、好畤、郿、虢縣〔三五二〕添展作東南茶地分，更不放令川茶般運過鳳翔府以東。奉聖旨，依所乞。後來陝西路並作川茶地分，緣近降茶法，永興〔軍〕等四路並爲客販南茶地分，其鳳翔府以東八縣，即未有復行南茶指揮。』詔鳳翔府以東岐山等八縣，依舊作南茶地分，餘依已降指揮。

十四日，詔：『販茶短引，候園户處買茶訖，令本處官司依大觀二年五月二十九日朝旨所定至住賣處日限，於今年新引內鑿定。仍更依舊式，別用日限印子。候到住賣處，依已降指揮，於引背批説已販到茶年月日。此引更不得重疊興販，若出違所給日限，立便拘收元引，茶貨没官。其繳引日限等約束，並依近降指揮。內親身赴茶務買短引販茶人，仍除程到本州理限。』大觀二年五月二十九日敕：『重別修到短引體式，并添日限印子。奉聖旨，令給引官司遇客人販茶，並仰依式用大字書鑿，仍約度所指住賣處遠近計程，分立日限。不及十程，限五日；十程已上，限十日；二十程已上，限十五日；三十程已上，限二十日。並通計程數，於引内批鑿。謂如去住賣處二十程，給限三十五日引之類。仍於印子内亦鑿定所立限，並計行使用月日。謂如二十程，即限三十五日。大觀二年正月一日給，至當年二月六日。不在行使之限，即出限，更不許行使。其程數不以水、陸路，以五十里爲一程。罪賞約束，並依元降指揮。』

同日，兩浙路提舉鹽茶司奏〔三五三〕：『今相度客人所買長短引，願於所指買茶路分別州縣分買者，欲許經州縣陳狀，於引上批鑿。「某月日據某人陳，乞翻改往某縣賣茶〔三五四〕。」當職官簽書、用印施行，並關都茶務及所改并指州縣照會〔三五五〕，仍不得過一次。』從之。

十八日，尚書省〔奏〕：『勘會除販茶短引已降指揮，許大商帶買前去産茶路分轉賣與本路小客，仍別給公憑。』詔：『長引如大商願帶買轉賣者，亦許依短引法施行。其所給公憑，仍限半年繳納。』

同日，尚書省奏：『勘會客人鋪户舊茶，既與客販新法相妨，理合拘收没納。昨來朝廷寬恤，特立限至去年終，許買新引出賣。今已限滿，若便行拘收，又慮遠路客旅、鋪户有趕趁元限不及之人。兼近據鄂州乞給降茶前去，以此即是外路未至通曉法意。』詔：特展限一季，許客人、鋪户買新引出賣舊茶，應約束事件，依近降指揮。如限滿，尚不買引，出賣不盡，並仰所在州軍拘納入官，各具數申尚書省。

二十八日，提舉陝西路茶事郭思狀：『體問得近有客人盡將錢本自來至闕下，於客人、鋪户處轉販四方物貨，前來本路貨賣。契勘中都聚四方商旅萬億物貨，其新茶，若許四方客人赴都茶務依新法錢數買引〔三五六〕，只於闕下客人、鋪户處依園户批數法，許將全籠篰或罐、袋轉販前來，即茶法愈通，商販愈快，於中都事愈甚便。緣新法未有許，似此指揮，伏望更賜詳酌降下。又契勘，若四方諸處客旅許買引於闕下轉販，即闕下鋪户肯多停蓄，及客人滯留者亦易於發泄，委是通商爲便。又契勘，闕下茶貨是客人買引及販賣引〔三五七〕，是一件茶得兩重賣引錢，又係南客北人情願，兼於法有利。』詔並從之，餘路依此。

二月七日，詔：『客人新引所販茶未到所指地，願改指別處者聽。内遠指近賣者，仍認元指税錢。如長引茶已到地頭，限未滿，願批往別路者，亦聽從便。已上仍令所在州縣批鑿茶引，及關報都茶場務及元指去處照會。其繳引日限等約束，並依元降指揮施行。』

十九日，尚書省劄子：『提舉福建路茶事司狀：「一、體訪得本路産茶州軍諸寺觀園圃，甚有種植茶株去處，造品色等第蠟茶，自來拘籍。多是供贍僧道外，有妄作遠鄉饋送人事爲名，冒法販賣，官司未有關防。伏望立法行下，以憑遵守。」詔：諸寺觀每歲摘造到草、蠟茶，如五百斤以下，聽從便喫用，即不得販賣。如違，依私茶法。若五百斤以上，並依園户法。

二十五日〔三五八〕，詔：『諸州縣市易、税務，緣昨來茶事所置專知官、秤庫、桶子名額並罷〔三五九〕，内手分、食錢等許依舊支破。所有應緣茶事合支官吏請給、食錢，並於産鹽倉場收到籮苑市例錢内應副，餘依所乞。諸路依此。其不係産鹽路分，即以常平頭子錢充。』

三月十五日，詔：『諸路應茶客合經過州縣，税務欄頭批引封籠篰及行遣茶事，手分、貼司並行重法。仍仰逐路監司嚴督州縣常切覺察，其失覺察官重行停降。』

二十五日，監都鹽務吕仲隨等劄子：『檢會崇寧三年二月内講議司修立到福建路茶法，内一項：諸園户五家爲保，内有私相交易者互行覺察〔三六〇〕，告賞如法。即知而不告，論如五保不糾律加一等。契勘新修茶法〔三六一〕，並許客人請引徑赴園户處私下任便興販，即不得與無引交易。看詳上條，内有文意與新法相妨去處，若不修正，竊慮園户别致疑惑。今相度，欲乞於上條内删去「内有」二字，卻添入「若與無引人」五字。如允所請，亦乞依此施行。』從之。

七月二十日，尚書省言：『勘會販茶短引每道價錢二十貫，竊慮尚有本小商旅不能興販之人。』詔令太府寺更印給一等十貫短引，許販茶一百五十斤。餘依前後已降指揮。

三十日，監都茶務魏伯才等奏：『近降朝旨：客人販茶貨，據計定斤重新引出賣外，餘剩茶貨但及一千五百斤，更合買新引一道。若有不及一引茶數，亦合更買新引一道，據數批鑿。不盡斤重，令貼販新茶。或只願販新帶賣者，亦聽從便外；或有只願販新茶帶賣一節，累據客人將到文引，見得有剩茶不及一引，多稱只願帶賣，不肯別請文引。竊恐上件茶貨存留多日，難以關防，別致隱匿作弊。今欲乞於已得指揮内除去「或只願販新茶帶賣者，亦聽從便」一節。』從之。

八月四日，詔：『客人買到茶貨往税務封記起引，其商税務如茶到限日，依條封記放行。如敢阻節住滯，當行人吏杖一百，勒停。』

十七日，尚書省言：『勘會鋪户變磨到末茶，昨降指揮，許諸色人買引興販，長引納錢五十貫文，販茶一千五百斤；三十貫文，販茶九百斤。短引納錢二十貫文，販茶六百斤。緣近降指揮，販草茶更印給一等十貫文短引，其末茶未有十貫短引興販指揮。』詔：販末茶更印給十貫文短引，許興販三百斤〔三六二〕。約束等並依前後已降指揮。

二十日，中書省言：『勘會諸路朝廷所管茶鹽錢萬數不少，並係專一措置收樁，以歸朝廷移用。竊慮諸官司卻與諸色窠名封樁錢一例支使，有妨朝廷指擬。』詔：諸路茶鹽錢，除有專條及朝廷臨時指揮指定許支外，並不得與諸色窠名封樁錢一例支使。如違，依擅支封樁法。

二十九日，提舉江南東西路鹽香茶事司奏：『點檢得江東轉運司支使過封樁茶息錢一十五萬貫。本司二十次牒轉運司撥還，並不報應。』詔李西美、孫漸送吏部，與監當差遣。人吏杖一百，勒停。餘依本司申，仍限一年撥還。

九月十九日，中書省言：『增修到下條：　諸茶法，州縣及當職官奉行稽慢違戾，或有阻抑者〔三六三〕，各徒二年。並不以去官赦降原減。』從之。

十二月三日，武功大夫、監都茶務魏伯才等奏：『乞應鋪户買到客人限定斤重成籠篰茶，並依客例，令逐處所差官專一秤製。如無剩數，許先次出賣外，若有剩數，並行籍記，許請買引出賣。每納錢一百貫文，許賣茶一千五百斤；　不及，據數紐算給引。如敢輒將成籠篰茶旋行開（折）〔拆〕，許人告。罪賞，並依客人避免秤製已得指揮。』從之。

六日，中書省言：『檢會崇寧四年八月十七日朝旨：　應在任官親戚，及非在任官、僧道、伎術人、軍人、本州縣公人及犯罪應贖人，不得請引販茶。如違，其應贖人杖一百，餘人徒二年〔三六四〕，犯罪應贖人送鄰州編管。許人告，賞錢五十貫。勘會見行茶法，係令客人等赴都茶務買引，與園户任便交易販茶，限定大小斤重，官置籠篰，即與以前事體不同。』詔：　崇寧四年指揮内見任官、公人合依舊不許買引興販外，餘更不施行。

四年四月九日，尚書省言：『舊水磨茶場一歲收息不及一百萬貫，一年内有每季泛進錢。今來茶務，歲收錢約四百萬貫以上，比舊已及三倍以上。不係省錢，別無支用，尚循舊例，只每季泛進，未有月進之數，欲每月進五萬貫。』詔從之，仍自今月爲始。

十月七日，淮南路提舉鹽香茶礬事司狀：『承都省批下白劄子：　勘會已降朝旨，諸路應茶客合經過州縣〔三六五〕，稅務欄頭及行遣茶事手分、貼司，即未有立定重禄請給則例。本司今依應將州、縣、鎮稅務應係茶客經過去處，欲乞每月各輪差欄頭二名當務專管驗封引收稅，量事務繁簡，分三等重禄錢。州軍在城稅務，每月欄頭二名，今立爲上等，各支錢五貫文；縣税務每月欄頭二名，今立爲中等，各支四貫文；鎮税務每月欄頭二名，今立爲下等，各支錢三貫文。其本月不當驗封引收税之人，如於茶事有犯，已有指揮，並合依重禄法施行。兼契勘州縣行茶事人吏重禄食錢，係以常平頭子錢支充，所有今來欄頭重禄，亦望許於常平頭子錢内應副。』詔：諸州、縣、鎮税務各一名，行重禄管勾驗封等事，州每月支錢八貫，縣七貫，鎮五貫文，餘依淮南鹽事司所申。餘路依此。

五年五月二十五日，尚書省言：『今重修立到下項賞格：命官親獲私有茶、鹽，獲一火三百斤，臘茶一斤比草茶二斤，餘條依此。陞半年名次；八百斤，免試；一千二百斤，減磨勘一年；二千斤，減磨勘一年半；三千斤，減磨勘二年；四千斤，減磨勘二年半；五十斤，減磨勘三年；七千斤，減磨勘三年半；一萬斤，轉一官；三萬斤，取旨。累及一千斤，陞半年名次；一千五百斤，免試；二千斤，陞一年名次；四千斤，減磨勘一年；五千斤，減磨勘一年半；七千斤，減磨勘二年；八千斤，減磨勘二年半；一萬斤，減磨勘三年；二萬斤，減磨勘三年半；三萬斤，轉一官；十萬斤，取旨。罰格：巡捕官透漏私有茶鹽一百斤，罰俸一月；一百五十斤，罰俸一月半；二百斤，罰俸兩月；二百五十斤，罰俸兩月半；三百斤，罰俸三月；一千五百斤，罰俸五月，仍差替；二千五百斤，展磨勘一年，仍差替；三千五百斤，展磨勘二年，仍差替；四千五百斤，展磨勘三年，仍差替；五千斤，降一官，仍衝替；三萬斤，取旨。』從之〔三六六〕。

十二月二日，詔：將仕郎、池州貴池縣尉徐海運特與循三資。其經鬭敵弓級、保正等，共支錢一千五百貫均給。内殺死人賜絹三十匹、米十石。以淮南提舉鹽香茶礬司奏：『本縣有程益等公然興販私茶，殺傷捕人韓十等三人，海運躬親追獲益等九人。兼海運任内獲私茶七千餘斤，顯是究心，委有勞効。』故有是命。

六年閏正月二十六日，刑部〔奏〕：『今擬修下條：諸巡捕使臣透漏私有鹽、礬、茶者，百斤，罰俸一月；每五十斤，加一等； 至三月止。兩犯已上，通計及一千五百斤者，仍差替。私乳香一斤，比十斤。其兼巡捕官，三斤比一斤。即令佐透漏私煎煉白礬，鹻地分令佐漏刮鹻煎鹽同。減兼巡捕官罪一等。』從之。

二月二十五日，詔：『産茶縣分不係就縣批發去處，政和四年分招誘客人、鋪户買引買茶，赴合同場批發，比政和三年增虧，其知縣聽依合同場監官已降指揮，減半賞罰。』以兩浙路提舉鹽香茶礬事司言：『産茶縣分就縣批發客茶去處知縣，依合同場監官賞罰外〔三六七〕，其不合就縣批發客茶去處知縣，乞量立賞罰。』故有是詔。

八年三月二十二日，監都茶務魏伯才奏：『訪聞得多有不顧條法浮浪之輩，專於私販。纔至敗獲禁勘，便妄攀園户，讎報私恨。或創造事端，故作私茶，卻令徒中人告捉赴官，規圖賞錢。或雖有官引，卻不畫時書寫所買之家斤重、姓名稱，一面自覓人書填〔三六八〕。既得茶入手，更不書填所買茶斤重、園户姓名。又將其引就他園户再買茶，往來影帶，重疊私販。洎至敗獲，便虚指園户姓名。其承勘官司略不仔細詳察本案，利於追人，不以遠近，便行勾追。園户無處伸訴。本司已行下兩路諸州，今後承勘犯茶公事，仰依公仔細根勘。如通出園户姓名委是指實〔三六九〕，係屬別州縣，即取責買茶日時交付錢茶、將券或牙人等處逐一點證實情，關報所屬，就近依公仔細勘問的實。如不曾賣茶與無引之人，即取責當時照證詣實結罪，文狀回報本處照會施行，無容更似日前縱令人吏信憑犯茶人讎報私恨，虚攀園户。』都茶務相度：『欲産茶路分捕獲私茶，如元買園户係在一州，依元法勾追園户勘鞫〔三七〇〕。若係别州，依今來荆湖北路茶事司所申，仍委自茶事司，每季取索斷過私茶公案，逐一點檢，若稍涉不當，具事因按劾。若本司循情，亦許監司互按。』詔並從之。

宣和二年七月二十七日，詔：『茶鹽法令備具，無可增損，除鹽法近已降處分外，訪聞茶法緣省部不得干預，州縣觀望，奉行違慢。及沮抑客販，或不爲理索欠負，陳訴不絶。可自今除在京都茶場見在錢物及收支等事不許省部干預外，應見行茶法，三省專切推行。諸路州縣奉行違慢，及沮抑客販〔三七一〕，或不理索欠負等事，並仰尚書省具事因取旨，重行黜責。茶事司當職〔官〕或不能按治州縣〔三七二〕，令提點刑獄及廉訪使者互察以聞，仍並許民户越訴。其扇摇茶法者，除依見行條法補官給賞外〔三七三〕，更增立賞錢二千貫。許諸色人告，犯人除本罪外，仍以違御筆論。令開封府及都茶場出榜曉諭。』

十月七日，〔詔〕：『訪聞陝西、河東路近因推行錢法，平定物價，輒將買賣茶鹽錢一例紐定分數，有害客販。可應陝西、河東路買賣茶鹽並聽從便，其價直許隨逐處市色增減，官司不得輒有抑勒，立爲定價，虧損客人。如違，並依扇摇茶鹽法罪施行。仰尚書省劄下陝西、河東路監司，及令户部遍牒兩路州縣遵守。違戾去處，許客人徑詣尚書省越訴。』

三年二月二十一日，詔：『已降處分，兩浙、江東路茶鹽，權免比較，不得輒行抑配。』

二十三日，詔：『訪聞諸路州縣姦猾之人，賒買客人茶、鹽，並不依約歸還，致客人經官理索。旋置草簿，虚寫人户姓名、欠錢數目在鋪，全家走閃。官吏啓倖，憑據虚寫文簿勾追監理，（搔）〔騷〕擾良民，失陷客人錢本，有害茶、鹽大法。可令逐路提舉官嚴切覺察，今後有犯，並具案申尚書省，當議重行編配。』

三月二十九日，都茶場狀：『政和三年二月六日朝旨，應興販雜草木用作頭貨并收買拌和真茶，計所拌和數，並依私茶罪賞法〔三七四〕。近見在京并京畿等路州縣鋪户，自買客草茶入鋪，旋入黄米、菉豆、炒面雜物，拌和真茶，變磨出賣，苟求厚利。不唯阻害客販，實有侵奪買引課額。欲乞立法禁止，許磨工、知情人陳告。』詔：依政和三年二月六日指揮施行，仍許磨工、知情人告。

閏五月八日，提舉河北東路鹽香礬茶鹽事司奏：『相度客人販茶，若遭風水渰浸，乞開拆籠篰烘焙者，即令所至委驗封驗引官開拆。候烘焙訖，秤見斤重，别行封記。批鑿元引，照驗貨賣。餘路依此。』從之。

十五日，中書省、尚書省言：『潭州申，准重和元年十二月十九日御筆：今後買賣私茶牙人、鋪户、私販人，罪輕杖一百，編管鄰州。失覺察地分人，杖八十；公人、吏人並勒停，永不收叙。故縱，與犯人同罪，並不以赦降原減。看詳：保正長失覺察保内興販私茶，依條則有巡捕、公人、吏人合斷罪勒停，永不收叙外，其保正長因緣僥倖，避免差使。慮合止從地分人斷放，有此疑惑。』詔申明行下。

七月四日，詔：『在京及諸路州軍、縣、鎮客人已販草、臘茶，合同場大批茶數并不曾封記籠篰及無曆面，并(無)〔曾〕指改茶引者，特免根治。(目)〔自〕今降指揮到日，與限半月，許令自陳。在京於都茶場，在外於所止州縣投狀〔三七五〕，委官秤盤，重别用曆面封記。仍未得出賣，聽於都茶場别買新引。每一百貫對帶已販茶一百貫，經所至官司批鑿對帶訖，其新引聽往山場别販新茶。如不經官自陳而輒賣〔三七六〕，或私下旋行粘繫封頭曆面，罪賞並依私茶法。仍許諸色人或同行火下勾當人首告，給賞如法。』繼而都茶場劄子：『準上件朝旨，本場除已施行外，勘會客人已販茶如在外路，若令一一赴場請買文引，對帶出賣，深恐往回妨阻客販。今相度，如客人願就茶所到處，須用今降指揮日後所買文引〔三七七〕，對帶出賣，雖姓名不同，亦聽行使。仍令所在官司，並於引後批鑿。若輒用今降指揮日前所給文引對帶，若告首，罪賞並依今年七月四日旋粘封頭曆面朝旨施行。如官司批鑿違戾，令茶事司覺察按劾。餘依見行條法。』從之。

十五日，提舉荆湖南北路鹽香茶礬事司狀：『訪聞産茶州縣在城鋪户居民，多在城外置買些少地土種植茶株，自造茶貨。更無引目收私茶，相兼轉般入城，與裏外鋪户私相交易，或自開張鋪席，影帶出賣。洎至官司收捉，即稱係園户自要供家食用，緣此無由覺察，失朝廷歲課不少，從來未有法禁。本司今相度，欲今後城外園户如在城外本處採摘食用，〔共〕〔其〕與有引客人交易，聽從其便。其城内鋪户或居民於城外有茶園，將採造到茶般入城，並乞依客販茶法買引，親自批鑿斤重，隨茶入城，依法從便供家食用，或轉販與鋪户交易。若園内所産茶少，不及一引之數，許令經官批鑿，貼販施行。如不用引，並乞依私茶法，庶絶影帶盜販之弊。』批送都茶場勘當。本場今勘當，欲依本司所乞施行，餘路依此。從之。

八月二十五日，詔：『今後應茶場事務，並依舊三省措置推行，仍應奉司專行。』

九月十七日，詔：『應所在官司見拘管客人無曆面封頭等茶，除將引外剩數聽買引出賣外，其餘正數并無剩茶，並特免買引對帶，令隨處官司放封頭曆面，即時放行。』

十月四日，大理寺參詳：『園户輒賣茶與無引人，及雖有引人而過數，及買之者，既杖罪，不以赦降原減。其徒以上罪，舉輕明重，自合依元降御筆，不以赦降原減。所有諸條内該載依私茶法，本條既無不赦之文，即合從本條定斷。其買賣私茶牙人、鋪户私販之罪輕，並合依御筆斷遣，不以赦降原減〔三七八〕。』從之。

五日，都茶場狀：『準尚書省批送下提舉荆湖南北路鹽香茶礬事司狀：「承御筆，每長引一百貫，許販茶一千五百斤；短引每一十貫，許販茶一百斤〔三七九〕。今來朝廷復增斤重，大段寬恤，自是客販得行。本司今訪聞尚有不顧刑法之人，豫將錢物計會官中造籠，作頭寬大織造，收買前去剩帶斤重。其籠篰，雖有委官監造及差官隔手製撲之法，所委官多是並不親臨。若津置茶籠到合同場，亦是用財計會專秤於乘發茶擁併之際，並不依法逐籠秤製，只是揀點斤重輕小之籠影庇其餘之數，遂便放行。雖有聖旨斷罪，及經過場務許檢察之法，洎至中路事發，客人多是攀援政和六年十月三日勑旨内備到大觀二年十月十五日勑旨，更不許人告論，官司亦不得受理。本司今相度，欲乞合同場合干人受財秤盤不如法，自合從重禄法斷遣外，其監官失檢察，若三十斤以上〔三八〇〕，如知情故縱；及造籠作匠乞覓錢物，大織籠篰；并監造官、製撲官並不親臨，致得寬大剩帶茶貨。乞嚴立法禁。」後批送都茶場勘當。本場檢准宣和二年十月朝旨，客人魏翔等狀。今來諸路合同場並行重禄法，其間有倚法爲姦之人，計會合同場大帶斤重。奉聖旨，如獲魏翔等所陳違犯之人，未得斷遣，具案申尚書省。本場堪會，客人若計會合同場大帶斤重，其監官知情或不覺察，欲并令隨事取勘，具案聞奏，量輕重取旨。』從之。

十一月四日，户部奏：『兩浙、江東産茶浩瀚，近緣方賊驚劫園户，踐踏茶園，阻隔道路，所收錢引大段虧欠。今已平蕩賊徒，理當措置優恤園户。今相度，欲委自逐路提舉茶事官專一措置，多方招集園户，復令歸業。如委因賊徒驚劫貧乏園户，即以本司應管茶事官隨驗園户出茶多寡〔三八一〕，分立等第，依常平法借貸一次。如無，或不足，聽於常平司朝廷封樁錢内借支，作三料帶納。』從之。

四年六月二十五日，都茶場狀：『準尚書省批送下淮南提舉鹽香茶礬事司狀，檢準敕，應代支私鹽賞錢，並責透漏地分人與犯人均。備候私鹽屏息〔三八二〕，鹽課增羨日依舊。本司今相度，乞應代支私茶賞錢，並依上件鹽賞已得指揮施行。本場今勘當，欲依淮南茶事司所申事理施行。』詔依都茶場所申。

十二月八日，尚書省擬修下條：『諸渠、合州、長寧、瀘川軍所産茶，輒出本州界，及夔州路茶入潼川府通販川茶地分者，並依私茶法。當職官故縱若透漏，聽榷茶司按劾。右入潼川府、夔州路并榷茶司敕。』詔依。

六年閏三月三日，提舉兩浙路鹽香茶礬事李弼孺奏：『契勘鹽、茶課利，正係今日財用大計。其取會事務，並係緊切，照應準備朝廷取索文字。訪聞諸州縣自來報應稽緩，如被受朝旨取會，並乞限當日回報，餘依舊；三經舉催，不與完備回報，亦乞立定斷罪刑名。』詔依户部所申〔三八三〕。如違，從杖一百科罪。

五月十一日，尚書省言：『提舉荆湖南路鹽香茶礬事閻孝忠乞：應客人買到茶，並令於最近處縣或合同場秤製。不得隔驀卻就遠處。若所去縣或合同場雖有近處，卻不通水路，其次遠處卻可通水路，委於客人順便，即自合於通水或順便去處秤製。』從之。

九月一日，詔：『都茶場隸屬應奉司外，其事一按治諸路違戾，可疾速行下。諸路提舉茶事官，仰躬親巡歷，嚴切戒飭州縣，遵奉成法，禁戢私茶，杜絶姦弊。應商賈陳訴及理索欠負等事，並依條盡理施行，不得少有抑遏。違戾州縣具名按劾，當議重行黜責，都茶場常切覺察以聞。仍檢會宣和二年七月二十七日指揮，申嚴行下，及令都茶場出榜曉諭。』

九日，尚書省言：『總轄都茶場所狀，都茶場劄子：「兩浙茶事司公文稱，無圖之事，希求賞錢〔三八四〕。結合浮浪人作牙，凑合興販短引一兩道，於鄉村巡門俵賣，收藏文引，不令買人批鑿。經官告首，每引動經一二百户，官司更不推究賣人匿引情弊，務在勾人搔擾。將買茶人斷罪追賞等〔三八五〕。今相度，欲今後應州縣勘斷犯茶公事，並具元犯事因斷遣刑名，報提舉茶事司看詳。及具一般事狀，報都茶場詳審。如涉違戾不當，及不行申報，其元斷當職官吏，許本場具因依申朝廷，乞重賜施行。」』詔令申尚書省。

十一月十九日，詔：『茶法之成，推行日久。前後申明條約，已得詳盡，有司務在遵守。竊慮姦人妄生事端，以惑衆聽。仰榷貨務分明出榜曉諭客販知委，如有妄説事端之人，許諸色人陳告。當議重行處斷外，賞錢五千貫文〔三八六〕。以犯人家財充，不足，以官錢支。』

二十七日，中書省言：『都茶場狀：「勘會客販茶經過州、縣、鎮税務，依政和四年十月七日朝旨，各輪差欄頭一名，管勾批引、驗封、收税等事。支破重禄食錢，州八貫，縣七貫，鎮五貫文。昨緣行舊法，免税，不入税務，其州、縣差欄頭，食錢更不支破。止差重禄人吏一名，相兼主管，日支食錢二百文。近准宣和三年八月二十七日朝旨，既已依舊納税，其批引、改指等自合税務主管。所有州、縣、鎮輪差欄頭重禄食錢，緣未經申明，伏乞詳酌指揮施行。」』詔依政和四年十月七日指揮施行。

七年正月二十二日，中書省、尚書省言：『都茶場狀，提舉江南西路鹽香茶礬事司狀：「切詳政和八年七月十二日指揮〔三八七〕，内短引茶如違限不到合同場〔三八八〕，更不行用，其茶依私茶法。未審止爲將茶依私茶焚毁，唯復亦合以茶數依私茶法斷罪理賞？或元限已滿，不曾買到茶貨，亦未審合如何施行？若不申明，切慮奉行抵牾。」都茶場勘會，客販短引茶，依法，自請買籠篰日立限赴合同場秤盤。如出違所給日限，其引更不行用，茶依私茶法。元降指揮，即無斷罪之文，止合没納入官。緣係有引正茶，合估價召人請引興販，即不合焚毁。若元立日限已滿，不曾買到茶貨，其引，更不在行使之限〔三八九〕。所屬官司合勾收元引，毁抹入官。今勘當，欲申明行下。』詔：茶依私茶焚毁，餘依都茶場勘當到事理施行。

三十日，尚書省言：『江南東路提舉鹽香茶礬事司狀：乞今後應客鋪於園户處買到茶，其園户故不批引，及客鋪藏匿文引，不令園户批鑿，乞指揮施行。』詔：客販茶至住賣處，買人不驗引收買，及客人藏匿文引，依已降指揮，斷罪理賞施行。

三月十一日，詔：『茶法舊無立額比較收税法，其比較賞罰及納税指揮並罷。餘悉依舊。』

四月一日，中書省、尚書省言：『都茶場狀：勘會客茶籠篰昨承宣和元年三月十五日朝旨，於籠篰曆面，蓋底用紙題寫合同場、年月日、客人姓名、去處、某色、斤重、字號、料數。』詔依宣和元年三月十五日指揮施行。

八月十日，尚書省言：『總轄都茶場所奏：訪聞客販長引茶有已經收買籠篰及一年，尚未買茶，官司亦不體究因依，又再行展限半年。不赴合同場秤製，顯見往復影帶私販，虧損引錢不少。欲乞本場將賫到書引拘收毁抹，更不改驗新引。今後依短引法，將販長引自請買籠篰日立限一季，須管赴合同場秤發。仍計往回程外，如違限不到，應干約束，並依短引法施行。』從之。

同日，尚書省言：『都茶場狀：勘會鋪、磨户以他物拌和真茶，依法計茶數合從私茶法加一等科罪。訪聞近來在處結集羣黨，不往官司陳告，直入鋪户、磨户之家，以收捉爲名，搔擾乞覓，或自帶雜物，贓誣捉送官司。上下通同，利於乞受追賞。不容辨説〔三九〇〕，便作私茶斷罪。致使鋪户畏懼停閉，不敢收買客茶，有害茶法。欲自今如鋪户、磨户若以他物拌和，聽諸色人指定實跡，依法經官陳告，不得擅行收捕，亦不得稱疑。官司審量，遣人收捕，根勘詣實，依條施行。如所勘别無拌和情犯，其告人，據所告之罪依條反坐。乞令所屬於要閙處出榜曉示。』從之。

同日，尚書省言：『都茶場狀：勘會客販茶，依法已經合同場秤發，沿路不許人論告剩茶，官司亦不得受理。若元起發處有秤勢高下，些少附搭斤重，又許至住賣處，未堆垛前限二日，經官自首免罪，買引出賣。訪聞豪猾商賈計會合同場大裝斤重，或自將籠篰增添高大，所帶剩茶過多。欲自今客販茶如經合同場秤發後，若過州縣，許自首剩茶。如不曾陳首，許諸色人陳告，官司限一日秤盤，並依法施行。餘依見行條法。其元秤發官司，欲乞今後如客人陳首剩茶并因人陳告，依元法各遞加一等科罪。』並從之。

十一月十五日，詔令諸路提舉茶事司，疾速開具州縣自今年正月後來至九月終批發、住賣茶數，比前一年有無增虧，申都茶場類聚聞奏。

同日，詔：『諸路茶事，各有提舉官屬并州縣當職官吏等專一任責。除私販憲司自合依條覺察禁戢外，其茶事，（自）〔目〕今應監司使命等非本職〔三九一〕，并不許越職干預，並勾呼借差主管茶事公吏等。如違，並以違制論。』

二十二日，詔權發遣福建路轉運副使趙岍、轉運判官唐績〔三九二〕，措置造茶有方，並特令再任。

十二月二十一日，罷都茶場，依舊歸朝廷。以上《續國朝會要》。

高宗建炎元年五月十八日，發運使梁（楊）〔揚〕祖言：『茶鹽舊係太府寺都茶〔場〕、榷貨務印造鈔引給賣，以贍中都。比金人退師，道路未通。詢訪真州係兩淮、浙江外諸路商賈輻湊去處，除東北鹽乞令依舊就於榷貨務給賣外，其東南茶鹽乞選委通曉財利官提領。依太府寺等處印造，於真州置司給賣。』詔梁（楊）〔揚〕祖差兼提領茶鹽事，工部員外郎楊淵同提領〔三九三〕。

既而，提領司條畫下項：『一、契勘昨來兵馬大元帥府印賣東南、〔東〕北鹽鈔引，已承朝廷指揮住印外，其茶事司印賣茶引，亦合住罷。未賣引更不出賣，併已買未販，及已販未賣，並合與今來茶引一衮通行。一、茶鹽錢欲乞更賜約束，除朝廷指定窠名支用外，其餘雖承受諸處備坐到前後泛言，不以有無拘礙剗刷取撥錢物指揮，並不許支撥。如諸處取索文字，亦不得回報。若有違戾，許本司按劾。』從之。

二十七日，尚書省言：『提領措置茶鹽事梁揚祖申請，乞以提領措置茶鹽司爲名。緣在京榷貨務見行出賣東南鹽鈔，并都茶場見賣東南茶引，即非盡行提領。』詔以『提領措置真州茶鹽司』爲名。真州務場置罷。

六月十六日，詔：『真州鈔引〔三九四〕，止用見錢入納，自今年七月十五日爲始。』

十月二十一日，都省言：『諸州縣有椿下私茶、鹽、礬賞錢，一州一縣各椿一千二百貫文，且以江東路十州軍四十八縣，計六萬九千餘貫。望降睿旨，令東南諸路州縣，每處依舊椿二百貫外，各將餘錢一千貫計綱起發赴行在交納，應接支遣。卻令州縣別行收簇椿管上件賞錢。』從之。

二年二月三日〔三九五〕，詔：『真州榷貨務與行在印賣鈔引併爲一司〔三九六〕，以行在榷貨務爲名。各依舊隨置局，梁揚祖、楊淵依舊提領。』以黃潛（善）〔厚〕言：車駕駐蹕揚州，去真州只五十餘里，又水陸相通故也〔三九七〕。

四月二十二日〔三九八〕，中書侍郎、兼專一提領措置户部財用張慤言：『内外官司各有拘收到茶、鹽萬數，貯積日久，枉有銷耗。欲望令尚書省取見在實數，付行在榷貨務都茶場，許客人買鈔引。以本場至本處地理遠近量搭入腳錢，定立鈔價。其鈔引别立字號、式樣，分明開説，召客人入納見錢承買，就所在請領興販。』從之。

十二月十二日，詔：『行在都茶場據福建路額合賣茶引，從所屬官司印造，前期差官押赴本路。令茶事司招誘客人入錢請買，更不得抑配州縣。自今州縣有敢以招誘爲名，科率民户、僧寺出買錢引者，茶事官先坐之。』以臣寮言『祖宗以來，福建路茶商興販自便。近歲始令往東京買引，往返幾萬里。茶司遂配抑州縣，致有科擾』故也。

三年二月十六日，德音：『近緣巡幸，已降指揮，分立一司，就江寧府召人算請茶、鹽。可令逐路提舉茶鹽官廣行招誘。』

五月十五日，户部侍郎葉份言：『産茶州軍專置合同場共一十八處，例各端閑，虚費廩粟〔三九九〕，欲乞並罷。州委職官一員，縣委知、令兼管。』從之。舊法：諸路産茶州軍各置合同場。以每歲産茶及四十萬斤以上，差文武官各一員。自減罷後，紹興五年，提舉江西茶鹽趙不已乞於洪州、江州、興國軍三處，各專差合同場監官一員。提舉荆湖南路茶鹽司乞將潭州合同場專置監官。紹興十八年，福建茶事司乞將建州合同場專置監官。皆從之。

八月十八日，行在都茶場言：『欲依在京例，如客人願將榷貨務關子并請茶引者，聽。仍送榷貨務勘會毀抹，令本務將上件算關子錢樁作本場茶引錢。』從之。

九月十日，詔：『國家養兵，全藉茶鹽，以助經費。近來州軍把隘官兵，以搜檢姦細爲名，非理搔擾，致客人畏避，有妨摺運舟船變賣物貨。令所在通、知，多方禁止。犯者，具姓名申尚書省，並依軍法施行。』後又詔：『將校、隊長之類，知情容縱，與犯人同罪。失覺察者，減一等。統領官，令提舉茶鹽司具名以聞。』

四年四月十九日，行在提領措置茶鹽司言：『逐路州軍合同場如經燒劫，號簿不存，客人無憑勘合。乞令合同場保明給據，付客人齎至行在都茶場。看驗元引，出給合同，遞牒前去，秤製放行。』從之。

七月二十四日，行在提領措置茶鹽司言〔四〇〇〕：『客算茶、鹽鈔引，依法合用號簿，以革姦僞。近緣道路梗澀，恐致號簿不到，留滯客人支請。權用摺角實封，遞牒令客人自齎前去。今來道路已通，欲並依舊差使臣，管押合同號簿，赴茶鹽倉場，照驗支發。』

二十六日，都茶場言：『知池州李彥卿申：販茶長短引法，並限九年流轉。至買籠篰日爲始，長引限一年，短引限半年。繳到長引，許隔路（知）〔如〕引通商，一路州軍流轉。立限稍寬，又無久留影販之弊，實爲良法。近降指揮，給賣食茶小引〔四〇一〕，不得出産茶州縣界〔四〇二〕，以都茶場給引日通賣茶。理限一季，更無流轉之法，亦無除程明文。加之軍興，道路艱阻，竊慮客販爲見限窄，算請不廣，有誤朝廷經費。今檢準政和七年九月十五日朝旨節文：産茶州縣人户食茶，許納錢買小引。販客自算請日限一季，有故展一月。緣都下至産茶州軍程途窵遠，請販之人以引限逼窄，少肯算請前去。有旨，依元限與加倍。欲乞今後請算産茶州軍食茶小引，除見置場給賣路分依舊理限外，有其餘，諸路行使引限，並乞依上件政和七年九月十五日指揮施行。』從之。

十月二十四日，尚書省言：『勘會津渡堰閘〔經過〕客販〔茶〕鹽船，如敢非理阻節，亂行拘截，係依軍法。

若不論情犯輕重，盡用上件斷罪，切慮未得適中。州縣以其刑名太重，不肯用心檢察，卻致滋長姦弊。』詔：『前件軍法指揮更不施行，今後如有上件違犯之人，並從徒三年斷罪。』

紹興元年二月十七日，户部侍郎兼提領榷貨務都茶場孟庾言：『據提轄任點申：建炎三年九月内，承朝旨別印造一等食茶小引〔四〇三〕。每引五貫文，許販茶六十斤，不得出本州界貨賣。切詳茶貨自今通行去處，並係産茶路分，依法自有短引興販。其食茶小引，不唯比短引增添斤重，暗虧引錢；兼既不出州界，即無經歷官司檢察，往來影販之弊，實害茶法。欲乞今後住罷食茶小引。其已賣過引，令提舉司指揮州縣嚴切檢舉，依限繳納入官毁抹。又任點言：客販茶，依法至住賣處，經所在州縣驗引訖，官爲批鑿，方許出賣。候賣盡，其引隨處繳納、毁抹。近來賣盡者，多是不將文引赴官繳納，官司苟簡，更不拘收，致影帶私茶，爲害不細。今乞客人日後販茶至住賣處，州縣驗引、批鑿訖，仍置籍。批上客名、文引、料例、字號、茶數，候賣盡，繳引到官，限一日銷籍。若驗引訖，不抄籍及繳引，不依限勾銷，並依繳引違限條科罪。庶以關防，革去私販之弊。』從之。

三月十二日，任點言：『乞今後所販長引茶，權依短引法。榷貨務契勘：長引茶許往路分，即日道路梗阻，欲乞自今後權行住罷給賣長引。其已算長引茶，即乞依已申請，權依短引法，經過縣分驗引檢察，並候長引路分通快日依舊。』從之。

四月九日，任點言：『勘會客販茶經過去處，依法長引經州、短引經縣檢察，別無私販，許放行，不得過一日。訪聞州縣並不仔細檢察，致客販之人夾帶私茶，走失課入，蓋緣未有約束斷罪推賞之文。欲乞今後客茶經過，州縣檢察如有透漏夾帶私茶去處，其當職官並計數依捕盜官透漏法科罪。如能檢察出私茶，即依命官親獲私茶格推賞。』從之。

五月十二日，孟庾言：『福州申：本路都大巡茶使臣二員，舊來建安縣界置司。昨因建州兵火殘破，移往福州置司。今來建州收復日久，自合依舊。兼於産茶州軍近便，可以巡察私茶。』從之。

十七日，孟庾言：『茶客買到文引，在法，令先於合同場勘驗。請買籠篰，就往山場園户處買茶，裝盛入城，赴合同場秤製，封印批發。今冒法規利之徒，買到茶入城，多不往合同場秤製，便徑赴茶磨户、牙人之家賤價貨賣，再執文引出城買茶，往來影販，從來關防未盡。欲乞今後令州縣出給印歷，責付監門官吏，遇客人買到茶入城，即驗引抄上，即時具客名、料例、字號、茶籠篰斤重數目，關報合同場照會秤發。又令主管茶事官〔四〇四〕，每十日一次參照檢察，所貴關防周盡，杜絶私販之弊。』從之。

二十八日，行在都茶場言：『看詳客人用引買茶入城，徑赴磨户、牙人之家賤價偷賣，即係輒於沿路私擅出賣。依政和四年四月二十二日朝旨，斷罪告賞，並合依私茶法。如客茶入城，門攔兵級等不關報合同場照會秤發，欲依合同場秤發引茶等不關報合同場違限條科罪。若容縱私茶入城，受倖故不關報合同場，即乞依當職官并巡捕官所管諸軍公人將捉到私茶減尅不送官敕條施行。』從之。

六月十七日，詔：『今後官司申陳闕乏，更不降給茶、鹽鈔引，令榷貨務常切遵守成法施行。』

二十九日，行在都茶場言：『乞今後客茶，合同場批發前去指定州縣住賣，在路實有艱阻，日下經所到官司陳乞，批上文引，候路通日，依元程限可以到所指去處，即批發前去。若計程已違所給日限，客人只於所到州縣住賣繳引者，令州縣委官照引，逐一點檢。如委無虚僞及夾帶私茶，即權比附依政和五年六月二十六日指揮施行。仍報主管茶事官檢察，並候路通日依舊。已上如不曾依限陳乞批發，致出違日限，自依本法。』從之。

十月二十一日，知樞密院事、宣撫處置使張浚言：『朝奉大夫、直祕閣、專一總領四川財賦趙開，自建炎三年内推行祖宗賣引法措置出賣茶引，至四年終，收到息錢一百七十餘萬貫。計置買馬，實有勞効，理宜旌賞。臣除已恭依所得便宜黜陟處分，將趙開特轉一官外，欲望與開優陞職名。』詔：趙開與除直顯謨閣。

十一月二十六日，户部檢會提舉兩浙西路茶鹽公事梁汝嘉言：『州縣捕獲私茶，依法勘證，並行當官焚毁，誠爲可惜。切見有引没官茶，許客人納茶價，出給文憑，前去都茶場請買，不住山場交引興販[四〇五]。今相度，今後捉獲私茶，乞並依没官茶法。』詔依，諸路準此。

十二月十九日，提舉江南東路茶鹽公事陳鑄言：『契勘客人般販茶、鹽往所在州縣住賣，依法賣訖，鹽袋限五日、籠篰限十日繳納入官。州城委自都監，縣鎮委自尉司，置簿拘收。税務逐時據客人住賣茶、鹽，當日具合拘收籠、袋數目關送[四〇六]，其縣尉多是不在本縣。及至客鋪送納，往往都無交納去處，留滯在外，引惹姦弊。今相度，除州城并倚郭縣依舊令都監管當[四〇七]，所有外縣鎮，縣委知縣、鎮委鎮官置籍拘收，監視燒毁。餘依見行條法。』從之。

二年正月二十七日，提舉兩浙西路茶鹽梁汝嘉言：『勘會客人般販茶貨至住賣處，各有所給程限。近緣浙西州縣運河水淺，軍馬、客販舟船壅塞，重船難於行運，委是有妨興販。今相度，應客人請買茶貨，如願經由海道般販者，欲乞依鹽事已得指揮，權許聽從客便。仍令稱製批發官司，於引背分明批鑿出入海口，官司檢察，驗引批鑿放行。河水快便日依舊。』從之。

五月七日，提舉兩浙西路茶鹽公事夏之文言：『巡捕官，帶兼巡捉私鹽茶，如有透漏，罰格太輕。如一任内別無透漏，亦無推賞，是致得以弛慢。契勘昨來透漏私鹽，已降指揮，依正巡捕官斷罪；如任滿別無透漏，依《元豐鹽賞格》，與減一年磨勘。緣茶、鹽法事理一同〔四〇八〕。』詔巡捕私茶賞罰，並依紹興二年五月一日鹽事已降指揮施行。

三年正月十五日，刑部言：『提舉兩浙西路茶鹽夏之文奏：「檢會紹興元年十二月三日都省劄子，勘會國家養兵之費，全藉茶鹽之利，日近守令官司玩習怠慢，全不禁戢私販。奉聖旨，應私販茶鹽，並不用蔭原赦。又，《紹興敕》諸律與敕兼行，文意相妨，從敕；其一司一路有別制，從別制。今准九月二十日赦恩，據所屬申明見禁犯茶、鹽公事，合與不合引用《紹興敕》作非次赦恩原免？本司契勘：《紹興敕》諸海行條内稱，不以赦降原〔減〕，除緣姦細或傳習妖教、託幻變之術，及故決、盜決江河隄堰已決外，餘犯若遇非次赦，或再遇大禮赦者，聽從原免。又緣茶、鹽約束斷罪等各有專法，未審合與不合引用海行條原放？九月二十六日有旨，應私販茶鹽，雖遇非次赦恩，特不原免。本司檢准《紹興敕》：諸犯罪未發及已發未論決而改法者，法重，依犯時法；輕，從輕法。伏詳今降指揮，本緣冒法之人侵耗國計，務要禁戢私販，故專降指揮特不原非次赦恩。兼詳所降聖旨，亦無今後之文，若或便將似此犯人不原九月四日赦恩，緣犯時終未盡降不原非次赦恩指揮〔四〇九〕，又慮合作建格改引敕原委，免有疑惑。并小貼子：看詳九月二十六日指揮，應私販茶、鹽，雖遇非次赦恩，特不原減。如再遇大禮赦，未審該與不該原減？小貼子：照會《紹興敕》諸海行條内稱，不以赦原減。除緣姦細或傳習妖教等外，餘犯若遇非次赦，或再遇大禮赦者，聽從原免。亦未審一司一路一州一縣條法内該載不以赦降原減，若遇非次赦，或再遇大禮赦，合與不合原減？仍乞一就申明施行。」本部尋下大理寺參詳。去後據大理寺申：「寺司衆官參詳，若私販茶、鹽，犯在紹興二年九月二十六日指揮已前，依敕合作犯罪。未論決而改法，法重依犯時外，依《紹興敕》稱，不以赦降原減。除緣姦細或傳習妖教、託幻變之術及故決、盜決江河堤堰已決外，余犯若遇非次赦或遇大禮赦者，聽從原免。即是一遇非次赦，與再遇大禮赦，立法一般。今來私販茶、鹽，既專降指揮，雖遇非次赦，特不原減；即再遇大禮赦，亦不合原減。所有一司一路一州一縣條法内稱不以赦降原減事，既非海行法，若遇非次赦，或再遇大禮赦，亦不合原減。」本部欲依本寺所申行下。』從之。

二月二十五日，詔：『茶園户自請引販茶，如引不隨茶，並依客人興販引不隨茶條法斷罪施行。』

三月四日，福建轉運判官徐宇言：『紹興二年未發大龍鳳茶，計一千七百二十八斤。以去歲盜發建州，茶工不給，欲展三年補發。』上曰：『當盡蠲免，不須更令補發，亦所以寬民力也。』

六日，大理寺言：『本寺昨因渡江，散失條制之後，一司專法編録不全，每遇檢斷犯私茶、鹽公事，不免旋於臨安府取會專法。非特留滯案牘，兼恐供報漏落，因致引用差誤。欲乞下本府將前後茶、鹽法并續降指揮，責限一月，編録成册。官吏保明，委無差漏，送寺收掌，以備檢用。所有日後續降指揮，亦乞申嚴有司，依條限謄報，下寺施行。』詔臨安府係駐蹕州軍，事務繁劇，改令嚴州限一月抄録成册，送本寺收掌。

五月二日，提舉荆湖南路茶鹽公事司言：『斷絶私販茶鹽，惟(籍)〔藉〕給賞激勸告捕之人。州縣緣盜賊之後，皆闕錢椿垜。』詔：『逐州縣四色共椿三百貫通融支用。如係闕錢去處，令提鹽司具的確錢數關提刑司，於合發經制錢内取撥椿垜，不得占吝。具已支過錢數申尚書省。』

六月四日，江西提舉茶事趙伯瑜言：『檢準宣和七年六月五日朝旨：州委通判、知縣專一督捕私鹽〔四一〇〕。其私茶，未有依此明文，欲望申明行下。』從之。

八月七日，榷貨務都茶場言：『客人般販茶鹽到住賣處，欲用牙人貨賣者，合依已立定係籍第三等户充牙人交易。如願不用牙人，自與鋪户和議出賣，或情願委托熟分之人作牙人引領出賣者，即合依政和四年十二月二十四日朝旨，聽從客便。』從之。

十一月二十三日，詔：都茶場依左藏庫例〔四一一〕，添置大門監官一員。

四年三月十六日，户部言：『檢準紹興三年三月九日指揮，今後告獲牙人接引貨賣私鹽罪賞，並依正犯人法。欲乞今後告獲牙人接引買賣私茶之人，並依接引賣買私鹽人已得指揮施行〔四一二〕。』從之。

七月十八日，殿中侍御史魏矼言〔四一三〕：『竊見今秋明堂大禮，陛下屢降德音，務從簡儉，又令有司照應紹興元年體例施行。誠知宗祀以交神明，在誠德而不在繁文，所以内惜國家艱難之費，外省州郡輸貢之勞，因民心以享天心也。檢會紹興元年賞給數内，建州臘茶並不曾催發，亦不曾支給，知其無益于實，人亦不復覬覦矣。訪聞户部今歲拋買大臘茶，自五月開務，至今纔發得一綱。園户騷動，（陪備）〔焙傭〕失業，實爲可憐〔四一四〕。況建州自經葉濃、范汝爲之亂，户口凋殘，瘡痍未復。其民方集而易動，其俗喜兵而難安，州縣當思無以撫存之〔四一五〕，不宜以細故，重使失業也。臣愚欲望降旨，除已發一綱外，其餘臘茶，許令依紹興元年賞給特行蠲免，更不起綱。』詔依紹興元年例施行。

五年四月十三日，倉部員外郎、檢察福建、廣南東西路經費財用公事章傑言〔四一六〕：『據建州申，遞年合發省額茶二十一萬六千斤。自建炎二年後來，因葉濃作過，逐年只起罷科茶錢。至紹興四年，因大禮，蒙拋買賞給茶五萬斤。以是難買，繼蒙朝旨蠲免四萬斤。今准户部符：「檢會紹興五年分本州合發省額茶二十一萬六千斤，仰計置依限起發。」續準都督府劄子：「准尚書省闗〔四一七〕，勘會建州合發上供茶盡起本色，赴建康府交納，令客人請買。前去以北州軍，係已指擬淮南支用，不可全行減免。已得旨：特與減三分之一折起價，餘二分起發本色。」州司照對，若令收買二分茶，即計一十四萬四千斤，比之紹興四年，幾增三倍，委是收買不行。乞申明朝廷更賜減免。傑契勘建州遞年買發省額片茶〔四一八〕，係隔年預借本錢，支俵園户計置，拍造入中。後因兵火，園户逃亡，製造省少。今來卻體訪得建州管下自來磨户變磨末茶成袋出賣，多有客販往淮南通、泰州。取會得建州每年批發上件茶引二十餘萬斤。今欲乞將建州合發省額茶，且權依紹興四年例起發五萬斤，餘並折價錢，委自本州收買末茶一十五萬斤，赴建康府交納。』從之。

六月十八日〔四一九〕，詔：『福建路轉運司并建州每年合起大龍團鳳并京鋌茶〔四二〇〕，並自來年爲始，減半起發。』先是，上言：福建歲有上供龍鳳團茶，數目甚多，今賜賚既少，無所用之，枉費民力。故有是詔。

七月二十三日，臣寮言：『州縣之獄有不能即決者，私商敗獲，根究來歷是也。且販私商者，皆不逞之徒。有敗獲禁勘，而素與交易者多不通吐，以爲後日販鬻之計。所牽引者，類皆畏謹粗有生計之人。官司不追證，則謂之結勘滅裂；一追證，則無辜者受弊，且以快其平日不與交易之憤。暨至明日得釋，有不可勝言者矣。

司獄利其如此，又根究而別追治，是致獄户填滿，嚴冬盛夏，死損者常有之。豈不上累仁聖之治，孤欽恤之意乎！夫産茶、鹽地分根究來歷者，故欲止絶私商。而小人用意如此，交易者以其不通吐而無復疑，畏謹者恐其結讎恨而不敢拒，是使不逞者愈得意於其間也。臣謹按祖宗法，應犯榷貨，並不根究來歷，止以見在爲坐。今若不問是與不是産茶、鹽地分，一切不根究來歷，止以見在結斷，不惟囹圄可致空虚而私販者即伏，刑憲亦將止息矣。』詔令户部限三日勘當，申尚書省。既而户部言：『據榷貨務都茶場勘會，不係出産州軍捕獲私販茶鹽之人，依法自不許根究來歷。其出産州軍捕獲私鹽，如係徒以上罪，及亭場禁界内杖罪，及獲私茶，並合根究來歷。雖有《紹興令》稱：犯榷貨者不得根問賣買經歷處，即係海行條法。緣《紹興敕》内該載一司有別制者，從別制。又緣諸處私茶、鹽並係亭灶、園户賣與販人，今若一概不行根究來歷，深恐無以杜絶私販之弊，卻致侵害官課。今欲乞遵依見行茶、鹽專法施行。』詔：依户部勘當到事理。如犯其餘榷貨，並以臣寮所陳施行。從之。

八月十六日，福建路轉運司言〔四二二〕：『據建州買納茶務監官申，昨來章傑申請，乞買末茶往建康府召客人販。緣末茶滋味苦澀，性不堅實，不堪經久，委是將來有失官本。』有旨：前降收買起發末茶指揮，更不施行。

十一月二十三日，詔：『私販川茶已過抵接順蕃處州縣，於順蕃界首及相去僞界十里内捉獲，犯人並從軍法。若入抵接順蕃處州縣界、未至順蕃界首捉獲者，減一等。許人捕，所販物貨並給充賞。如物貨不及一千貫，即依紹興五年十月三日已降指揮支給賞錢。其經由透漏州縣，當職官吏、公人、兵級並合減犯人罪一等。』

九年八月二十六日，宰執進呈户部員外郎孫邦奏：『私酤條已免拆屋，私茶鹽尚有籍没法，亦乞蠲除。』上曰：『法若果弊，固不可不亟改。若行之已久，無甚大害，且循祖宗之舊可也。』

十二年四月二十八日，户部言：『據浙東提舉茶鹽司具到本路州縣紹興十年一全年批發、住賣茶增虧數目，并合賞罰當職官名銜，申乞取旨，賞罰施行。』詔：最增去處，當職官與陞一年名次；最虧去處，當職官各降一年名次。

五月八日，刑部言：『湖北提舉茶鹽賈思誠劄子，檢準紹興十年六月十九日敕節文，刑部看詳：茶園户有違犯條禁，依法合追賞者，如係二罪已上俱發，只從重賞追理。本司看詳，犯茶人情犯不一，假令初一日甲使乙擔私茶二十斤，往州西販賣；初二日，甲又使丙擔私茶五十斤往州東販賣。未賣過間，初三日，州西者爲弓手捉獲，州東者爲土軍捉獲，同日到官，即是二罪俱發。州東者爲重罪，若只據五十斤追賞，未審弓手合與不合與土軍均給賞錢？亦未審販茶客人二罪俱發，合與不合從重追賞？下大理寺看詳，據本寺衆官參酌前項事理，緣依律，二罪以上俱發，以重者論。既斷罪從一重[四二二]，其賞亦合從所得（重）重罪追理。若逐項告獲同日到官，難以止給告獲重罪之人，即欲乞比附「應賞而係二人以上者分受，功力不等者，量輕重給之」條法施行。其茶園户犯私茶二罪以上俱發，亦合從重追賞。本部尋行下都茶場去後，今據本場申：切慮追賞數輕，少肯告捕，使冒法規利之徒得以爲姦，侵害客販，有虧課入。今欲乞下法寺重別擬定立法施行。據本寺重別參詳上件因依，不須立法外，其私茶公事各被逐地分人告獲，同日到官，合行各追賞錢。如係一名或二人以上共告獲者，即合依紹興十年六月十九日指揮，從一重追賞，內二人以上均給施行。所有販茶客人二罪俱發，亦遵依今來所降指揮施行。』從之。

六月二十七日，户部言：『契勘福建臘茶長引，依法許販往産茶路分并淮南、京西等路州軍貨賣。緣淮南等路已置榷場，給降臘茶前去充本，折博支用。切慮客人冒法私相交易，欲乞將福建臘茶長引並不許販往淮南、京西等路，止於江南州軍貨賣。仍令沿江州軍常切檢察施行。』從之。

九月十三日，赦：『潭州合起紹興六年至八年分拖欠大方茶價錢，昨已令放免一年〔四二三〕，其餘一半，分限三年帶發；及九年、十年分合起錢，已令限一年作兩次起發，可並與放免。其紹興十一年分未起數，令限一年作兩次起發。』

二十三日，户部言：『據行在都茶場申：勘會客販諸路草末茶〔四二四〕，在法並有限定許販斤重，惟福建路臘茶即與諸路草末茶大段不同。訪聞冒法射利之徒，多與山場園户私相計合，將上等高品茶貨，卻作下等細〔茶〕計批引，請囑合同場公吏通同作弊。以至經由海道，抵冒法禁，理合隨宜措置。今條具下項：

一、今措置福建園户等處臘茶，自今降指揮到日，不許與客人私下交易。如違，依臘茶法斷罪追賞。並仰將所造銙截片鋌臘茶，不以等第高下、價例多少，並中賣入官。仍令提舉官於逐州軍量度産茶遠近，置買納茶場，將山場見賣價上增搭五分，於當日支還價錢收買，謂如每斤十貫，增添五貫，作十五貫之類。以示優潤園户。其買到銙子、截子逐色臘茶，令提舉官計置起發，赴行在送納。其買納茶場買到逐等片鋌臘茶，仰本場於元買價上增搭三倍，謂如每斤一貫，增搭園户貫價五百文，於通計一貫五百文上更增三倍，作六貫之類。以逐等片鋌茶品搭打套，逐時往合同場，令客人請買，依新法鈔引納錢請買，興販施行。

一、諸路州、縣、鎮、寨等處，應客人及鋪户見在已、未開拆并未到住賣處臘茶，不以成引、不成引之數，并限今來指揮到日住行貨賣。州委主管官，縣、鎮等處委令丞或巡尉，日下分頭躬親詣停塌店鋪等處，盡數抄劄，並引拘收入官。依市價，用官錢支還價錢，許於經總制錢内取撥。

一、契勘客販臘茶，輒裝上海船經由海道，雖已承指揮，依紹興五年正月二十七日指揮：販物人并船主、(稍)〔梢〕工並皆處斬；水手、火兒各流三千里，皆剌配千里外州軍牢城；元保人各徒三年，分送五百里外州軍編管。訪聞日來尚有不畏法禁規利之徒，依前般載臘茶經由海道販賣。蓋緣州縣當職官吏坐視，全不用意禁戢，是致客販違法公行。今檢準紹興七年四月二十九日指揮：客人乘海船興販牛皮、筋角等貨賣，仰沿海州軍嚴切禁止，仍仰帥、憲司常切措置覺察〔四二五〕。其經由透漏并元裝發州縣知、通、令各當職官吏，並按劾以聞。依已降指揮，並流三千里，各不以去官赦降原減。欲乞今後當職官透漏客販臘茶，經由海道，並依前項紹興七年四月二十九日指揮施行。』詔並依。内福建仍委程邁與韋壽成同共措置。

二十八日，詔福建路轉運司：將逐年供進京鋌茶料製造作大龍餅子，依數如法封角，依大龍茶題寫：『充國信使用』。今別作一項，差人投進。

十一月十日，臨安府通判吕斌言：『切見朝廷措畫茶法，就行在置局。今欲乞朝廷相度，將福建路茶事司依舊移歸建州，專一主管每歲買發臘茶。』從之。

十二月十二日，户部勘會：『臘茶係貴細，品色最高，客人興販利厚，若不措置，切恐冒法私販。今相度，如客人願販銙截片鋌臘茶套過淮南、京〔西〕路近裏州軍等處貨賣，銙截臘茶二十五貫套，更貼納錢一十五貫文；五十貫套，更貼納錢三十貫文。片鋌臘茶二十二貫套，更貼納錢一十五貫文。如不曾貼納引錢，擅自過逐路及沿邊州軍販賣者，並依私臘茶法罪賞，許諸色人告捉。經由州縣失覺察，當職官依違戾茶法，各徒二年，並不以去官赦降原減。户部續承指揮，編打一十二貫五百文銙截茶小套，乞貼納錢七貫五百文〔四二六〕，於前後指揮別無違礙。』從之。

十三年二月三日，户部言：『湖北路提舉茶鹽司申，爲沿路鋪兵盜採生茶，私自蒸造，與過往兵級公然交易，乞依監司兵級指揮施行。内鋪兵依園户法，候斷訖，移送本路不產茶重難鋪分，節級降充長行，長行降所至處下名收管。據都茶場申，契勘：在法，即無鋪兵盜採茶貨賣與過往軍兵專一斷罪明文。今勘當，欲依本司所乞事理施行。内鋪兵盜採生茶所爲重者，自從重。諸路依此。』從之。

十七日，户部言：『知楚州紀交申：爲客茶改指盱眙軍〔四二七〕，恐客人已過楚州，未到盱眙，沿淮近岸，冒法私渡。乞降關子數萬貫充盡數拘買客人茶引之直，將指盱眙軍茶貨，依本軍榷場博易，或用錢、關子盡數對買等事。據都茶場申：看詳本官所乞，若令本州拘買客販茶貨，有礙成法外，今相度，欲乞應客人販茶，若往盱眙軍住賣，並仰楚州主管茶事官即時開具茶引斤重、客人姓名、引料字號，入急遞關報本軍及沿淮官司，遞相覺察。若盱眙軍住賣，仍仰本軍先次置籍抄上，候到銷籍。若約程不到，即行根究施行。兼恐楚州住賣茶貨〔四二八〕，以出城貨賣爲名，因而冒法私渡。仍乞下本路提舉茶事官嚴行約束，沿淮巡鋪官司常切禁戢，毋令透漏。』從之。

三月二十三日，户部言：『據都茶場申，今依應立定住賣、批發茶最增虧去處賞罰下項〔四二九〕：最增一分以上，減一季磨勘；　三分以上，減半年磨勘；　五分以上，減一年磨勘；　七分以上，減一年半磨勘；　八分以上，減二年磨勘；　一倍以上，減二年半磨勘。　最虧一分以上，展一季磨勘；　三分以上，展半年磨勘；　五分以上，展一年磨勘；　七分以上，展一年半磨勘；　八分以上，展二年磨勘；　一倍以上，展二年半磨勘。内選人降一資。　餘依見行條法。　本部尋送檢法案參詳及司勳、刑部審復訖。』從之。

閏四月二十四日，臣寮言：『竊見創置茶司降付本錢榷買，見今中納數目百未及一，已見買納不行，暗失去遞年引錢一百餘萬貫文。　欲望量增引錢，仍舊且許客販。』户部看詳：『欲依所乞。　福建州軍買納茶場，自今降指揮到日住罷收買，並許客人依舊法赴都茶場買引，前去本路所指州軍合同場勘合文引，下場與園户私下交易。　依引内訴（所？）販斤重買茶，赴官秤製批發，興販施行。　其餘事件，並依自來條例。』從之。

七月十八日，提舉湖北茶鹽司言：『檢准紹興八年十一月三日勑節文：　犯私鹽人除流配自依本法外，徒以下，並令示衆五日，遇寒暑，依本法。　契勘本路係産茶地分，緣茶、鹽事屬一體，所有犯茶人，欲依犯鹽人已得指揮。』從之。

十四年三月十九日，户部言：『兩浙西路提舉茶鹽司申，客販茶經由州軍縣鎮，税務及住賣官司不切點檢覺察，雖批鑿文引，官員不行印押，並乞依客販鹽，從杖一百科罪。　本部欲依所申事理施行，諸路準此。』從之。

二十六日，户部言：『據淮南東路提舉茶鹽司申，客販茶所以冒法私渡淮河，一則獲利至優，二則避免榷場貼納官錢。　今措置：　欲將元指淮東住賣茶，水路不許過揚州高郵縣。　願往楚州及盱眙軍界者，即於高郵縣先往榷茶場貼納翻引等錢。　如願往榷場折博，依先降指揮，更收逐等翻引錢一倍。　若由陸路，止許到天長縣住賣。如願往盱眙軍榷場折博茶貨，令天長縣並依高郵縣納逐等錢數。如獲到私渡茶貨，欲乞比附紹興格，獲私茶以一斤比二斤推賞[四三〇]。』從之。

十五年九月二日，提舉浙西茶鹽鄭僑年申：『勘會已降指揮，諸州監門官檢察獲到私鹽及有透漏，並依《巡尉格法》賞罰。所有客販私茶，乞依鹽事已得指揮施行。』詔依。其餘産茶路分准此。

二十三日，詔：『漢州什邡縣楊村鎮、彭州濛陽縣堋口鎮合同茶場歲收息錢，以紹興十二年所入之數爲額。』從都大提舉茶馬司請也。

二十一年七月十九日，宰執進呈勑令所編類《茶鹽法》成書，欲擇日投進。上曰：『今茶、鹽法已定，令久遠遵守。往時隨事變更，雖可趣辦目前，日後入納稀少，卻非善計。』

八月四日[四三一]，宰臣秦檜等奏言：『臣等令將元豐江湖淮浙路鹽勑令格，并元豐四年七月二十三日後來至紹興十年三月七日以前應干茶鹽見行條法并續降指揮，逐一看詳，分門編類到《鹽法》、《茶法》各一部。內《鹽法勑》一卷，《令》一卷，《格》一卷，《式》一卷，《目録》一卷，《續降指揮》一百三十卷，《目録》二十卷，共一百五十五卷，合爲一部。《茶法勑令格式》并《目録》共一卷，《續降指揮》八十八卷，《目録》一十五卷，共一百四卷，合爲一部，并《修書指揮》一卷。以上茶、鹽二書，共二百六十卷，作二百六十册，乞下本所雕印。』詔頒行[四三二]。內鹽法，冠以《紹興編類江湖淮浙京西路鹽法》爲名；茶法，冠以《紹興編類江湖淮浙福建廣南京西路茶法》爲名。所有事屬一司、一路、一州、一縣等條法指揮，不係今來編類者，自合依舊遵守。上曰：『茶、鹽前後指揮，條目繁多，今編類成書，纖悉具載，若能遵守，永遠之利也。』先是，八年七月七日，樞密院計議官陳康伯言〔四三三〕：『臣竊惟茶、鹽成法，纖悉備具，載之簡策，布在有司。然閲時既久，續降益多，或臣僚因事而建明，或朝廷相時而增損，前後重復，科目實繁。昨者雖降旨取索編類，未見施行。伏望委官審訂，勒成一書，鏤板行下，使諸郡邑有所遵承，或無抵牾〔四三四〕。』至是，始成書。

二十五年九月十七日，宰執進呈，次因論前日臣僚建言：『欲於産茶地分就差官置場收買，庶免私販之患。』上問：「今天下一歲，茶利入幾何？」秦檜奏曰：『都茶場等三處，共得賣茶鈔錢二百七十餘萬貫〔四三五〕。』上曰：『比承平時少陝西諸路，故其數止此。』

二十六年六月五日，祕書省正字張震言〔四三六〕：『臣伏見四川産茶，内以給公上，外以羈諸戎，國之所資，民恃爲命。異時所在茶場，每貨茶百斤以上，必有所增予，謂之加饒。所以優商，官自捐之，民則無與。自都大韓球行刻剥之政，希增羨之課，於是始取償於民，盡舉所捐，增爲正額，或一場至三二十萬。茶既不足，則併採〔薪〕〔新〕芽，來年轉荒，舊産愈負。自此以來，額未嘗足，民日破貧，甚者流亡，無所告訴。且民者，茶之所自出；商者，茶之所自行。優商而困民，是浚其流而竭其源也。又民知輸官，不補所得，於是强悍之民，起爲私販；姦猾之家，聚爲淵藪。以爲苟保於朝暮，孰與坐待於死亡！其弊若斯，將損國計。陛下聖恩寛大，而下吏弗能究宣，其將何以稱盛德！臣願陛下特降睿旨，行下四川茶馬司，將韓球以前茶額，比今所取裁酌施行。庶幾民力稍可復舊，上以彰陛下仁愛之澤，下以爲四川根本之計。不勝幸甚！』從之。

二十七年六月二十六日，尚書省言：『告捕私茶、鹽雖有賞格，若不增重，無以激勸。兼次第保明，多有阻滯。』詔：『今後命官捕獲私茶、鹽，依賞格各遞增一等〔四三七〕，諸色人賞錢各增五分。應合得賞人，茶鹽司限三日勘驗，保明申奏。賞錢限當日支給。』

二十八年七月十二日，知復州何椝言：『臣切見荆湖北路所賣茶引歲有常額。若逐州只依遞年之數，分認發賣，其間卻有人煙户口繁庶去處〔四三八〕，食茶甚衆，年額不多，是致小商私行販賣，以規其利。兼有人煙户口未及前時，而引數頗多，科及保正。甚者，不問貧富，以丁口一例科抑。』詔下荆湖北路提舉茶事司，將給降去茶引，參酌一路州郡人户多寡，通融措置，招誘客旅，從便請買。即不得違法抑勒，科擾人户。

十月十七日〔四三九〕，刑部言：『江東茶鹽司申：冒法之人，請買茶引，般販茶貨，經由渡口，載往淮南，私拆散賣。卻收執元引，靨面過江，私織籠篰，重疊影販私茶。乞今後客販淮南長引茶，令秤發官司先取問客人所指住賣州縣，於引背批鑿經由場務，及添入合過沿江官渡，仰買撲渡人照引書鑿經由渡口、月日、姓名押字，即時放行。如渡口買撲人受倖，不行批引，縱放私茶，乞與正犯茶人一等科罪〔四四〇〕。本部契勘：諸監臨主司受財枉法〔四四一〕，與不枉法稅務故縱榷貨〔四四二〕，及堰閘應搜檢人故縱，各有立定條法。今來申請，沿江渡口買撲之人受倖，不行批引，縱放私茶，欲依堰閘故縱榷貨減犯人二等斷遣。如受財重者，即係有事在手爲監臨，合依監臨之例。若因而無故留難邀阻，自依本法斷罪施行。』從之。

三十年二月五日，都大茶馬司言：『夔州路所産茶，祖宗舊法，未嘗禁榷。政和後來，主管茶馬司累次申乞賣引〔四四三〕，皆以民夷不便，不曾施行。止緣都大提舉官符行中約束夔茶，不許販入潼川府路。後於紹興二十三年内據達州申〔四四四〕，乞收納客人關子錢數並放入果、渠等州變賣〔四四五〕。本司遂申明朝廷，於潼川府路果、合、渠等州，廣安軍管下與夔路接界縣分，置合同場賣引，於紹興二十四年内起置。後於紹興二十七年十一月内，准行在都茶場牒，坐知忠州董時敏奏條具便民事件，内一項乞將本州管下龍渠縣所産茶，依祖宗舊法免行禁榷，牒本司依條施行。是時都大提舉官許尹到任之初，未詳曲折，遂以置場累年，漸成倫緒，回申户部。後來許尹在官則久，究見禁榷以來商旅不通，委於民吏不便，遂於紹興二十八年十一月内具申尚書省，乞將夔路茶住罷禁榷。後準户部符，止依已降指揮施行。本司今再行詢究，夔路茶味苦價低〔四四六〕，不比川路茶貨〔四四七〕。檢照得先據達州申：本州東鄉縣出産散茶并餅團茶，自來客人止販餅團茶，每團二十五斤，茶價每斤一百二十文，計三貫文。販至渠州，沿路腳税三貫五十文，及買關引錢二貫五百文，共八貫五百五十文。到渠州，約度中價，止賣得六貫五百文。自此客旅不來興販。本司今紐算客販夔茶一百斤，共三十四貫二百文，止賣得價錢二十六貫文。緣客販川茶内中、次等每一百斤，約用買茶本錢及腳税并買官引錢不過四十道，約度賣得五十道〔四四八〕，其夔茶，見今與川茶一等收納引錢一十道。如此，灼見夔茶難以勝載引息客人，興販不行〔四四九〕。

一、切見夔茶自熙豐立法之後，並不禁榷。始自紹興二十四年内創於夔州路接界縣分置場買引，後來每年所收引錢不過七八千貫。今將渠、合州管下合同場紹興二十八年一全年所買茶數計算，共賣過五萬餘斤，所收引錢，止計五千餘貫。比之日前，愈更數少，卻於逐州軍所收省額税錢虧損不少，恐非經久可行。欲望將夔路茶住罷禁榷，遵依祖宗舊法施行，委爲一方經久利便。本部欲依所申事理施行。』從之。

三月一日，行在榷貨務都茶場言：『準紹興六年八月二日指揮，每年茶、鹽等錢收及一千三百萬貫，官吏推賞。今來逐務場自紹興二十九年正月四日至今年正月三日終，計收到茶、鹽、乳香等錢二千四百一十萬八千三百九貫六百二十六文〔四五〇〕，内除閏月收到錢二百二萬三千二百五貫二百三十文外，計收趁到錢二千二百五萬五千一百四十貫二百九十文〔四五一〕。』詔依所降指揮推賞。

三十一年四月七日，臣寮言：『邵武軍管下四縣，有産茶價錢，歲納之數，通不及一千七百緡。昨行經界日，應鄉民植茶雖止一二株，盡籍定爲茶園，敷納價錢，無慮數千户。後雖荒廢，無復存者，所科錢依舊輸納入〔四五二〕。官司以有名額，不敢住催，而逐年催到之數，常不及十之五六〔四五三〕。臣恭聞仁宗皇帝時〔四五四〕，趙抃爲嚴守，民籍有茶税而無茶者，抃爲奏蠲之，民至今受賜。乞下有司究實，盡行蠲免。』詔令户部看詳。

九月二日，赦：『勘會四川茶額已行減定，訪聞茶、鹽場只於大額内自減應副不及之數，其中、下等園户，並不與減損虚額，致山民依前困苦，未稱寬恤之意。可令茶馬司取見詣實，將虚額與中、下等園户裁減。如違，許園户越訴。』以上《中興會要》。

紹興三十二年孝宗即位，未改元。八月二十三日，中書門下言：『自今應有犯販私茶鹽，仰官司依法根治，不得信憑供指，妄有追呼。違者，許被擾之家越訴。承勘官吏，當重置於法。』從之。

孝宗隆興元年四月六日，上封事者言：『建州北苑焙所産臘茶，每歲漕司費錢四五萬緡，役夫一千餘人，往往以進貢爲名，過數製造，顯是違法。』詔福建轉運司常切覺察，仍具每年造茶的實合用錢數聞奏。

二十二日，詔：『今後捉到私茶，依龍安縣園户犯私茶體例。及十斤以上，將户下茶園估價，召人承買，將五分收没入官，五分支還犯人填價。』從都大主管成都府、利州等路茶事續觱請也。

八月二十七日，詔：『四川都大提舉茶馬司茶場趁辦息錢，如收及新額，從本司保明，將監官與減一年磨勘，主管官減半。自隆興元年爲始。』從本司請也。

二年七月二十二日，臣寮言：『自來茶、鹽同法，於請納外隨其所指，並不收稅。近日客人販茶過淮，遂開收稅之例。謂如盱眙軍一處茶到本軍，每引稅錢十貫，方許過淮。後來更於十貫上添收七貫，並無分文歸朝廷。乞行拘收。』詔令淮東西宣諭司同逐路提舉茶鹽司措置。於是淮東宣諭使錢端禮言：『契勘得客販長引，先降指揮：水路不許過高郵縣，陸路不得過天長縣。如願往楚州及盱眙軍界住賣，每二十三貫并二十六貫引，各貼納翻引錢十貫五百，批引前去。如到楚州、盱眙軍翻改，欲淮北州縣〔四五五〕，每引更貼納錢十貫五百文。盱眙軍每引收回貨稅錢二貫，所收回貨稅錢，即非朝廷指揮，欲行住罷。所有客人販茶，水路欲過高郵縣，陸路欲過天長縣，及批改至鹽城縣并滁州等處茶引合收錢，及從提舉司行下逐處，令項樁管〔四五六〕，每季申提舉茶鹽司檢察。仍委淮東總領所專一稽考。』到日，〔知〕盱眙軍胡堅常又言〔四五七〕：『客人販茶，水路欲過所納官錢已是太重，所有本軍稅錢委是重疊，乞免行收納。』並從之。

十月八日，江淮都督府准備差遣李椿言〔四五八〕：『靜江府修仁縣及鬱林州兩處産茶，其味如藥，茶價不及買引之數，無人算請。乞聽人户從便興販出賣，經由州縣，每百斤收稅錢二百文。』詔依。仍令廣西轉運司，將先降去茶引依見行條法指揮，依舊招誘客人算請興販。

乾道元年正月十九日，詔：『茶長引，依紹興三十一年體例，限半年權於短引地分住賣。下提舉茶事司，令逐州軍主管官拘收長引毀抹，令客人指定住賣州縣，給公據前去。其約束程限等，並依見行條法，仍關報沿路及住賣官司檢察放行。拘到茶引，依條發赴所屬收管。』

三月二十三日，淮南東路兵馬都監張藻言：『乞降茶鈔四千引爲錢三萬六千貫，下出産茶處。委官裝發，赴盱眙軍過界出賣，可準得銀四千鋌，以助歲計。』從之。後藻措置，無折博到銀數，徒（防）〔妨〕商販。有旨：〔藻〕降三官放罷，所有隆興府、江州已發到博易茶，令淮東路茶鹽司拘收變賣〔四五九〕。

十月十三日，湖南提舉茶鹽司言：『本路批發、住賣茶鹽，取紹興七年之數立爲定額，比較增虧。今乞將重額諸州與減十分之二。』户部言：『立額比較，並是違法。』詔本司將違法立額事日下改正，以本年實收到數與遞年比較，取一路州數最增、最虧數一處供申。

二年三月二十五日〔四六〇〕，户部侍郎李若川言：『客販草、末茶小引，元指淮南近裏州軍住賣，卻願改沿淮州軍住賣者，每引納翻引錢十貫五百文；改榷場折博者，每引再納翻引錢十貫五百文。其引，榷場又合納通貨牙息錢十一貫五百。今聞客人規避，多私渡淮，不唯走失翻引錢，又失榷場所收之數。欲乞將兩淮州軍住賣茶引，並就買引處每引只貼納翻引錢十五貫五百，許從便住賣。及榷場折博大引〔四六一〕，隨貫例紐納。所有通貨牙息錢依舊，餘依見行條法指揮。』從之。

七月八日，户部侍郎方滋等言〔四六二〕：『自南北通和之後，茶引錢理合增羨。今三都茶場合賣茶引，愈更虧少，私賣盜販，侵奪國課。有新授舒州通判胡儔屢條陳茶利，未經試用。今欲乞專委胡儔帶行新任，支破請給、人從，理爲在任月日，躬親前去江西産茶州縣，與守令及主管官同共措置，革去舊弊。向去增羨，乞將胡儔陞擢，以爲激勸。』詔胡儔特改添差通判隆興府，仍釐務。

十月三十日，四川茶馬司言〔四六三〕：『已立罪賞，禁販茶子入蕃。近有姦猾之人，卻將已成茶苗公然博賣入蕃〔四六四〕，乞依茶子罪賞指揮〔四六五〕。』户部言：『紹興十二年十一月二十五日指揮：園户收到茶子，如輒敢販賣與諸色人，致博賣入蕃及買之者，並流三千里；其停藏、負載之人，各徒三年，分送五百里外。並不以赦降原免。許諸色人告捉，每名賞錢五百貫。内茶園户，仍將茶園籍没入官。州縣失覺察，當職官並徒二年科罪。今茶苗比之茶子，爲害尤重，乞依本司所請。』從之。

三年二月三日〔四六六〕，臣僚言：『川秦茶、馬兩司，自紹興十九年至三十二年，官司積欠總計六十六萬四千九百餘貫，並係無可陪填。乞將紹興三十二年前應有欠負茶馬司錢物，並與除放。』從之。

三年十二月十二日〔四六七〕，行在都茶場言：『准乾道二年三月二十五日指揮：應指兩（浙）〔淮〕州縣住賣者，並就買引去處貼納翻引錢十貫五百，許從便住賣及榷場折博。近來不住據所屬申明，客人於指揮之前已買引，乞依舊法，免貼納翻引錢。』詔：將乾道二年以前請買到茶引未曾起茶，並就起茶去處貼納翻引錢訖，批上文引，方許批發放行〔四六八〕。

四年九月十二日，詔：淮東提舉茶鹽公事俞召虎特轉一官〔四六九〕，幹辦公事蔣志祖減三年磨勘，以乾道三年分住賣茶鹽增羨故也。

五年二月二日，詔：『今後四川茶園户私販茶，並依舊法，其隆興元年四月二十二日續覺申請指揮，更不施行。』以臣寮言：『切詳茶馬司前官續覺申請，止謂禁絶園户〔四七〇〕，不得賣與私販之人，虧損官課。今來園户般茶赴場批賣，或有批歷違限，或有歷不隨茶，或有借歷批賣，或有茶數與歷内不同，或有茶貨不般赴場，或有栽種茶窠，未曾自陳團結〔四七一〕，或有般茶赴場，無官給封。凡此等類，州縣一例拘没茶園，是致山谷窮民，破家失業。』故有是命。

六年三月一日，詔[四七二]：『將三権貨務都茶場收到茶鹽等錢[四七三]，各行立定歲額[四七四]。行在務場八百萬貫，建康務場一千二百萬貫，鎮江務場四百萬貫。如收趁及額，方得依例推賞[四七五]。』

四月二十四日，户部侍郎、江浙荆湖淮廣福建等路都大發運使史正志言[四七六]：『訪聞販茶客人避納翻引錢，往往私販過淮折博，暗失課入。今措置：其短引茶並依舊，令客旅於江南任便興販。所有過江長引，並從禁戢。乞許本司於江西積壓未賣茶引内支請買茶[四七七]，於淮南、京西権場折博[四七八]，其客人已買過長引，將納過引價并貼納翻引錢紐計，於見賣茶引去處貼换短引。』從之。

五月二十七日，詔：『筠州茶額，與三分中減免一分，立爲定額。』從知筠州曾逐請也。

六月十八日，户部侍郎、發運使史正志言：『淮南、京西州軍係住賣長引茶貨地分。近承指揮，令臣與張松措置禁戢私販茶貨[四七九]，不得過大江。今照得湖北路係短引地分，其漢陽、信陽軍、復州等處，並在江北，連接淮西、京西権場路分。乞下所屬契勘，如逐州軍未曾改作長引，理合一體。』從之。

七月二十五日，史正志言：『本司買茶一千六百餘引，見過兩淮折博。而兩淮總領所歲費長引過江翻引錢，約一百餘萬貫，顯是相妨。切緣本司累月禁戢私販，絶無透漏，是致淮上茶價踴貴，每引可得息錢十五千以上。已同總、漕兩司共議，今年且乞與商販並行。其江西見今有未曾過江茶貨尚多，欲每引量收息錢十千，賣與客人前去。』從之。其後，七年四月二十三日，大理正、兼權度支郎官單夔言[四八〇]：『今來發運司已行住罷，所有長引茶貨合依舊法，許客旅興販，其發運司每引收息錢十貫。本司既不興販茶貨，自不令收納。欲下諸路提舉茶事司行下所部州縣遵守，無致阻滯商販。』從之。

十二月九日，詔：『榷貨務都茶場收召茶額、鹽錢增羨，應合推賞去處官吏等，照應年例格法推賞。如或虧欠，比附責罰。』

七年二月十四日，册命皇太子赦：『應民間舊欠茶、鹽錢，有元係祖來身分少欠，至孫及曾孫尚行監繫償還，實可矜憫。可自乾道五年以前，有似此之人，官司審實，並與除放〔四八一〕。』

八年五月二十三日，龍圖閣待制兼權户部侍郎楊倓等言〔四八二〕：『客販長引茶貨：内草茶，每引并頭子等錢共納二十四貫四百八十四文；末茶，每引並頭子等錢共納二十七貫六百七十七文。短引，並頭子等錢止共納二十三貫四百有奇。其長引，依法指往兩淮、京西路州軍住賣〔四八三〕，比之短引價高。又，每引就買引官司貼納翻引錢十貫五百，若再往榷場折博，又於榷場納通貨牙息錢十一貫八百。切詳貼納兩項大段數多，致客旅避免，多是收買短引，影帶私賣長引，因此積壓國課。乞自今降指揮下日，以筭請長引每引止貼納翻引錢七貫；若再改往榷場折博，止納通貨牙息錢八貫。其餘錢數，與行免納。』從之。

同日，詔〔四八四〕：『行在、建康、鎮江府都茶場并應賣茶引官司，客旅算請長引，截自今指揮到日算請長引，每引，止貼納翻引錢七貫；若再改往榷場折博，止納通貨牙息錢八貫。其餘錢數，與行免納。』

九年十一月九日，南郊赦〔四八五〕：『民間舊欠茶、鹽錢，將乾道五年終並與審實除放。尚慮州縣奉行不虔，失寬恤之意，仰提舉茶鹽官檢察，開具已放過名件申奏。或有違戾，許監繫家屬詣臺省越訴。』

十二月二十五日，詔〔四八六〕：『福建路鋳截片鋌茶，昨來並係一十六兩爲一斤，每斤收錢一文。今以鄉原斤重，銙截茶係五十兩爲一斤，片鋌茶係一百兩爲一斤，每斤增收五文。』從福建計度轉運副使沈樞請也〔四八七〕。

十二月二十九日，詔：『自來年正月一日爲始，將行在務場算請茶鹽，六分輕齎内須管用二分銀入納，鎮江、建康務場依此。』從户部侍郎楊倓請也。以上《乾道會要》。

茶法雜録下〔四八八〕

《大典》卷五七八一、《輯稿》三一之二二至三四

淳熙元年正月二十七日，湖廣總領所言：『今年歲計茶引數内，江西長引一十五萬貫，乞改給湖南草茶長引二萬貫，其餘一十三萬貫依乾道八年九年例，盡行換給短引，降付本所品搭變賣。轉應接大軍支遣。』户部勘當：『江西短引，係行在指擬給賣之數，若盡行換給，有妨行在支遣。若不量行换給，恐本處卻致妨闕。乞將已降江西茶長引一十五萬貫，改降湖南草茶長引五萬貫，江西短引一十萬貫。』從之。

二月十四日，詔〔四八九〕：『自今建康務場歲終收趁茶鹽等錢及額，總領與比附左右司減半推賞〔四九〇〕。』

二年五月二十七日，詔户部：『將江西、湖南、北長短茶引，各權以一半，依每引元立斤重錢數，分作四貫小引印造給降，其翻引、貼納等錢，隨小引紐計送納，不得增減。』

六月十六日，行在榷貨務都茶場言：『準乾道六年四月二十七日指揮，住給鎮江入納免税公據，遂致務場入納稀少。左右司看詳：乞自今客鋪將鈔引在臨安府變賣到銀兩，許召在城産税及店業有行止人二名委

保，經提領務場所陳狀，行下務場勘驗詣實，以千字文爲號注籍，用大字填實日，給據付客人。給由場務，即時照驗，批鑿通放，限十日至鎮江務場入納。自給據日，令務場排日三次，其字號、月日、姓名牒報鎮江務場。候到，即時拘收公據毁抹訖，次日繳赴行在務場，照應銷籍。仍每旬開具違限不到公據，申提領所行下，追元保人根究斷罪。追收經過合納税錢。如務場不填實日，亦重作施行。若有乞取阻抑，許容人經朝廷赴訴。』從之。

同日，詔：『今歲合降湖廣總領所江州長引，並改降短引。其價錢，理充行在都茶場給賣之數。』以都茶場言：『湖廣總領所江州通判廳自來以長、短引品搭，近緣出賣不行，給换江西路短引。其短引，係是都茶場合賣之數，恐侵損課入。』故有是命。

八月十三日，湖廣總領劉邦翰言：『給降到短引三十萬貫付本所變轉，充閏月支用，於本所委是快便。其間亦有客旅陳乞願買湖南北（快）〔近〕便州軍長引之人。今欲於合降本所歲計短引三十萬貫外，更行印降湖南、北近便州軍長引一十萬貫，下本所發賣。將所賣錢會子别項樁管，聽候朝廷科使。』詔從之。仍令將賣到長引價錢發赴鄂州，别項樁管。

三年二月十三日，湖廣總領所言：『承給到淳熙三年歲計茶引七十五萬二千餘貫，又給降長引三十萬貫，委是數多，必致積壓。乞將江西路草茶長大小引一十萬貫、并江西州軍長短小引二十萬貫，並行换給江西路二十二貫例茶短引。』從之。

十八日，詔：『自今州縣不依條限拘繳茶、鹽引，從本路提舉司檢察，並依奉行茶鹽法違戾徒二年斷罪。

其比較增虧賞罰，亦依紹興二十八年十月四日指揮，以繳到引日爲數比較。』從江東提舉司請也〔四九一〕。

四月二十七日，詔：『交引庫印造二十二貫例茶短引七萬五千貫，付江西安撫司；二十二貫例短引三萬貫，付江州通判廳。仍令逐處將已降去四貫例茶小引依數兑换，卻行繳赴行在都茶場送納。其總領所既稱四貫例小引客人不願請買，如日後遇有給降到外路一半小引，更不給降。』先是，湖廣總領所乞給降江西安撫司茶引一十五萬貫，江州通判廳茶引六萬貫，内有小引數目，客人不願請買，乞行换給茶短引，付逐處出賣，應副支遣。事下都茶場，指定來上，故有是詔。

四年九月二十六日，新知梁山軍錢盈言：『四川比較茶鹽增虧，乞將有餘以補虧數，不可以立爲增額。』從之。

五年正月二十九日，權户部侍郎劉邦翰言：『被旨令擬定湖廣總領所出賣茶引。今相度總司除歲計外，更可發賣茶引二三十萬貫。近準省劄，内坐到茶引一項，係朝廷發賣椿管之數。今擬定，乞日下給降江西長引五萬貫、短引二十五萬貫，品搭給賣。』詔行在務場印造，限二月上旬起發前去，仍將賣到錢别項椿管，非奉朝廷指揮，不得擅支。

二月十三日，提舉四川茶馬朱佺言：『入蕃茶，大觀間歲賣二十萬斤，至乾道四年，威州守臣湯尚之奏請以五十萬斤爲額。（藩）〔蕃〕戎歲市已久，比之舊法，委是數多。今若驟減其數，竊慮蕃戎觖望，事干邊防。』詔每歲以四十萬斤爲額。既而仍舊放賣五十萬斤。以都大茶馬司言：『威州蕃部屢以此爲辭，恐致生事』故也。

六年六月二十四日〔四九二〕，四川制置使胡元質、都大提舉茶馬吴總言：『川蜀産茶，祖宗時並許通商。熙寧以後，始從官榷，歲課不過四十萬。建炎軍興，改法賣引，一歲所取二百餘萬，比之熙寧，已增五倍。繼以聚斂之臣進獻羡餘，增立重額，每歲按額預俵茶引於合同場，甚者至徑將茶引分俵，以致園户困敗，産去額存。臣等申請置局委官，審實糾決。涉歷兩年，推核增虧之數，合減放虚額一百四萬三百斤，其引息、土産税錢共一十五萬二千九百九十四貫。』詔並與除放。先是，四川總領李蘩言：『茶馬司歲減馬七百疋，爲錢二十一萬，乞與茶户對減重額。』詔四川制置司同茶馬司公共相度經久有無妨闕利害以聞。至是，元質、總相度來上，故從其請。

七月七日，詔：『榷貨務都茶場印造茶小引三千道，給降湖北安撫及提舉司給賣。仍於引内令項分明開説，除合納管錢外，不得更收應干縻費。其賣到錢，並起赴湖廣總領所樁管，非奉朝廷指揮，不得擅支。』

九年六月六日，福建提舉周頡言〔四九三〕：『福建一路茶引斤重，從來舊法，銙截片鋌並以十六兩爲一斤。至乾道七年内措置，以販茶引錢太重，得茶數少，客旅艱於興販，遂使鄉（源）〔原〕斤重。銙截茶以五十兩爲一斤，片鋌茶以一百兩爲一斤，比之舊法，遂增數倍，可謂優潤極矣。訪聞本府合同場每遇茶貨到場之時，更有額外加饒，增添斤重，委有情弊。乞下福建路提舉茶事司，仰照應前項已降指揮及長短引内合販鄉（源）〔原〕斤重秤製，即不得仍前違法過數，妄有加饒。』從之。

十年二月十五日，湖廣總領所言：『歲計錢數内貼降江西茶長引一百三十五萬餘貫，發賣不敷，虚占經常錢數。乞照九年已降指揮，給换江西短引五萬貫。』從之。

十一年七月十一日，詔：『今後應賒買客人茶，其人見有父母兄長，並要同共書押文契，即仰監勒牙保，均攤償還。其餘買鹽貨之人，亦一體施行。』從新權發遣徽州石起宗請也。先是，起宗通判漳州，嘗主管常平茶事。見家人不肖子弟多爲牙保等人引誘，賒就商人買茶，以資妄用，致令父母破産償還。乞行禁約，故有是命。

十一月十八日，户部言：『湖廣總領所乞將江西路淳熙十二年本所歲計茶引二十八萬貫，盡行印給末茶長引，付逐處發賣，價錢應副大軍支遣。本部勘當，舊例係以長引五萬餘貫，其餘並係短引。緣淳熙十年分總領所乞改降長引五萬貫，共計長引一十萬九千餘貫，比之舊例，已增一倍。今照得江西路長引係行在務場指準給賣之數，若從所乞，盡降長引，愈見行在務場歲額虧少。今乞照淳熙十一年已給降體例，印造江西安撫司茶長引八萬九千九十貫九百六文，短引七萬貫；江州通判廳茶長引二萬貫，短引四萬貫；江西提舉司給降茶引一十五萬四千貫。内六萬一千二百餘貫，應副本所支遣。照年例印造給降。』從之。

十二年六月四日，詔：『淮東總領所將未起翻引錢二十六萬八千餘貫盡數起赴封樁庫送納，日後每季依此。仍仰提領封樁庫候交收到前項錢，即報行在都茶場，理爲合收之數。』既而行在都茶場言：『鎮江務場收到客人就引貼納茶翻引錢，每歲不下十餘萬貫。依乾道三年三月内已降指揮，令赴行在都茶場交納。今照得截止淳熙十二年三月終，有未起發二十六萬八千六百四十九貫六百四十一文。乞將鎮江務場收過前項客人就引貼納翻引錢行下鎮江府照數拘收，令項樁管。令本場將鎮江務場已報到錢，理充本場所收錢數，庶得鎮江府就近可以拘催，免致積壓之弊。』故有是詔。

九月八日，四川茶馬王渥言：『本司先於淳熙六年同制置司被旨審核川路諸處合同場茶額。其有園户困敗，産去額存，無所從出，並與裁減。數内惟名山一場實有溢增額數，比舊額計增茶七萬六千七百二十九斤十兩。原其弊端，蓋緣本司逐歲下本場預期支俵本錢，收買博馬綱馬茶二百萬斤。係以所産食茶上多寡爲則均給，其園户貪於時下得錢，多自虚認户下茶數，茶場據其所認之數附簿。發賣茶貨之際，初未及元額。當來推排，官止憑買綱茶簿籍，使謂茶額有餘，額外增添。自淳熙六年至今，雖有增添之名，其到場茶粗能敷及舊額，以至積欠。園户枉被督逼之苦，而監官皆聞風退闕〔四九四〕，不願赴上。臣且令本場以淳熙五年爲額，將園户累年所欠之數權行倚閣，乞將名山場所增茶七萬六千七百二十九斤十兩盡行除放，止依舊額收趁。』從之。

十一月二十二日，南郊赦：『四川茶、鹽、酒課折估虚額錢，累降指揮減免，尚慮州縣巧作緣故催理，有失寬恤之意。仰制置司、總領所、茶馬司常切覺察，如有違戾，按劾以聞。又勘會在法違欠茶、鹽錢物，止合估欠人并牙保人物産折還，即無監繫親戚填還，及妻已改嫁，尚行追理之文。昨降指揮，令户部檢坐見行條法，申嚴行下，如敢違戾，許人户越訴。勘會官司輒立茶、鹽（錢）〔鋪〕，虚給帖子，均科人户，勒令齎錢赴鋪繳納，未嘗支給茶、鹽，顯是違法科抑。仰提舉司及諸州主管官嚴行禁戢，仍許人户越訴〔四九五〕。（會勘）〔勘會〕州縣應捉獲私茶，合解所在税務合同場估價，召人請買。訪聞場務積壓年深，以致陳損，不堪食用，多是科抑鋪户，或令欄頭認數出賣，拘收價錢。尚慮追擾監繫，可日下盡行除放。』十五年九月八日明堂赦同。

十三年八月二十三日，詔：『京西南路提舉司見賣淮鹽鈔引一萬袋，依遞年例，別給降江西茶長引一十萬貫、短引一十萬八千四百三十貫，趁時措置發賣。』以湖廣總領所言：『淮鹽鈔拘定京西界分，不許翻改別路州軍貨賣，以致遲細，妨闕支遣。』故有是命。

十四年八月十九日，詔：『行在都茶場紐計四貫例茶小短引一千五百道，下湖北提舉茶鹽司，令本司將賣到鈔拘催，赴湖廣總領所送納樁管。』從茶鹽司請也〔四九六〕。

十六年正月二十五日，詔：『江西提舉司茶引一十五萬四千貫，分上、下半年給降外，所有江西安撫司茶長引八萬九千九十貫九百文、茶短引七萬貫； 江州通判廳茶長引二萬貫、茶短引四萬貫，下交引庫印造，一併給降，令趁時給賣。』從湖廣總領所請也〔四九七〕。

紹熙元年五月十六日，榷貨務都茶場言：『湖南、北、江西路皆係巨商興販，尚且給降小引。其兩浙、江東等路，多是草茶，客人販往鄉村零細貨賣。乞添印造四貫例長、短小引，相兼聽客從便請買。』既而户部言：『近添印造兩浙、江東等州軍四貫例茶長、短小引給賣，務在招引小客。今若依大引見使金銀、會子分數品搭算請，恐小客難以變轉興販，因而積壓。欲將今來給賣小引，除見使金銀、會子分數入納外，如願全使一色會子算請者聽。庶幾客販亦得〔究〕通快。』從之。

二年三月十一日，臣僚言：『京西之郡，私茶所經由處，乞嚴行禁戢。場務等官若有透漏放縱，亦得巡尉之罪。盜鑄鐵錢而於銅錢界分輒行使者，官司不行覺察，并得〔究盜鑄〕銅錢之罪。』從之。

二十二日，詔：『四川茶馬司禁戢所屬州縣并主管官，如不遵守條法，及與茶場干涉處多端科配騷擾違戾去處，開具姓名，申取朝廷指揮。』先是，上書者言：『四川茶課走失，令茶馬司措置聞奏。』既而本司條具科配之弊，乞降約束故也。

五月二十五日，詔：『降四貫例長、短小引各一千道，付湖北提舉司出賣，其客人合納籠篰、秤製等錢，許權赴主管司一併送納。仍下提刑、提舉司嚴切禁戢私販，毋致縱容，仍前積壓茶引。』以湖北提刑兼提舉丁逢等言『常德府管下武陵、龍陽兩縣，接連湖南産茶去處。每到春時，有江西、福建、湖南管下州軍客人，聚在山間，般販私茶。乞量行給降小引，以息私販』故也。

十一月二十二日，詔諸路提舉茶事司：『自今須管遵從節次已降指揮，將收到茶事窠名，置之赤（暦）〔歷〕簿籍。如遇收支，建立項目，分明抄轉。除依法樁垛、支使外，其餘剩數，仰所屬差人管押赴行在都茶場送納。仍令逐路提舉司，每季各具所部州縣收到逐色應緣茶事窠名錢若干，作舊管、新收、已支、見在，如有支遣，仰分明開坐，或本場委官驅磨。若有欺隱之數，即將違戾去處，具申朝廷施行。』從本場請也。

二十七日，南郊赦：『都茶場昨自乾道六年以後，節次給降茶引付江西州軍出賣，拘錢起赴行在。訪聞州軍發賣遲細，多是賒賣與鋪户等人，今經日久〔四九八〕，往往流移貧乏，見令州縣償納，竊慮騷擾。仰將淳熙十三年終以前年分未納茶引錢數特與除放，不得依前追理。仍仰提舉司覺察，如有（爲）〔違〕戾去處，按治施行。』

同日，赦：『在法：違欠茶、鹽錢物，止合估欠人、並牙保人物産折還，即無監繫親戚填還，及妻已改嫁，尚行追理之（丈）〔文〕。昨（全）〔令〕户部申嚴行下，許人户越訴。訪聞人户負客旅及店鋪價錢，緣係榷貨，有已經估籍家産償還不足，依舊監繫牙保等，牽聯不已，可並與除放，毋致違戾。勘會官司輒立茶、鹽鋪，虚給帖子，均科人户，勒令齎錢赴鋪繳納，未嘗支給茶鹽，顯是違法科抑。仰提舉司及諸州主管官嚴行禁戢，仍許人越訴。』

同日，赦：『四川茶、鹽、酒課折估虚額錢，累降指揮減免，尚慮州縣巧作緣故催理，有失寬恤之意。仰制置、茶馬司、總領所常切覺察，如有違戾，按劾以聞。』

紹熙五年九月十四日，明堂赦：『都茶場昨自乾道六年以後，節次給降茶引赴江西州軍出賣，拘錢起赴行在。訪聞州軍發賣遲細，多是賒賣與鋪户等人，（令）〔今〕經日久，往往流移貧乏，見（令）〔令〕州縣償納。仰將紹熙元年終以前年分未納茶引，將數特與除放。仍仰提舉司覺察，如有違戾，按治施行。』自後郊祀、明堂赦亦同，惟所放年分有差。

同日，赦：『州縣應捉獲私（察）〔茶〕，合解所在税務合同場，自合用心措置，召人請買。訪聞積壓陳損，多是科（仰）〔抑〕行人鋪户，或令欄頭認數出賣，拘收價錢，追擾監繫。可日下盡行除放。』自後郊祀、明堂赦並同。

同日，赦：『在法，違欠茶錢止合估欠人並牙保人物産折還，即無監繫親戚填還，及妻已改嫁，尚行追理之文。昨令户部申嚴行下，許人越訴。』自後郊祀、明堂赦並同。

同日，赦：『官司輒立茶鋪，虚給帖子，均科人户，勒令齎錢赴鋪繳納，未嘗支給茶鹽，顯是違法科抑。仰提舉司及諸州主管官嚴行禁戢，仍許人户越訴。』自後郊祀、明堂赦並同。

慶元元年二月六日，詔：『石泉軍龍安縣崇教等七鄉園户茶課錢引九百二十七貫一百一十四文，從茶馬司同成都府路轉運司并本軍三處均認，與園户代納，自紹熙五年分爲始。』以四川總領、茶馬司言：『川蜀共管三十四茶場，應有茶田，園户除納田上二税〔外〕，遇般茶赴合同場批賣，本司收納土産茶牙市例錢。照得本軍龍安園户除納二税、市例錢外，又催理茶課估錢。係於元豐間未立額日先有此茶課，每歲理一十五萬四千五百一十九斤，每斤估錢六文，在縣隨二稅送納。至建炎年〔間〕，改法立額。其茶園户於紹興十八年奏行經界〔四九九〕，失於申明。今來若行倚閣，恐妨本軍縣省計支用；若復催理，委是重疊，重困園民。三司乞自拖納。』故有是詔。

六年二月十四日，詔：『川路産茶去處，園户合納經總制司頭子錢五千四十二道五百一十一文一分五釐〔五〇〇〕，令提刑、茶馬司各拖認一半。所有秤提錢三千一百四十八道二百九十文，令總領所拖認。並自慶元六年分爲頭對減。』以四川制置司、總領所、茶馬司、成都提刑、轉運司言：『昨緣川蜀百物皆賤，茶價亦低，園户窮困。茶司恐傷根本，隨宜措置。每引元額舊納土産茶牙市例錢二貫三百文，除權減八百文外，以茶額計之，一歲共減土産錢十萬四千九百四十三道。既是正錢已減其數，收頭子、秤提錢，亦當減免。』故有是詔。

嘉泰元年五月二十五日，詔：『民間違欠茶鹽錢，照淳熙十六年已降指揮體例，放免至慶元二年終。今榷貨務申請，〔上〕〔止〕放鹽錢，所有茶錢，理合比類一體除放。』從淮東提舉高子溶請也〔五〇一〕。

三年十一月十一日，南郊赦：『應欠茶鹽錢人已死，又涉年深，其家止有單妻及無妻有幼子者，官司例同牙保人監納。間有妻已改嫁人者，併與後夫監理。委實無所從出，仰主管官勘量措置施行。』自後郊祀、明堂赦並同。

四年六月三十日，知隆興府韓邈奏：『户部茶引，歲有常額，發下散賣。隆興惟分寧、武寧二縣産茶，他縣並無茶引，而豪民武斷者乃請引管認茶租，曾不知此輩意在借請引以窮索一鄉〔五〇二〕。無茶者使認茶，非食利者使認食利，所至驚動，必欲厭其所欲。村疃受害無窮。乞下省部，除分寧、武寧二縣外，其非産茶縣，並不許人户擅自認租。他路亦比類施行。』從之。

嘉定五年十月十四日，中書門下省言：『節次已降指揮七項，共給降茶引三百五十萬貫，付湖廣總領所變賣，價錢樁管。除科撥支使外，見在茶引不多，慮妨接續給賣。』詔：『太府寺交引庫，限半月印造江西末茶長引并湖南、北草茶長引，共品搭給降五十萬貫，仰本所措置給賣。將賣到價錢同見在錢一併樁管，具入月册供申。非奉指揮，不得擅行支用。仍令本所開具節次科降茶引已、未變賣〔五〇三〕，及增收等錢、承降指揮月日、支使名色□細賬狀〔五〇四〕，限三日，保明申尚書省。』

二十四日，都茶場言：『承降指揮，湖廣總領所申乞給降嘉定十一年分歲計茶引，内江西路茶引，已降過二百四十七萬六十八貫八百五十五文。其錢，實係應副本所大軍支遣，即非虚收數目。乞將一半錢，照應理充本場歲額施行。都省照得湖廣總領所茶引遞年止貼降二百萬貫，如有另項給降之數，難以一槩理充本場課額。』詔令行在都茶場，自今止將歲計貼降茶引，以一半理充歲額施行。

〔校證〕

〔一〕茶色號 方案：此爲《大典》事目下的子目或標目名，是否即《宋會要》類—門—目—條四級體例中的目尚難確定，或爲《宋會要》引《國史·食貨志》之篇名。今姑作視同門下之目或稱子目，用作標題，並在其下注《大典》卷數和《輯稿》或《補編》所在位置，以便讀者查核。又，陳智超《解謎》頁五一以爲《食貨志》即《會要·食貨類》，《茶色號》即爲子目名，今不取。下《買茶價》至《茶法雜録》作同樣處置，不再出注。《茶色號》所載茶品，可據《買茶價》、《賣茶價》等補者甚夥。

〔二〕輯稿食貨二九之一重出。已校複文。

〔三〕以上建茶　方案：檢《楊文公談苑·建州蠟茶》稱：　建茶『凡十品：曰龍茶、鳳茶、京鋌、的乳、石乳、白乳、頭金、蠟面、頭骨、次骨。』乃北宋初品名，與本條互有異同。《會要》凡十一品，無『京鋌』、『石乳』，而『第三骨』、『末骨』、『山茶（鋌？）』三品又爲《談苑》所無。《文獻通考》卷一八《征榷五》載十二品，多一『石乳』，『第三骨』作『粗骨』，『山茶』作『山鋌』。《宋史》卷一八三《食貨志下五·茶》簡作：『有龍、鳳、石乳、白乳之類十二等』，疑《會要》脱一『石乳』，而『山茶』似爲『山鋌』之譌，下之南劍州有『山鋌』，是其證。又，楊億稱『蠟茶』，以其製作過程中似熔蠟而得名；今《會要》已稱『臘茶』。實以『蠟茶』義勝。

〔四〕大典卷一七五六〇輯稿食貨二九之八至一〇　《大典》卷五七八二及《補編》頁二九二下至二九四上重出。可據《補編》出校，下同。

〔五〕中號三十文一分　『一分』，《補編》頁二九二下作『八分』。據下麻步茶價全同，作『一分』，是。

〔六〕二十七文五分　『五分』，同右引頁二九三上無，作『下號，二十七文。』二字疑脱。

〔七〕虔州泥片每斤八文　『虔州』，原作『處州』，宋江西路無處州，當爲『虔州』之形譌，據本書《茶色號》『泥片（虔州）』改。『泥片』，原作『片茶』，誤，片茶的價格要高得多。並據《輯稿》食貨二九之一二及《補編》二九六上《賣茶價》改。兩處均作：『虔州泥片，每斤十八文』，是。

〔八〕每斤六十五文　『六十五文』，《補編》頁二九三下作『六十文五分』。

〔九〕建昌軍散茶　『建昌軍』，原作『建國軍』，據同右注〔七〕引書及《元豐九域志》卷六改。

〔一〇〕片茶第一號　『號』，原作『等』，據《補編》頁二九三下改。下文云『第二號』、『第三號』，是其證。

〔一一〕十二文三分　『十二』，同右引書作『十四』。

〔一二〕每斤三百四十二文　『三百』，同右引書作『二百』。

〔一三〕每斤十五文　『十五』，同右引書作『十一』。

〔一四〕潭州大方茶　『方』，原脱。據《補編》頁二九五下及同書頁六八六下《茶色號》補。

〔一五〕運合五百二十一文　『一』，《補編》頁二九五下作『二』。

〔一六〕廣德軍第一號每斤六十文　『軍』，原作『州』，據《補編》頁二九五下改。

〔一七〕下號五十五文　『五十五』，《補編》頁二九六上作『五十二』。

〔一八〕每斤七十四文　『四』，《補編》頁二九六下作『三』。

〔一九〕頭金五百文蠟面四百十六文頭骨三百五十五文　『頭金』前，疑奪『南劍州』三字，似當據下『南劍州供般者』條補。其所載三品茶價也完全一致。又，『四百』，《輯稿》食貨二九之一二原整理者上注『四一作三』，檢《補編》頁二九六下正作『四百』，未審何據，今不取。

〔二〇〕其南劍州供般者　『南劍州』疑有譌，或上下文有奪、誤。通檢《賣茶價》各條體例，兩浙路不應有『南劍州供般者』，但《會要》及《補編》皆然，已無别本可校，姑仍其舊。

〔二一〕並三十文足　『三十』，《補編》頁二九六下作『十三』。

〔二二〕府管楊木草子並十九文八分足　『府管』前，原有『及』字，疑衍，據上下文例刪。『楊木』原作『楊樹』，據《補編》頁六八六下及《輯稿》食貨二九之九改。『並』，原脱，據上下文例補。

〔二三〕建寧大柘并退場葉末　『建寧』，原作『建康』，據《補編》頁二九七上及《輯稿》食貨二九之一二改。

〔二四〕開順場　《輯稿》食貨三〇之三二、《補編》頁二九一上均作『開順口』。方案：《補編》『開』譌作『潤』。

〔二五〕年額十八萬八千一百九十一斤　『八千』，《補編》頁二九一上作『一千』。

〔二六〕羅源場　原作『羅原場』，據《補編》頁二九一上，及《輯稿》食貨二九之七、八，三〇之三一引《三朝國史・食貨志》改。

〔二七〕年額七十七萬六千一百二十七斤　『七十七萬』，原作『七千七萬』，據《補編》頁二九一上改。

〔二八〕凡十三場　方案：十三場之名，即《會要》所載，已有不同。《輯稿》食貨三〇之三一至三二引《三朝國史・食貨志》無光州光山，而有蘄州黄梅（據《通考》卷一八《征榷五》，黄梅場景德二年廢），其餘十二場同。同上二九之八則又有舒州龍溪場，凡十四場。載有明確起訖置罷年份的十一場中，又有廬州舒城、蘄州蘄春，溢出上述十三場之名者，見同上引書二九之七《買茶場》。方案：本條十三山場買茶額凡八百六十五萬九千三百三十九斤，與《長編》卷一〇〇及《宋史》卷一八三《食貨下五》『總爲歲課八百六十五萬餘斤』相符。

〔二九〕充本處食茶出賣　方案：江南路買茶額合計數爲一千一十七萬二百九十一斤，與《長編》卷一〇〇及《宋史·食貨下五》所載「江南千二十七萬餘斤」相差約一十萬斤，疑或宋人《國史·食貨志》合計有誤，或上列江南路諸州某一數據有脱誤「十萬」而謂致謂。

〔三〇〕婺州五萬二千二百七十六斤　「二千」，《補編》頁二九一下作「一千」；疑是，當從改，説詳注〔三二〕。

〔三一〕四十二萬一千七十三斤　「四十二」，原作「四千二」，據《補編》頁二九一下改。

〔三二〕一萬三千八百二十四斤　方案：兩浙路買茶額凡一百二十八萬七百七十五斤，與《長編》卷一〇〇及《宋史·食貨下五》所載「百二十七萬九千餘斤」不符，誤差一千斤，疑婺州數應從《補編》作「五萬一千二百七十六」斤，則減一千斤恰相符。參見上注〔三〇〕。

〔三三〕潭州四十七萬七千七百八十五斤　「四十七」，《補編》作「四十四」，疑是，當從改。荆湖路合計數爲二百三十萬二千一十四斤，而《長編》卷一〇〇和《宋史·食貨下五》所載荆湖爲「二百四十七萬餘斤」。如減去三萬，上述合計數爲二百二十七萬二千餘斤，與《長編》等數相差二十萬，疑宋人修《國史·食貨志》時合計之誤。這類明細數與合計數不符，是宋代經濟史料中令學者困惑的「通病」，其例俯拾即是。

〔三四〕峽州六萬四千六百二十八斤　「六百」，《補編》頁二九二上作「七百」。

〔三五〕江陵府務受本府及潭贛澧鼎歸峽州茶　方案：《通考》卷一八《征榷五》注引亦爲受七府州茶，惟無贛州而有岳州，疑即據《會要》。未審孰是。

〔三六〕真州務受洪宣歙撫吉饒江池筠袁潭岳州臨江興國軍茶　『岳』下，《補編》頁二九二上有一『建』字，但右引《通考》無，暫無法判定是《輯稿》脱字或《補編》衍字，而下載無爲軍務與真州務受茶多同，卻有『建』字，今姑仍其舊，又，《通考》是條脱『筠州』。

〔三七〕海州務受杭越蘇湖明婺常温台衢睦州茶　『睦』下，疑脱『處』字，似應據《輯稿》食貨二九之七及《長編》卷一〇〇補。但《補編》和《通考》皆無『處』字，未敢遽定。又，《通考》又脱『蘇州』，僅列兩浙十州。

〔三八〕無爲軍務受洪宣歙饒池江筠袁潭岳建州南康興國軍茶　方案：《補編》頁二九二上全同。但上引《通考》卻作：『無爲軍務受撫、吉州臨江軍而增南康軍茶。』僅列四州軍，其中前三州軍見《會要·食貨》所載之真州務受茶州軍，南康軍則無，而僅見於無爲軍務受茶州軍。很可能這是《通考》作者馬端臨的一種誤解，他認爲無爲軍務應與真州務受茶州軍全相同，所缺三州軍爲脱漏而又新增了一南康軍，而將其餘兩務完全相同的十二州軍（包括建州）省略。他不知六榷貨務受茶州軍並不完全相同，而是互有交叉。另外，無爲軍務也不可能是僅受四州軍茶，極有可能比真州務少撫、吉州和臨江軍，而又多一南康軍。無意間卻透露：馬氏所見之《會要》真州務受茶是有建州的。從而證明據《大典》不同卷數録出的《補編》與《輯稿》，其所據的《會要》底本未必相同，頗有校勘價值。參見注〔三六〕。並請參閲陳智超《解開〈宋會要〉之謎》上篇第五至三九頁。（社會科學文獻出版社一九九五年版。）

〔三九〕於在京及本務入納見錢算請 『在京』，原作『内軍』，據《補編》頁二九二上改。

〔四〇〕廬州舒城縣場舊置 方案： 舒城茶場始置未得其年。 考劉攽《彭城集》卷三七《王公墓誌銘》載：宋初名臣王禹偁（九五四—一〇〇一）子王嘉言（九八九—一〇三五），天禧元年（一〇一七）『徙知廬州舒城縣兼榷茶稅』。可知此前舒城已有買茶場，疑此場爲北宋初置，故稱『舊置』。下四處稱『舊制』，均指五代時就有的七處買茶場，爲舒州羅源、太湖場，光州光山、商城、子安場，黄州麻步場，建州在城場。或將五代入宋的茶場與宋初始置的茶場相區别而分稱『舊制』、『舊置』歟？ 另一種可能是『舊置』乃『舊制』之譌，似無可能後四處『舊制』均爲『舊置』之誤。 因爲《補編》與《輯稿》這五處完全一致，又無别本可校。

〔四一〕眉州丹稜縣場 『丹稜』，原作『母稜』，《補編》頁二九八上同，實爲丹稜之譌。 據《元豐九域志》卷七改。

〔四二〕彭州堋口場 『堋口』，原作『棚口』，《補編》同，據同右引《九域志》改。

〔四三〕漢州楊村場 據《元豐九域志》卷七漢州還有綿竹茶場，疑爲元豐年間置。 故《會要》失載。

〔四四〕火井場大邑場 （『火井』，原作『火并』，據《元豐九域志》卷七改。

〔四五〕興元府在城場油麻場並熙寧七年置 『油麻場』，『場』上脱『垻』字；《九域志》卷八作『麻油垻茶場』，上二字乃譌倒； 又，今考《宋會要輯稿》職官四三之八五有『油麻垻茶』作出賣食茶云云，呂陶《淨德集》卷三《奏乞罷榷名山等三處茶狀》有『黄廉所以欲榷名山、油麻垻、洋州三處者』，均有『垻』

字，據補。『七年置』，同書在城場作『熙寧八年置』，差不同。

〔四六〕城固縣場　『城固』，原作『城國』，據《補編》頁二九八上及《九域志》卷八改。

〔四七〕建州在城場舊制　方案：此列買茶場凡三十九處，除建州在城場爲榷買建茶外，大致可分爲二類，一是嘉祐四年（一〇五九）以前東南榷茶時設在淮南路的十一場；二是熙寧七年（一〇七四）起榷買川茶以博馬而設在川蜀諸州郡（其中興元府、洋州及宋隸京西路的金州）的二十七場。前者爲五代或宋初始置，嘉祐四年行通商茶法時即罷；後者除個別外，則分別始置於熙豐年間，終南宋之世仍存。但這里所列的茶場名，掛漏仍多。如淮南至少應有十三山場，而廬州舒城縣場已溢出十三山場之列，此外，不在十三山場中的至少還有蘄州黄梅、蘄春場及舒州龍溪場；即《會要》失載的淮南買茶場至少有六個，參見注〔二八〉。而川蜀的買茶場漏列就更有二十處之多，見《通考》卷一八《征榷五》和《宋史》卷一八四《食貨下六》載：『自熙寧七年至元豐八年，蜀道茶場四十一，京西路金州爲場六，陝西賣茶爲場三百三十二。』《會要》失載的茶場，如元豐年間始置的彭州永昌、漢州綿竹、雅州盧山、榮經等四場，見於《元豐九域志》卷七；彭州小唐興鎮場之名，見於吕陶《淨德集》卷一《奏具置場買茶旋行出賣遠方不便事狀》；興元府大竹、彭州至德山場，其名分見於《宋會要輯稿》食貨三〇之一二，三〇之一三；金州在城、漢陰、平利三場，則又見於《寶慶四明志》卷九。今考可補者已及其半。

〔四八〕安遠寨弓門寨鷄川寨隴城寨永寧寨　『安遠』，《輯稿》二九之四誤作『安寧』。《宋會要輯稿》方域一八之九：『安遠寨在秦鳳路秦州，天禧二年置。』是其證。

〔四九〕嘉祐四年罷　方案：宋代的賣茶場遍布全國各地。在嘉祐四年（一〇五九）禁榷東南茶時，不僅淮南十三山場皆兼賣茶，六榷貨務亦賣茶。崇寧元年（一一〇二），蔡京推行合同茶場法，賣茶場遍布産、銷各地。熙寧七年起以川茶博馬，在陝西路（今陝、甘、寧地區）設置的賣茶場更是多達『三百三十二處』，參見注〔四七〕。《會要》此條所列賣茶場，堪稱十不及一，只是舉例性的。

〔五〇〕祖額　方案：此篇名（或稱子目、細目、小目名），爲《宋會要·食貨類·茶門》的下級子目，應與上列《茶色號》等七目並列，原書及《大典》録入時均未離析設目，而附在《賣茶場》之後。今據其内容而分析而擬目，下又有折税、上供、茶租、茶本、榷利、茶税等名目的祖額。

〔五一〕江南東路夏二萬五千六百六十三斤　『五千』，原作『五百』，據《補編》頁二九八下改。

〔五二〕夔州路夏七千九百九團　『夏』，乃指夏税，夏税，通常納麥、絹等。夔路忠、達州産茶，茶區以茶代糧折税，稱折税茶。『九百』，《補編》頁二九八下作『七百』。『團』，乃夔路獨特的計量單位，每團爲二十五斤。此處之七九〇九團之團，約相似於宋代潭州、建州等地的茶大斤。這種以團爲計量單位的夔茶乃粗茶，其價格無法與建茶相提並論。

〔五三〕山茶一萬一千八百八斤　『一千』，《補編》頁二九九上作『八千』。

〔五四〕京西南路二萬六千二百二十七貫　『京西』，原作『西京』，據《補編》頁二九九上乙。

〔五五〕茶額　方案：此爲《會要·食貨類·茶門》下的子目。包括兩部分内容：其一，爲紹興三十二年東南十路六十六州軍、二四二縣的茶額。見《輯稿》食貨二九之二至三，同上之二稱之爲『産茶數』，《輯稿》整理者又標目爲『産茶額』，似有誤。其文字可參校食貨二九之一七至一九的『茶數修入』。其二，爲乾道年間（一一六五—一一七三）的茶額，見食貨二九之三至五，可參校複文二九之二〇至二二及《補編》頁二九〇上至二九一上。産生複文的原因是既收入《大典》卷五七八二『茶』字韻『榷茶』事目，又收入《大典》卷一七五六〇『貨』字韻『食貨』事目。這種重出複文的另一原因，可能是書吏從《大典》録出時抄重或其他。『茶額』前者出自《中興會要》，後者出自《乾道會要》。關於這兩部書，陳智超《解開〈宋會要〉之謎》（社會科學文獻出版社一九九五年版頁六七）已有考證。『茶額』其一，末注出《中興會要》，指《國朝中興會要》，乃高宗皇帝在位時的會要，起建炎元年（一一二七），訖紹興三十二年（一一六二）六月十一日高宗退位。主持修纂者爲秘書少監陳騤，乾道九年（一一七三）由宰相梁克家上進。其二，末注出《乾道會要》，指《今上皇帝（孝宗）會要》（即《淳熙會要》）。記事起紹興三十二年六月十一日孝宗即位，訖乾道九年底止，凡十一年半，緊接上部《會要》。由秘書少監施師點主持編修，宰相趙雄於淳熙六年（一一七九）七月上進，凡一百五十卷。《大典》據以録入的宋人編《會要》合訂本或匯編本的編者注明爲《乾道會要》實在是名至實歸，十分允當。尤可區别於另二種《淳熙會要》，因爲宋朝會要通常以上進的時代年號作爲命名的簡稱。

〔五六〕以户部左曹具紹興三十二年諸路州軍縣所産茶數修入　『諸路州軍縣』，原作『諸州路軍縣』。宋制：地方分爲路、〔府〕州軍、縣三級，此『州、路』兩字譌倒，乙正。

〔五七〕一百一十二萬六百五十二斤　『五十二』，《輯稿》食貨二九之一七作『五十四』。
〔五八〕貴池青陽石埭建德　『貴池』，原作『貴溪』，據食貨二九之二〇、《補編》頁二九〇上及宋本《方輿勝覽》卷一六改。
〔五九〕二十八萬四百八十九斤　『八十九』，食貨二九之一七作『三十九』。
〔六〇〕二萬一千七百二十六斤一十二兩四錢　『七百二』，同右二九之一八作『二百七』。
〔六一〕一百四十六萬五千二百五十斤　『五千』，同右引作『二千』。
〔六二〕澧陵衡山寧鄉湘潭安化益陽湘鄉攸　『澧陵』，原作『澧泉』，據《輯稿》食貨二九之四、《補編》頁二九〇下及《方輿勝覽》卷二三改。
〔六三〕耒陽安仁常寧茶陵　『耒陽』，原作『來陽』，據《勝覽》卷二四改。
〔六四〕平陽藍山　『藍山』，原作『監山』，據《勝覽》卷二六改。
〔六五〕當陽一百斤　『一』，《輯稿》二九之一八作『二』。
〔六六〕沅陵辰溪　『沅陵』，原作『沅溪』，據《勝覽》卷三〇改。
〔六七〕建陽崇安浦城松溪政和甌寧建安　『甌寧』，原作『歐寧』，據《勝覽》卷一一改。
〔六八〕寧化上杭清流武平長汀蓮城　『蓮城』原作『連城』，據右引卷一三、《補編》頁二九一上改。
〔六九〕泰寧邵武建寧光澤　『光澤』，原作『廣澤』，據《輯稿》食貨二九之一九、《補編》二九一上及《勝覽》卷一〇改。

〔七〇〕靜江府臨桂靈川興安荔浦義寧永福古修仁　「荔浦」，原作「荔蒲」，據《補編》頁二九一上、《勝覽》卷三八改。

〔七一〕二萬七百斤一十一兩七錢　「七百斤」，《輯稿》食貨二九之二〇作「二百斤」。又，茶額數目及量詞，抄吏均改作雙行小字，非是。當俱回改爲大字，如正文。下同。

〔七二〕二百五十六萬九千六百四十斤　「六百四十」、「百」，原脱，據《會要》二九之二〇、《補編》頁二九〇上補。

〔七三〕繁昌二百斤　「二」，《補編》同右作「三」。

〔七四〕七十七萬八千三百五十斤　「三百」，食貨二九之二〇、《補編》頁二九〇上作「二百」。

〔七五〕四十七萬三千四百九十斤　「九十」，原作「九千」，據同右引改。

〔七六〕一百二萬五千三百四十九斤一十兩半　「一十兩」，《補編》頁二九〇下作「一兩」。

〔七七〕二萬三百一十斤　「一十斤」，原作「十一斤」，據《補編》同右引及食貨二九之二一乙。

〔七八〕在城合同場蒲圻崇陽武昌咸寧嘉魚　「崇陽」，原作「榮陽」，據食貨二九之二一、《方輿勝覽》卷二八改。

〔七九〕一十七萬七千二百四十斤　「二百」，食貨二九之二一作「一百」。

〔八〇〕二千五百斤　《補編》頁二九〇下作一萬一千五百斤。

〔八一〕一千四百斤　「四百」，食貨二九之二一、《補編》頁二九一上作「七百」。

〔八二〕靜江府臨桂靈川興安義寧永福古修仁荔浦　『靈川』，原作『臨川』，據食貨二九之二一、《補編》頁二九一上改；　『修仁荔浦』，原譌倒作『修荔浦仁』，據食貨二九之三、二九之一九及《方輿勝覽》卷三八乙。

〔八三〕以上乾道會要　『以上』，原作『已上』，據食貨二九之二二改。

〔八四〕茶法雜録　方案：　此並非《宋會要》原有的門名下之篇目，而是《大典》編者在事目下所加的標目。當爲徐松命書吏録出時所保留，《輯稿》遂作爲篇名或子目名，今姑仍其舊。　循名質實，也許稱爲『茶雜録』更符合其内容。《大典》卷五七八一、卷五七八三至五七八五，將『茶法雜録』離析爲五段，不僅分割過細，次序錯亂，且將其中的一、三兩段標目分別誤作『茶法』和『茶鹽雜録』。其在《輯稿》和《補編》中的位置，詳陳智超《解開〈宋會要〉之謎》頁三一七表。　這部分複文作爲『茶法雜録』的主要校本，依次分見：　《補編》頁二九九下至頁三〇八上（乾德五年至嘉祐七年），《輯稿》食貨三〇之一一至四四（熙寧四年至政和二年），食貨三二之一至三一（政和三年至紹興四年），食貨三一之一至二一（紹興五年至乾道八年），食貨三一之二二至三四（淳熙元年至嘉定十一年）。今據上述陳書頁三六五表所調整的次序，將『茶法雜録』新編爲上中下三篇。　輯自《大典》卷一七五六〇，即《輯稿》食貨三〇之一至十（乾德五年至嘉祐七年）爲上篇；　輯自《大典》卷一七五六一至一七五六二，即《補編》頁六八七上至頁七一三下（熙寧四年至乾道八年）的記事爲中篇；　輯自《大典》卷五七八一，即《輯稿》食貨三一之二二至三四的記事爲下篇。　下篇無別本可校，爲『孤本』，只能以本校、他校和理校爲主。之所以分析爲三篇，主要考慮到《宋會要》作爲《大典》録入底本有甲、乙兩種合訂本或匯編本，大抵上、中篇出於甲本，而下篇出於乙本。説詳上引陳書頁六四至九二。

〔八五〕如於禁榷地分賣者　『地分』，原脱；『賣』，原稍漫漶，並從《補編》頁二九九下補、改。

〔八六〕並從不應爲情重定斷　『情』，原脱，據沈括《夢溪筆談》卷一二補。又，《宋刑統》卷二七載：『諸不應得爲而爲之者，笞四十。（原注：謂律令無條，理不可爲者。）事理重者，杖八十。』是其證。『事理重』，即『情重』；『不應得爲』，即『不應爲』。

〔八七〕乃詔自今止依舊日棬模製造　方案：李燾《長編》卷一五繫此事於癸亥（十九日），可據補。

〔八八〕募民掌茶鹽榷酤　『酤』，原作『酷』，據《補編》頁二九九下、《宋大詔令集》卷一八三改。

〔八九〕江南轉運司樊若水言　『若水』，《隆平集》卷一二、《長編》卷一八皆作『若冰』。樊知古（九四三—九九四）字仲師，本名若水或若冰，原字叔清，官至户部使。出爲西川轉運使，李順起義，攻占成都，因脱逃，貶黜而卒。其改名今存兩説：宋釋・文瑩《玉壺清話》卷八云：『知古舊名若冰，太祖以其聲近「弱兵」厭之（方案：原譌倒作「之厭」），故改之。』另一説見《宋史》卷二七六《本傳》：『知古本名若水……上（太宗）笑曰：「可改名知古。」知古頓首奉詔。〔唐〕倪若水實名「若冰」，知古學淺，妄引以對，人皆笑之。』此説未允，倪氏實名若水。今宋代史料中，樊氏若水、若冰兩存之，未審孰是？要之，其後改名爲知古，此宋人一人三名之例。

〔九〇〕二月　《長編》繫斯事於二月辛未（十六日）。又有『計所出茶，論如法』之賞罰具體條款内容，較《會要》爲詳。

〔九一〕遣監察御史薛雄詣沿江諸州禁絶私茶　『詣』，《補編》頁三〇〇上作『於』。

〔九二〕以至相承積壓　『積』，原作『接』。據《補編》頁三〇〇上改。

〔九三〕税茶并折色茶外　『折』，原作『拆』，據同右引書改。

〔九四〕須及時採新芽嫩葉蒸造　『探』，疑當作『採』，應改；惟兩本均作『探』，今據下云『採造不及』改，形近而訛。

〔九五〕曾有被訴稱每年衷私於有茶人户處收買供納者　『被』，原作『披』，據《補編》頁三〇〇上改。

〔九六〕亦有送納不以辦者　『以辦』，原譌脱作『辨』，據同右引頁三〇〇下改補。

〔九七〕違者依私茶例區别　『區别』，《補編》頁三〇〇下作『區分』。

〔九八〕四年二月四日　方案：《通考》卷一八《征榷五》繫此事於三年八月。或爲劉式等建請之時。《輯稿》食貨三六之三載此詔較詳，可參閲。

〔九九〕因令停廢榷務　『榷務』，原譌脱作『榷』，據《輯稿》食貨三六之三所載詔令補。又，《宋大詔令集》卷一八三作『榷貨』，疑仍脱一『務』字，或譌『務』作『貨』。

〔一〇〇〕因奏課京師　《輯稿》同《補編》，疑有脱誤，無别本可校。

〔一〇一〕兩河陝西諸州　『陝西』，原脱，據《通考》卷一八《征榷五》、《宋史》卷一八三《食貨下五》補。

〔一〇二〕非雜以數品則商旅少利　『則商旅』三字，原無，據《通考》卷一八《征榷五》補。《宋史》卷三〇九

《楊允恭傳》作『則商人少利』，是其證。

〔一〇三〕二年九月　《太宗實録》卷七九、《長編》卷四〇繫事於九月乙未（二十八日）。

〔一〇四〕洗滌手爪　『洗』，《長編》卷四〇作『先』。

〔一〇五〕以饒州置場買納浮梁婺源祁門縣茶　『祁門』，原作『蘄門』，據《長編》卷四七改。

〔一〇六〕所期公共　『期』，同右引書作『宜』。

〔一〇七〕而言事之人　『人』，同右引書作『臣』。

〔一〇八〕商人弗肯詽允　『詽』，疑應作『許』。

〔一〇九〕詔永除之　『永』，《長編》卷五三作『悉』。

〔一一〇〕三司即酌中取一年所收立爲祖額　『祖』，原作『租』，據《補編》頁三〇一下改。

〔一一一〕如聞茶場大納茶貨　『大納』，疑應作『入納』，但《補編》同，姑仍舊。

〔一一二〕及詽究弊源　『詽』，《補編》頁三〇一下作『許』。

〔一一三〕遣虞部員外郎張令圖　『遣』，原作『遺』；『圖』，原作『度』，并據《補編》頁三〇一下改。《長編》卷六六正作『張令圖』，是其證。

〔一一四〕提點江浙荆湖買納茶貨　『湖』，原作『胡』，據《補編》頁三〇一下改。

〔一一五〕亦皆納官錢　『納官錢』，《食貨》、《補編》同；但《長編》卷六三作『納官』，《輯稿》食貨三六之九作『入官』，兩通之。疑『錢』字衍。

〔一一六〕課程增溢故也　『課程』，疑應乙，《長編》卷六六作『歲課』。

〔一一七〕茶榷之法流弊寖深　『茶』，食貨三六之九作『茗』；『流』，原譌作『抗』，據《宋大詔令集》卷一八三《定奪司令三司行遣詔》改；『寖』，原作『寢』，據同右引改。

〔一一八〕茶法條貫　方案：林特、劉承珪、李溥編成的《茶法條貫》，是我國也是世界歷史上首部關於茶業經濟的成文法典。惜其内容已佚，但相關的詔令條貫之一部分，仍可考見於《會要》、《長編》等書。其序今存，凡四見。原已分别録入《大典》卷五七八二、一七五六〇、二〇七一九，徐松均已命書吏録出，今分見於《輯稿》食貨三〇之三至四、《補編》頁三〇二、頁六六五上、頁八〇八至八〇九（原本《輯稿》三六之九至一〇，爲劉富曾整理時剪去），其摘要又見於《玉海》卷一八一《祥符茶法》，可互校，今擇善而從。因此序被分别收入茶門和榷易門，又各有複文，遂成《宋會要》中極爲罕見的四出複文。今仍兩收其文。茶法類茶書，無疑是茶書的一個門類。《宋會要》中保留類似的茶法類茶書近十部，是歷朝最多的。這正是我把《宋會要·食貨類·茶門》編入本《全集》的原因之一。

〔一一九〕茶茆居最　『茆』，原誤作『苑』，據《補編》頁三〇二上、頁六六五上、頁八〇八下改；而《玉海》作『茗』，疑已改。又，『苑』，或爲『莽』之形譌。

〔一二〇〕兵食爲先　『爲』，《補編》頁三〇二上作『所』。

〔一二一〕而乃許折緡錢　『折』，原作『析』，據《補編》頁六六五上、頁八〇八下及《玉海》改。

〔一二二〕籠貨物之饒　『物』，《補編》頁三〇二上、頁六六五上、頁八〇八下皆作『食』。

〔一二三〕吏民罔上而因緣爲姦　「罔」，原字漫漶，據右引《補編》三處皆作「罔」改。

〔一二四〕徧閲詔條　「徧」，原作「偏」，據右引《補編》三處改。

〔一二五〕先是年收錢七十三萬八百五十貫　「年」，原脱，據《補編》頁六六五上、頁八〇九上及《長編》卷六六注引《會要》補。又，「八百五十貫」，同上引《長編》作「八千五貫」。

〔一二六〕俾于賣價盡減虚錢　「盡」，原作「書」，據《補編》頁六六五上、頁八〇九上改。

〔一二七〕内二百道出于權制　「二百道」，原作「二道」，「百」字脱，據《補編》頁六六五上、頁八〇九上及《玉海》補；「二百」，《玉海》作「一百」。「權」，原作「榷」，據同右引改。

〔一二八〕共成二十三策　「二十三策」，《玉海》作「三十三册」，《長編》卷七一作「二十三册」。「策」，乃簡策之「策」，非「策略」之「策」，與「册」通。

〔一二九〕允契豐財　《補編》頁三〇二下作「允豐財用」。

〔一三〇〕是犯教義非朝廷所當言不許　「是」，《長編》卷七七作「此」。「不許」下注云：「《本紀》云：以利而壞風俗，非國體也，不許。今從《實録》。」可見《會要》略同《真宗實録》。檢《宋史》卷八《真宗三》，此句作：「以利敗俗，非國體，不許。」又有删潤。

〔一三一〕錢額增損兹亦常事　「兹亦」，原脱，據《長編》卷八五補。「增損」下，《輯稿》有小注云：「《永樂大典》注：「原本缺」。」可證《大典》所據底本已脱此兩字，賴《長編》而得補。

〔一三二〕或欲杜絶羣言　「羣言」原作「羣臣」，據右引《長編》改。

〔一三三〕帝復以問樞密院王欽若欽若言　重字「欽若」，原脱，據右引《長編》補。

〔一三四〕即是茶法行也　「即」，原脱，據《長編》卷八五補。

〔一三五〕歲所收利常不下二百餘萬貫　「下」，原作「足」，據右引《長編》改。

〔一三六〕十月二十六日　《輯稿》食貨三六之一二作「十月十六日」。事稍詳而文字頗有出入。

〔一三七〕朕思俾蒸黔　「俾」，《輯稿》食貨三六之十二及《長編》卷八八作「與」。

〔一三八〕僉謀邦政　「政」，食貨三六之一二、《宋大詔令集》卷一八三、《長編》卷八八作「計」。疑當從改。

〔一三九〕致有疑惑　「疑惑」，同右引三書作「疑誤虧損」。疑是，當從改補。

〔一四〇〕以淩策病故也　「病」，《補編》頁三〇三下作「疾」。

〔一四一〕斤增十錢　《長編》卷八九其下有：「從轉運使方仲荀之請也。」

〔一四二〕舉官監涖　《長編》卷九五作：「舉歷任無贓私罪者監」。

〔一四三〕淮南茶停積　「茶」，《長編》卷九七作「茶貨」，宜補「貨」字。

〔一四四〕同詳定經久利害聞奏遂置計置司計置司奏言　「遂置計置司計置使奏言」十字，原無，疑有脱文；據《長編》卷一〇〇擬補。庶幾文稍完備。

〔一四五〕天禧五年止收二十三萬餘貫　「五年」，《朝野雜記》甲集卷一四《總論東南茶法》、《玉海》卷一八一《祥符茶法》皆作「三年」。

〔一四六〕比祖額虧二十七萬貫　「祖額」，原作「租額」，據《輯稿》食貨二九之七改。所謂祖額，乃宋初立定的比較課最之額。

〔一四七〕今將五年賣茶收錢折算　『折』，原作『拆』，據《補編》頁三〇三下改。

〔一四八〕更不支園户本錢　『支』，原作『知』，同音之譌，據上下文義改。

〔一四九〕並定爲中估　『中估』，原作『中色』，《長編》卷一〇〇、《宋史》卷一八三《食貨下五》作『中估』，是，據改。

〔一五〇〕壽州霍山場麻步場開順口場　『開』下原誤衍『州』字，據《輯稿》食貨二九之七删。

〔一五一〕於饒潤茶數内與減十斤　『於』，原作『于』；『潤』，原作『閏』；并據《補編》頁三〇四上改。

〔一五二〕提舉不以多少　『提舉』上下，疑有脱誤，或兩字衍。今無别本可校，姑仍舊。

〔一五三〕悉赴場中賣　『賣』，原作『買』，據《補編》頁三〇四上改。

〔一五四〕其客人買茶赴場　『買』，原作『賣』，據《補編》頁三〇四下改。

〔一五五〕卻於在京入納錢物者　『入』，原作『出』，據同右引改。

〔一五六〕依前項則例貼納浄利錢三千一百　『三千』，原作『二千』，據下文『依前項貼納淨利錢三千一百』改。上注文云：每斤『止收淨利三十一文』，則百斤，應是三千一百文。

〔一五七〕聽客取便指射山場或所屬州府請領其茶　『山場』，原作『三場』，據《補編》頁三〇四下改。『請領』，原作『諸領』，據上下文義改。

〔一五八〕恐有園中客旅及無圖輩將茶貨衷私與販　『圖』，據上下文義，似爲『園』之形近而譌。『無園輩』，即指不是園户的『二道販子』。今無別本可校，姑仍其舊。

〔一五九〕如獲私茶五千斤以上　『五千』，原作『五十』，疑誤。據下文『如萬斤以上』及『數目不多』云云文義改。

〔一六〇〕其間多有加增價直　『價直』，原譌倒作『值價』，據《補編》頁三〇五上乙正。

〔一六一〕因此交引價錢　『錢』，疑乃『賤』的同音之譌，但《補編》亦作『錢』，姑仍舊。

〔一六二〕茶交引每百斤止賣六十三千　『千』，原作『斤』，據《補編》頁三〇五上改。

〔一六三〕六榷務茶交引者　『引』原作『别』，『交別』無義，當作『交引』。據上下文義改。

〔一六四〕更無加擡　『擡』，原作『臺』，據《補編》頁三〇五上改。

〔一六五〕即於在京榷貨務入寔錢百千　『在』，原作『榷』，據《補編》頁三〇五上改。

〔一六六〕願請荆南等兩榷務茶　『兩』，原作『西』，同右引《補編》作『四』，皆非是。據上下文義，『四』似應作『二』，疑涉上『蕲口等四榷務』而譌；又，上文『於在京榷貨務入實錢』請茶條，即云『荆南、海州兩務茶』，正與此爲對文。此應作『二』或『兩』，據改。

〔一六七〕共支與百二十五千茶　『二』，《輯稿》、《補編》同，疑應從上文：『共支百三十五千茶』，作『三』。參見上注。

〔一六八〕并貼納錢數見錢帶請舊茶　『錢數』，疑其上有脱文，如『相當』、『相應』之類。無確據的證，姑仍舊。

〔一六九〕貴免客人請納錢兩度縻費　『貴』上疑脱『所』字，無别本可校，姑仍舊。

〔一七〇〕到住賣去處　『去』，原作『處』，據《補編》頁三〇五下改。

〔一七一〕緣官中難以辨明　『辨』，原作『辦』，據同右引改。

〔一七二〕請自今捉到私茶　『自』，原作『目』，據同右引改。

〔一七三〕詔差孫奭夏竦等同共詳定以聞　《長編》卷一〇三載，共同詳定茶法的還有盧士倫、王碩、盧守懃等人。且小注云：『《實録》但命奭、竦二人，此從本志。』方案：可見《會要》同《實録》，失書三人或從略。但檢《宋史》卷一八四《食貨志・下六》僅見孫奭一人。則李燾所見之《國史・食貨志》與《宋史・食貨志》又不同。

〔一七四〕往十三山場算茶　『往』，原作『住』，據章如愚《羣書考索・後集》卷五七改。

〔一七五〕近年監官止欲界分數多　『監』，原作『鹽』，據《補編》頁三〇六上改。

〔一七六〕望下制置司鈐轄逐場務監官　『鈐』，原作『鈴』，據同右引改。

〔一七七〕但以贍養兵師　『贍』，原作『瞻』，據《補編》頁三〇六下改。

〔一七八〕三司請在京榷貨務入末鹽錢　『末』，原作『未』，據同右引及《長編》卷一一〇改。

〔一七九〕有百姓採摘諸雜木葉造成社茶　『社』，原作『杜』，據《補編》頁三〇六下改。

〔一八〇〕比私茶例給賞　『比』，同右引作『以』。

〔一八一〕方成倫敍　『敍』，疑當作『緒』，同音之譌。

〔一八二〕十一月二十三日淮南轉運司言　「二十三」，《補編》頁三〇六下作「二十二」。惟《長編》卷一一五繫於十月己酉（二十三日），今從之。又，《長編》稱：「范仲淹使淮南，請除之。」與《會要》所載應「淮南轉運司」請，差不同。今考范仲淹於明道二年（一〇三三）七月以右司諫被命安撫江淮災傷，使回，奏蠲舒州折役茶、廬州贍軍茶。至次年十一月，才由淮南漕司再次陳請而除放。參見拙撰《范仲淹評傳》頁五一。（南京大學出版社，二〇〇一年十二月版。）

〔一八三〕納贍軍年額茶七千三百斤　「三百斤」，《長編》卷一一五作「三百五十斤」。

〔一八四〕計其直從詐欺律準盜論　「準」，原脱，據《長編》卷一一六補。

〔一八五〕仍比真茶給賞之半　「比」，《補編》頁三〇六下作「以」。

〔一八六〕其未改法以前交抄上以景祐二年以前茶給之　「上」，疑衍，應删；或爲「止」之形譌。

〔一八七〕商人皆於在京榷貨務納錢　「於在」原譌倒作「在於」，據《補編》頁三〇七上乙正。

〔一八八〕聽納實錢八十千　「實錢」，原脱，據《輯稿》食貨三六之二七補。

〔一八九〕如就本州榷貨務納錢者每八十千增七千　「增」上之「如就……八十千」一十四字，原脱，當係抄胥漏抄，今據同右引補。惟食貨三六之二七「千」作「貫」。今從上下文義作「千」。

〔一九〇〕蓋荆南海州茶賈人之所願售也　「荆」下，原誤衍「湖」字，據上文「以買荆南、海州榷務茶」及食貨三六之二七删。

〔一九一〕以便商旅　「便」，同右引《輯稿》食貨三六之二八作「利」。

〔一九二〕自天聖九年至景祐二年終　『九年』，原作『元年』。下又云『五年便糴糧草……』自天聖九年（一〇三一）至景祐二年（一〇三五），恰爲五年；如是元年，則一十三年矣，據改。

〔一九三〕詔王博文張觀程戡韓琦與三部副使本案判官　方案：《長編》卷一二〇將王博文同詳定茶法繫於景祐四年五月戊申（七日）；同書卷一二一載：是日詔命『别議』茶法者無王博文，差不同。

〔一九四〕今請減爲六十七千　『爲』，原脱，據下文『願請茶者減爲六十六千』及《長編》卷一二二、《宋史》卷一八四《食貨下六》補。『千』，原作『斤』，據同上改。

〔一九五〕乞差御史中丞孔道輔入内都知别置一司　『都知』下，原脱其名，無别本可校補。今考寶元、康定間官入内都知者有張永和、王惟忠等人，二人均有受詔與朝臣議軍政、財利事宜的經歷，參見《長編》卷一二二、一二八、一三五等。疑應爲其中之一人，未敢遽定，姑仍舊。又，似張永和之建言未被採納。

〔一九六〕三司請榷定商旅入見錢五分於榷貨務　『請榷定』之『榷』，疑衍，應删；或『榷』爲『權』之形譌。

〔一九七〕其半召保置籍　『籍』原作『藉』，據《補編》頁三〇七下改。

〔一九八〕權三司使公事葉清臣言　『權』，原作『榷』，據《長編》卷一二九、《宋史》卷二九五《葉清臣傳》改。

〔一九九〕請委曉知財利之臣别行課較　『臣』，原作『人』，據《補編》頁三〇七下改。

〔二〇〇〕詔權停建州造龍鳳茶　『權』，原作『榷』，據同右引改。

〔二〇一〕御史知雜吕景初詳定放行茶法　『御史知雜』，乃『侍御史兼知雜事』職官名的簡稱，類似的簡稱和别稱尚多。

〔二〇二〕四年二月詔曰　方案：　此爲歐陽修起草的《通商茶法詔》，題下原注『嘉祐四年二月四日』，『四日』可補。『詔』，作『敕』。此詔宋代文獻中多有收録，大體可分二類：　一爲直録原文，如《歐陽文忠公集》卷八六《内制五》（下簡稱《歐集》）、《宋大詔令集》卷一八四、《宋文鑑》卷三一等；二爲已略加刪改，如《長編》卷一八九、《會要》食貨三〇之九至一〇（復文見《補編》頁三〇八上）、《宋史》卷一八四《食貨下六》、《太平事迹統類》卷二九等。今主要以《歐集》爲主校本出校，所涉書名均用簡稱，不著卷數。當然《歐集》本身也有版本互校問題，今以周必大校刊的廬陵本爲準，原本今藏日本天理大學圖書館，今據亦源自周本的《四部叢刊》本出校。

〔二〇三〕自唐建中　『建中』，《歐集》等作『末流』。

〔二〇四〕嚴刑重誅　『刑』，原誤作『行』，據注〔二〇二〕所列諸書及《補編》頁三〇八上改。

〔二〇五〕情所不忍　方案：　其下，原詔有『使田閭不安其業，商賈不通於行』等十三字。應據《歐集》等補，《長編》、《宋志》等並刪。

〔二〇六〕是於江湖之間　『於』，原作『以』，據注〔二〇二〕所列諸書及《補編》頁三〇八上改。

〔二〇七〕頗弛其禁　『其禁』，《歐集》等作『榷法』。

〔二〇八〕件析其狀　『其』，原作『具』，據注〔二〇二〕所列諸書（除《會要》二本外）改。

〔二〇九〕朕嘉覽於再猶若慊然　『朕』下四字，原無，據《歐集》等補。

〔二一〇〕俾通商利　『商利』，《歐集》等作『商賈』。

〔二一一〕弗復更制　『更』，原作『置』，據注〔二〇二〕所列諸書（除《會要》二本外）改。

〔二一二〕以惑官司　『惑』，原作『感』，據注〔二〇二〕所列諸書及《補編》頁三〇八上改。

〔二一三〕無或有貸　《長編》、《宋志》等同，《歐集》等作『用戒狂謬』，後又有『布告遐邇，體朕意焉』八字，《會要》等均無。

〔二一四〕而腳乘與稅錢重　『與』，原作『輿』，據《輯稿》食貨三〇之一一改。

〔二一五〕自無不行之法　其下，《長編》卷二二〇仍有『王安石言』等七十九字，《會要》失收。

〔二一六〕每馱納長引錢令指定州軍貨易　『長引』，原譌倒作『引長』，據《輯稿》食貨三〇之一二、《長編》卷二六二乙。又，《長編》『令』作『千』；　如是，則『千』應上讀，兩通之。此或『令』上脱『千』字，據補義勝。

〔二一七〕八月十九日　『十九日』，《長編》卷二六七繫於庚戌（二十一日）。

〔二一八〕比商賈取利　『比』，原作『此』，據《輯稿》食貨五五之三九及《長編》卷二七四改。

〔二一九〕乞罷熙河通遠三茶場可省官吏五十餘人　『熙河』之上，《長編》卷二七四有：　孫迥乞『移通遠軍市易務於秦州，罷秦州、通遠軍、永寧寨市易三外場』等二十三字，《會要》已删節。遂使上、下文兩失照應，『可省官吏五十餘人』者，乃指罷『市易三外場』和『熙、河、通遠三茶場』之合計可省之官吏。《會要》節文，則指『三茶場』罷，即可『省官吏五十餘人』，兩者大相徑庭。宜據《長編》補此二十三字，庶幾不相抵牾。又『熙、河、通遠三茶場』，指熙州、河州、通遠軍三處在城賣茶場；點校本《長編》頁六七一三，誤點爲『熙河、通遠三茶場』，前者爲路名，不可能有茶場，後者爲軍名，與前無從對舉，且又『三茶場』無着落，兩失之而未允。

〔二二〇〕勘會新法内階成州係次邊禁茶地分　『禁』，原作『境』，同音之譌。據《輯稿》食貨三〇之一三改。

〔二二一〕欲乞應成都府諸州縣産茶地分　『府』下，疑脱『路』字。

〔二二二〕十月十六日　『十六日』，《長編》卷二八五繫於十月乙未（十八日）。

〔二二三〕有粗惡茶剥納錢二萬六千餘緡　『二萬』，《長編》卷二八七作『三萬』。

〔二二四〕當於園户及干繫人催理　『人』下，《長編》卷二八七有『名下』；『催理』，同上作『理納』。似義長。

〔二二五〕以致破産未必能償　『以致』，原無，疑脱，據《長編》卷二八七補。

〔二二六〕並支見錢金帛　『並』，原脱，據《輯稿》食貨三〇之一四補。

〔二二七〕産茶般輦州縣　『茶』下，《長編》卷二八九有『及』字，疑當從補。

〔二二八〕提舉茶場李稷乞定成都府利州路茶場監官　方案：『官』下，疑脱『賞罰條格茶場監官』八字，似抄胥因有重字而漏抄，無别本可校，姑仍其舊。

〔二二九〕不以多寡没官　『没』上，《長編》卷二九二有『並』，疑當從補。

〔二三〇〕仍乞許每歲别委官檢視　『檢』，《輯稿》食貨三〇之一五、《長編》卷二九二並作『驗』。

〔二三一〕已納到如此色樣　『已』下，《長編》卷二九二有『有』字，疑似應從補。

〔二三二〕并已支見在錢七十六萬七千七十六緡 「七十六」，《輯稿》食貨三〇之一六、《長編》卷二九七並作「六十六」，似應據改。「七十」，疑涉上「七千」而譌。

〔二三三〕西鄉茶税額比舊減少 「西」，原奪，據《長編》卷二九七補。

〔二三四〕如虧少 「如」，原譌作「知」，據《輯稿》食貨三〇之一六、《長編》卷二九七改。

〔二三五〕成都府等路茶場司勾當公事官六人 「勾當」，原作「幹當」，據《長編》卷二九八改。此正避諱未盡之例。北宋「勾當公事」之「勾」，南宋避趙構嫌諱，改作「幹當公事」或「幹辦公事」。此北宋事，不當追改，今仍回改，下徑改不出校。

〔二三六〕提舉成都府等路茶場司言 「等」，原脱，據《長編》卷三〇五補。

〔二三七〕委茶場司管勾 「管勾」，原作「主管」，據同右引改。參見注〔二三五〕。

〔二三八〕今欲乞將上件茶場更不舉官 「欲」，原脱，據《輯稿》食貨三〇之一七補。

〔二三九〕乞洋州茶場買茶監官更不兼監本州商税 「監官」，原作「鹽官」，據同右引改。

〔二四〇〕勘會熙秦岷河階州通遠軍永寧寨七處茶場 「寧」，原作「成」，據《輯稿》食貨三〇之一七改。

〔二四一〕今相度秦熙州通遠軍永寧寨四處 「處」，同右引作「場」。

〔二四二〕各以兩員爲額 「爲」，原脱，據同右引補。

〔二四三〕條具三年一次比較聞奏 「具」，原無，據同右引補。

〔二四四〕特旨令市易司罷賒請官錢 「賒」，原作「糴」，據《長編》卷三一二改。

〔二四五〕可以增造龍鳳茶五七百斤　『斤』下，《長編》卷三二二有『仍乞造民間(簡)〔揀〕芽別造三二十斤入進』十五字。疑《會要》已删或抄吏漏抄，但下又云『乞造揀芽茶』，似前後兩失照應，十五字似當從補。

〔二四六〕乞所造揀芽茶　『揀芽茶』，又稱『密雲龍』。王鞏《續聞見近録》曰：『元豐中，取揀芽不入香作「密雲龍」茶，小於小團而厚實過之。終元豐，外臣未始識之。』黄庭堅《山谷詩集·内集》卷一三《博士王揚休碾密雲龍》詩詠這種極品貢茶云：『矞雲蒼璧小盤龍，貢包新樣出元豐』，殆寫實也。賈青造進的這種貢茶雙角團袋，斤爲四十餅。其品質和包裝，均超過蔡襄於仁宗時造進的上品龍茶（又稱小龍團，斤爲二十八餅）。據《長編》卷三二二，揀牙僅每年貢進二三十斤，可知其名貴程度已臻極致。

〔二四七〕別製小龍團　『製』，原作『置』，據《長編》卷三二二改。

〔二四八〕斤爲四十餅　『四十』下，原有『餘』字，據同右引删。

〔二四九〕不滿二萬緡及不願就減年者　『就』，原缺，據《長編》卷三三〇補。

〔二五〇〕與免試　『與』下，同右引有『免遣』二字。

〔二五一〕乞以文龍二州並爲禁地　『禁』，原作『秦』，據《長編》卷三三四改。

〔二五二〕偏入陝西路出賣　『偏』，原譌作『偏』，《宋會要輯稿》職官四三之六二正作『徧』，又據同右引改。『徧』乃『遍』之異體字。

〔二五三〕仍於成都府置博賣都茶場　『賣』，原作『買』，據同右引及《宋史》卷一八四《食貨下六》改。

〔二五四〕尚未奎開　『奎開』，《輯稿》職官四三之六四作『全備』，疑當從改。

〔二五五〕略加删正下項　『下』上，疑脱『諸』字。以下凡『諸』字起，末條爲補充，以『看詳』起，均提行。《元豐茶法通用條貫》凡三十八條，是關於以川茶博馬的政策法令匯編，是我國史書中完整保存下來關於茶馬貿易及地區性茶法的成文法典，也是宋代的又一種茶法類茶書。又名《元豐茶法》，由陸師閔主持修纂，約二千餘字，其中還有涉及四川鹽法的内容。今以《補編》頁六八八下至六九〇爲底本，參校《輯稿》食貨三〇之一八至二三，點校整理。

〔二五六〕等數買園户茶　『等數』，疑爲『盡數』之譌。《輯稿》食貨三〇之二九正作『盡』，是其證，應從改。

〔二五七〕都民間食用　『都』，似誤；疑應作『供』。同右引作『充』，是，應從改。

〔二五八〕依市例量收耗茶　『收』，《輯稿》食貨三〇之一九作『加』。

〔二五九〕本州本場體訪指實　『指』，《輯稿》食貨三〇之一九作『詣』。義長，應從改。

〔二六〇〕每州委見任官一員管勾通計　『勾』原作『幹』，避宋高宗趙構嫌諱追改，今回改。『通』，原作『統』，據《輯稿》食貨三〇之二〇改。

〔二六一〕過半年不得變轉　『轉』，原作『專』，據《輯稿》食貨三〇之二〇改。

〔二六二〕監專均償　『監』，原作『兼』，據同右引改。

〔二六三〕候變轉訖離任　『轉』，原作『展』，據同右引改。

〔二六四〕每季輪當職官點檢未批文歷 『輪』下，疑脱一『值』字，惟無别本可校，姑志疑而仍舊。

〔二六五〕牙錢置歷 『歷』，原譌作『立』，據《輯稿》食貨三〇之二一改。

〔二六六〕若住滯經宿者 『滯』，原作『持』，據同右引改。

〔二六七〕應茶場監官添支驛料運船 『運船』疑爲『運料』之譌。

〔二六八〕提舉司官屬及勾當公事官屬俸直 『勾當公事官屬』，原作『公事官屬』，《輯稿》食貨三〇之二二『公事』，又作『幹事』，疑均避『勾』字諱而缺字、改字。勾當公事置廳，下有屬官，因改補。又，『直』上，疑脱一『俸』或『奉』字。

〔二六九〕部内有犯 『部』，原作『郡』，據《輯稿》食貨三〇之二二改。

〔二七〇〕諸治茶法職務措置詞訟刑名錢穀等公事 『治』，同右引作『沿』；又，《輯稿》職官四三之六四，『治』作『路』，義勝，似當從。『詞』，原作『辭』，據同右引及上引職官改。

〔二七一〕如已經處置尚有抑屈者 『已』，同右引作『所』。

〔二七二〕今乞分四料 『料』，原作『科』，據《輯稿》食貨三〇之二三、《長編》卷三四〇改。

〔二七三〕詔同提舉茶場陸師閔 『詔』，《長編》卷三四〇作『手詔』。

〔二七四〕昨付以推廣禁地 『禁地』下，《長編》卷三四〇有『施行蜀茶，今據面陳，稍見次序』等一段文字。《會要》已删，或《大典》、《輯稿》抄吏録入、抄出出時誤脱，應據補，遂使下所云户部官吏『以差罰銅』原因不明。

〔二七五〕其户部議法不當　『其』上，《長編》卷三四一有：『茶場司並用舊條』七字。且繫事於元豐六年十一月乙五（二十四日）。所議之法爲『買種民重立茶場法』，與《會要》所云繫事於十月二十一日的『推廣禁地』事宜，時、事皆判然不同，必有一誤。頗疑《會要》或誤合二事爲一。或《會要》輯稿録出時有脱誤遂致判然二事誤爲一條。

〔二七六〕亦乞請買官茶　『官茶』上，《長編》卷三四六有『水磨』二字，是。『水磨官茶』事宜，由提舉汴河司主管，似應從補。《長編》又注引有大段關於水磨茶的詳盡資料，可參閲。

〔二七七〕候二年立法　『二年』，原作『一年』，據《輯稿》食貨三〇之二三及《長編》卷三四六改。

〔二七八〕罰息錢七萬餘　『餘』，《長編》卷三四八作『緡』。

〔二七九〕廣西轉運判官劉何乞買桂州修仁縣等處茶　『買』上，《長編》卷三四九有『榷』字。

〔二八〇〕所收息税有無增剩及支費數以聞　『税』，原作『錢』，據《輯稿》食貨三〇之二四及《長編》卷三五〇改。

〔二八一〕今將前後指揮删立成條　方案：這是由陸師閔根據榷川茶博馬以來的詔令等公文條制，總結了般川茶入陝的實踐經驗，主持修定的《元豐般茶鋪條貫》。凡七項，主要内容涉及以軍兵充役，用車子般運川茶的組織實施，以及鋪兵及押茶綱官的招刺、選差、揀汰、待遇、賞罰等事宜的具體規定。是宋代的一種名實相符的茶法類茶書。今在《宋會要輯稿》中凡二見：《補編》頁六七〇，食貨三〇之二四至二五。今以《補編》爲底本，參校食貨復文，加以點校整理。

〔二八二〕排連保伍　『連』，《輯稿》食貨三〇之二五作『運』，似誤。

〔二八三〕如不足　『如』，原作『知』，據同右引改。

〔二八四〕福建路轉運副使王子京乞并鄰近兩浙江南廣東復禁茶　『茶』，原脱，據同右引及《長編》卷三五一補。

〔二八五〕乞並依熙寧五年二月已降指揮施行　『二月已降指揮』，《長編》卷三六五作『二月六日朝旨』；下又云：『除依舊禁榷州軍外，並放通商。』從之。

〔二八六〕州歲較申轉運司　『司』，原作『使』，據《輯稿》食貨三〇之二六改。

〔二八七〕轉運司於次年具總數申户部　『具』下，《長編》卷四三八有『一路』兩字。

〔二八八〕應雅州管下盧山滎經縣碉門靈關寨威茂龍州綿州石泉縣界　『碉』，原作『同』，據《長編》卷四四二改。

〔二八九〕舊條管勾文字官等許選差轄下官權　『權』，原作『榷』，據《輯稿》食貨三〇之二七改。

〔二九〇〕今乞並許於罷閑待闕官内權差　『閑』，同右引作『任』。

〔二九一〕依舊許本司奏舉　『奏』，原作『奉』，據同右引改。

〔二九二〕都提舉汴河隄岸司總領即汴水流用之　『即』，原作『郎』；『水』，原作『下』，據《輯稿》食貨八之三四改。

〔二九三〕隄岸司令廢歸都水監　『令』，原作『今』，據同右引改。

〔二九四〕其已發引前來者 『已』，原作『乞』，據《輯稿》食貨三〇之二八改。

〔二九五〕二十一日 『一』，同右引作『二』。

〔二九六〕龍州界乞仍舊禁茶 『乞仍』，原譌倒作『仍乞』，據同右引乙正。

〔二九七〕並以舊條從事 『以』，同右引作『依』。

〔二九八〕都大提舉成都府利州陝西等路茶事司陸師閔言 『等路』，原作『路等』，據《輯稿》食貨三〇之二九乙正。『言』，同上引作『奏』。

〔二九九〕舊法並爲禁茶地分 『茶』，原脱，據《宋史》卷一八四《食貨志下六》補。

〔三〇〇〕緣興元税務十一月間發引 『元』，原脱，據《輯稿》食貨三〇之二九補。

〔三〇一〕望指揮龍州界依舊爲禁茶地分 『茶』原脱，據同注〔二九九〕引書補。

〔三〇二〕臣勘會元豐茶法 『茶法』，原譌倒作『法茶』，據《輯稿》食貨三〇之二九乙正。

〔三〇三〕販入川峽四路 『峽』，原作『陜』，據同右引改。

〔三〇四〕利害明甚 『明甚』，同右引作『甚明』。

〔三〇五〕今逐司相度利州路所産茶貨 『茶』，原脱，據《輯稿》食貨三〇之三〇補。

〔三〇六〕廣西轉運副使張景温言 『副使』，原譌倒作『使副』，據《輯稿》食貨三〇之三一及《長編》卷五一九乙。

〔三〇七〕桂州修仁縣産茶萬數 『縣』下，《長編》卷五一九有『管下村峒崖』五字；『萬數』，《長編》作『萬斤』。

〔三〇八〕行通商之法　『通』，《輯稿》食貨三〇之三二作『便』。

〔三〇九〕遣官置司　『遣』，《輯稿》食貨三〇之三二作『選』。

〔三一〇〕更不於人户税上科納　『科』，原譌作『税』，據同右引改。

〔三一一〕更特於逐路朝廷諸色封樁錢并坊場常平剩錢内　『特』，原作『持』，據同右引改。

〔三一二〕於長葛鄭州等處京索潩水河增磨二百六十一所　『六十一』，《輯稿》食貨八之三四作『六十』，疑脱『一』字。《宋史》卷一八四《食貨下六》作『六十餘』可證。

〔三一三〕皆用汴水　『皆』，《輯稿》食貨八之三四作『借』，同書三〇之三三作『且』。

〔三一四〕都大提舉成都府利州陝西等處程之邵奏　『等處』，疑爲《會要》編者、《大典》編者或抄胥省略，然宋無這種官稱，似誤。應從《輯稿》職官四三之七九同年九月十六日條程之邵的系銜，作：『〔都大〕提舉成都府、利州、陝西等路茶事、兼陝西買馬監牧』，庶幾無誤。

〔三一五〕准熙河蘭會路勾當公事童貫已牒　『童貫』，原作『童賞』，據《輯稿》食貨三〇之三三改。

〔三一六〕緣今來湟州新邊闕博糴斛斗　『闕博』，原作『博闕』，譌倒；又『斗』上，原衍一『闕』字，當涉上而譌，並據上下文意乙正及删。

〔三一七〕係分草蠟茶兩等刑名外推賞　『刑』原作『州』，據下文『亦分草、臘茶兩等刑名』改。

〔三一八〕今欲乞於本項内蠟茶字下添入草茶名三字　『名』，《輯稿》食貨三〇之三四作『各』。

〔三一九〕都大提舉成都府利州陝西等路茶事兼提舉陝西等路買馬監牧公事程之邵奏　『牧』，原作『收』，據《輯稿》職官四三之七九改。

〔三二〇〕客人出納垛地官錢　『納』，原作『額』，據《輯稿》食貨三〇之三五改。

〔三二一〕監場王公壽范景武各與循兩資　『監』，原作『鹽』，據同右引改。

〔三二二〕四年二月二十一日　『四年二月』，原作『四月二十』，據同右引改。

〔三二三〕務貪課額　『貪』，《輯稿》食貨三〇之三六作『增』。

〔三二四〕切慮新民驚疑　『新』，《輯稿》食貨三〇之三七作『斯』。

〔三二五〕内若干係住賣處送納　『賣』，原作『買』，據同右引改。

〔三二六〕乞應將茶貨高立價例　『高』，原形譌作『尚』，據下文『倍立高價』、『高抬賣價』云云改。

〔三二七〕法案檢條　原作『法按驗條』，據《輯稿》食貨三〇之三八改。

〔三二八〕詔福建措置茶事　『措』，原作『諸』，據下文『所有措置官』云云改。

〔三二九〕所有措置官柳庭俊已下　『柳庭俊』，原作『柳定庭俊』，『定』，誤衍。檢《宋史》卷二三《欽宗紀》：靖康元年（一一二六）八月，有『福州軍亂，殺其知州柳庭俊』的記事；同書卷九六《河渠六》又有『重和元年二月，前發運副使柳庭俊言』的記載，時代相合，當即其人。據删『定』字。

〔三三〇〕除上項錢數　『除』上疑有脱字，似應作『扣除』，無别本可校，姑仍舊。

〔三三一〕若買賣茶數不敷祖額　『祖』，原作『租』，據《輯稿》食貨三〇之三九改。

〔三三二〕奉聖旨　『奉』，原作『奏』，據《輯稿》食貨三〇之三九改。方案：聖旨，即徽宗御筆手詔，今存，見載楊仲良《通鑑長編紀事本末》（下簡稱《長編本末》）卷一三七《水磨茶》。補録如下：『水磨茶場課入不羨，犯法（侵）〔寖〕多，商賈滯留，官司壅塞，上下受弊，内外非便。其見行茶法並罷，事歸尚書省。』

〔三三三〕今具下項　方案：自『奉聖旨……下項』，即爲《政和茶法》的前言部分。其下羅列四十項具體規定，凡二千餘字。由當時主持茶政的尚書省，於政和二年（一一一二）八月二十六日修定奏上。是崇寧元年（一一〇二）蔡京主持茶法改革十年來的集大成者，主要針對行水磨茶法以來的種種弊端而改良擬定。作爲一種宋代茶法類茶書，是我國乃至世界歷史上最早一部茶事成文法典，可貴的是完整保存至今。其對於茶業經濟史、商業史研究的重要價值不言而喻，即使對今之茶葉銷售、防控僞劣茶等，也提供了有益的謀謨。其内容包括水磨茶法、園户、茶商自相交易法、茶商持引販賣法、長短引法、茶價確定原則、蠟茶通商法、籠篰法、賞罰則例等八個方面。其准則，對南宋的茶法也有極大的影響。全文今見《輯稿》食貨三〇之三九至四四，複文見《補編》頁六九四至六九五。今以後者爲底本，前者爲主校本標點整理。

〔三三四〕其京畿京東京西河北河東淮西兩浙荆湖江南福建永興軍鄜延涇原環慶路　『淮西』，《長編本末》卷一三七《水磨茶》作『淮南』，疑是，當從。

〔三三五〕選差入内内侍省官專　方案：『專』下，疑脱『一管勾供進』五字。似因下有重文而被抄胥脱漏此五字。另一種可能是『專』下脱『管』字，當據上下文例補。

〔三三六〕若詣陝西路者加二十貫文　『二十』，原作『三十』，據《輯稿》三〇之四〇、《通考》卷一八《征榷五》、《宋史》卷一八四《食貨下六》改。

〔三三七〕客引踰限不繳　『限』，原作『年』，據《輯稿》食貨三〇之四一改。方案：此並長、短引而言之，長引限一年，短引限一季。作『逾限』是。

〔三三八〕若平價不實　『平』，疑似應作『評』。

〔三三九〕經監司尚書省　『司』下，疑脱『赴』字。

〔三四〇〕即去失者　『去』，疑似應作『丢』。

〔三四一〕又三日　『日』，原作『二』，據《輯稿》食貨三〇之四二改。

〔三四二〕依舊認納淮西税錢　『錢』，原作『歲』，據同右引改。

〔三四三〕多是計會虛套封頭　『計』，原作『記』，據同右引改。

〔三四四〕沿路私拆　『拆』，原作『折』，據本條下文兩處『拆』字改。

〔三四五〕不許秤製　『製』，疑當從本條上文『秤盤封記』作『盤』。

〔三四六〕賞錢二十貫　『二十』，《輯稿》食貨三〇之四二作『三十』。

〔三四七〕若增損大小高下者　『增損』，原作『損增』，據下條『增損』及《輯稿》食貨三〇之四三乙。

〔三四八〕未曾賣茶者　『賣』，《輯稿》食貨三〇之四三作『買』。

〔三四九〕川茶如敢侵客茶地分　『茶』，原脱，據《宋史》卷一八四《食貨下六》補。

〔三五〇〕十月二十二日　『二十二』，《輯稿》食貨三〇之四四作『二十三』。未審孰是，必有一誤。

〔三五一〕緣鳳翔府以東諸縣鎮係賣川茶地分　『縣』，原作『州』，據《輯稿》食貨三二之一改。

〔三五二〕欲將鳳翔府以東岐山扶風麟游盩厔普潤好時郿虢縣　『普潤』，原作『普閏』，據歐陽忞《輿地廣記》卷一五改。

〔三五三〕同日兩浙路提舉鹽茶司奏　『茶』，原作『場』，據《輯稿》食貨三二之二改。又，『同日』之上，上條『大觀二年五月二十九日敕』凡二百余字爲注文，《輯稿》食貨三二之一至二誤作正文；亟應據《補編》頁六九五至六九六改爲小字注文。

〔三五四〕乞翻改往某縣賣茶　『賣』，同右引作『買』。

〔三五五〕並闕都茶務及所改并指州縣照會　『闕』，原譌作『聞』，據同右引改。『桶』，又似『捅』字，或即上字之形譌。

〔三五六〕若許四方客人赴都茶務依新法錢數買引　『若』，原作『苦』，據《輯稿》食貨三二之三改。

〔三五七〕闕下茶貨是客人買引及販賣引　上『賣』，同右引作『買』。

〔三五八〕二十五日　『二』，原譌作『一』，據《輯稿》食貨三二之四改。

〔三五九〕緣昨來茶事所置專知官秤庫桶子名額並罷　『桶子』，原作『捅子』，據同右引改。『桶』，又似『捅』字，或即上字之形譌。

〔三六〇〕内有私相交易者互行覺察 『行』，同右引作『相』。

〔三六一〕契勘新修茶法 『修』，原作『條』，據同右引改。

〔三六二〕許與販三百斤 『三』，原作『二』，據《輯稿》食貨三二之五改。又本條上文稱長引『五十貫文，販茶一千五百斤；三十貫文，販茶九百斤。』短引『二十貫文，販茶六百斤』。則十貫文末茶引，應販茶三百斤。作『三』是，據改。

〔三六三〕或有阻抑者 『阻』，《輯稿》食貨三二之六作『沮』。

〔三六四〕餘人徒二年 『二』，同右引作『三』。

〔三六五〕諸路應茶客合經過州縣 『合』，原作『舍』，據《輯稿》食貨三二之七改。

〔三六六〕從之 方案：以上爲《政和私茶鹽賞罰格》，是對茶鹽官及巡捕官捉獲、透漏私茶鹽的賞罰格。其中賞格分『一火』、『累及』兩等，各有十檔和十一檔具體規定。罰格也分十一檔，兩者相比校，似罰格更嚴厲。體現了北宋末透漏私茶鹽情況相當普遍、嚴重的社會現實，也反映了宋政府爲扭轉這種税息流失現象所作的努力。這也是北宋茶法類茶書中的一種。

〔三六七〕産茶縣分就縣批發客茶去處知縣依合同場監官賞罰外 『知縣』，原作『知州』，本條上、下文兩處提到『知縣』，且本條所涉僅爲産茶縣分知縣賞罰事宜，底本及校本抄胥皆誤，據改。又，『監官』，原譌作『鹽官』，據本條上云：『其知縣聽依合同場監官已降指揮』之『監官』改。

〔三六八〕卻不盡時書寫所買之家斤重姓名稱一面自覓人書填 『稱』，疑衍；或『姓』下脱一『氏』字，作『姓氏名稱』。無別本可校，姑仍舊。

〔三六九〕如通出園户姓名委是指實　『指』，《輯稿》食貨三二之九作『詣』。

〔三七〇〕依元法勾追園户勘鞫　『鞫』，原作『鞠』，形近而譌，據上下文意改。

〔三七一〕及沮抑客販　『沮』，原作『阻』，據本條上文及《輯稿》食貨三二之一〇改。

〔三七二〕茶事司當職〔官〕或不能按治州縣　『當職』，《輯稿》食貨三二之一〇作『各路』。又，『官』字疑脱，據上下文例，補。又，如從《輯稿》食貨作『各路』，則當與『茶事司』三字互乙，亦通。

〔三七三〕其扇摇茶法者除依見行條法補官給賞外　『者』下，疑有奪文。『扇摇茶法者』，當重行黜責而加罪；推行茶法有功者，始補官給賞。上下文意相悖，當有脱漏或誤。今無别本可據補，姑仍舊。

〔三七四〕並依私茶罪賞法　『依』上，原有『乞』字，誤衍。本條上文既稱『政和三年二月六日朝旨』，此爲『朝旨』中内容；下又云：『詔依政和三年二月六日指揮施行』，則『乞』字衍，據删。

〔三七五〕在外於所止州縣投狀　『止』，《輯稿》食貨三二之一一作『至』。

〔三七六〕如不經官自陳而輒賣　『輒』，原作『轍』，據《輯稿》食貨三二之一二改。

〔三七七〕須用今降指揮日後所買文引　『買』原作『賣』，據《輯稿》食貨三二之一二改。

〔三七八〕不以赦降原減　『降』，原脱，『減』，原作『等』；據上下文意及本條上云：『自合依元降御筆，不以赦降原減』補、改。

〔三七九〕每長引一百貫許販茶一千五百斤短引每一十貫許販茶一百斤　『一百』下疑脱『五十』二字，似應據

《輯稿》食貨三二之四、《補編》頁六九六下補。此爲草茶十貫短引，此外，還有末茶短引，每引許販茶三百斤，見同右引書食貨三二之五。

〔三八〇〕若三十斤以上　『三十斤』，《輯稿》食貨三二之一四作『三斤』。

〔三八一〕即以本司應管茶事官隨驗園户出茶多寡　『官隨』二字原脱，據同右引補。

〔三八二〕備候私鹽屏息　『鹽屏』，原作『監并』，據《輯稿》食貨三二之一五改。

〔三八三〕詔依户部所申　方案：疑『詔』前頗有脱漏文字。本條上述内容，均爲李弼孺奏疏中語，其下似應有批送户部勘當，户部據奏所申，提出處理意見的内容，『詔依户部所申』，才有着落。今無别本可校補，姑仍舊。

〔三八四〕無圖之事希求賞錢　『事』，《輯稿》食貨三二之一六作『法』。

〔三八五〕將買茶人斷罪追賞等　『等』，原作『者』，據同右引改。

〔三八六〕賞錢五千貫文　『五千』，疑爲『五十』之形譌。惟宋代茶法條制中，似不可能有高達五千貫之賞格。然無的證，姑從其舊。

〔三八七〕切詳政和八年七月十二日指揮　『切』，《輯稿》食貨三二之一七作『竊』。

〔三八八〕内短引茶如違限不到合同場　『茶』，原脱，據同右引補。

〔三八九〕其引更不在行使之限　『使』，原作『便』，據同右引改。

〔三九〇〕不容辨説　『辨』，原作『辦』，據《輯稿》食貨三二之一八改。

〔三九一〕其茶事目今應監司使命等非本職　『本』，原作『命』，據《輯稿》食貨三二之一九改。

〔三九二〕權發遣福建路轉運副使趙岍轉運判官唐績　『趙岍』，原作『趙岈』，據同右引、《輯稿》職官六〇之四三及《靖康要録》卷四改。

〔三九三〕工部員外郎楊淵同提領　『工』，原譌作『二』，據李心傳《建炎以來繫年要録》（下簡稱《要録》）卷五改。

〔三九四〕真州鈔引　『鈔』，原作『抄』，據《輯稿》食貨三二之二〇改。

〔三九五〕二年二月三日　方案：是條紀事，《輯稿》食貨五五之二五繫於建炎二年正月十日，《要録》卷一二及熊克《中興小曆》繫於是年正月七日（壬辰），而《宋史》卷二五《高宗二》又繫於正月六日（辛卯）。疑此『二月』，或爲『元月』之譌。

〔三九六〕真州榷貨務與行在印賣鈔引併爲一司　『真州』，原作『直州』，據《輯稿》食貨三二之二〇改。

〔三九七〕以黄潛善言……又水陸相通故也　『又水陸相通』，原作『水陸通』，據《輯稿》食貨五五之二五補。又，上云『黄潛善』，食貨五五之二五作『黄潛厚』，是；應從改。這條紀事原爲《宋會要·職官類》的内容，較本條爲詳，可參閲。

〔三九八〕四月二十二日　『二十二』，《輯稿》食貨三二之二〇作『二十三』。

〔三九九〕虚費廩粟　『粟』，《輯稿》食貨三二之二一作『禄』。

〔四〇〇〕行在提領措置茶鹽司言　『鹽』，原脱，據上文建炎四年四月十九日條補。又，據《宋史》卷二六《高宗紀三》，四年七月二十八日，始『罷措置提領茶鹽司』。

〔四〇一〕給賣食茶小引　『賣』，原作『賞』，據《輯稿》食貨三一之二二改。

〔四〇二〕不得出産茶州縣界　『産』，原脱，據本條下文三次提到的『産茶州縣』、『産茶州軍』補。

〔四〇三〕承朝旨别印造一等食茶小引　『印造』，原作『印茶』，據《輯稿》食貨三一之二三改。

〔四〇四〕又令主管茶事官　『又』，《輯稿》食貨三二之二五作『及』。

〔四〇五〕不住山場交引興販　『住』，疑應作『往』，似當據上下文義改。惟無别本可校，姑仍舊。

〔四〇六〕當日具合拘收籠袋數目關送　『關』原作『開』，據《輯稿》食貨三一之二六改。

〔四〇七〕除州城并倚郭縣依舊令都監管當　『管』，原作『官』，據同右引改。『管當』，北宋公文語作『勾當』。南宋避高宗趙構嫌諱改作『干當』、『管當』、『干辦』、『管干』等。下不再一一出校。

〔四〇八〕緣茶鹽法事理一同　方案：句下疑有脱文，據上下文似還應著明請求事項。今『一同』下，徑書詔令内容，文義不相銜接。無别本可校，姑仍其舊。

〔四〇九〕緣犯時終未盡降不原非次赦恩指揮　『時』，原作『事』，據《輯稿》食貨三一之二八改。

〔四一〇〕州委通判知縣專一督捕私鹽　『知縣』上，疑脱『縣委』二字，宜從上下文義補。

〔四一一〕都茶場依左藏庫例　『茶』，原作『察』，據《輯稿》食貨三一之三〇改。

〔四一二〕並依接引賣買私鹽人已得指揮施行　『賣買』，疑應從本條上文作『買賣』或『貨賣』。

〔四一三〕七月十八日殿中侍御史魏矼言　方案：是條錯簡，原《補編》頁七〇三下誤繫於『八月十六日』，福建路轉運司言』條之後，顯有一誤。今考《要録》卷七八紹興四年七月辛未（二十四日）條有載：『殿中侍御史魏矼守侍御史。』則魏矼四年七月二十四後已官侍御史，其七月十八日官殿中侍御史時言事，必爲紹興四年無疑。而前條『八月十六日』承上應爲四年，似互乙即可。但細審又不然。再前面一條『四月十三日』章傑言事因『四月』前譌奪『五年』二字，遂至連環錯簡，説詳下注〔四一六〕。今乙正，繫於紹興『四年三月十六日户部言』條後。《宋史》卷二七《高宗四》載：紹興四年七月丙寅（十九日），『罷建州蠟茶綱。』是其證。

〔四一四〕園户騷動陪備失業實爲可憐　方案：『陪備』，似爲『焙傭』之形近而譌。建州，是兩宋製茶業最爲發達的地區。據丁謂《北苑茶録》，北宋初即有公私之焙一千三百三十六處之多，由於茶葉採摘時間集中，需要大量季節工，稱爲茶工、茶僕、茶夫、茶傭，從事從採到製各道工序的茶葉焙製。故疑此當從改爲『焙傭』。當時，南宋初建州因經葉濃、范汝爲等所謂『茶寇之亂』，導致茶葉凋殘、焙傭失業的局面。

〔四一五〕州縣當思無以撫存之　『無』，疑衍。然兩本皆有，又無別本可校，姑仍舊。

〔四一六〕五年四月十三日倉部員外郎檢察福建廣南東西路經費財用公事章傑言　『五年』，原脱，導致錯簡。應與『四年七月十八日殿中魏矼言』條互乙。方案：今考《要録》卷八四，紹興五年正月甲子（二十日），始『命尚書倉部員外郎章傑，檢察福建、廣南東西路經費財用公事』。同書卷八八則云：五年四月庚戌（七日），詔命諸路檢察經費財用官吕用中、章傑等『體訪諸路軍須借貸等事，保明申尚書省。』本條章傑所言即應此詔而言事，故必爲五年四月之事無疑。又，同書卷九〇亦稱：紹興五年六月庚申（十八日），『詔諸路檢察財用官、度支員外郎章傑〔等〕並日下回行在。』可證章傑受命檢察閩廣財用，離行在南行的時間，必在紹興五年正月至六月間，凡五閱月。與本條記事時間完全吻合。又考《朝野雜記》甲集卷一四《建茶》也載：『章傑以片茶難市，請市末茶，許之。』亦繫斯事於紹興五年，與本條記事毫無二致，不過已高度濃縮與概括。足以佐證：應據補『五年』並乙正。本條記事又云：『今欲乞將建州合發省額茶且權依紹興四年例起發五萬斤。』顯爲五年記事之内證。

〔四一七〕准尚書省關　『關』下，疑脱一『牒』，似當擬補。然無別本可校，姑仍舊。

〔四一八〕傑契勘建州遞年買發省額片茶　『契勘』，《輯稿》三二之三〇作『勘會』。

〔四一九〕六月十八日　方案：本條，《輯稿》食貨早已錯簡，繫於三一之一。是條起，其記事全爲食貨三一，然以年月日而論，全在食貨三二各條之後。《輯稿》整理者先后顛倒，次序錯亂，今據《補編》正之。『六月』前，原有『紹興五年』，因上條譌奪『五年』二字，導致《補編》錯簡，誤繫於頁七〇四上，今乙正，并删紀年四字。循例承上，即爲五年。

〔四二〇〕福建路轉運司并建州每年合起龍鳳茶并京鋌茶　『鋌』，原作『挺』，據《輯稿》食貨三一之一改。

〔四二一〕八月十六日福建路轉運司言　方案：是條錯簡，《補編》頁七〇三下原誤繫於紹興四年七月十八日魏矼言事條前，五年四月十三日章傑言事條後。上注〔四一六〕已證章傑以建州片茶難市，請市末茶的建言爲五年之事，今是條提到『章傑申請乞買末茶』事，必在五年八月無疑。今據上考乙正。參見上注〔四一三〕、〔四一六〕、〔四一九〕諸條，勿贅。《輯稿》食貨三二之三一是條亦可證，不過其上條『四月十三日』之上誤脱『五年』二字而已。

〔四二二〕既斷罪從一重　『一』，底本有，極是；《輯稿》食貨三一之四脱，本條下文『從一重追賞』是其證。

〔四二三〕昨已令放免一年　『一年』，《輯稿》食貨三一之四同。惟下文云：『其餘一半分限三年帶發』，據上下文義，似『一年』，應作『一半』。

〔四二四〕勘會客販諸路草末茶　『末』，原作『未』，據上下文義改。

〔四二五〕仍仰帥憲司常切措置覺察　『帥』，原作『師』，據《輯稿》食貨三一之六改。

〔四二六〕乞貼納錢七貫五百文　『乞』，原作『已』，據《輯稿》食貨三一之七改。

〔四二七〕爲客茶改指盱眙軍　『盱眙』，原作『盱昭』，《輯稿》食貨三一之七亦作『盱眙』，據《輿地紀勝》卷四四、《方輿勝覽》卷四七改。下多處譌誤，徑改，不再出校。

〔四二八〕兼恐楚州住賣茶貨　『住』，原作『往』，據上文兩處『盱眙軍住賣』改。

〔四二九〕今依應立定住賣批發茶最增虧去處賞罰下項　『項』，原作『頃』，據《輯稿》食貨三一之八改。

〔四三〇〕欲乞比附紹興格獲私茶以一斤比二斤推賞　『格』，原譌作『路』，據《慶元條法事類》卷二八改。《事類》載《茶鹽礬·申明·隨勅申明》云：『紹興十四年三月二十六日勅：巡捕官獲到客人私渡茶過界及諸色人獲到，依私茶法，一斤比二斤推賞。』方案：此即所謂《紹興格》之内容，可補《會要》之闕。

〔四三一〕八月四日　方案：《紹興茶鹽法》的上進，此與《要録》卷一六二、《中興小歷》（一名《小記》）、《宋史》卷三〇《高宗紀七》均繫於八月四日（辛未）；但《宋會要輯稿》刑法一之四二、《玉海》卷一八一《紹興茶鹽法》則作『七月二十八日』上進，差不同。

〔四三二〕乞下本所雕印詔頒行　『詔』，原脱，據《輯稿》刑法一之四二、《玉海》卷一八一補。

〔四三三〕樞密院計議官陳康伯言　『院』上，原衍一『縣』字，據《輯稿》食貨三〇之一〇删。

〔四三四〕先是……或無抵牾　方案：此述《紹興茶鹽法》之編，乃應陳康伯之請，但實際未及施行；後因王珏之再請，始編類上書。今據《輯稿》刑法一之四二所載補録成書緣由及預修諸臣，可補《會要·食貨·茶法雜録》記載之闕。『先是，紹興十九年十月三十日，幹辦行在諸軍糧料院王珏言：「竊以茶鹽之法，祖宗成憲，非不詳備。然歲月寖久，積弊滋深。蓋緣州郡申明，或因都省批送，或因陳獻，或因海行，並皆隨事設宣，畫時頒降。比自建炎之後來未編集，例多斷闕、改之（文）〔之〕文，無復參照。往往州縣所引專法，間是一時省記。因此，黠吏得以舞文，輕重其手。望下勅令所，取應係茶鹽文字，并續降畫一見行條法看詳編定。」於是，敕令所言：「尋下諸處抄録到元豐江湖淮浙路鹽法，并元豐修書後來應干茶鹽續降指揮八千七百三十件，今將見行通用條法逐一看詳，分門編類。」至是，上之。時太師、尚書左僕射秦檜爲提舉，刑部侍郎韓仲通爲詳定，左迪功郎魏師遜、右儒林郎方溼、左修職郎周麟之、右從事郎何溥爲删定官。詔：修進《茶鹽法》依《吏部七司》例，皆推恩。』

〔四三五〕共得賣茶鈔錢二百七十餘萬貫　『貫』，《輯稿》食貨三一之一作『緡』。

〔四三六〕祕書省正字張震言　『言』，原脱，據《要録》卷一七三、《朝野雜記》甲集卷一四《夔州茶》補。

〔四三七〕依賞格各遞增一等　方案：句下，《要録》卷一七七有載：『於是全火七千斤，累及萬斤，皆改京秩。議者以爲濫。』（原注：二十八年正月壬申，不行〔賞格遞增之詔〕。）可補《會要》之闕。

〔四三八〕其間卻有人煙户口繁庶去處　『户口』，原作『口户』，據《輯稿》食貨三一之一二及《要録》卷一八〇乙。下文『户口』亦誤倒，徑改，乙正。

〔四三九〕十月十七日　『十七』，《輯稿》食貨三一之一二作『七』。

〔四四〇〕乞與正犯茶人一等科罪　方案：句下，《通考》卷一八《征榷五》有載：『蓋自榷場轉入虜中，其利至博。淮河私渡，譏禁甚嚴，然民觸犯法禁自若。』此説明禁淮南長引茶私渡及縱放私茶從嚴科罪的原因。可補《會要》之闕，録以備考。

〔四四一〕諸監臨主司受財枉法　『主司』，原作『生司』，據《輯稿》食貨三一之一二改。

〔四四二〕與不枉法税務故縱榷貨　『不』字，疑衍，然無别本可校，姑仍舊。

〔四四三〕主管茶馬司累次申乞賣引　『司』，《輯稿》食貨三一之一二作『官』。

〔四四四〕後於紹興二十三年内據達州申　『達州』，原誤作『逵州』。今考達州，宋乾德三年（九六五）改通州置，治通川縣（今四川達川市），轄有明通、東鄉、巴渠、永睦、通川等縣，宋屬夔州路。據《輿地廣記》卷三三、《朝野雜記》甲集卷一四《夔州茶》改。本條下文稱：『本州東鄉縣出産散茶』，是其證。下徑改，不出校。

〔四四五〕乞收納客人關子錢數並放入果渠等州變賣　「並」，《輯稿》食貨三一之一三作「通」。

〔四四六〕夔路茶味苦價低　「苦」，原譌作「若」。夔茶味苦質劣，宋人嘖有煩言。如陸游《渭南文集》卷四八《入蜀記》云：「晚次黄牛廟，山復高峻，村人來賣茶、菜者甚衆……茶則皆如柴枝草葉，苦不可入口。」其地處夔州路與湖北路交界處。據改。

〔四四七〕不比川路茶貨　「川」，原作「州」，形近而譌，據本條下文「客販川茶」、「川茶一等」云云改。

〔四四八〕約度賣得五十道　「賣」，原作「買」，據《輯稿》食貨三一之一三改。

〔四四九〕灼見夔茶難以勝載引息客人興販不行　「勝」，同右引作「乘」，是。又，「不行」下之「一」字疑衍。

〔四五〇〕計收到茶鹽乳香等錢二千四百一十萬八千三百九貫六百二十六文　「二千」，原作「三千」，據《輯稿》食貨三一之一四改。本條下文具載兩數可證：除去閏月錢，計收趁到實錢爲二千二百餘萬，則作「三千」必誤。

〔四五一〕計收趁到錢二千二百五萬五千一百四十貫二百九十文　「二百五」，原作「一百五」，據同右引改。如是「一百五」，大數也不相符。

〔四五二〕所科錢依舊輸納入　「入」下，疑脱一「官」字，似因與下「官司」之「官」字重而脱。然無别本可校，姑仍舊。

〔四五三〕常不及十之五六　「五六」，原作「六五」，據《輯稿》食貨三一之一四乙。

〔四五四〕臣恭聞仁宗皇帝時　『恭聞』，原作『聞恭』，據同右引乙正。

〔四五五〕欲淮北州縣　『欲』下，疑應據本條上文：『往楚州及盱眙軍界』補『往』字。

〔四五六〕令項椿管　『項』，原作『頃』，據《輯稿》食貨三一之一六改。

〔四五七〕到日知盱眙軍胡堅常又言　『到日』，疑應作『同日』；『盱眙』上，疑脱『知』字，應據《輯稿》選舉三四之一六、《定齋集》卷一四《胡公墓誌銘》補。

〔四五八〕江淮都督府准備差遣李椿言　『李椿』，底本《補編》作『椿』是，《輯稿》食貨三一之一六作『椿』誤。《朱文公文集》卷九四《李椿墓誌銘》、《誠齋集》卷一一六《李侍郎傳》、《宋史》卷三八九《李椿傳》皆作『椿』，是其證。

〔四五九〕令淮東路茶鹽司拘收變賣　『茶』，原脱，據《輯稿》食貨三一之一七補。

〔四六〇〕二年三月二十五日　『二年』，《會要》二本均作『三年』，誤。今考其條内容乃户部侍郎李若川言事。李若川官户部侍郎除、罷有確切日期可考。《景定建康志》卷二六《淮西總領題名》稱：李若川，隆興二年（一一六四）五月七日，改除右司郎中，又除司農少卿；《中興禦侮録》卷下已載：同年十一月七日，户部侍郎李若川參贊〔江淮〕軍事。即其官户部侍郎必在隆興二年無疑，時入張浚制司爲幕僚。其放罷則見《宋會要輯稿》職官七一之一五：乾道二年（一一六六）六月八日，詔右中奉大夫、户部侍郎李若川放罷。故其不可能在三年再以户侍言茶事。此下兩條記事亦皆二年事，説詳下注。據下文三年十二月十二日條引文『准乾道二年三月二十五日指揮』及《宋史》卷一八四《食貨下六》作『二年』改。

〔四六一〕及榷場折博大引 『折』，原作『拆』，據《輯稿》食貨三一之一七改。

〔四六二〕七月八日户部侍郎方滋等言 方案：是條《會要》二本原承上亦譌作乾道三年事，今考實亦二年之事無疑。《宋會要輯稿》職官七一之一六載：乾道二年七月二十五日，詔户部侍郎方滋放罷。《南澗甲乙稿》卷二一《方公墓誌銘》亦載：『乾道改元，除兩浙轉運副使；除權刑部侍郎，試户部侍郎，未幾罷。』是其證。方滋既已在二年七月二十五日放罷，自不可能再在三年以户侍言事，此必二年事無疑。

〔四六三〕十月三十日四川茶馬司言 是條蒙上亦誤置於三年。檢《宋會要輯稿》刑法二之一五七，亦載斯事，正繫於乾道二年，乃二年事之力證，餘詳上二條注，勿贅。

〔四六四〕卻將已成茶苗公然博賣入蕃 『賣』，原作『買』，據本條下文『致博賣入蕃』及《輯稿》職官四三之一一三改。

〔四六五〕乞依茶子罪賞指揮 『賞』，原作『責』，據《輯稿》食貨三一之一八、刑法二之一五七及同右引改。

〔四六六〕三年二月三日 『三年』，原譌作二年。今考《宋史》卷一七四《食貨上二》有載：『〔乾道〕三年，蠲川、秦茶馬兩司紹興十九年至三十二年州縣侵用及民積欠，六十六萬四千九百餘緡。』與本條記事完全一致，且可補積欠錢之名目。《宋志》繫於三年，是。從改。

〔四六七〕三年十二月十二日 『三年』二字應删，此因上條譌作『二年』而加，蒙上，即三年事。

〔四六八〕方許批發放行　方案：　底本《補編》頁七一二上至七一三下，校本《輯稿》食貨三一之一八至二一從下條起，出現多處錯簡，甚至有將同日之條剪開，分置兩處而標相同年月日之現象，今據相關史料重加排比乙正，並隨條出注。下條：　八年五月二十三日詔，原在《補編》頁七一二上（《輯稿》食貨三一之一八至一九），今乙正歸併至《補編》頁七一三下（《輯稿》食貨三一之二一）同日條下。

〔四六九〕詔淮東提舉茶鹽公事俞召虎特轉一官　方案：　檢《輯稿》食貨二七之二三、二五，乾道三年九月二十一日、六年正月二十二日，俞召虎言事，可證其三至六年確在淮東提舉任所。本條稱其因三年住賣茶鹽增羨，而於四年九月詔轉一官，是。下至七年二月十四日條，凡八條，排序先後均確。

〔四七〇〕止謂禁絶園户　『止』上，《輯稿》職官四三之一一二有『本意』二字。

〔四七一〕未曾自陳團結　『陳』，《輯稿》食貨三一之一九作『請』。

〔四七二〕六年三月一日詔　『一日』，《輯稿》食貨五五之二八作二日。又，同書五五之三〇稱：　此詔乃從權户部侍郎葉衡（原誤『份』）之請，且内容尤詳，可參閲。

〔四七三〕將三榷貨務都茶場收到茶鹽等錢　『等』，《輯稿》食貨五五之二八、三〇均作『香礬』，是。二千四百萬緡的歲額，包括茶鹽香礬錢四項。

〔四七四〕各行立定歲額　『歲』，原作『税』，據《輯稿》食貨三一之一九改。

〔四七五〕方得依例推賞　句下，有删節文字。可據《輯稿》食貨五五之二八補：『如虧不及一分，免行責罰。』又可據五五之三〇補：『如虧及一分以上，各降一官；　吏各從杖一百科斷。其降出外路茶鹽鈔引，候賣到錢，赴務場交納訖，方許理數。從之。』

〔四七六〕户部侍郎江浙荆湖淮廣福建等路都大發運使史正志言　方案：檢劉時舉《續宋編年資治通鑑》卷九，史正志以户部侍郎、都大發運使『置司江州』乃乾道六年三月事，與本條記事相合。

〔四七七〕乞許本司於江西積壓未賣茶引内支請買茶　『買茶』，《輯稿》食貨三一之一九作『賣茶』。

〔四七八〕於淮南京西榷場折博　『折』，原作『拆』，據同右引改。

〔四七九〕令臣與張松措置禁戢私販茶貨　『私』，原作『松』，據《輯稿》食貨三一之二〇改。

〔四八〇〕大理正兼權度支郎官畢㷆言　『官』，原作『宫』，據同右引改。

〔四八一〕並與除放　方案：下二條原爲〔乾道〕九年十一月九日和十二月二十五日記事，錯簡。原在《補編》頁七一三上至下及《輯稿》食貨三一之二一，今乙正至八年五月二十三日條下。

〔四八二〕八年五月二十三日龍圖閣待制兼權户部侍郎楊倓等言　方案：今考楊倓乾道八年（一一七二）四月甲寅（十六日），已在户部侍郎任所而奏事，見《宋史全文》卷二五上。則此條繫於八年五月二十三日，是。

〔四八三〕其長引依法指往兩淮京西路州軍住賣　『京西』，原作『荆西』，據《輯稿》食貨三一之二一改。

〔四八四〕同日詔　『同日』，原作『八年五月三十日』，係上條之後半，被剪開而前置於三年十二月十二日條下，今參據《宋史》卷一八四《食貨下六》歸併，乙正。參見注〔四六八〕。

〔四八五〕九年十一月九日南郊赦　方案：是條原錯簡，誤繫於七年二月十四日『册命皇太子赦』條下。今乙正。考《中興兩朝聖政》卷五二載：九年十一月戊戌（九日）郊，『詔以明年正月朔爲淳熙元年。』《宋史》卷三四《孝宗紀二》亦載：十一月戊戌，『合祀天地於圜丘，大赦。』則是日確行南郊大禮，且頒赦詔。其内容之一即爲放免民間乾道五年以前欠負之茶鹽錢。是其證。

〔四八六〕十二月二十五日詔　方案：是條亦錯簡，今乙正。參見上注及注〔四八二〕。

〔四八七〕從福建計度轉運副使沈樞請也　『副使』，原作『使副』，據《輯稿》選舉三四之二四乙。

〔四八八〕茶法雜録下　方案：本篇起淳熙元年，訖嘉定五年（即一一七四至一二一二年），爲茶事雜録，因僅收於《大典》卷五七八一而無複文，今僅見於《輯稿》三一之二二至三四，從某種意義上而言，乃孤本，無法作版本校，故尤重於本校和他校。其關於南宋中期的茶史資料多爲獨家所載，其史料價值不言而喻。餘參見本書注〔八四〕。

〔四八九〕二月十四日詔　檢《輯稿》食貨二八之一同；但同書職官四一之五八，稱乃淳熙『元年三月詔』，差不同。

〔四九〇〕總領與比附左右司減半推賞　同右引所載較此爲詳，有云：『其淮西總領，自任内歲終與比附左右司官，計日減半推賞。』本條已有删削。方案：南宋初，設淮東、淮西、湖廣、四川四總領所，供給江上諸軍，茶鹽錢乃主要來源之一。建康場務收支歸淮西總領所。

〔四九一〕從江東提舉司請也　此八字，《輯稿》食貨三一之二四原作小字注文，按《會要》體例，似應作大字正文，疑抄胥之誤。但無别本可校，今姑改作大字正文。

〔四九二〕六年六月二十四日　方案：『六年』二字原無，此條述應吴元質等請，減放四川虛額茶一〇四萬餘斤及引息、税錢十五萬餘緡，蒙上文應爲五年之事。但諸書在時間、數量、事由等幾方面均有不同記載。今考異如下：　其一，《宋史》卷三五《孝宗紀三》繫於淳熙五年六月己丑（二十六日）；同書卷一八四《食貨下五》及《朝野雜記》甲集卷一四《蜀茶》均稱『淳熙六年以後，累減園户重額錢十六萬，又減引息錢十六萬。』不僅繫時不同，即其數量亦與本條所載減園户虛額茶一百四萬餘斤及引息税錢十五萬餘緡不符。　其二，《中興兩朝聖政》卷五五、五七分載斯事，前者繫於淳熙四年歲末，胡元質奏論川茶之弊，與本條前半略同。　詔令元質與茶馬司及總領所措置。　卷五七則將元質奏請減放川茶虛額及引息税錢，『詔從之』之事，繫於六年九月丙子（二十一日），減放茶、錢數則同《會要》，其記事又略同於本條後半部分。　疑《會要》是條仍捏合元質兩奏而綜述之，但諸書均未及都大茶馬吴總合奏事。《宋志》、《雜記》所載減放虛額錢、色目、數量均與《會要》不同，疑或别有所據歟？　參閲相關上引文獻。　又，考胡元質於淳熙四年至成都置局委官，審實糾決，涉歷兩年。即從五年初起，遵詔與茶馬司、總領所『公共相度』，『涉歷兩年』，與吴總共同提出蠲減虛額茶、錢申請時應是淳熙六年，六月奏上，九月詔下，途中公文往來歷時三月亦頗合情理。　其與都大茶馬吴總及四川總領李蘩（一一一八—一一七八）的官歷亦無抵牾，頗疑是條六月前奪『六年』兩字，似應從《中興兩朝聖政》卷五七、《朝野雜記》甲集卷一四《蜀茶》、《宋史全文》卷二六上及《宋史》卷一八四《食貨下六》補此二字。《輯稿》食貨三一之二七淳熙十二年九月八日條有載：『四川茶馬王渥言，本司先於淳熙六年同制置司被旨審核川路諸處合同場茶額。』可確證上考拙説。又,《輯稿》兵二三之一四至一五載: 都大茶馬吴總言本司買馬事,亦繫於淳熙六年四月二十六日,可爲佐證。今據補『六年』二字。且其下之七月七日條亦爲六年之事。

〔四九三〕九年六月六日福建提舉周頡言 『九年』,原脱。上條爲七月七日,此顯脱紀年二字。上條拙考認爲應作『六年』,下條又繫『十年』,則所脱當爲『七年』、『八年』或『九年』二字,三者必居其一。惟一的考察綫索應是周頡官福建提舉的時間。檢乾隆《福建通志》卷二一有載: 周頡淳熙間官福建提舉,但不著其確年。而其前任吴飛英在福建提舉任之確年可考。《誠齋集》卷一六有《謝福建茶使吴德華送東坡新集》,今按: 德華即飛英字,楊萬里此詩作於淳熙八年二月上旬,時楊在提舉廣東常平茶鹽任。此爲《南海集》中詩,其前二首詩題爲: 《辛丑正月二十五日游蒲澗晚歸》、《二月一日雨寒五首》,其後又有《二月十三日謁西廟早起》。可證吴飛英八年二月上旬已在福建提舉任無疑。其離任時間也大致可考: 周必大《文忠集》卷一四四《論吴飛英赴官遷延疏》題注『淳熙八年十二月二十九日』,疏云: 『其人近在處州,今數十日猶未到闕』。據《南宋館閣録》卷七: 吴飛英,字德華,處州人。則極有可能其約在十月間離福建提舉任,家居數十天; 從其代趙伯渙爲浙西提舉新命看,則似可排除其間又有其他宦歷的可能。無疑其繼任者周頡爲福建提舉履任時間不會早於八年秋、冬間。則所脱二字當爲『九年』,據上考補。

〔四九四〕而監官皆聞風退闕 『闕』,疑當作『卻』,無别本可校,姑仍舊。

〔四九五〕仍許人户越訴　『訴』，原譌作『許』，據本條上文『許人户越訴』改。

〔四九六〕從茶鹽司請也　六字，原作雙行小字，按《宋會要》行文慣例，應是大字正文，據改。

〔四九七〕從湖廣總領所請也　此八字，《輯稿》食貨三一之二九原作雙行小字，今亦依例改作正文大字。

〔四九八〕今經日久　『今經』，原作『經今』，據《輯稿》食貨三一之三一下條『今經日久』乙。

〔四九九〕其茶園户於紹興十八年奏行經界　『奏』，疑應作『奉』，無别本可校，姑仍舊。

〔五〇〇〕園户合納經總制同頭子錢五千四十二道五百一十一文一分五釐　『四十二』，《宋史》卷一八四《食貨下六》作『四十一』。

〔五〇一〕從淮東提舉高子溶請也　十字，《輯稿》食貨三一之三三原作雙行小字，今依《會要》行文體例，改作大字正文。

〔五〇二〕曾不知此輩意在借請引以窮索一鄉　『請引』，原作『引引』，據本條上文『乃請引管認茶租』及《宋史》卷一八四《食貨下六》改。

〔五〇三〕仍令本所開具節次科降茶引已未變賣　『科降』，原作『科去』，於義未通。當從本條上、下文：『給降』、『承降』等作『科降』，據改。

〔五〇四〕及增收等錢承降指揮月日支使名色□細賬狀　方案：『細』上一字，原漫漶不清，似『夾』字，姑作方圍。據上下文義，似應作『明』。

附　宋會要・食貨類・榷易門

榷易[一]　《大典》卷一七五五六、《補編》頁六六二下至六七〇下，參校《輯稿》三六之一至三三，《補編》頁八〇八至八〇九

太祖乾德二年八月[二]，詔京師、建安、漢陽、蘄口並置榷場。

開寶三年八月，詔建安軍榷貨務：『應博易自今客旅將到金、銀、錢、物等折博茶貨及諸般物色，並止於揚州納下。給付客旅博買色件數目憑由，令就建安軍請領。令監榷務、職方郎中邊玥赴揚州，與本州同共於城內起置榷貨務[三]，其同監、殿直鄭光表即只在建安軍監當管勾務貨[四]，兼權知軍務事。每有客旅折博，據數仰邊玥出給憑由，給付客旅，將赴建安軍請領。仍仰鄭光表見本務公憑驗認色數，便仰逐旋支給，不得邀難，停滯商旅。』

太宗太平興國二年正月[五]，三司言：『準敕，於沿江起置榷貨務，合行起定茶貨條禁，欲頒下諸州府施行。』從之。

三月，監在京出賣香藥場、大理寺丞樂沖，著作佐郎陶邴言：乞禁止私貯香藥、犀牙。詔：『自今禁買廣南、占城、三佛齊、大食國、交州、泉州、兩浙及諸蕃國所出香藥、犀牙，其餘諸州府土產藥物，即不得隨例禁斷。與限令取便貨賣，如限滿破貨未盡，並令於本處州府中賣入官。限滿不中賣，即逐處收捉勘罪，依新條斷遣。

諸迴綱運并客旅見在香藥、犀牙，與限五十日，行鋪與限一百日，令取便貨賣。如限滿，破貨不盡，即令於逐處中賣入官。官中收買香藥、犀牙，價錢折支，仍不得支給金、銀、匹段，所折支物并價例，三司定奪支給。應犯私香藥、犀牙，據所犯物處時估價，紐足陌錢，依定罪斷遣，所犯私香藥、犀牙並没官。如外國蕃客、公私人違犯，收禁勘罪奏裁，不得依新條例斷遣。應干配役人，並刺面配逐處重役，縱遇恩赦，如年限未滿，不在放免之限。應有犯者，令遂處勘鞫，當日内斷遣，不得淹延。禁繫婦人，與免刺面，配本處針工充役，依所配年限滿日放。百文已下，逐處量事科斷〔六〕；二千以下、百文已上，決(臂)〔臀〕杖十五；三千已上，決臀杖二十；四千已上，決脊杖十五〔七〕，配役一年；六千已上，決脊杖十七，配役一年半；八千已上，決脊杖十八，配役二年；十千已上，決脊杖二十，配役三年；十五千已上至二十千，決脊杖二十，大刺面配沙門島；二十千已上，決脊杖二十，大刺面押來赴闕引見。應諸處進奉香藥、犀牙，即令於界首州軍納下，具數聞奏，其專人即賫表赴闕。』先是，外國犀象、香藥充牣京師，置官以鬻之。因有司上言，故有是詔。

三年十一月，詔遷南劍州榷貨場于福州。

五年正月，命三司户部判官、户部員外郎高凝祐，都大提點沿江諸處榷貨務；右補闕梁裔，提點諸處榷貨務〔八〕。

十一月，以兵部郎中許仲宣監大名府折博務〔九〕。

六年三月，差右贊善大夫王矩監青州榷貨務。

雍熙四年六月，詔：『兩浙、漳、泉等州，自來販泊商旅藏隱違禁香藥、犀牙〔一〇〕，懼罪未敢將出。與限陳首，官場收買。』

淳化三年十月，以三司鹽鐵副使雷有終兼充江南諸路茶鹽制置使，左司諫張觀、監察御史薛映並充副使官。帝以收復江南、嶺外已來，茶、鹽之價不等，犯禁私販者多陷刑辟。故特委有終等就出鹽產茶之地取便制置，務要便於民而利於物也。

四年二月〔一〕，詔在京榷貨務及諸道商旅等：『頃以向南州郡聲教未通，於沿江置立榷務。近聞積弊，多有邀難，抑配陳茶，虧損商客。今既混一，須議改更，已差使臣往彼就便指揮。其自來沿江榷務並令停廢，許客旅各就出茶處取便算買新茶。兼已據地里遠近減下價錢，仍免放自江已南緣路商稅，及令嚴切鈐轄出茶處場務，不得住滯及有乞覓。其禁榷茶鹽條例并算買交引，一切依舊施行。如有客旅已入交引算買舊榷場茶貨者，亦許客旅取便。』先是，秘書丞劉式上言：『榷務茶陳惡，商賈少利，歲課不登，望盡廢之。許商人輸錢京師，給券就茶山給以新茶，縣官減轉漕之直，而商賈獲利矣。』帝從之。先遣雷有終等乘傳按視，因降此詔。

七月，詔〔二〕：『近以沿江榷務積弊年深〔三〕，特行停廢，俾出產之處就便開場。如聞商客多有疑惑，憚渡江之遥遠，阻常歲之經營。將允羣情，須仍舊貫。應緣江榷貨務並令依舊，其諸路茶鹽制置司今停廢，應茶貨並依舊例施行，般赴逐處。』先是，上言者以茶法未便，累陳章奏，請廢緣江榷務，時亦有叶同其議者，帝勉而從之。制下之後，商人疑惑，物議稱其不便。改法方及半年，三司較比，虧數已多，遂復舊制。

至道元年八月，鹽鐵使陳恕、西京作坊使楊允恭等言：『近準敕，沿江榷貨務茶，一依元敕賣與客旅。所陳事件，問難可否，從長議定。臣等商量，所欲通商，過江取茶，元陳須是減落價例，客人方肯過江。及喚到商旅陳斌等衆稱：須得淳化四年減落價錢，方可過江算買。以此相度，若減價，則虧失官中課額；不減，則商旅不願過江。且乞依舊般茶赴榷務出賣，免虧課利。』詔曰：『筦榷之權，制置已久，實公私之俱便，於出納以爲宜。近者劉式抗章，輒欲更改。及徧詢於商旅，則頗異於陳奏。況主計之司，以爲非便，審詳其理，利害昭然。宜遵守於舊規，庶允符於衆議，已令三司，茶貨依舊榷貨務出賣，其劉式所奏，並不行。』

二年十一月，江淮發運使楊允恭言：『相度到自湖南至建安水陸諸州茶鹽利害，并進沿江地圖，乞下三司，計其〔本〕給本採摘、煎煉之外，所獲都得實錢〔一四〕。』從之。

三年九月，詔：『西川峽路州軍，自今應收酒税、鹽諸般課利，並據合納課額，只令送納見錢，不得更折金、銀、匹帛。如官中闕用，即轉運司於合收買州軍，依本處見賣時價置場收買，仍取情願，不得抑勒及虧價錢。』時川峽寇盜之後〔一五〕，議寬民力，故有是詔。

真宗咸平二年九月〔一六〕，江淮制置茶鹽、度支員外郎王子輿言：『江淮、兩浙賣茶鹽，都收錢三百九十七萬餘貫，比高額增五十萬八千餘貫。』

六年八月，以光禄寺丞王彬往沿江并淮南諸州軍提舉榷貨務茶場等處，賜錢五十千。

景德元年十月〔一七〕，敕定陝西州軍入中錢銀則例〔一八〕。沿邊環、慶、延、渭、原州、鎮戎、保安軍七處，鹽一斤，價錢十二文足，一席率重二百二十斤，計錢二貫六百四十文；次遠儀、鄜州等二處，一斤價錢十四文足，一席計錢三貫八十文；又次遠邠、寧、涇州等三處，一斤價錢十六文足，一席計錢三貫五百二十文；近裏秦、坊、丹、乾、隴、鳳、階、成州、鳳翔〔府〕等九處，一斤價錢十八文足，一席計錢三貫九百六十文；又近裏同、華、耀、虢、解州、河中府、永興〔軍〕、陝府等八處，一斤價錢二十文足，一席計錢四貫四百文。

景德二年二月〔一九〕，三司言：『請募人於陝西入粟，鎮戎、保安〔軍〕、環、渭、延、原、慶州比河北定州等處；涇、寧、儀、邠、鄜、秦、隴、鳳州比河北洺州等處〔二〇〕；永興軍、鳳翔、河中、陝府、同、華、解、乾、耀、丹、坊、虢、成、階州比河北懷州等處。』從之。

三月二十四日，三司言：『請令河北轉運司，有輸藁入官者，准便糴粟麥例給八分緡錢，二分象牙、香藥，其廣信、安肅軍、北平寨粟麥〔二一〕，悉以香藥博糴。』時邊城頗乏兵食，有司請下轉運司經度之。帝曰：『戎人出境，民初復業，若責成外計〔二二〕，不免役兵飛輓，何以堪之？』因命祠部郎中樂和乘驛與轉運使同爲規畫。還，奏請以香藥博買，遂從其議。出内帑香藥二十萬貫，往彼供給。

五月二十一日，權三司使丁謂言：『往者，川峽諸屯兵調發資糧，頗爲煩擾。而積鹽甚多，因募商人輸粟平直，價償之以鹽。今儲廩漸充，請以鹽易綿帛。』詔：諸州軍糧及二年、近溪洞州及三年者，從其請。

八月，河東轉運司言：『晉州折博務望罷專監官，止委通判監當，稍爲簡便。』從之。

九月，三司請：許商賈於河北、河東、陝西州軍依在京例，納見錢、金、銀，每實錢五十五貫，給海州實錢茶百貫。從之。

十二月，監榷貨務、供備庫副使安守忠等言：『解鹽，元許客人從本務入中金、銀、綿、帛〔二三〕，博買交引，就兩池請鹽，於南路唐、鄧等十二州軍通商地分貨賣。自因河北闕錢銀、糧草，許客人只就彼入中，齎文抄赴京翻换省帖，下本務支給解鹽。又因陝西許客人〔入〕中糧草，取客從便算射茶、鹽交引，算解鹽者亦從本務翻換，支給交引，赴兩池請鹽，並於南路破貨。自咸平三年六月禁斷青鹽，通放解鹽，於鄜、延等二十一州軍許客旅入中糧草興販，及許於南路唐、鄧等州貨賣。其逐州軍所入糧草又虚抬時估，重疊加饒，又卻支解鹽極多，以此隔絶客旅，在京全無入納金銀、錢帛，虧損榷課。至六年十二月，敕：依户部副使林特擘劃，商賈等算射解鹽，於唐、鄧〔等〕十二州軍貨賣，並令入納見錢，應副陝西諸州支用。至景德元年十月，再准敕，三司衆官定奪，其唐、鄧等十(一)〔二〕州軍，南鹽依西鹽等第價例，許客於逐州軍入納見錢、鋌銀、實價糧草直，廢交引赴解州榷鹽院請領，更不入京翻換。其客旅將到未改法已前交引請領解鹽，每席並納錢一貫一百文足。所有客旅人户販買到鹽貨，但係見在未賣席數，並依慶州青鹽，唐、鄧州白鹽例，每席量收歇駄商税錢一貫一百文足。本務勘會：自此敕施行後，在京支算解鹽交引至少，並無收納到金銀錢物。竊以唐、鄧等十二州軍解鹽課利，元許客於在京榷貨務入中金銀錢帛紐算交引，就解州兩池榷鹽院請鹽，往南地興販，所收錢物並供在京支用。累年已來，河北、陝西闕須，驟行改請，許客就彼入中，漸生欺弊，高立物價，重疊加抬，饒潤(大)〔太〕過，是致遞年大段枉支卻鹽貨，不見實收得錢物，虧損官中課利。近歲更改，雖然許納錢銀實價入中糧草，亦未濟得闕下支贍。竊知陝西即今不闕見錢給遣，其唐、鄧等十二州軍南鹽，理合卻歸在京入中錢物，添助支用。今欲乞卻許客人、鋪户依舊例，於在京榷貨務入中金銀、見錢、綾、絹、綿、紬、布等，依去年新定則例算買交引，往解州取便于池場請領解鹽，依舊只于唐、鄧、金、商、均、房、襄、蔡、隨、郢、信陽、光化等十二州軍通商地分破貨，即不得將帶過陝西州軍。所是陝西諸州軍入納錢銀、糧草〔一二四〕，依舊直赴兩池請鹽，只得於鄜、延、環、慶、丹、坊、乾、邠、涇、原、渭、儀、秦、隴、階、成、寧、鳳州、鳳翔〔府〕、保安、鎮戎、永興軍、同、華、耀州等二十五州軍貨賣，亦不得載入南路唐、鄧等州軍，侵奪南鹽課利。如此，則在京與陝西各見得錢物支用。』詔：三司與定奪所同共詳定，請如守忠所奏施行。從之。

三年五月，香藥榷易院言：『所賣第一等香，每斤元估錢四貫文，如入交引，即五千。今又令每斤增價百錢，所慮市易者少，有虧課額。』帝謂王欽若曰：『比來禁榷〔二五〕，不許私販，有司累曾定價〔二六〕，所貴通商，況享神之外，別無所用。可令依舊，勿復增價。』

七月二十日，三司鹽鐵副使林特、宮苑使劉承珪請罷比較茶法，仍乞不行酬賞。從之。國朝自乾興二年置榷茶務，諸州民有茶，除折稅錢外，官悉市之。許民於東京輸金、銀、錢、帛〔二七〕，官給券，就榷務以茶償之。後以西北用兵，又募商人入粟麥、材木於邊郡，給文券，謂之交引，許就沿江榷務自請射茶，邊郡所入直十五六千至二十千者，即給茶直百千，謂之加擡錢。然入粟、木者亦有不知茶利，至京，多以交引鬻於茶鋪〔二八〕，百千裁得二十餘緡，謂之實錢。輦下坐賈逐蓄交引以射利，謂之交引鋪。歲月滋深，沿江榷務交引坌至，茶不充給，計歲入新茶，一二年不能償其數，其弊也如此。至是邊境罷兵〔二九〕，儲峙豐積，言事者多云榷法非便，遂命特等議更其法。特等召茶商十數輩，犒以醪饌，講貫公私之利〔三〇〕。乃謂依時價官收交引，每茶價及百千，人納實錢五十千。其見執交引至榷務，已得茶者量抽十之一，但三年併赴務買茶，即於正茶外兼還所抽，以平其價。行之一年，帝慮未盡其要，命樞密直學士李濬、劉綜、知雜御史王濟與三司同較其利害。時邊郡所入，時估實價不一，遂且以新法從事，而榷務納金帛，歲較其數已多於前。而上封者復言新法始行，又命比較。商旅眩惑，不敢以時貿易〔三一〕。及特等奏入，即令權罷比較焉。

三十日，帝曰：『昨定奪司條制茶事，聞其過於嚴切〔三二〕，有傷園户，朕已示諭令知。園户採擷用功，須更得人手製造，茶既逐等第給價，不入等者不可私賣〔三三〕，亦是入官。今一切須令本户造化，皆要精細，豈不傷園户耶？又傭力者衆，皆是貧民，既斥去無用，安知不聚爲寇盜？宜再與指揮，務令通濟〔三四〕。』定奪司言：『此事實所未知，今聞聖諭，方曉其事。』

四年八月，三司鹽鐵副使、司封員外郎林特遷祠部郎中，皇城使、勝州刺史劉承珪進領昭州團練使，崇儀副使，江南都大制置茶鹽、發運副使李溥遷西京作坊使〔三五〕，並以議茶法課程增溢故也。

詔曰：『茗榷之法，流弊寖深〔三六〕，釐改已來，課利豐羡〔三七〕。既規畫之斯定，歸職分以攸宜。其定奪司公事宜令三司行遣，不得輒有改更。』

大中祥符二年六月〔三八〕，三司林特等上編成《茶法貫條》。其序云：『夫邦國之本，財賦攸先；山澤之饒，茶荈居最。實經野之宏略，富國之遠圖也。自頃以邊陲之備，兵食爲先，而乃許折縉錢〔三九〕，以入芻米，給彼茶茗，便于商人籠貨食之饒，助軍國之用。歲月既久，而條制稍失，吏民罔上而因緣爲姦，始增饒以爲名〔四〇〕，終蠹弊而滋甚，遂致廪庾之畜，年收無錢〔四一〕；採擷之課，歲計漸虛。商旅之貨不行，公私之利俱耗。於是，縉紳之列〔四二〕，伏閤以論奏；草萊之士，抗章以上言。國家思建經久之規，以定酌中之法。乃命臣等博訪利病，徧閲詔條，參酌遠謀，別議新式。虔承旨誨，周詢抗弊，遠采輿誦，旁察物情，將克正于紀綱，乃別立于科制。務存體要，用叶經常。歲序再周，課程增羡。先是收錢七十三萬八百五十貫，自改法二年，共收錢七百九萬二千九百六十貫。歲時未幾，商賈自陳，知所利之實多，慮虧公以爲責。爰求奏御，俄奉德音。時方洽于還淳，事宜從於務實。俾於賣價，盡減虚錢；仍加資緡，用濟園户。兼許客旅，應經道途以所歷之關征，悉會輸于天邑。詔旨方下，財貨已行。自降詔日，即有入中金銀、錢帛數踰萬計。實興利以除害，亦贍國而濟民。其所定宣敕條貫共二百九十九道，内二百道出于權制，非可久行。今止列事宜，不復備録。餘皆合從遵守，以著法程。并課利總數，共成二十三策。式資永制，允契豐財〔四三〕。』

六年二月，三司言：『河北州軍入中糧斛價，自前逐處隨意增長，全無約束。近委逐處都監、監押，逐旬取市實價密申，復又令承受使臣等每入見，必具隨物色實直進呈。由是，便糴州軍不敢專輒增價。』帝曰：『平直物價，最爲要事。可令三司常依此提舉。』

九月，詔：『河北榷務入中布，其數至多，用爲博糴，亦所未便。自今除北界博易依舊外，悉罷之。』

七年二月，三司言：『陝西入中糧斛交（抄）〔鈔〕併多，富民折其價值，既賤市之，又復稽留，有害商旅，致入中艱阻，須有釐改，用革其弊。元定百千交（抄）〔鈔〕，官給十九千〔四四〕。今請依市人所買例，每百千，有加擡者，官給十二千；無者，官給十一千收市之。』帝慮奪民之利，止令權宜行之，不得著爲定式。

八年六月，上封（者）言：『商客將沿邊入中糧草交引赴京請錢，榷貨務須得交引鋪户爲保識，方許通下。其鋪户邀難客旅，減尅錢物與本務公人，請廢鋪户爲保，止令諸色人自賫通下。又沿邊所發客旅入中勘同案底，亦令直赴本務通下，監官當面開（折）〔拆〕，上簿拘管。候客旅將到交引請錢，晝時勘對合同支與。又請今後三司欲行改法，先須令本務將未給交引勘同案底申奏後，方令改法，仍告報客旅。應未改法日前其勘同案底已到務者，只依未改法時則例支給。又請約束入中糧草州軍，須管次日給俵客旅交引訖，當日内發遞勘同案底赴榷貨務通下。』詔：御史中丞馮拯、翰林學士王曾同定奪利害條奏，仍〔令〕三司詳定以聞。

八月〔四五〕，詔曰：『榷茗之規，著令已久，固計入之素定，非異端之可攻。載詳言事之人，時進單辭之説。始陳封奏，必煩述於事端；洎究指歸，多未詳於本末。自今羣臣如有茶法便宜，當令顯拜封章，盡述條目，下有司詳議施行。況金穀細務，非軍國事機，自合歸於職司，非朕所宜親決。今後事有陳述，不得更乞留中，敢或故違，並當勘劾。』初，既變茶法，言事者以爲歲失課額，有害無利，且獨便大賈，而小商失據。或請別置官屬，專位其事。内臣藍繼宗等亦屢言其非便。帝以問輔臣。丁謂言：『臣夙知利害，願得與議者辯之〔四六〕。』及繼宗至，謂詢其始末，悉不能對。翌日以聞，因降是詔。

十一月，三司言：『今與三部衆官定奪入中勘同案底。檢會河北、河東便納客旅錢物支還已有元限，十日行遣；其陝西入中糧草錢物，請定限五日支還行遣。每進奏院承受得交引遞角，令當日通下。如有違慢，各行勘斷。其上交引條貫施行外，有不便，合改法者，請自合改事件並從三司體量改更，旋取朝旨。』從之。

九年二月〔四七〕，内侍藍繼宗言：『榷貨務去年得茶交引錢百五十餘萬，比新額虧十萬。』丁謂奏曰：『比遞年及新額雖少〔四八〕，比未改法，則利倍矣。』且言：『自祥符已後，歲及二百萬以上〔四九〕。八年少二十餘萬者〔五〇〕，以六年、七年各納過幾三百萬〔五一〕，以是八年稍少。今年正月，比去年已盈三十萬貫。由是校之，非茶法不便也。』

十月〔二〕十五日，帝謂宰臣王旦曰：『茶鹽之利，欲使國計不損，民心和悦。卿等宜熟思之。』旦等曰：『緣屬邦計，欲選差官與三司共定奪，臣等參詳可否〔五二〕。』帝曰：『可，仍具草明述恤民之意。』

翌日〔五三〕，下詔曰：『朕思與蒸黔共登富壽。山澤之禁，雖有舊章；措置之司〔五四〕，慮傷厚斂。將期惠物，無憚從寬。專命朝臣，僉謀邦計，使共詳於通制〔五五〕，庶俯洽於羣心。宜差會靈觀副使、翰林學士李迪、給事中、權御史中丞凌策，與三司同共定奪〔五六〕，務要茶園、鹽亭户不至辛苦〔五七〕，客旅便於興販，百姓得好茶鹽食用〔五八〕。仍送中書門下參詳以聞〔五九〕，并令榷貨務告示客旅，應入中算射茶鹽等，一依往例〔六〇〕，將來不得別生名目，致有疑誤虧損〔六一〕。蓋欲濟人，固非言利。商旅等各安乃業，以佇於樂成。有司等無棄予言，免彰於掊克。必當經久，可遂遵行〔六二〕。』

天禧元年二月二日，李迪等言：『客田昌於舒州太湖算茶十二萬，計其羨數，又踰七萬。請下江浙制置司問狀以聞。』又請遣使秤較商茶之踰數者，計其半沒官。從之。

五日，知秦州曹瑋言：『本州商旅入中糧草交引，自來每一交引總虛實錢百千。鬻之得十二千，請於永興軍、鳳翔、河中府〔六三〕，官給錢市之。』從之。

二十四日，帝曰：『茶法行之已久，倘或難議改革，但於其中酌其尤不便於民者去之，傷於厚斂者改之，自餘如舊可也。』又李迪等言：『陝西州軍入中糧草（文）〔交〕鈔，自前官給錢十九千市之。今民間鬻之，率止八九千，茶賈絶利。望官出錢三十萬貫市之。以九千爲準〔六四〕，俟算茶結課，以數給還。』從之。

四月六日，三司言：『榷貨務入便錢物，取大中祥符七年收錢二百六十一萬餘貫立爲祖額，每年比較申奏。如有虧少，干繫官吏等依條科罰。又在京馬料，欲許商客入中。每百千，内五十千依在京折中斛斗例支還轝、鹽交引，從商客之便算射。五十千，即支與新例茶交引。』並從之。

八日，定奪茶鹽所言：『欲曉示客旅，如要海州新茶，依近定到入中則例，每百千數内入見錢四十千，餘六十千許以金銀、匹帛、綿絲等依時價算買〔六五〕，更無加饒。或入一色見錢亦聽。』從之。

二十七日，三司言：『在京修造，合支材木，令陝西出産州軍斫買外，有十八萬九千二百餘條，欲令竹木務許客旅依時估入中。每貫加饒錢八十文，給與新例茶交引。』從之。

五月八日，詔李溥乘傳還本任，據詳定所條奏事經度裁酌，如無妨礙，則施行訖奏。如事有未便，則從長規畫以聞。自是茶鹽法多如舊制。

十七日，又詔：沿江榷務二分耗茶，特與依舊支〔六六〕。帝以詔面授李溥而諭之。

七月〔六七〕，定奪茶鹽所請罷買陝西芻糧交鈔〔六八〕，别立久制，許客入中。從之。

九月九日，三司言：『江、淮南、兩浙、荆湖南、北路州軍入錢及粟買末鹽，望依解鹽例給交引〔六九〕，付榷貨務。俟有商旅算射鹽貨，便書填姓名，州軍給付。』從之。

十三日，定奪茶鹽所言：『近爲在京商旅將陝西入中過沿江茶鹽交引至京，少人收買，慮虧損商人，有誤邊備。望於永興〔軍〕、鳳翔、河中府三處，給見錢收買環慶等十三處入中糧草交鈔〔七〇〕。』從之。

二年正月，三司言：『在京折中倉入中斛㪷，欲權住算射江南等處末鹽交引。止令榷貨務入見錢，逐州軍支給鹽貨。』從之。

閏四月，三司請令河北沿邊榷場增錢入中大方茶貨，依舊例給交鈔。從之。

十一月〔七一〕，三司言：『陝西入中芻糧，請依河北例，每斗束量增直，計實錢給鈔，入京以見錢買之。如願受茶貨交引〔七二〕，即依實錢數給之。令榷貨務並依時價納緡錢支茶，不得更用芻糧交鈔貼納茶貨〔七三〕。」詔每入百千，增五千茶〔引〕與之〔七四〕，餘從其請。

三年九月，三司李士衡言：「京師每歲所用材木，舊令陝西州軍給錢配買，頗擾農民。請自今在京置場，許客入中，給以交引。」從之，因詔前欠官中木植錢者，並除放。

四年正月，屯田員外郎楊嶠請於秦州入中商賈芻糧，就川界給見錢。從之。

六月，三司言：「六榷務積留茶貨，望令般運三百萬斤上京，五十萬斤赴海州。及將逐處榷務正茶，且充耗茶給遣之〔七五〕。」帝令津般一百萬斤上京，所般五十萬斤赴海州。令制置司、轉運司與海州同定奪以聞。餘從其請。

五年五月〔七六〕，詔：「（令）〔今〕夏麥、秋禾登稔，河北、陝西邊儲務要廣蓄。其以內藏庫見錢五十萬貫付三司，止得樁留別收入中糧儲交引，自餘不得以錢充給。仍遣内殿崇班、閤門祗候李德明專領其事。」

十月，審刑院詳議官、國子博士尚霖言：「奉詔往陝西規畫入中芻糧，内有入中比元數遞年一倍已上者，望許監官書歷爲課。」從之。

乾興元年十二月，仁宗即位未改元。三司言：「準勑，詳定兵部員外郎范雍所言：『陝西沿邊州軍入納見錢及茶鹽，卻出給解鹽交引，令客算買。近點檢沿邊諸處入中下茶鹽不少，頗亦出賣不行。兼所要見錢，亦可收簇課利及近裏那撥應副〔七七〕，訪聞若於沿邊入中下斛斗，出給交鈔，令往解州請鹽，必大段有客入中。況兩池鹽數積壓極多，復又減省得京中買客交鈔，甚爲利便。望下沿邊環、慶、鄜、延、渭州、鎮戎軍五處〔七八〕，並令盤算斛斗與鹽數，饒借利息，招誘客旅入中。』有司看詳：『欲乞下陝府西〔路〕轉運司曉示客旅，如願要請領解州鹽貨，即據入中到斛斗，依在市見糴賣的實價例，依見錢體例紐算，給與交引，請領解鹽，只許依自來條貫通商地分貨賣。若或客旅願要上京請領見錢，即依元降勑命，每當實錢百貫文到京，支破見錢五貫文省收買；如不願請見錢，即支與七貫文茶交引。』雍又言：『沿邊州軍每年合銷酒米數目，亦乞許客一依在市見糴賣價例入中紐算〔七九〕，支與解鹽。才候得及年計數目，晝時住入〔八〇〕。所貴不至每年將近裏州軍稅賦折變往彼，勞擾户民。』省司看詳：欲乞下陝府西〔路〕轉運司曉示，招誘客旅於沿邊涇、原、儀、渭、鄜、延、環、慶、秦州、保安、鎮戎軍入中造酒米數，取納下處州軍在市見糴賣的實價例〔八一〕，依見錢體例紐筭，給與交引，請領解鹽。只許依條通商地分貨賣，亦不得於不係沿邊州軍入中。請中雍所奏施行〔八二〕。』從之。

仁宗天聖元年正月〔八三〕，中書門下言：『準内降聖旨〔八四〕，今知邊上諸處軍糧、錢帛支贍不足。此國家大事，卿等如何擘畫？或於中書、樞密院共差三人，與李諮已下同定奪茶鹽礬稅條貫，從長施行。今欲令劉筠、周文質、王臻、薛貽廓與三司使、副等〔八五〕，先具取索前後茶鹽課利錢數自來有無增虧，開析聞奏；當議相度別行差官定奪。』從之。

二月，定奪所言：取索前後茶鹽課利比附到增虧數目。詔：樞密副使張士遜，參知政事吕夷簡、魯宗道與三司使、副等同共詳定〔八六〕。定奪所奏：『内河北州軍入納糧草物色，自來作分數支還茶貨、香藥、象牙。即今街市例各大段減落價錢。除茶貨已別作條約外，有香藥、象牙，緣在京榷貨務將河北交抄並依見錢出賣價例支還實錢，其大中祥符五年後至天禧二年客旅算請出外，每百千，街市賣得錢九十四千至八十二千已來，自後漸次減落。今每百千只得四十千，比自前并今來在市官賣價例較虧官近五十千。蓋河北入納糧草物色，近年以來，本處於實價上倍添虛錢，客入已獲厚利。是致將來給得交鈔赴京，被興販人賤買下，請卻官中實錢香藥、象牙，兼將博買處杭、明、廣州市舶司元破價例計算，已見虧折官本。尚未言般運腳乘、監官、公人等請受諸般支費。欲乞自今算請香藥、象牙者，每十斤爲則，令客旅於在京榷貨務入納見錢十千，共算請二十千香藥、象牙。取便將於在京或外處州軍販賣，仍仰榷貨務分明出給公據交付，及一面關牒商税院，候客人將出外處破貨，即據數收納税錢，出給公引放行。其河北舊鈔自來貼納一分見錢，仍與免納。所有將河北先入納下糧草物色虛實錢算請者，只得依自來合支色額等第價例支給，即不得卻依入納見錢體例算射。』從之〔八七〕。

三年八月〔八八〕，中書門下言：『累據臣僚上言茶法未便，乞令客旅於邊上入納糧草，支與交引，留得在京見錢，免致般運勞費。』詔：翰林侍講學士孫奭、夏竦同共詳定〔八九〕。既而上言，請同三司使范雍詳定。奭等言：『看詳（峽）〔陝〕西沿邊便納糧草欲且依舊外，河北入納糧草，將一色見錢改作三色、香、茶交引。』詔：奭等再詳定，如何斷絶盡錢〔九〇〕，不至虧官；及改作三色有無妨礙，具經久利害聞奏。

十一月二日，奭等言：『再詳定到河北沿邊州軍城寨便糴糧草，支與香、茶、見錢三色交引，委得久遠利便。其客旅於在京榷貨務入納錢物，算請茶貨，欲於入納實錢内金銀物帛上等第卻與加饒。所有十三山場算請茶貨，欲更不貼射，依舊於在京榷貨務及本處入納錢物算射。及十三山場買茶，每年差使臣於山場秤盤，欲今後只委制置司鄰近差官。』並從之。

十一月，權三司使范雍言：『近據河北、陝西路轉運司狀：爲客旅知詳定茶法，疑慮別有改更，頓少入中。欲差幹事朝臣一員計會逐路轉運副使沿邊催促計置，擘畫招誘。』從之。

四年三月六日，三司言：『陝府西〔路〕轉運司勘會轄下秦州所入納糧草，取客穩便指射，赴永興、鳳翔、河中府及西川嘉、邛等州請領錢數。準益州轉運司牒，近就益州置官交子務，書放交子行用，往諸處交易，其爲利濟〔九一〕。當司相度：轄下延、渭、環、慶州、鎮戎軍等五州軍，最處極邊，長闕糧草。入中客旅上京請錢，難爲迴貨。兼榷貨務支卻官錢不少，欲乞許客旅於前項五州軍依秦州例入納糧草，於〔四〕〔西〕川益州支給見錢或交子，取客穩便請領〔九二〕。俟有入中并計置到糧草得及三年處〔九三〕，晝時住納。又據益州路轉運司狀：相度若依陝西轉運司前項擘劃事理，於益州支給見錢或交子，別無妨礙。若益州闕錢，當司亦自於轄下有錢處州軍支般，或支交子，經久委得穩當。又，知渭州康繼英言：『秦州每年入中到糧草，萬數不少。只是招誘客旅，出給西川益州路交引〔九四〕，或令於嘉、邛等州取便請領鐵錢，雖虛實錢上量有利息，且不耗京師見錢，及不煩本路支撥錢帛。川中客旅將到羅帛、錦綺，赴秦州貨賣，其秦州不惟增添商稅，更兼入中到糧草。今欲乞於本州如秦州例，若有入中客旅情願要西川交引，亦令本州雕板支給。每一交引上比附秦州，更給虛錢五七百文。〔已〕〔以〕來取便令於益州或嘉、邛等州請領鐵錢，所貴極邊易爲招誘客旅。若川中客旅既來，則本州內外糧草自然豐足，不廣費京師及本路錢物，又必然倍增商稅。』省司今相度，渭州屯泊軍馬不少，支費糧草浩瀚，秦州頗同〔九五〕。今來康繼英所請，只許客旅於渭州一處入納糧草，如願要上京請領見錢，即便依天聖元年五月改法勅命，填鑿省降交引收附給付，客人齎執上京榷貨務請領見錢。若或願於川界請領鐵錢，即依未改法已前入中糧草支還體例錢數，依秦州入中例出給交鈔，於西川益州或嘉、邛等州請領鐵錢及交子使用。如入納糧草及得三年已上支遣，即便住納。仍委陝府〔西〕、益州轉運司相度經久事理申奏。』從之。是年秋，三司言：『益州路轉運司奏，秦州客人入納糧草，乞下秦州權住入中。省司欲乞依環、慶等州例，限至二月終，權住入便秦州交鈔。』從之。

二十七日，詔：同詳定計置司、樞密院副使張士遜、參知政事吕夷簡、魯宗道各罰一月俸，樞密直學士劉筠已下各罰銅三十斤〔九六〕。前三司使、右諫議大夫李諮落樞密直學士，依舊知洪州。侍講學士孫奭以下及干繫官吏等並特放，三司勾覆官勾獻依法決刺配沙門島。並爲改更茶法，計置糧草，前後數目不同，事理失當，致貨利不行故也。

七月，西上閤門使、知雄州張昭遠言：『請下轉運司，每至年終，將四榷場入中到見錢、銀、布、羊畜數目委官磨勘。』中書言：『先朝創置榷場，非獨利於貨物〔九七〕，實欲南北往來，但無猜阻，乃綏懷遠俗之意也。今若逐年磨勘，恐乖事宜。』帝曰：『昭遠之奏，不可行也。』

十月，三司言：『準勑定奪陝府西〔路〕轉運使王博文等奏：「沿邊州軍客旅入納見錢，請領解鹽，每席元納錢二貫六百四十文足，别貼納錢一貫文足，共三貫六百四十文足。自後雖量減錢數，今體量得客旅亦爲錢數高重，盤算不著，少有入納糧草。況解州兩池鹽若不破官錢，欲乞下陝西轉運司相度沿邊州軍以近及遠，各於地里上定奪每席量減錢數，許客人入納糧草，請領解鹽。所貴邊上存得博糴入中錢帛，别作支用。又逐州並在邊遠，客旅爲價高，少有入納糧草數。内環州、保安、鎮戎軍三處並是極邊，其鎮戎軍比環州、保安軍道路稍得平穩，是以乞將環州、保安軍道路嶮惡處量減價。若依今來減定逐年鹽價，必甚有客入中。」三司相度，欲依所奏施行，其入中南鹽，即不得一例減落價錢。』從之。環州去解州千一百二十五里，先已每席上減錢二百文，今欲更減錢百文足；鎮戎軍去解州千一百三十里，先已每席上減錢百四十文，今欲更減百六十文。已上二處，係極邊州軍已經減落去處，今欲更減前項價例。保安軍係極邊，元未經減落。去解州千一百七十里，比環州地里遠近、坡谷嶮阻頗同，今欲依環州例，於每席上量減錢四百四十文足。慶州去環州百八十五里，去解州九百三十里；渭州去鎮戎軍百四十里，去解州九百九十里；原州去鎮戎軍百七十里，去解州九百六十里；延州去保安軍百五十里，去解州九百九十里。已上四處，係沿邊州軍未經減落處，今欲於每席止各量減錢二百四十文足。』

十一月，三司言：『據榷貨務申，準勑命：陝西州軍支給客人交到茶貨，每十千，特添一千。乞依乾興元年勑支給茶貨，仍不加擡。』從之。

五年五月，三司言：『欲將自來入便準備糴買糧草錢加饒支還則例，令河北、河東、陝西軍監，依例便將此見錢交引直，於在京榷貨務依入納見錢算買加饒則例，翻換交引文字往指射去處請領。忻州、憲州、嵐州、石州、寧化軍、岢嵐軍、火山軍、保德軍八處，每十千加支三百，每貫上到京，剋下潤官錢五文；汾州、交城監、平定軍三處，每十千加支二百，每貫上到京，剋下潤官錢五文；晉州、絳州、慈州、隰州、澤州、潞州、遼州、威勝軍八處，每十千加支百文，免剋潤官錢。』

六年十月，三司言：『望許客入中黄松材木與茶鹽交引。』從之。

十二月二十三日，三司言：『乞監雄、霸州榷貨官自今並令河北安撫司保舉殿直以上使臣充。』從之。

七年閏二月二日，太常博士張夏言：『河北沿邊水災州軍便糴糧草〔九八〕，內三分香藥、象牙，請權給末鹽。』詔：付三司集議，關請其三十千者於香藥、象牙內減五千〔九九〕，給以見錢。從之。

七月二十三日，詔河北州軍：『自今廂、禁軍兵士與北客偷遞違禁物色并見錢，及與勾當買賣捉獲者，內禁軍從違制定，廂軍從違制失斷遣〔一〇〇〕，並刺面配廣南牢城收管。』

十二月，三司言：『準傳宣：陝西沿邊今歲稍熟，入中斛斗糧草，累曾令將茶鹽折博入中，且留見錢在京，只將茶鹽招客入中。如少人入中，即添饒茶鹽些小潤人。省司看詳元勑，蓋爲陝西沿邊州軍地居山險，道路阻隘，所要糧草難以斡運，是以擘畫：依每斗束確的見賣價錢，許客入便糧草，給付客人交引，上京請領見錢。如恐客旅情願便換外處州軍見錢，或算請茶貨、香藥、象牙、顆末鹽、白礬交引，亦取客人自便，將此見錢交引直，於在京榷貨務依入納見錢算買加饒則〔例〕，招客納便見錢，準備諸雜支遣，即不得更作準備糴置糧草名目入便。其錢納赴軍資庫錢帛帳內管係，充備諸新支遣。令轉運司勘會每年合銷雜支見錢〔一〇一〕，除將諸色課利充備外，據的實所欠數，預先拋降與逐州軍監，招客入便。依下項支還則例指射請領，候客旅執鈔到京，各隨路分支請去處，取客穩便指射。所是合給交引〔一〇二〕，內河東州軍依先降指揮，令逐州軍出給，仍依例印造書填給付外；其河北、陝西州軍即從省司依例給印，降付逐處書填入便。候客人賫鈔到京，赴省投下，並令上供案正勾支還。如今後逐州軍監所要糴置糧草見錢，即依元降編勑，委自知州軍、同判酌量一年合銷錢數，下撥狀於軍資庫支撥，便據請到錢數月日，並於本月糧草帳內正行收附。』從之。河北沿邊凡十四州軍寨支納見錢，依等第加饒則例支還，更不剋納頭底潤官錢，到京於在京榷貨務一文支還一文見錢。定州、廣信軍、保州、北平寨四處，每十千加支七百；安肅軍、真定府二處，每十千加支六百；雄州、莫州、瀛州、順安軍、保定軍五處，每十千加支七百；乾寧軍、霸州、信安軍三處，每十千加支三百。陝西沿邊凡十一州軍，入納見錢依等第加饒則例支還，更不剋納頭底潤官錢，到京於榷貨務一文支還一文見錢。環州一處，每十千加支一千；慶州、延州、渭州、保安軍、鎮戎軍五處，每十千加支七百；鄜州、原州、儀州三處，每十千加支五百；涇州、邠州二處，每十千加支三百。河東州軍監入納見錢，每十千，依等第加饒則例翻換支還在京及京東、京西向南州軍見錢。并州，每十千加支三百；代州，每十千加支四百。二處每貫上到京，剋下潤官錢五文，依除外翻換支給京東、西向南州軍見錢。麟、府州依舊例，每十千加支七百，更不剋納頭底錢，並支在京榷貨務見錢。或情願算請細絹、匹段、絲綿等，並依見賣實直價例支還，即不椿定錢數算請。如恐客旅情願便換外處州軍見錢，或算請茶貨、香藥、象牙、顆末鹽、白礬交引，亦取穩便翻換交引文字，往指射去處請領。若客人於本處中納糧草時願要茶貨，即於鈔前批鑿，候到京，每價錢十千上更特添錢一千。兼許客旅齎逐州軍入納糧草文鈔，直於解州算請鹽貨。自來依此施行，已著（輪）〔倫〕序。況緣陝西沿邊州軍糧草最處大事，省司不敢遽行改更，慮恐客旅疑惑，不赴邊上中納糧草，別致闕誤。今具從初擘畫入便支還敕命，及榷貨務并解州天聖六年一年支過見錢、茶鹽諸般交引錢數，開坐進呈。』詔依元降指揮施行。

天聖元年五月敕：定奪所奏，陝西沿邊州軍許客津般糧草赴倉場入納，乃以逐月逐旬每斗束確的見賣價錢紐計貫百〔一〇三〕，等第加饒給付交引，到京一文支還一文見錢。如情願便換外處州軍見錢，或算請茶貨、香藥、象牙、顆、末鹽、白礬交引，亦取客人穩便，於在京榷貨務依入納見錢算買加饒則例，翻換交引文字往指射去處請領〔一〇四〕。

又，八月敕：陝西沿邊州軍道路窄狹峻惡，即不同河北州軍水路地平，易爲般輦。今別定逐處入便糧草添饒錢數則例，令本路轉運司依此則例招誘客旅，津般夏秋色并隔新糧草赴倉場入納。環州一處，每十千，支十二千六百；慶州一處，每十千，支十二千二百；延、渭州、保安、鎮戎軍四處，每十千，支十二千；鄜、原、儀州三處，每十千，支十一千五百；涇、邠州二處，每十千，支十一千。

又四年八月敕：陝西便糴糧草，客人不願請領見錢，情願要請茶交引者，仰逐州軍於交引收附前面書寫：俟到京〔一〇五〕，依入納見錢體例支還茶貨。每十千，上特與添錢一千。

又，在京榷貨務及解州天聖六年正月一日至十二月終，支過陝西沿邊州軍便糴糧草見錢、茶鹽諸般交引錢二百四十七萬六千三百二十七貫二十六文，折納茶税錢九十三萬一千五百七貫九百九十二文。客人於在京榷貨務請過見錢百五十四萬四千八百十九貫三十四文，客人於在京榷貨務翻换請外州軍見錢并茶鹽交引及直於解州請領鹽貨七十四萬七千四百六十三貫四百文。客人於榷貨務翻換算請過交引，并折納茶税十六萬七千二百八十五貫七百文，茶交引三十萬七千四百七十五貫文，末鹽交引九萬四千三百八十八貫七百文，顆鹽交引十一萬一千六百六十五貫二百文。便换外州軍見錢六萬六千六百四十八貫八百文，充折茶税錢五十萬二千六百五十七貫一百文。客人於榷貨務算請茶交引四十八萬八千五百十七貫二百文，陝西沿邊州軍客人情願算請茶交引萬四千一百三十九貫九百文。客人納下糧草，給到本州三月後來文字〔一〇六〕，支給茶交引二十九萬四千六百九十八貫五百三十四文。客人直於解州算請過鹽七萬四千六百七十六席。

三月〔一〇七〕，詔：『秦州據每年合要酒米麴麥〔一〇八〕，並許客旅入中，依自來本州入中軍糧白米、小麥例紐算。每交入納石斗錢數貫百，支與川界嘉、邛等州軍請見錢鐵錢。如或客旅願要算請解鹽，即依近敕，每斤作十八文足支還。』

五月十六日，三司以京師營繕材木〔一〇九〕，仰給者衆，許商人入竹木，受茶以易直。從之。

十一月，三司言：『準六年九月敕：許客旅於在京入中大豆三十萬碩，粟二十萬碩。已入中到大豆二十七萬七千餘碩，粟萬五千餘碩。後來爲粟豆價高，指揮住納。今秋豆粟價賤，勘會馬料粟豆見在數無多，欲於在京折中倉許客人〔入〕中大豆三十萬碩，粟二十萬碩。一依舊例，除依時估價例，每斗上添饒錢十文紐算價錢。每一百貫爲則，内七十貫算請解州顆鹽，即依在京入納見錢體例，每七百文支一貫文引；三十貫支向南州軍末鹽，即鹽上更不減價，亦無加擡。所有上件末鹽三十貫文，更於榷貨務貼納見錢三十貫文，亦依本務納見錢體例，每貫上加擡錢八十文，共六十二貫四百文，給向南末鹽交引。仰折中倉招誘客人入納新好斛斗，書填客人姓名、斛斗數目、時旬、價例并添饒錢數，附帳月分，出給合同收附開抄。内一本倉鈔給付客人，令具狀聲説乞支物色名目、去處，赴省投下；餘一本收附開狀，逐日上歷，具狀繳連實封於三司開拆司投下，發斛斗司收領。依條限行遣，送勾院支還。如此關防，必不致虚僞。仍與充在京榷貨務課例〔一一〇〕。』從之。

景祐三年五月十四日，詳定茶法所言：『檢詳天聖元年舊制，商人皆自東京榷貨務納錢，買荆南、海州榷貨務茶。每價錢百貫聽納實錢八十貫；如就本州榷貨務納錢者，每八十貫文增七貫，則荆南、海州茶貨顯是人所願買。昨自天聖四年，許令陝西路將糧草價錢交鈔直從本處批畫往彼算買，遂致東京榷貨務更無見錢入納，隳墜舊法。今請舉行天聖舊制，卻令在京輸納見錢，仍比天聖元年價量減數貫，以利商旅。其陝西商人入中糧草，並勒執鈔赴京請領見錢，如願算請茶貨、香藥之類，及換外州軍見錢不等，並聽商人從便，毋得更於鈔内批畫去所。』並從之。

十月十九日，詳定茶法所言：『客旅自改新法，未納見錢算請茶貨。乞下逐處，每舊交引百貫，令客人別買新例交引一百貫三説鈔，算請香藥、象牙，下榷貨務置簿拘管，供申三司。每百貫別買新例香藥、象牙五十貫，限半年算買了絶。』從之。

四年正月九日，命侍御史知雜姚仲孫同定茶法。詳定茶法所乞指揮榷貨務曉示客旅，今後對買茶貨〔一二〕，每百貫爲則，内六十貫見錢，四十貫許將金銀折納。鋪户、客人對買新例茶貨、香藥、象牙，今後並於元買分數内各減二分。其已對買、未對買茶内五分錢香藥、象牙、茶貨，限半年算買者，各展限三月送納。

康定元年二月二十一日，三司言：『乞從京支乳香赴京東等路，委轉運司均分於部下州軍出賣，其錢候及數目，即部押上京，充榷貨務年額。及淮南、江、浙所賣末鹽，乞委逐路轉運司選官計度，於真州、揚州、漣水軍裝載，分往諸州出賣。其賣到錢，亦部押上京。』從之。

慶曆五年七月十六日，知延州梁適言：『保安軍榷場慮本軍泊諸處官員於場内博賣物色〔一三〕，乞並以違制科罪。』從之。

六年十二月四日，權三司使張方平言：『定奪保安、鎮戎軍兩榷場，每年各博買羊一萬口、牛百頭。』從之。

八年十二月，詔三司：『河北沿邊州軍客人入中糧草改行四說之法〔一一三〕，每以一百千爲率，在京支見錢三十千〔一一四〕，香藥、象牙十五千，在外支鹽十五千，茶四十千。』初，權發遣三司鹽鐵判官董沔言：『竊以今之天下，端拱、淳化之天下。今之税賦，不加耗於前。方端拱、淳化之時，祖宗北伐燕薊〔一一五〕，西討靈夏，以至真宗朝，二虜未和，用兵數十年，然猶帑藏充實，人民富庶，何以致其然哉？行三說入中之法爾。自西人擾邊，國用不足，民力大匱，得非廢三說之法也！語曰：「變而不如前，易而多所敗」者，不可不復也。請依舊行三說，以救財用困乏之弊。』於是下三司議〔一一六〕。而舊法每百千支見錢三十千，香藥、象牙三十千，茶引四十千，至是，加以向南末鹽，爲四說而行之。

皇祐三年二月，詔三司：河北沿邊州軍入中糧草，復行見錢之法。初，知定州韓琦及河北都轉運司皆言河北行四說、三說之法不便。下三司詳定新議而乃言：自慶曆八年，河北沿邊始廢見錢入中，而以茶、鹽、香藥、見錢作四說，近裏州軍即依康定二年敕作三說。由是便糴州軍例增穀價，所給交鈔，皆是爲富室賤價收蓄，轉取厚利。以致米斗七百，甚者千錢。沿邊所入至少，而京師償價倍多。自改法以來至皇祐二年，凡得穀二百二十八萬四千七百八十九碩，草五十六萬六千四百二十九束，而給錢一百九十五萬六千五百三十五貫，茶、鹽、香藥一千二百九十五萬三千八百二十一貫。緣茶、鹽、香藥民所資有限，且以榷貨務見課較之，即歲計不過五百萬貫〔一一七〕，民間既積壓不售，價日益損，而公私兩失之。其茶場交引，舊法賣百千者得錢六十五千，今止二十千；香一斤賣三千八百者，今止五六百；鹽一百八斤舊賣百千者，今止六十千。其利害灼然可見。請以河北沿邊州軍糧草從景祐三年敕，並以見錢入便，其茶、鹽、香藥亦許如舊法算買。朝廷既從其議，又以前用三說、四說，豪商大賈多蓄積以牟厚利，三司卒稽留爲姦。至是，商旅賫鈔至，更不用交引户保，直令榷貨務給錢，亦不關三司諸案，以絶其弊也。

至和元年六月二十七日，詔：『雄州等處榷場，薑、茶等近來常是數少，應副不足。令三司應雄州等處榷場合用之物，計綱起發往彼，常令有備。』

治平四年九月，神宗即位，未改元。三司言：『勘會河北四榷場折博銀數，比較自前年分減少，切慮向去阻節北客，虧失課程。』詔：本路提刑李希逸與轉運司、沿邊安撫官員同共相度，具經久利害以聞。

十月六日，新知潭州燕度，請於三司使廳置河北榷場物貨總轄司。河北四榷場所須物貨，令省司賞給案取索定數，授諸案施行。詔三司聽催轄司專管勾，及令度支賞給案判官置簿催驗。

神宗熙寧三年六月二十五日，三司言：『相度到雄、霸州、安肅軍三榷場，乞將合支見錢降充北客盤纏等錢外，餘令算臘茶行貨。如違，其監專使臣等並依透漏違禁物貨條〔二一八〕，從違制分故失公私科罪。』從之。

八年五月三十日，三司使章惇言：『河北、京東鹽院失陷官錢甚多，諸路榷鹽，獨河北、京東不榷，官失歲課，其數不貲。乞差官同王子淵詣海場并出産小鹽州縣，與當職官吏并兩路轉運司相度利害以聞。』從之。其後上批：『三司：河北鹽法可速依舊，庶商人不致疑惑，虧損課額。如舊法有未便，即與河北、京東提舉鹽税司同相度，仍具去年鹽税錢數以聞。』

九年五月二日，詔：『熙州、岷州、通遠軍折博務，今後差本州通判或職官一員。』

十月二十七日，中書門下言：『據發運司榷到淮南東路合減買額鹽八十九萬六千二百四十三碩五斗九合二勺，欲依所乞施行。』從之。

十年九月十六日，尚書屯田郎中、侍御史周尹提點湖北路刑獄。先是，尹上言：『成都府路置場榷買諸州茶，盡以入官，最爲公私之害。初，李(杞)〔杞〕倡行敝法，奪民利未甚多，故爲患稍淺。及劉佐攘代其任，增息錢至倍，無他方術，惟割剥於下，而人不聊生矣。大抵在蜀，則園户所苦壓其斤兩，支錢侵其價直；在熙、秦，則官價太高，而民間犯法不可禁止。又般運不逮，縻費步乘，堆積日久，風雨損爛，棄置道左，同於糞壤。兼所至不通客旅，惟資無賴小民，結連羣黨，持杖私販，虧失征税。茶司認虚額，又侵盜相繼，刑罰日滋，爲數千里之害，可爲深慮。臣頃在京師，傳聞其事，既未詳盡，安敢輕議？今受命入蜀，所至體問，乃知買茶爲害甚鉅。今有知彭州吕陶、知蜀州吴師孟等論奏可以參驗〔一一九〕。往者杞、佐繼陳苛法，即信用其言，曾不略加參考。今議者條其剗蠹〔一二〇〕，悉皆明白，未即采聽，何勇於興利而怯於除害乎？臣願敕有司速究榷茶之弊，俯徇衆論，寬西南之慮。』

又曰：『竊詳朝廷之意，未欲遽罷榷茶者，必以(西)〔熙〕河路買馬年計，茶最爲急耳。但通商之後，舊來諸路茶税年額錢總二十九萬餘緡，先已復故，即可委逐路轉運司一面管認赴(西)〔熙〕河路外，有見今管官茶，所在州縣堆積極多，足支數年買馬。自今商旅販秦鳳、熙河路茶，必能接續有備。臣體問廢罷改革事，皆商旅所願，望速下本路逐處根究。臣之所陳有實，即乞罷榷茶之法，許通商買賣，以安遠方。』尹還，未至都而有是命。

元豐五年五月二十一日〔一二一〕，同提舉成都府等路茶場蒲宗閔言：『成都府路産茶州縣及利州路興元府、洋州已有榷法，今相度，巴州等産茶處，亦乞用榷法。』從之。

七年十月十七日，福建路轉運副使王子京言：『建州臘茶，舊立榷法，商賈冒販利甚厚。自熙寧三年官積陳茶，遂聽通商。自此，茶户售客之茶甚良，官中所得唯常茶〔一二二〕，税錢極微。南方遺利，無過於此，乞仍舊行榷法。建州歲出茶不下三百萬斤，南劍州亦出二十餘萬斤，欲盡買入官，度逐州軍民户多少及約鄰路民用之數計置，即官場賣，嚴立告賞，禁建州賣私末茶。乞借豐國監錢十萬緡爲本。』從之，所乞均入諸路榷賣〔一二三〕，委轉運司官提舉：福建王子京，兩浙許懋，江東杜偉，江西朱彦博，廣東高鏄。

哲宗元祐三年二月十一日，詔：『階州榷買所産石土鹽，每年雖頗有息，人不以爲便。可勿復定價榷買。』先是，察訪永興〔軍〕等路常平免役李承之奏：乞以階州福津、將利縣界出産土石等鹽，可以置場榷買，定價出賣。至是，陝西制置解鹽司言以爲不便，故有是詔。

元符三年十二月二日〔一二四〕，詔以都水使者魯君貺專切應付茶場水磨。先是，閻守勤、李士京同領茶場，欲榷淮南茶，盡鬻之官，歲當得三百萬緡〔一二五〕。奏上，三省抑而不行。至是，三省因奏：神宗本以抑奪都城十數兼并之家〔一二六〕。歲課至三十四萬緡，近賈種民遂增展及輔郡，人以爲病。詔增展輔郡榷茶指揮勿行，止依元豐舊法。

徽宗政和七年三月二十四日，詔：『訪聞湖北新邊辰、沅、靖州多出板木，自來客人興販，與傜人交易，爭訟引惹，今後可令禁止。仰鼎澧路鈐轄與轉運兩司共指畫〔一二七〕，委官措置收買，赴鼎州置場出賣，許令客人出息就買。其息錢，用贍邊鄙，逐旋具措置事狀申奏，即不得搔擾，抑勒生事。』

宣和二年五月三十日，詔：『今後捕獲榷貨對折失覺察之數，並將該賞日已事發之數對行比折外理賞。』

〔校證〕

〔一〕榷易　方案：這是《宋會要》食貨類中的一門，其門名與《大典》的標目名相同。似《大典》録入時即以其門名原封不動録爲標目。其中保存了不少《宋會要·食貨類·茶門》中失收的宋代茶事史料，今作爲茶門的附録收入本書《補編》上。以《宋會要輯稿補編》爲底本，《輯稿》食貨三六之一至三三及《補編》頁八〇八下至八〇九上今存複文，用作主校本，仍逐條校今存宋代相關文獻，並隨文出注。此門今僅存北宋時記事，南宋部分已佚。

〔二〕太祖乾德二年八月　『二』，原作『元』，據《輯稿》食貨三六之一、《夢溪筆談》卷一二、《長編》卷五、司馬光《稽古録》卷一七、《通考》卷一八《征榷五》、卷二〇《市糴一》、《輿地紀勝》卷四七、《玉海》卷一八一《乾德榷貨務》、《宋史》卷一八六《食貨下八·互市舶法》等改。又《稽古録》、《長編》、《玉海》、《輿地紀勝》並繫日於辛酉（十八日）。

〔三〕與本州同共於城内起置榷貨務　『榷貨務』，原作『榷場貨物』，據《輯稿》食貨三一之一改。

〔四〕其同監殿直鄭光表即只在建安軍監當管勾務貨　『只』，同右引作『止』，義長，當從。『務貨』，原作『貨物』，據同右引改作『務貨』。

〔五〕太宗太平興國二年正月　『正月』，《輯稿》食貨三〇之一、《長編》卷一八、《玉海》卷一八一《乾德榷貨務》、《稽古録》卷一七並作「二月」，《長編》繫日於丁未（十六日）。當是，應從。

〔六〕百文以下逐處理事科斷　以上十字，原在「二千以下、百文已上，決臀杖十五」句下，據上下文義乙正。

〔七〕三千已上決杖二十四千以上決脊杖十五　「三」，《輯稿》食貨三六之二作「二」，誤。又，「臀」，原訛作「臂」，據《輯稿》刑法六之三五，同書兵二四之一五改，宋無「决臂杖」之刑。又「脊」，原底本、校本均譌作「臂」，據上下文義及上引刑法改。

〔八〕命三司户部判官户部員外郎高凝祐都大提點沿江諸處榷貨務右補闕梁裔提點諸處榷貨務　上之「榷貨務」，原作「榷貨物」，據下之「榷貨務」改。又二「務」字，同右引食貨三六之二皆譌作「物」。「凝祐」，同上又作「凝佑」。

〔九〕以兵部郎中許仲宣監大名府折博務　「務」，原作「物」，據同右引改。

〔一〇〕兩浙漳泉等州自來販泊商旅藏隱違禁香藥犀牙　「泊」，同右引作「舶」。

〔一一〕四年二月　《輯稿》食貨三〇之二繫日於四日，《玉海》卷一八一《乾德榷貨務》同，但下注干支爲「癸亥」，是月己未朔，癸亥爲五日，《宋史》卷五《太宗紀》亦作癸亥。

〔一二〕七月詔　《輯稿》食貨三〇之二、《宋大詔令集》卷一八三、《玉海》卷一八一並繫日於十二日（戊戌）。又，詔見上引《詔令集》及《輯稿》。此處詔文，似《會要》編者已改寫，其后並加詳。

〔一三〕近以沿江榷務積弊年深　「江」，原作「邊」，上條稱「於沿江置立榷務」；本條下文又兩處提到「緣江榷貨務」、「緣江榷務」；《輯稿》食貨三〇之二、《宋大詔令集》卷一八三均作「沿江榷貨八務」，又，

《宋史》卷五《太宗紀》亦作『復沿江〔榷〕務』，據改。

〔一四〕所獲都得實錢　原作『所獲實錢都數』，與上文扞格難通。方案：今考《長編》卷四〇至道二年十一月甲午（二十八日）載斯事云：『允恭又請令商人先入金帛京師及揚州折博務者，悉償以茶。自是，鬻鹽得實錢，茶無滯貨。』又考《大典》卷一四九九〇引《建安志·折博務》注引《會要》所載略同。《大典》是卷已佚，佚文見《輯稿》食貨五五之二〇，此實應爲『職官類』中内容，《輯稿》編者誤繫於《食貨》，内容又可據《長編》校改。上引與本條可互相發明，實爲同一事，據改並乙正。

〔一五〕時川峽寇盜之後　『峽』，原作『陜』，據本條上文『詔西川峽路州軍』改。『寇盜』云云，指王小波、李順起義。

〔一六〕真宗咸平二年九月　『九月』，《輯稿》食貨三〇之二繫日於『二十三日』。

〔一七〕景德元年十月　是條錯簡，原繫《補編》頁六六四下（《輯稿》食貨三六之七至八）景德二年十二月條之後，今乙正至《補編》頁六六三下（《輯稿》食貨三六之五）景德二年二月條前。《輯稿》原整理者已注：『此條移前景德二年上』，其説是。

〔一八〕敕定陜西州軍入中錢銀則例　『銀』，《輯稿》食貨三六之七作『文』。

〔一九〕景德二年二月　『二月』，《長編》卷五九注云：『《會要》載此事於是年正月』。

〔二〇〕涇寧儀邠鄜秦隴鳳州比河北洺州等處　『寧』，原作『原』；『鄜』，原脱；據《輯稿》食貨三六之七改補。又，『洺』，原譌作『洛』；並『寧』、『鄜』二字，並據《長編》卷五九改、補。

〔二一〕其廣信安肅軍北平寨粟麥　『軍』、『寨』二字，原脱，據《長編》卷五九補。

〔二二〕若責成外計　『成』，原作『城』，據《輯稿》三六之五、《長編》卷五九改。

〔二三〕元許客人從本務入中金銀綿帛　『綿』，《輯稿》食貨三六之五作『絲』。

〔二四〕所是陝西諸州軍入納錢銀糧草　『是』，疑似應作『有』。

〔二五〕比來禁榷　『比』，原作『此』，據《輯稿》食貨三六之八改。

〔二六〕有司累曾定價　『曾』，疑當作『增』。上文已云：『今又令每斤增價百錢』，下文又曰：『勿復增價』，似應從改。

〔二七〕許民於東京輸金銀錢帛　『錢』，《長編》卷六〇、《宋史》卷一八三《食貨下五》作『綿』。

〔二八〕多以交引鬻於茶鋪　『鋪』，原作『州』，據同右引改。

〔二九〕至是邊境罷兵　『境』，《輯稿》食貨三六之八作『陲』。

〔三〇〕講貫公私之利　『私』，原作『利』，據同右引改。

〔三一〕不敢以時貿易　『貿』，《長編》卷六三作『買』。

〔三二〕聞其過於嚴切　『過於嚴切』，《輯稿》食貨三〇之三、《長編》卷六三作『過爲嚴急』。

〔三三〕不入等者不可私賣　上『不』字，原脱，據同右引補。

〔三四〕務令通濟　『通』，同右引作『便』。

〔三五〕江南都大制置茶鹽發運副使李溥遷西京作坊使　『江南』，《長編》卷六六作『江淮』。又，『作坊使』

下，《長編》卷六六、《輯稿》食貨三〇之三均有『充發運』三字，《長編》注云：『時馮亮爲使，十月丙申及還官。』

〔三六〕茗榷之法流弊寖深　『茗』，《輯稿》食貨三〇之三、《補編》頁三〇二上作『茶』。『流』，同上引作『抗』。

〔三七〕課利豐羨　『課利』，《輯稿》食貨三六之九、三〇之三，《補編》頁三〇二上皆作『利課』。

〔三八〕大中祥符二年六月　『六月』，《輯稿》食貨三〇之三、《補編》頁三〇二上，《長編》卷七一、《玉海》卷一八一並作『五月乙亥』。當是。

〔三九〕自頃以邊陲之備兵食爲先而乃許折緡錢　『以』至『而乃』凡十一字，原脱，據《輯稿》食貨三〇之三、《補編》頁三〇二上補。

〔四〇〕始增饒以爲名　『增』，原作『曾』，據同右引及《補編》頁八〇八下改。

〔四一〕年收無錢　『錢』，《輯稿》食貨三〇之三、《補編》頁三〇二上作『幾』。

〔四二〕縉紳之列　『列』，原作『例』，據同右引及《補編》頁六六五上改。

〔四三〕允契豐財　方案：林特等所上《茶法條貫》在《宋會要》中凡四見。本書已收入《宋會要・食貨類・茶門》，今又再收入《宋會要・食貨類・榷易門》，不僅是爲了保持文獻的相對完整，而且兩種文本間有多處異文（又各有複文）可互校，從文本校勘的角度考量，也有兩收之的必要。爲免繁瑣，請參閲上收《茶門》的校釋〔一一八〕至〔一二九〕，《榷易門》所收之序，文字較前爲勝。《輯稿》食貨三六之九末，劉富曾注云：『其序文已見茶〔法〕雜録』。序文被其剪去，今幸存於影印本《補編》頁八〇八下至頁八〇九上，其複文又見《補編》頁六六五上。除個別外，文字基本相同，今以前者爲底本，以後者及《茶門》所收兩本出校。

〔四四〕官給十九千　『十九千』，原譌倒作『九十千』。據點校本《長編》卷八四、頁一九一六乙正。但注稱據《實録》係時於八年二月，内容與本條全同。

〔四五〕八月　《宋大詔令集》卷一八三、《長編》卷八五繫日於『戊寅朔』。又，《詔令集》、《長編》載此詔僅個別文字有異而義全同，勿再一一出校。

〔四六〕願得與議者辯之　『辯』，同右引作『辨』，兩通之。

〔四七〕九年二月　《長編》卷八六及《玉海》卷一八一《祥符茶法》並繫日於庚辰（五日）。

〔四八〕比遞年及新額雖少　『比』，原脱，據同右引補。

〔四九〕自祥符已後歲及二百萬以上　『祥符已後』，《宋史》卷一八三《食貨下五》作『大中祥符五年』。『已後者』，當指祥符元至五年，《宋志》僅云『五年』，時間範疇不同。『以上』，《長編》卷八六無此二字。

〔五〇〕八年少二十餘萬者　本條上文引藍繼宗言已云『比新額虧十萬』，《長編》卷八六和《玉海》卷一八一《祥符茶法》略同，疑此『二十』，或爲『一十』之譌，或『二』字衍。

〔五一〕以六年七年各納過幾三百萬　此句，《長編》卷八六作：『六年至三百萬緡，七年又增九十萬』，《宋史》卷一八三《食貨下五》略同《長編》，則與《會要》所云顯有不同。

〔五二〕臣等參詳可否　『否』下，《長編》卷八八有『奏裁』二字，疑脱。

〔五三〕翌日　承上應爲十月十六日，但《輯稿》食貨三〇之四、《宋大詔令集》卷一八三、《長編》卷八八、《玉海》卷一八一《祥符議茶鹽制度》均作『十月二十六日（丁酉）』，似上條『十月』下脱『二』字，據補。

〔五四〕措置之司　『司』，《輯稿》食貨三六之一二、三〇之四、《補編》頁三〇三上，《宋大詔令集》卷一八三、《長編》卷八八皆作『宜』。

〔五五〕使共詳於通制　《輯稿》食貨三〇之四、《補編》頁三〇三上、《詔令集》卷一八三皆作『俾共詳於定式』。

〔五六〕與三司同共定奪　『同共定奪』，同右引作『同議茶鹽制度』。

〔五七〕務要茶園鹽亭户不至辛苦　『務要』，同右引作『俾』；『辛苦』，同右引作『失所』。義長。

〔五八〕百姓得好茶鹽食用　《輯稿》食貨三〇之五及同右引《補編》、《詔令集》作『百姓供用不匱』。義長。

〔五九〕仍送中書門下參詳以聞　『參詳以聞』，原作『參聞』，《長編》卷八八作『參詳』，據上注同右引補『詳以』二字。

〔六〇〕一依往例　『往』，原脱，《長編》卷八八作『常』。據《輯稿》食貨三〇之五、《補編》頁三〇三下及《詔令集》卷一八三補。

〔六一〕將來不得别生名目致有疑誤虧損　『將來』，同右引《長編》作『並』，《輯稿》、《補編》、《詔令集》作『更』；『疑誤虧損』，《詔令集》、《長編》同，《輯稿》、《補編》作『疑惑』。

〔六二〕蓋欲濟人……必當經久可遂遵行　方案：以上凡四十字，《輯稿》、《補編》、《詔令集》皆無，疑删；《長編》有「蓋欲」下三十二字，無「必當」下八字，疑亦删。惟《榷易》門本條所載獨詳。

〔六三〕請於永興軍鳳翔河中府　「軍」，原無，據上下文例補；「河中府」，原無，疑脱，據《長編》卷八九及《輯稿》食貨三六之一四同年九月十三日條補。

〔六四〕以九千爲準　「準」，《長編》卷八九同，《輯稿》三六之一三作「率」。

〔六五〕餘六十千許以金銀疋帛綿絲　「綿絲」，《輯稿》三六之一四作「絲綿」。

〔六六〕特與依舊支　「支」下，《長編》卷八九有「給」字，疑脱，應補。

〔六七〕七月　《長編》卷九〇繫日於七月癸丑（十七日）。

〔六八〕定奪茶鹽所請罷買陝西芻糧交鈔　「交」，原作「文」；「鈔」原作「抄」，據同右引改。下徑改，不再出校。

〔六九〕望依解鹽例給交引　「給」上，《長編》卷九〇有「預」字，疑脱。

〔七〇〕給見錢收買環慶等十三處入中糧草交鈔　「交鈔」，原作「文字」，據上文本年七月條及下文天禧二年閏四月等條「交鈔」改。參具注「六八」。

〔七一〕十一月　《長編》卷九二繫日於己巳（十一日）。

〔七二〕如願受茶貨交引　「貨」，同右引作「質」。義勝，似當從。

〔七三〕不得更用芻糧交鈔貼納茶貨　「交鈔」，原作「文抄」，據同右引改。《長編》作「交鈔」，極是。

〔七四〕詔每入百千增五千茶引與之　『百千』，原作『百年』；《輯稿》食貨三六之一五又譌作『百十』，據同右引《長編》改。『引』，原無，據《長編》補。『五千茶』，與『五千茶引』是二個不同的概念。前者爲『茶貨』，後者爲券直五千的茶交引。

〔七五〕且充耗茶給遣之　『且』，《輯稿》食貨三六之一五作『見』。

〔七六〕五年五月　方案：是條，可與《長編》卷九七是月己卯條（點校本頁二二四七第十條）參閱。

〔七七〕亦可收簇課利及近裏那撥應副　『簇』，原作『發』，據《輯稿》三六之一六改。

〔七八〕望下沿邊環慶鄜延渭州鎮戎軍五處　『五處』，疑有誤。《輯稿》食貨三六之七作『沿邊環、慶、延、渭、原州、鎮戎、保安軍七處』，疑脱『原州』或『保安軍』，但又多一『鄜州』。此條原已有六處。

〔七九〕亦乞許客一依在市見糴賣價例入中紐算　『紐算』，原作『細算』，據本條上、下文兩處『依見錢體例紐算』云云改。

〔八〇〕才候得及年計數目晝時住入　『住入』下，疑脱『中』字；或當從《輯稿》食貨三六之一九所載：天聖四年三月六日條『晝時住納』作『住納』。

〔八一〕取納下處州軍在市見糴賣的實價例　『價』，原作『賈』，據本條上文：『在市見糴賣的實價例』及『一依在市見糴賣價例入中』云云兩處之『價』改。

〔八二〕請中雍所奏施行　『中』，《輯稿》食貨三六之一六原整理者已注：『「中」疑誤』。其説是，疑『中』或爲『依』、『准』之譌，無别本可校，姑仍舊。方案：『中』，或爲涉上『入中』而譌，應改。

〔八三〕仁宗天聖元年正月《長編》卷一〇〇繫日於丁亥（二十二日）。

〔八四〕準内降聖旨　同右引載此詔之概略云：『三路軍儲，出於山澤之利。比聞移用不足，二府大臣，其經度之』。

〔八五〕今欲令劉筠周文質王臻薛貽廓與三司使副等　『三司使副』，《長編》卷一〇〇作『三部副使』。今考三司指鹽鐵、度支、户部三司，宋初分合無常，咸平六年（一〇〇三）合爲一司，主官稱三司使，内分設上述三部副使，又别稱爲三司副使，與三司使，合稱三司使副。元豐五年（一〇八二）官制改革，罷三司歸户部。故兩者有不同含義。會要所指爲三司使和三部副使的合稱。《長編》僅指三部副使。參見《職官分紀》卷一三、《玉海》卷一八六、《合璧事類·後集》卷二七、《長編》卷五五等。

〔八六〕詔樞密副使張士遜參知政事吕夷簡魯宗道與三司使副等同共詳定　『詳定』，原脱，據《輯稿》食貨三六之一七及同右引補。

〔八七〕即不得卻依入納見錢體例算射從之　方案：底本《補編》六六七上『體』下，奪文多達四百四十餘字，下接天聖四年三月六日條『延渭環慶州』之『慶』字。這四百四十餘字脱文，涉及天聖元年二月至四年三月六日凡四條内容。今據《輯稿》三六之一八至一九補入，並參校相關文獻，隨文出注。

〔八八〕三年八月　《輯稿》三〇之五、《長編》卷一〇三、《玉海》卷一八一《天聖茶法》並繫日於二十二日（辛未）。

〔八九〕詔翰林侍講學士孫奭夏竦同共詳定　『夏竦』上，《長編》卷一〇三有『知制誥』三字，疑脱，似應從補。

否則，承上文夏竦亦爲翰林侍講學士。今考北宋·佚名《學士年表》，夏竦天聖四年二月始爲翰林學士，其兼翰林侍講學士更在此後。（見王珪《華陽集》卷四七《夏文莊公神道碑》。）又，『夏竦』下，《長編》卷一〇三據《國史·志》稱同詳定茶法的還有『工部郎中盧士倫、殿中侍御史王碩、如京使盧守懃』。《實録》、《會要》均僅孫、夏二人，無此三人。

〔九〇〕如何斷絶盡錢　『盡錢』，疑似應作『虛錢』，無别本可校，姑仍舊。

〔九一〕往諸處交易其爲利濟　『其』，疑應作『甚』，然無别本可校，姑仍舊。

〔九二〕取客穩便請領　『客』，原譌作『容』，據《輯稿》食貨三六之一九改。

〔九三〕俟有入中并計置到糧草得及三年處　『俟』，同右引作『候』。

〔九四〕出給西川益州路交引　『西川』，原作『四川』，據《輯稿》食貨三六之一八『及西川嘉邛等州』和三六之一八『及西川嘉邛等州』和三六之一九同條『情願要西川交引』兩處之『西川』改。方案：宋初平蜀後，將五代後蜀故地分設西川、峽兩路。咸平四年（一〇〇一）分置益州（嘉祐四年，一〇五九，改爲成都府）、利州、梓州（政和八年，一一一八，改爲潼川府）、夔州四路，合稱川峽四路，後簡稱『四川』。此僅述西川益州路事宜，未及四路，當爲西川無疑。下徑改，不再出校。

〔九五〕支費糧草浩瀚秦州頗同　『秦州』上，疑脱『與』字。

〔九六〕樞密直學士劉筠已下各罰銅三十斤　『劉筠以下』，《長編》卷一〇四又載『王臻、范雍、蔡齊、俞獻可、姜遵、周文質各罰銅三十斤』，沈括《夢溪筆談》卷一二又有薛（昭）〔貽〕廓、三部副使各罰銅三十斤，可補《會要》之闕。又，《輯稿》職官六四之二八與本條略同。

〔九七〕非獨利於貨物　「物」，《輯稿》食貨三六之二〇作「易」。

〔九八〕河北沿邊水災州軍便糴糧草　「便」，原作「更」，據《輯稿》食貨三六之二二改。

〔九九〕闕請其三十千者於香藥象牙内減五千　「闕」，同右引作「遂」。

〔一〇〇〕内禁軍從違制定廂軍從違制失斷遣　「定」下，疑脱「罪」；「失」，疑衍，或「失」上，疑脱「過」字。無别本可校，姑仍舊。

〔一〇一〕令轉運司勘會每年合銷雜支見錢　「令」，原作「今」；「運」，原脱，並據《輯稿》食貨三六之二三改、補。

〔一〇二〕所是合給交引　「所是」，疑當作「所有」。

〔一〇三〕乃以逐月逐旬每斗束確的見賣價錢紐計貫百　「確」，原作「确」，據本條上文「依每斗束確的見賣價錢」改。似宋代「確」之異體字「确」已頗流行。

〔一〇四〕翻换交引文字往指射去處請領　「領」，原脱，據本條上文「依下項支還則例請領」，及下文「於解州請領鹽貨」云云補。

〔一〇五〕俟到京　「俟」，《輯稿》食貨三六之二五作「候」。

〔一〇六〕給到本州三月後來文字　「文字」，《輯稿》食貨三六之二六作「文鈔」。

〔一〇七〕三月　方案：「三月」條及其後之「五月十六日」、「十一月」兩條，當爲同年之事，但失書紀年。其失書之年有二種可能：天聖八或九年，兩者必居其一。十一月條，有『準六年九月敕』之載，蒙上文當爲天聖六年敕。其後一條，已是景祐三年五月十四日紀事，如這三條所脱爲明道元、二年紀年，則上云『準』下必加『天聖』二字，今既無此二字，即已排除失書爲『明道』元、二年之可能性。惟無別本可校，姑仍其舊。

〔一〇八〕秦州據每年合要酒米麴麥　『麴』，原作『麪』，據《輯稿》食貨三六之二六改。

〔一〇九〕三司以京師營繕材木　『三司』下，疑脱『言』或『申』字。

〔一一〇〕仍與充在京榷貨務課例　『課』，原作『顆』，據《輯稿》食貨三六之二七改。

〔一一一〕今後對買茶貨　《長編》卷一二〇作『自今商人對買茶、全買茶』，疑『對買』下，脱『全買』兩字。

〔一一二〕保安軍榷場慮本軍洎諸處官員於場内博賣物色　『賣』，《輯稿》三六之二八作『買』，應是。

〔一一三〕河北沿邊州軍客人入中糧草改行四説之法　『中』，原脱，據《長編》卷一六五補。

〔一一四〕在京支見錢三十千　『三十』，原作『二十』，據同右引改。方案：如作『二十』，總四項不足一百貫，此必爲『三十』之譌無疑。

〔一一五〕方端拱淳化之時祖宗北伐燕薊　『祖宗』，原作『神宗』，據同右引《長編》改。方案：宋人通常將宋太祖、太宗合稱『祖宗』，以前引之年號視之，似作『太宗』更確切，但原作『祖宗』，今從。

〔一一六〕於是下三司議　『議』下，《長編》卷一六五、《宋史》卷一八四《食貨下六》並載：『〔三司〕因言：「自見錢法行，京師之錢，入少出多。慶曆七年，榷貨務緡錢入百十九萬，出二百七十六萬，以此較之，恐無以贍給。請如沔議，以茶、鹽、香藥、緡錢四物予之。」」（『以茶』下十一字，《長編》無，『之』字，《宋志》無。）疑《會要》此語已删，録以備考。

〔一一七〕即歲計不過五百萬貫　『計』，《輯稿》食貨三六之三〇作『費』。

〔一一八〕其監專使臣等並依透漏違禁物貨條從違制分故失公私科罪　『物貨』，原作『貨物』，據《輯稿》食貨三六之三一乙。『分』字，疑衍。『公私』下，疑脱『物貨』二字。

〔一一九〕有知彭州吕陶知蜀州吴師孟等論奏可以參驗　『有知』，原作『有如』，據《輯稿》食貨三六之三二及《長編》卷二八四改。

〔一二〇〕今議者條其刓蠹　『其刓』，原作『具刑』，形近而譌，據同右引改。

〔一二一〕元豐五年五月二十一日　『二十一』，《長編》卷三二六繫日（辛丑）同，惟《輯稿》職官四三之六一作『二十四』，差不同。

〔一二二〕官中所得唯常茶　『茶』，原脱，據《長編》卷三四九、《宋史》卷一八四《食貨下六》補。

〔一二三〕所乞均入諸路榷賣　『乞』，原作『入』，據《輯稿》食貨三六之三三及《長編》卷三四九改；同上引《宋志》『乞』作『請』，是其證。

〔一二四〕元符三年十二月二日　『二日』，《輯稿》食貨八之三四作『三日』。

〔一二五〕歲當得三百萬緡　『得』，同右引無此字。

〔一二六〕神宗本以抑奪都城十數兼并之家　『都城』，指東京。原譌倒作『城都』，《輯稿》食貨三六之三三又譌作『成都』，今考成都無水磨茶加工製造的記載。今據《輯稿》食貨八之三四乙正，作『都城』，庶幾無誤。東京百姓食茶，正仰賴水磨末茶。參見上引食貨八之三三至三四各條及《宋史》卷一八四《食貨下五》。

〔一二七〕仰鼎澧路鈐轄與轉運兩司共指畫　『兩司』下，疑脱『同』字，然無別本可校，姑仍舊。

宋會要·兵類·茶馬

〔宋〕官 修

〔提要〕

《宋會要》兵類，今存於《輯稿》和《補編》的部分已非完本，缺不少重要内容，如兵制、禁軍、廂軍等。究其原因，或許《大典》未能録入，或《大典》所據之《宋會要》兵類已非完本；或徐松輯《宋會要》時，《大典》已殘闕二千餘卷，而這些内容又恰在缺卷之中等。所幸收入《大典》馬字韻·買馬事目（卷一一六六九至一一六七一）及馬政事目的《宋會要》兵類内容尚完整，並均已輯出。《大典》買馬事目三卷與《宋會要》兵類買馬門相對應。《大典》『馬政事目』則收入《宋會要》兵類『祭馬祖』至『馬政雜録』凡十一門；《大典》卷一一六七二至一一六七七馬字韻·『馬政事目』與《宋會要》不存在相對應的關係。因爲《宋會要》在類、門之間未設相應的由數門集合成的子類或次類。今姑將《大典》兩事目收録的《宋會要》兵類買馬、馬政雜録擬名爲《宋會要·兵類·茶馬》而編入本書《補編》。擬名『茶馬』也許不太妥當，或許作『馬政』更合適些。但這也僅是《大典》的事目，而並非《宋會要》原有的標目名。

值得慶幸的是：馬政事目連續收録了《宋會要》相連的十一門，買馬門在《大典》中的三卷亦與下六卷馬政門相連。至於這十二門的先後次序則頗費思量。今姑以《大典》卷數爲序排列，參考陳著《解謎》第十五章《兵類》復原方案而略有調整，未必能完全恢復《宋會要》兵類這十二門的原貌，但其各門的順序和《宋會要》原本應相去未遠。令人費解的是『馬政雜録』門在録入《大典》時已被分割，這或許是《大典》據甲、乙兩種合訂本或其他本子（如李心傳的《十三朝會要》分别録入的又一例證。

需要特别説明的有三點：一是見於今本《輯稿》兵二一之二三的『祭馬祖門』（原誤『禱馬祀』）脱紹興三十一年一條，同書兵二五之五三下『馬政雜録』門缺淳熙年間（一一七四—一一八九）記事，可據繆荃孫《藝風鈔書》補足。這一部分究竟是徐松所命抄手脱漏，或是徐輯本整理時遺失？今已難知其詳也無必要再去查究，反正兩者必居其一。繆荃孫還抄出了原見於《光宗會要》、《寧宗會要》的『馬政雜録』門淳熙十六年四月二十五日至嘉定十二年十一月五日各條，可與今本《輯稿》兵類二六之一至二三各條對校，無疑提供了又一個複本。二是在兵類·馬政雜録門中也有數種茶馬類茶書，如張説《畫一綱馬利害》、兵部編《無體例進馬推賞條格》、沈度等《條畫兩浙路馬驛利便》、兵部編《茶馬司起發綱馬賞罰條格》、樞密院編《三衙江上諸軍取馬官兵賞罰條格》、兵部編《諸司諸軍押取綱馬賞罰補擬條格》、殿前司編《諸軍醫獸賞罰格目》、兵部編《重定廣西經略司起發綱馬赴江上諸軍賞罰格目》等。如果説《宋會要·食貨類·茶門》所見茶法類茶書多爲北宋編定，則此門所見茶馬類茶書又多爲南宋編定。無疑，對宋代法制史研究而言，也提供了可貴的第一手資料。三是原擬將《宋會要·蕃夷類》買馬、貢馬等内容作爲附録收入本書，但其條目分割零散，又篇幅無多，只能割愛。

本書校勘體例同《宋會要·食貨類·茶門》。收入本書《補編》的是《宋會要》三類關於茶及茶馬比較集中的十五門史料，在《大典》中佔有十七卷之多，約近二十八萬字，如加上校記約近四十萬言。這尚不是《宋會要》中茶事資料的全部，而僅是比較集中的部分。保存在《宋會要》中近三十萬字的茶事史料，約占現存《宋會要》的百分之三，占《宋會要》食貨類的四分之一，但已是一個很高的比例。其中，茶及馬政雜録兩門各有八萬餘字（不包括標點），最小的門『祭馬祖』今存僅三條，不到五百字。可見《宋會要》分門的標準主要是內容，不考慮篇幅。同樣，《大典》每卷的字數亦相差很大，這決定於其『用韻以統字，用字以繫事』的編排方式，前者內容決定字數，後者則『形式』決定字數。如果能從現存千餘種宋代資料書中廣搜博採，匯輯成一書，茶事資料至少逾二百萬言。這是宋代茶業經濟和茶文化高度繁榮、興旺發達的顯著標誌。這一系列工程尚俟諸他日。或可另編一部《宋代茶史資料長編》。

黄庭堅詩『蜀茶總入諸蕃市，胡馬常從萬里來』（《山谷内集詩注》卷一一《叔父給事挽詞十首之八》）。是對宋代茶馬貿易最確切的概括和生動傳神的描繪。茶馬貿易不始於唐而始於宋，唐·封演《封氏聞見記》卷六《飲茶》所謂『回鶻入朝，大驅名馬，市茶而歸。』只是憑想當然的小説家言，被採入《新唐書·陸羽傳》和《通考》卷一八《征榷五》後，似乎成了不易之論。可信史料揭示，唐代只有絲馬或絹馬貿易，而無『茶馬』。真正的茶馬貿易始於宋代，而形成一代之制則更在熙寧七年（一〇七四）之後（説詳拙文《茶馬貿易之始考》，刊《農業考古》一九九七年第四期）。作爲熙豐新法的一項内容，茶馬之制貫穿於北宋中期以后的兩宋，並延續至明代，清初始漸式微。

茶馬貿易作爲一種客觀存在的歷史現象，與宋、明王朝的政治、經濟、軍事、財政、外交、民族關係、西北、西南沿革地理等有着十分密切的聯係。遺憾的是，迄今海内外學者尚未把研究的視野投向茶馬貿易或茶馬之路。實際上，這與已成熱點和焦點的顯學『絲綢之路』的研究有着同樣重要的意義，而兩者的學術成果有天壤之别。茶馬研究是何等地落寞及與其應有的重要地位不相稱，迄今未見一部真正有學術價值的專著，學術論文也僅數以十百計，茶馬之路研究更是尚待開墾的學術荒漠或處女地，期待着有志的中青年拓荒者。正緣於此，筆者選擇有代表性的宋明兩代茶馬、馬政史料，加以整理標點，爲有志於研究茶馬這一課題的學者，提供略經整理的可信史料，當然，這類史料尚遠不止收入本書的寥寥數種。限於本書的篇幅，只能選擇最重要和最具代表性的資料收入。

買馬

《大典》卷二六六九《輯稿》兵二二之一至二三之二八

太宗太平興國四年，詔市吏民馬十七萬匹〔一〕，以備征討。

六年十二月〔二〕，詔：『歲於邊郡市馬，償以善價。内屬戎人驅馬詣闕下者，悉令縣次續食以優之。如聞富人皆私市之，致戰騎多闕，自今一切禁之，違者，許相告發。每匹賞錢十萬，私市者，論其罪。中外官犯者，所在以聞。』

八年十二月〔三〕，詔：『先是，禁民於沿邊諸郡私市馬，及戎人賣馬入官，取其良而棄駑者。又，民不敢私市，使往來死於道者衆。戎人少利，國馬無以充舊貫〔四〕。自今邊郡吏謹視馬之良駑，駑者刻毛以記，許民市。庶羌戎獲利而歲驅馬通（闕）〔關〕市，有以補戰騎之闕焉。』

雍熙四年五月，以北虜未平，方資戰騎，分遣使臣，收買京城及諸道私家所畜之馬。凡勝衣甲者，三等定價，頗優以市之。次弱者不取，有逸羣駔駿，不拘常價，皆厚給其直。

真宗咸平六年二月二日，涇原路部署陳興言〔五〕：『渭州、鎮戎軍皆置市馬務。然鎮戎所須錢帛，皆自渭州輦置。乞廢鎮戎軍市馬務爲便。』帝曰：『朝廷比置鎮戎軍，勞費守戍者，蓋亦欲通戎人賣馬之路。今遽廢之，恐部族惑於聞聽。今但存之，徐爲制置。若渭州優其價值，即戎人皆來渭州，自然免運送錢帛之費，而且無廢鎮戎買馬之名。』

三月〔六〕，夔州路轉運使丁謂言：黔南蠻族頗有善馬，請致館設，給緡帛，每歲收市。從之。

七月〔七〕，詔陝西振武兵依河東廣鋭例，官給值以市戰馬。廣鋭兵，官給中金以充馬價，相與立社，馬死則共市而補之。振武兵願從其例，因而許焉〔八〕。

景德二年正月，詔：『沿邊諸州所市戰馬、舊自三歲至十七歲者，官悉取之。自今只市四歲至十三歲者，餘勿禁。』

大中祥符四年七月一日〔九〕，羣牧制置司言：『西路沿邊州軍所賣馬價益高，但欲歲增其數，而多有不任披甲者。望諸州不須增多，但是良馬，本司便不比較。』從之。《續資治通鑑長編·真宗帝紀》：大中祥符八年七月乙丑，禁河北、河東、陝西緣邊部署、鈐轄、都監、知州等私買軍衣絹染彩，博市府州蕃馬。

天禧元年八月四日，詔：『戎州市得夷人馬，舊送遂州揀選。自今有小弱不任支配者，委峽路鈐轄司估其直出賣。』

康定元年二月八日〔一〇〕，詔令將三歲已上、十三歲以下堪充帶衣甲壯嫩好馬，赴京進賣〔一一〕，經過館驛，支給熟食草料。

寶元三年二月十一日，羣牧司言和買馬價等第。詔第一等五十千，第二等四十千，(等)〔第〕三等三十千，第四等二十五千。在京以浙絹估實價，外處支見錢。

康定元年二月二十七日〔一二〕，詔開封府買馬。令權知府鄭戩親躬管勾，仍差同糾察在京刑獄李昭述、三司度支判官王球分置場收買。

五月二十五日，有司上言在京收買鞍馬，切慮擁併。詔差羣牧判官沈維温、三司勾當公事任顓於開寶寺，羣牧判官周越、三司勾當公事張子憲於錫慶院，各置場收買。

慶曆元年七月〔一三〕，詔諸路，本城廂軍軍員闕馬，聽自市三歲以上、十三歲以下、高四尺一寸者，官用印附籍，給芻粟。

八月〔一四〕，詔河北置場括市馬，沿邊七州軍免之。

二年三月，詔：河北沿邊州軍置場市馬〔一五〕。

六月〔一六〕，詔：河北都〔轉〕運司籍民間所養馬，沿邊有警，則給價市之。

五年七月〔一七〕，樞密院言：『咸平初，陝西振武鄉兵許結社買馬，以升填廣鋭軍。往歲河東已有此例。今河東諸軍闕馬〔一八〕，廣鋭指揮人數不足。欲聽本路宣毅、義勇鄉軍結社買馬，官助其價，以升填其闕〔一九〕。』從之。

十一日，詔并代路許宣毅、義勇鄉軍結社買馬，官助其價，升填廣鋭兵之闕。

二十九日，支内府絹二十萬匹，付并、府州、岢嵐軍市馬。

六年五月，詔：陝西相度興置屯田，夏安期與四路經略司招誘蕃部入中戰馬。

十二日，詔：保安、鎮戎軍榷場，歲各市馬千匹。

八年十一月〔二〇〕，環慶路經略使李肅(子)〔之〕、鄜延路經略使陸詵、陝西制置解鹽判官李師錫並言：『本路無係官草地，又去西界咫尺，難以興置馬監。其同州沙苑監，近割屬陝西監牧司，可以增添牧馬。』詔：陝西四路都總管更不興置馬監，仰陝西監牧司廣市善種，〔務〕令蕃息，以備逐路諸軍闕馬。

皇祐二年八月，羣牧司言：『近以河北轉運、部署〔司〕等相度權住買馬。勘會河北州軍諸軍闕馬至多，乞依韓琦奏，別降宣命下河北諸州軍，令依舊收買第一等〔至〕第五等鞍馬，相兼配填諸軍闕數。仍乞令逐處官吏設法招誘收買，逐月依例申奏。其權住收買第六等馬，（侯）〔候〕豐稔復舊。』從之。

至和元年七月〔二一〕，河北安撫使賈昌朝請以河北諸州軍户絶錢併官死馬價錢，令逐處市馬，以給諸軍。從之。

十二月〔二二〕，羣牧司言：『舊制，陝西、河東路十七州軍市馬。自西事後，止置場於秦州。今内外諸軍皆闕馬，欲請於環、慶州、保安、德順軍仍舊市馬〔二三〕。』從之。

三年八月十五日，知并州龐籍言：『勘會本路馬軍例各闕馬，麟、府見管買馬物帛數少，乞下三司支撥絹帛五七萬匹。』詔：令三司支絹三萬匹，於府州下卸。

是月二十二日，詔三司以絹三萬市馬於府州，以給河東馬軍。

嘉祐五年八月，詔：權陝西轉運副使薛向專領本路監（收）〔牧〕及買馬公事，仍相度於原州、渭州、德順軍置買馬場。（具）〔其〕同州沙苑監並鳳翔府牧地勾當使臣，更不下羣牧司舉官，並令薛向保薦以聞。初，相度牧馬所言：『自古國馬盛衰，皆以所任得人、失人而已。今陝西馬價多出解鹽，三司所支銀絹，又許於陝西轉運使〔司〕兑換見錢。今薛向既掌解鹽，又領陝西財賦，一切委之移用，仍令擇空地置監而孳養之。蓋得西戎之馬牧之西方，則不失其土性，一利也。

因未嘗耕墾之地，則無傷於民，二利也。因其材，使久其任而經置之，三利也。又河北有河防塘泊之患，而土多（瀉）〔潟〕鹵，戎馬所屯，地利不足。諸監牧多在此路，馬又不堪，未嘗孳息。若就陝西興置監牧，即河北諸監有可存者，悉以〔陝〕西良馬易其惡種。有可廢者，悉以肥饒之地賦民，收其課租，以助戎馬之費。於此，又利之大者。仍請委向舉（薛）〔薦〕辟官，及論改舊弊。』故有是命。

九月，薛向言：『祖宗朝，環、慶、延、渭、原、秦、階、文州、鎮戎軍九處置場市馬。涇原路副部署陳興欲廢鎮戎市馬場，併歸平涼。真宗（常）〔嘗〕諭近臣，買馬之法不獨（蕃收）〔收蕃〕國馬，亦欲招（來）〔徠〕蕃部，以伺敵情，不可輕易。其後歲月寖久，他州郡皆廢，唯秦州一處券馬尚行。每蕃漢商人聚馬五七十匹至百匹，謂之一券。每匹至場支錢一千，逐程給以芻粟，首領續食。至京師，禮賓院又給十五日并犒設酒食之費，方詣估馬司估所值，以支度支錢帛。又有朝辭分物錦襖子、銀腰帶。以所得價錢市物，給公憑，免沿路征稅，直至出界。計其所直，每匹不下五六十千。然所得之馬，皆病患之餘，形骨低弱，格尺止及四尺二寸以下，謂之「雜支」。然於上品良馬，固不可得。至於支近上臣僚及宗室，國信往來及揀填馬軍，歲多不足。請於原、渭二州、德順軍三處置場，舉選使臣專買馬，以解鹽交引召募蕃商，廣收良馬，不支度支錢帛。其券馬且以來遠人，宜存不可廢。歲可別得良馬八千餘匹。以三千給沿邊馬軍，五千入羣牧司〔二四〕。』從之。

八年正月〔二五〕，宰臣韓琦言：『秦州永寧寨，元以抄市券馬之處。昨修古渭寨，絕在永寧之西，而蕃漢多互市其間，因置買馬場。凡歲用緡錢十餘萬，苟蕩然流入虜中，實耗國用。請復置場於永寧，而罷古渭城買馬。』從之〔二六〕。《涑水記聞》：『八月庚申朔〔二七〕，節度使王德用自陳，所置馬得於馬商陳貴，契約具在，非折繼宣所責。詔德用除右千牛衛上將軍，徙知隨州，仍增置隨州通判一員。九月丁未，折繼宣責授諸衛將軍，徙知内地，以其弟代之。《宋史·吕公綽傳》：仁宗時〔二八〕，公綽知秦州。安遠砦、古渭州諸羌來獻地，公綽卻之。時弓箭手馬多闕，公綽諭諸砦户爲三等，凡十丁爲社。至秋成，募出金帛市馬，馬少，則先後給之。又，《薛向傳》〔二九〕：薛向權陝西轉運副使、制置解鹽兼提舉買馬監牧。向乃置場於原、渭，以美鹽之直市馬，於是馬一歲至萬匹。《宦者傳》：李繼和，開封人。慶曆中，爲河北西路承受。沙苑闕馬，詔秦州置場以券市之。繼和領職不數月，得馬千數〔三〇〕，而人不擾〔三一〕。

英宗治平元年八月十二日，羣牧副使劉涣言：『所管御馬至少，乞令買馬州軍用心添價收買。勘會到：嘉祐四年下陝西、河東路都總管司揀選少嫩迭格尺堪充御馬者，鄜延、環慶、涇原、河東路十一匹，秦鳳路三十匹。』詔令揀選及收買，仍依嘉祐四年匹數，下逐路都總管司。

三年七月二十一日，羣牧司言：『據陝西提舉買馬監牧司言，每年元定買馬銀四萬兩、絹七萬五千疋，内銀本路自有坑冶，興發銀貨已多，更不支撥外，欲乞下三司一就兑那紬絹。每年從京畿支撥一十萬疋，差使臣管押，遞鋪般運，赴陝府下卸，應副買馬支用。』詔令三司於每年合支撥銀絹内，只支紬絹共一十萬疋，充買馬支用。仍支撥堪充軍裝紬絹，責令易爲變轉。其〔銀〕四萬兩更不支。如三司支撥未到，仰監牧司具狀聞奏。以上《宋會要》〔三二〕。

神宗熙寧元年八月，羣牧司言，乞下河東等路市馬。每五千匹，赴衛州監牧司。詔令陝西、河東各市一千匹，京東三百匹，仍增價錢有差。

二十六日，詔河北馬軍並令立社，依陝西、河東例，共備錢助買馬。其先給官價錢，並等第增加，仍出内庫珠千餘萬，賣以充用。

十月，陝西同制置解鹽李師錫言：『渭州德順軍今年春季買馬，比額虧少。訪聞秦州界經過道路堡塞，約攔鞍馬，不令放來涇原。兼以西事未寧，不敢於西界極邊族帳過往。又德順軍界延家族蕃部納藥等稱：有販馬蕃客瞎顛等到秦州界，爲賊人劫掠，由是少有蕃部販至軍中。渭州蕃部青羅等稱：秦州界青鷄寨、董家堡等守把人，要每匹納稅錢百文，鹽(抄)〔鈔〕卻計作錢數，每千納十錢足。今已約束，尚慮阻節。欲乞朝廷專委本路經略司覺察，嚴加約束，止絕創并於鹽引上紐納稅錢，所貴就近指揮，城寨官吏畏禀，易爲止絕。』從之。

三年十月五日，羣牧司言：『陝西宣撫使韓絳等奏：比來官私難得好馬，蓋官價小。乞自今應買馬州軍添價收買，即客人不願中官，毋禁吏民收買。本司定騍馬不添外，其秦、渭、原、階州、德順軍見買大馬，逐等添錢有差。』詔：除階州馬不添外，其餘從所請。其價高馬小，客人不願中官者，赴場火印訖，聽諸色人收買。

十二月二十七日，羣牧判官王晦言〔三三〕：『乞自今原、渭州、德順軍買馬使臣任內，每年共添置馬一萬匹。如使臣買及年額，乞優與酬奬。所少馬價，乞下買馬司擘劃及支川絹，或朝廷支撥銀絹應副。勘會原、渭州、德順軍三處，三年買一萬七千一百匹。』詔：『今後添買及三萬匹〔三四〕，以十分爲率，買及六分七釐，與轉一官。餘三分三釐，均爲三等，每增一等，更減一年磨勘。令三司歲支紬絹四萬疋，與成都府、梓州、利州三路見支紬絹六萬疋，共十萬疋，與陝西賣鹽錢相兼買馬。年終具買馬數目及支過錢絹等已支、見在，申三司羣牧司。其三州軍提舉買馬等賞罰，自依別降指揮。』

六年五月十一日，涇原路經略司言：『德順軍界蕃部收買馬，每請官錢外，例各添備價錢。』詔令經略司體量，貼還其價〔三五〕。

七年二月十四日，鄜延路經略司言：『德靖寨管下小胡等族蕃兵見闕戰馬，乞於本司封樁錢内借支萬貫，委官於渭州、德順軍市馬，散賣與得力蕃兵。』從之。

八年正月十二日，知成都府蔡延慶言〔三六〕：邛部川蠻主苴尅等遣首領〔三七〕，願以馬中賣入漢。詔延慶優加犒設，以示招來。議者以成都府路可市馬，特委延慶領其事。原、渭州、德順軍更不買馬，以移熙河路置場故也。《舊聞證誤》：熙寧八年正月，議者謂成都路可市戎、瀘、黎、雅夷人戰馬，詔委知府蔡延慶領之。《實録》：七年三月戊申，詔梓路察訪熊本措置戎、瀘、黎、雅州買馬。八月庚午，命蔡延慶提舉戎、黎州買馬事。八年正月乙巳，延慶言邛部川蠻願賣馬，詔延慶招來之。此時延慶買馬事近半年，非事始也。注：八年三月庚戌，延慶併領威、雅、嘉、瀘、文、龍等州買馬事〔三八〕。

九年三月六日，提舉熙河路買馬司言：『準朝旨，立定起發馬綱日限條約。欲令逐場今後如日逐買馬數多，才及三五十匹，立便計綱起發。若遇買發數少，五日内買未及上件匹數，即據數解赴合屬去處送納。内熙州馬務，受納熙、河州并寧河寨買到官馬。如三場日逐納到馬數多，才及百匹，合本務於當日編排，次日計綱起發。若納到五日内未及百匹，即據數撥綱施行。』從之。

四月二十三日，中書門下省言：『勘會川路買馬，所買不多，及不耐騎壓，難爲養飼。兼據逐路官司申報，榷茶修路等事，於邊計蠻情各有不便。欲罷提舉買馬官。所有買馬、榷茶指揮，更不施行。餘如舊條。』從之。

九月八日，詔：自今應干買馬事，並樞密院施行。

十年正月十二日，詔：『今後提舉市易司應副過買馬司錢，令買馬司限一年内撥還，其已少下錢二十餘萬貫，令市易司於本路息錢内除破。仍自（令）〔今〕三司逐年於券馬錢内樁管一十萬貫，應副買馬。熙寧九年已支者，並行除破。』

元豐元年閏正月十八日，羣牧司乞於德順軍置場買馬。從之。

二月七日，詔：給鹽鈔三十萬緡，付羣牧司買馬。

同日，河東經略司韓絳言〔三九〕：『乞令弓箭手買四尺四寸以上馬，仍勒貼納虧官價錢。』從之。免貼納價錢。

三月十九日，羣牧判官王欽臣請買紬絹、錦綺及虎豹等皮博馬。從之。

十二月二十四日，詔：京東西、開封府界將下馬軍闕馬，委逐將召買四歲已上、十歲已下堪披甲馬，錢於封樁禁軍缺額請受内借支。

三年八月二十七日，羣牧司言：『既許養馬人户赴司買馬，緣陝西買馬司歲發馬數無寬剩，欲乞於歲計外，添買驍騎以上馬三千匹，赴本司交納。』從之。

四年正月二十一日，詔：令經制熙河邊防財用司指揮，許令弓箭手依官價自買及格堪披帶馬，赴官呈印訖給付，闕買馬場日内支價錢，仍充買馬司年額之數。

二月二十八日，京東轉運判官吴居厚乞：同李察募慣習航海之人，因其商販，踏行海道之通塞遠近，開諭女真入馬之利〔四〇〕，詢求海北排岸司所在及其興廢之因。俟得其實，條畫以聞。從之。

四月十八日，上批：『聞同管勾陝西買馬司高士言〔四一〕：凡與蕃部交易，動以惡言（慢）〔謾〕駡之。其儕類每有怨色，亦是阻其來馬一塗。可令郭茂恂體究以聞〔四二〕。』

五年正月二十六日，詔：『在先朝時，女真常至登州賣馬。後聞女真馬行道徑已屬高麗，隔絶歲久不至。今朝廷與高麗遣使往還，可降詔與國主，諭旨女真，如願以馬與中國爲市，宜許假道〔四三〕。』

二月一日，涇原路經略司乞下買馬司，買四千匹赴本路。許買民馬，相兼給諸軍。從之。

十一月二十八日，提舉陝西買馬司言：『本司管認支填遞馬，闕數至多〔四四〕，少有及四尺一寸赴官中賣。欲乞依定價權買四尺二寸或一寸牝馬，及十一歲以上，與牡馬相兼支遣。』從之，仍不充額。《續通鑑長編》：宋神宗元豐五年秋，鄜延路經略司言：『漢户及歸明界弓箭手自買馬，乞依蕃弓箭手例，每匹給撫養庫絹五匹爲賞。』從之。環慶路準此。《宋史長編》：神宗朝，提舉陝西買馬監牧司言：乞免簡發沙苑監捧日馬，留爲馬種。從之〔四五〕。

六年七月二十九日，知延州劉昌祚言：『乞量減監牧司年額馬數，增價買四尺四寸以上堪披甲馬，增置馬軍蕃落〔四六〕。』從之。

八月十一日，提舉經度制置牧馬司言：『已遣官往諸路選買牝牡馬上京〔四七〕，乞逐路專責監司一員提舉。』從之。令諸路差提點刑獄官〔四八〕，開封府界差提點官。

九月四日，上批：『提舉河東路保甲王崇拯建議，本路教騎人以十分爲率，從上取二分，依麟府路和市馬價〔四九〕，每匹官給錢二十五千，責令買及格馬，作五年買足。據見管人二分當得六千九百一十八匹，價錢十七萬二千九百五十緡。可支京東路元豐六年上半年鹽息錢，不足，即續支下半年錢付王崇拯〔五〇〕，月具買馬數以聞。其請給之際，官私人有分毫取與，並依在京河倉法。』

十月十八日，提舉陝西買馬司郭茂恂言，制置牧馬司於熙河路買牝牡馬，價高於本司所買年額。詔令提舉經度制置牧馬司裁減以聞〔五一〕。

七年五月二十二日，提舉京東保甲馬霍翔言：『買馬法無過八歲，及十五歲給公據斥賣。切以牡馬十歲方壯，牝馬十七歲猶生駒。乞許買十歲以上牡馬，十三歲以下牝馬，至十七歲以上，并許斥賣。買馬錢先以提舉司錢代支，民户均助錢，令隨役錢納。』從之，仍下京西路施行〔五二〕。

翔又言：『約京東路齊、淄、青、鄆、密、濰六州産馬最多〔五三〕，可減爲五年。濮、濟、兗、沂、徐、單、曹州、淮陽軍、南京産馬差少〔五四〕，可減爲七年。登、萊二州馬雖多，往往不及格，可依舊十年取足。』詔五年者展爲六年，七年者展爲八年。餘從之。

二十五日，提舉京西保馬司言：『本路養馬十五年數足，乞每都先買二十匹，限歲終足。許本司較量知佐能否，聞奏陞黜。』詔依元降年限，每年買及一分。六月十三日〔五五〕，知河南府韓絳言：『京西保馬，詔限十五年數足。今保馬司遍牒諸縣作二年半。京西地不産馬，民又貧乏，乞許於元限減五年。』詔提舉京西路保馬司遵守元降敕限。

六月九日，詔：『河東、鄜延、環慶路各發户馬二千匹，河東路可就給本路。鄜延路益以永興軍等路〔五六〕，環慶路益以秦鳳等路，其少數，即益以開封府界户馬〔五七〕。如尚少，内鄜延路仍益以京西路坊郭户馬。所發馬，官買者給元價。私買者分三等：上，三十千；中，二十五千；下，二十千。以解鹽司賣鹽錢、阜財監應副市易錢先借支。開封府界以左藏庫錢，餘以本路錢。專管勾官：開封府界委范峋，河東范純粹，秦鳳等路李察，永興軍等路葉康直。其買過户馬，限三年。』

七月五日，詔提舉陝西買馬官展二年磨勘。以有司言，歲買馬不及額也。

二十二日，上批：『昨尚書省議寬減京畿户馬，人遂有慢令之心。帳内但有馬數，因事調發，乃見其情。開封府界提點范峋及知開封縣李括所奏如可行，宜令兵部條具以聞。』兵部言：『峋奏户馬未買，或乘往别路未回，或有病未發。如當起發，即及一綱乃發。本部看詳：如乘往河東、陝西路者，乞就支。餘如峋請及如括言。馬已起發者，限三年買足〔五八〕。』從之。

二十三日，同管勾京西路保馬吕公雅言：『奉手詔〔五九〕：「聞本路保馬極苦難買。衆既爭市，價亦倍費〔六〇〕，至駑者不減百千。深恐本司近奏所買之數過多〔六一〕，民間未悉朝廷取効在遠之意，遂致如此。宜更消息考驗，但如元令，聊增其數可也。」臣今相度，當減每都之數。今約年終各以八匹爲限，及本路每都一分四匹。今界增倍〔六二〕，若歲買二分，八年可足。其僻縣展爲十年。』從之。

十二月九日，詔：陝西買馬，隸經制熙河蘭會路邊防財用司。

八年二月十三日，詔：開封府三路保甲所養官馬生駒，不赴官等量，私自市若藏買。并引領牙保及所轄人，各減盜及貿易官馬法一等；許人告，賞二十千。

哲宗元祐元年三月十六日，樞密院言：『三路保甲有借到人户私馬，並還其直。』從之。

五年七月九日，涇原路經略司言：『請自元祐三年五月以後根括違典買蕃部地土人與免罪。許以兩頃五十畝出刺弓箭手一人，買馬一匹〔六三〕。』從之。

紹聖元年十月二十一日，提舉陝西等路買馬公事陸師閔言：『請自今使蕃漢商人願以馬給券進賣者，於熙河、秦鳳路買馬場驗印，從逐場見價給券，給太僕寺畀其直。若券馬盛行，則買馬場可罷。』從之。

三年十一月七日，樞密院言：『鄜延、環慶路騎兵闕少。已降指揮，專委提舉買馬陸師閔每路要及萬匹以上。切慮將逐路正兵及漢蕃弓箭手見有馬數通及萬匹，兼經略司所買馬，各未有支配漢蕃人兵分數。』詔：陸師閔見馬外，逐路增買各及萬匹以上，并經略司所買馬權不限分數支填正兵有餘，即以次支配漢蕃弓箭手。

四年二月四日，詔：涇原、秦鳳路各特降度牒百道，提點熙河蘭岷等路漢蕃弓箭司回易見錢，支借蕃兵，收買戰馬。

六月十三日，樞密院言，熙河蘭岷路騎兵闕馬數多。詔：『專委提舉舉買馬陸師閔於年額外，更買三千匹〔六四〕。應副熙河蘭岷諸軍并漢蕃弓箭手，令防秋前數足。〔內〕弓箭手合自備馬之人〔六五〕，關經略司，依所買錢數，寬限催納元價，送還買馬司〔六六〕。』

元符元年五月十四日，詔太僕寺：『自今官馬到寺，四尺二寸以上，六歲以下，並送揀馬所。選訖，方許支使。』

二十九日，樞密院言，河東路買馬，科定州軍匹數，致令市户於別路倍錢收買。詔樞密直學士、河東路經略安撫使孫覽特降爲寶文閣（待）〔待〕制〔六七〕。

徽宗宣和二年十二月八日，樞密院言：『管勾茶司事兼提舉買馬監牧司宇文常奏：「勘會陝西買馬，自承聖訓，遵用元豐舊法，減省收買。去年八月至今年七月終，買到馬一萬一千六百四十一匹，減省錢一百六十六萬六千二百八十一貫二百文。」詔：「提舉買馬監牧司具合推賞官吏職位保明申，特差宇文常充提舉。」

三年十二月十八日，陝西安撫司奏：「準指揮，令本司計置良馬一萬匹。尋委陝西提舉茶馬官郭思計置數定。」詔：川陝買馬萬匹，郭思、張有極及官屬等陞職進官有差。以上《續國朝會要》。《宋史通略》：「大觀二年冬十月，詔：川茶數品，惟雅州名山，羌人所重。其以易馬，毋得他用。餘博糴。」《宋史・張若谷傳》：「若谷拜諫議大夫、知并州〔六八〕。先是，麟府歲以繒錦市蕃部馬，前守輒罷之。若谷以謂：互市，所以利戎落而通邊情，且中國得戰馬。亟罷之，則猜阻不安。奏復市如故，而馬入歲增。」《賈昌衡傳》：「瀘州邊夷蠻，故時守以武吏〔六九〕，昌衡請由東詮調選。蠻驅馬來市，官第其良駑爲二等，上者送秦州〔七〇〕，下者輒輕估直而抑買。昌衡請嚴禁之。」《東齋記事》：河東忠烈宣勇鄉兵結社買馬，以填廣鋭禁軍。陝西振武亦然。其後，宣毅、義勇官助其價，使買馬爲社〔七一〕，亦以外填廣鋭。

高宗建炎二年五月二日〔七二〕，臣僚言：「諸路人户家得養馬，不限數目。官司不得拘籍，仍不許差借和顧之類。俟其畜養之久，孳生漸盛，聽於所在官司投賣，即日優還價直〔七三〕。」從之。

紹興元年七月九日，樞密院言，廣西經略司乞支本路逐年未起無額上供錢，應副買馬。詔：令廣南西路轉運司於建炎三年、四年未起有額無額上供錢内，疾速支撥應副，通前共不得過十萬貫。如逐項年額錢已有起在路之數，卻於紹興元年分合起上供錢内按數貼撥。

二年六月四日，廣西經略安撫司言：「得旨，於韶州未起内藏庫錢内就便樁撥三十萬貫，作六料付本司措置收買四尺二寸以上堪好戰馬。近年以來，馬價踴貴〔七四〕，比年時已過四五倍。承平之時，修立馬價，即與今日不同。乞於逐等元立價上，從本司酌度，隨目今時價，量添錢數收買。」從之。

七月五日，詔：令禮部支降廣西度牒五百道，及本路出産鹽七十萬斤，付本路帥臣。許中限一月措置變賣，先次收買戰馬一千匹。交付新本路提舉茶鹽、權樞密院計議官范伯思，押付行在樞密院送納。如限内措置不足，即將本路見存官馬均那起發，續將所買馬數以次撥還。如用外尚有錢數，即續次收買，差官起發。上件馬並係御前要用，諸處不得截攔。

九日，神武右軍都部統制張俊言：『得旨，令本軍差人前去廣西取馬一百匹赴本軍。欲因便令逐官自備錢，令所差去人於廣西産馬去處，收買戰馬一百五十匹。乞依所取馬一百匹例，每日支破十分草料，應副沿路養餵，仍乞行下本路照會。』詔依。仰張俊丁寧誡約差去官兵：到彼及在路，不許搔擾生事。

三年正月二十六日，詔：『邕州置買馬司，收買高及四尺二寸以上，口齒四歲以上、八歲以下堪披帶戰馬。並經由邕州邊界出入，及用邕州寨官并効用説諭收買。今後委本州知州專管。每買一百匹，發赴桂州經略司交割。仍每綱須要上等馬十匹，桂州經略司專一提舉收買。發到馬數，委帥臣看驗。堪充披帶戰馬，即行交收。如有不依條法，並行退還，令變轉別買。今來買馬雖已立定格尺、價錢，仰買馬官子細相視。雖稍有不及格尺而闊壯堪披帶，許量添收買，亦須及四尺一寸以上，仍於綱界狀内分明開説。如有未盡未便，委廣西帥司速具條畫，申請施行。』以樞密院言，廣西收買戰馬多是不依格尺，記號不明，或老或怯，不堪披帶。故有是命。

二月五日，詔：『廣南西路置提舉買馬官一員，以提舉廣南西路買馬爲名，於邕州置司。請給、序官、薦舉、人從等，並依本路提舉茶鹽官條例。并置屬官武臣一員，以本路買馬司幹辦公事爲名，自邕州至行在，往來催促綱馬驛程等。請給、序官、人從等，並依提舉茶鹽司條例。所差官，並令三省、樞密院選擇，取旨。其經略司所差屬官，只依舊提舉峒丁〔七五〕。其措置收買戰馬指揮，更不施行。餘依近降指揮，令所差官遵守。如有相妨及更有合行事件，條具申樞密院。』以臣僚言：『望明詔有司：於邕州置買馬司，差有風力臣僚一員充提舉官，收買綱馬。本路帥臣不得干預。所有起綱發馬等事，乞命有司採訪秦鳳路茶馬司條法，參照施行。』故有是命。是月二十四日，詔令提舉廣南西路買馬於賓州置司，仍從本司踏逐有心力文臣，奏辟一次。至紹興四年二月十八日，提舉廣南西路買馬李預言：『乞依舊於邕州置司。本司招馬官二員，乞依舊從本司奏辟溪峒諳曉蠻情人充。應横山寨并溪峒官，並依舊兼管本司招馬，仍帶銜上件官。如係經略司辟闕，即乞下經略司，令臣同銜奏辟。』從之。

八日，樞密院言：『已創置廣南西路提舉買馬官，邕州置司。未有每歲立定支降買馬本錢。』詔：『令買馬司每年取撥廣西路上供錢七萬餘貫，提刑司封樁錢一十萬貫，韶州年額鑄發内藏庫錢一十萬貫。仍自紹興三年爲始，逐月具已撥到及已、未支使帳狀聞奏，并申樞密院。』其後十一月二十一日，詔取撥提刑司封樁錢一十萬貫，更不施行。

十五日，樞密院言：『廣南西路邕州效用蒙賜進狀：「伏見逐年蕃蠻將馬至横山寨貨賣，監官將鹽綵絁絹高增價錢準折，蠻人好馬，不願博賣。乞行下買馬司常切覺察。逐時收補白身效用妄招馬爲名，請出官錢，私作經營。乞行下買馬司，出榜招置有功土人，充本司效用名籍，輪差入界。如招馬及數，即優與推賞。蕃蠻將馬至横山寨貨賣，被峒官并店户等人衆私與蠻人交易。欲行下買馬司，遍下諸州寨約束。如有馬月分，令經過地分預先申聞，令買馬司盡數收買。乞行下買馬司，出榜曉諭，如諸色人有馬赴官中賣，即時支還價錢。及勸誘窮乏之人，小販鹽綵入界，就蠻人博易，若及兩匹至三匹，即許逐旋赴官中賣。左右兩江知州、知峒已次首領，每員自好馬五匹至十匹。乞行下本路及邕州安撫司，踏逐土官二人充幹辦官，輪番經由左右兩江三十六溪峒勸諭知州、知峒及已次首領，將馬中賣入官，量行支給價錢。』詔：劄與提舉廣南西路買馬司。

二十六日，提舉廣南西路買馬李預言：『買馬價錢，乞於廣西欽州鹽倉就支撥鹽一百萬斤，應副博易。』詔依。其買鹽本錢，(今)〔令〕本路提舉茶鹽司於應干上供錢内劃刷撥還。

三月十七日，樞密院言：『廣南西路經略司得旨：委官去邕州横山寨收買戰馬。其間有出格馬錢數倍多，若衮合解發，支付軍下，竊慮無以分别。已措置，如有格尺高大，稍堪調習，可充御前使用，即揀選，付本司委官專一養餵。類聚成數，别差官管押交納。』詔依。内價錢倍多，買到出格堪好馬，逐旋差得力官兵，管押前來樞密院送納。

四月二十三日，詔：『邕州進士昌慤陳獻廣南西路買馬利便可採，特與忠州文學〔七六〕，差充廣南西路買馬司准備差使。』以慤言：『伏見大理國管下善闡府有僞呼知府姓高者，稍習文典，粗識禮儀。前提舉峒丁李棫差效用賫牒諭買戰馬〔七七〕，即時繳申本國國王，令備戰馬一千匹，應副朝廷。先備馬様五十匹，差人呈納。若是中用，請差人使接引上件馬一千匹。差蕃官張羅堅管押，隨效用至横山寨。時李棫減罷，只令買馬官支還價錢，管押張羅堅〔七八〕，遣還本國。乞指揮買馬司選差使臣效用有智術之人，入大理國善闡府，重宣朝廷恩信，説諭接引前件馬一千匹。如蕃蠻能備戰馬三百匹赴官中賣者，賜與錦袍一領，銀帶一條。仍令效用遍諭諸蠻，各令通知。由此，蠻情慕賞，有不待其招而自來者。遞年蕃馬之來，其間有出格馬，厥直太高，蠻人不肯一概售之，有司亦不敢違格收買。溪峒主將或有力之人，搭價交易。乞指揮買馬司，如有出格馬，並依溪峒兩平價數收買，不可循其舊例。西南諸蕃并大理國，分遣效用遍諭買馬，不可無(弊)〔幣〕帛以將其厚意。乞下買馬司相度，每去一蕃，約用彩帛幾段，以爲人信，用提舉官銜位封題，付與效用使臣前去。所貴外蕃見得朝廷禮厚，欽奉其賜，愈加忻慕，則盡招馬之術。自來官司差人入蠻幹辦，須賫鹽綵，結託開路，方得前去。伏覩大觀買馬格，每招馬一百匹，支鹽一二百斤，綵一十疋與招馬人，充入蠻開路結託人信。乞指揮買馬司，如差效用入蠻招馬，許借官錢，充買鹽綵。俟招到馬數，乞依大觀買馬格銷破折會。』詔：劄與〔提〕舉廣南西路買馬〔司〕條劃措置，〔由〕〔申〕樞密院。

八月二十七日，進義副尉、前權廣西路邕州靖遠寨知寨黄迥言：『竊見蕃蠻將馬中賣，其買馬官除支官錢收買數盡，諸州般運錢、鹽未到，無錢可支。蠻人尚有數中賣，官司買之未盡，各依舊牽控，退回巢〔穴〕〔穴〕，咸有怨嗟之言。乞自今後許本寨脚店户百姓及溪峒官典、頭首有力之家，將錢物明赴官，專差編攔使臣一員監覷，就蕃蠻博買。各將之寨，等量呈驗，置簿書，具色樣，記其尺格，依舊給付買馬人餵養。俟官中般運錢、鹽、綵帛到庫，即依簿内姓名、馬樣，令各牽赴官，重行等量，印賣入官，依格更給價錢。官私兩便，亦不失遠人懷慕遠來之意。』詔令提舉廣南西路買馬司相度，申樞密院。又言：『朝廷舊法，於本路邕州横山寨招買特磨道等蕃馬。元立定等格，自四尺一寸至四尺七寸，逐等各立定價錢收買。只應副本路州軍馬軍調習，備邊緩急之用，竊見蕃蠻巢〔穴〕〔穴〕有出等高馬，官司未曾增錢破格收買。乞於格外自四尺六寸以上，五尺以下高等闊壯，齒嫩大馬，增立格價，下措置買馬司官，差招馬官前去羅殿國等處蕃蠻別行招誘，赴官收買。』詔：令廣西提舉買馬官李預措置〔七九〕。多方説諭蠻人，如有牽到出格好馬闊壯、口齒嫩者，許於見立格令價直外，更增添價收買，仍具已措置事狀聞奏。

十月十三日，〔廣西撫諭〕〔廣南宣諭〕明槖言大理國欲進奉及賣馬事〔八〇〕。上曰：『令賣馬可也，進奉可勿許。安可利其虚名而勞民乎？但令帥臣邊將償其馬直當價，則馬當繼至。庶可增諸將騎兵，不爲無益也。』

十一月二十一日，提舉廣南西路買馬李預言：『提刑司言，除無封樁錢外，有見在贍學、經制等錢。望下提刑司照會，如無封樁錢，即於贍學、經制錢（逐）〔遂〕給支撥應副。』詔依。許於本路贍學、經制錢内通融，取撥一十萬貫，通其餘見在窠名計五十一萬貫，並應副買馬支用。

二十五日，李預又言：『本司買發戰馬，得旨，不許他處收買。今來竊慮行在諸軍有畫到指揮前來買馬，並即與本司相妨，致蕃蠻增長價直，枉費官錢，兼恐别致爭競。欲應諸軍有畫降到聖旨指揮前來本路買馬，並從本司一處收買撥付，庶得不致生事。』又言：『本司馬綱，全藉逐州應副官兵起發。本司於兵馬不係管轄，竊恐所差押馬官兵州郡别有推托，不肯即時刷那應副，致馬綱留滯。望下本路照會，如州郡承本司差押馬官公文，即仰疾速差撥，不得别有推托占留。如違，並從本司奏劾。』並從之。

二十六日，李預又言：『本司所買馬，全藉沿邊州郡協力收買。今來除邕州知州已得旨專管買馬外，有賓、横、宜、觀等四州，並係接連外界，可以招誘收買。欲令賓、横、宜、觀等四州並依邕州例，專管買發戰馬，庶得及時分頭責辦。』從之。

四年正月十五日，李預又言：『得旨，募土人招誘買馬及三百匹，補守闕進義副尉。每三百匹，轉一官資。今來措置，如能招到出格馴熟良馬，即乞不限招及三百匹之數，許令據所招到數逐旋計綱，差所招人同部押官管押赴行在交納，保明格外推賞。』詔立定：今後招誘買及一百匹，各高四尺六寸以上、八歲以下，闊壯無疾、馴熟堪披帶馬，就差同部押官管押前來。在路無遺闕，倒斃不及一分，與依前項招買及三百匹指揮推恩。

二月十八日，樞密院言：『提舉廣南西路買馬李預請：（令）〔今〕來置司之初，全藉州郡協力應副，而廣右官吏自來弛慢。乞應緣買馬事務差官幹當，行移文字，取撥錢物，并差發押馬官兵，州軍輒違慢，乞朝廷施行。所貴上下協力，不敢稽緩失事。』從之。

十九日，李預言：『昨支降欽州鹽一百萬斤，止是取撥一次，未有每年許支撥定額。蓋蕃蠻要鹽，如川陝用茶，止是博易之物。每年許令依已降指揮，取撥鹽一百萬斤，可以當錢七萬餘貫。』從之。

二月二十五日，廣南東西路宣諭明橐言：『前廣西提舉買馬李棫差効用韋玉等十二人，厚賫鹽綵入外國，計置買馬。雖一時逐急措置，然於邊防未見其便。講究買馬之術，其説有七：不惜多與馬價，一也；厚其繒綵、鹽貨之本，二也；待以恩禮，三也；要約分明，四也；禁止官吏虧損侵欺，五也；信賞必罰，以督官吏，六也；馬悉歸於朝廷，而後付於將帥，七也。七説若行，西南諸國所産可以畢至。今來遣人深入蠻國招誘，小必失陷官物，大必引(懸)〔惹〕邊隙。欲行下廣西提刑司，根究諸司鹽剩利錢去著[八二]，應副買馬。仍乞令提舉買馬司照應臣前件七説，不須差人計置招誘，自足辦集。』詔令提舉廣南西路買馬司疾速相度聞奏。其諸司鹽剩利錢，仰本司提刑司劄刷，具數申樞密院。

五年正月三日，詔以廣西買馬司起發到馬不堪披帶，提舉李預特降兩官。本司買馬官武翼郎、右江都巡檢蘇述，進武校尉、邕州横山知寨徐大烈，承節郎、横山寨兵馬兼押李循，并招馬官忠翊郎黄光旼，(康)〔秉〕義郎黄洎，各特降一官資。

六年二月二十八日，川陝宣撫副使邵溥言：『乞免於威、茂州、永康軍置場買馬。所貴不致引惹邊事。』從之。先得旨，於三處買馬。以提舉買馬趙開言稍近後蕃，不欲開廣道路，令人馬通行。至是上言。

三月四日，宰臣趙鼎論廣西買馬司空有所費而實無補，欲相度，止令邕州知州專領，留屬官一員主管錢物。上曰：『朕於諸事，每思慮必盡。昨計併餘杭監牧，一歲支費無慮二萬緡，自可收買戰馬百五十匹。卿等更議之。』

三月七日，樞密院言：『右承議郎范直清充提舉廣西路買馬，拱衛大夫、惠州防禦使劉遠知邕州。其本路買馬事件，合行同共措置。』詔：令范直清、劉遠公共協力，措置收買堪好戰馬，計綱起發赴行在。又詔：知靜江府胡舜陟同共措置收買。

五月二十三日，提舉廣南西路買馬司言：『富州儂内州儂郎宏報，大理國有馬一千餘匹，隨馬六千餘人〔八二〕，象三頭，見在儂内州，欲進發前來。本司已帖招馬官知田州黄泪遣人前去説諭〔八三〕，今春買馬已足，别無買馬錢物在寨。』詔令廣西帥臣更切相度，無他意，即令提舉買馬官多方措置收買，預令差人體探。如委詣實，可令婉順説諭，據合用牽馬人數隨逐前來。或令節次入界中賣，依例支給價錢，不得阻節。仍令帥司密切旨揮經由沿邊供職官等，至時暗作隄備，不許張皇，引惹生事。具已措置施行狀聞奏。

六月四日，廣西路經略司言：『招馬效用譚昂去大理國招馬，經及八年。至去年九月，内滿甘國王差摩訶菩俄托桑一行人齎機密文字與大理國王，具章表匣内，差王與誠、楊賢明等管押象一頭、馬五百匹，隨昂前來。見在儂内佐部州駐劄，令昂先次齎牒申報。乞將上項所稱進奉〔象〕〔馬〕，依自來體例，等量估定價直，優與分數，用火印訖，籍記毛齒、格尺，關申提舉買馬司，依所定價支錢物酬荅。揀選合格馬，别作一項計綱起發。其起發過數，與準年額全買之數。』從之。其後，翰林學士朱震言：『今日干戈未息，戰馬爲急，桂林招買，勢不可輟。然而所可慮者，夷人熟知險易，商賈囊槖爲姦〔八四〕。願密諭廣南西路帥臣，凡是買馬去處，並擇謹願可信之士〔八五〕，勿遣輕猥生事之人。務使羈縻勿絶，邊疆安静而已。異時西北路通，則漸減廣西買馬之數，庶幾消患於未然。』詔：劄下廣西帥臣、提點買馬官常切幾察，不得因此致生邊患。

八月二十七日，知瀘州何慤言：『西南夷每歲之秋，夷人以馬請互市，則開場博易，厚以金繒，蓋餌之以利庸，示羈縻之術，意宏遠矣。管内叙州置場之始也，條法具存，閲時既久，本司弗虔，其弊滋甚。故互市歲馬，虧損常直，沮格揀退，減落元數，致馬不得售，則或委棄殺食而去。深恐因緣積忿，邊隙寖開，可不爲之慮？望申敕有司，悉循舊規，革去宿弊〔八六〕。』從之。

十一月二十七日，提舉廣西路買馬司言：『本司招馬官黄光旼發過馬共三千五百匹，皆是自備鹽綵充信招到，（各）未曾霑受恩賞。』詔黄光旼與轉一官。

七年閏十月五日〔八七〕，詔：『川陝茶當專以博馬〔八八〕。聞吴璘軍前尚或以博馬價珠及紅髮之類〔八九〕。艱難之際，戰馬爲急，可劄下約束。』十一月九日，髮又（喻）〔諭〕吴玠，以茶博易珠玉、紅髮毛段之物，悉痛禁之。

十一月十八日，詔：廣南西路經略安撫使胡舜陟特轉一官。以樞密院言：本司買發紹興十年分綱馬數額，故有是命〔九〇〕。

十年四月二十八日，樞密院言：『陝西買馬舊法，主管馬事官：階、岷、鞏州、德順軍長吏、通判，熙、秦州通判專切提舉。今來創行之初，理宜措置。』詔：熙州專差帥司提舉買馬。

十二年四月五日，詔：『廣西路經略安撫使胡舜陟，提點買馬、降授武顯大夫、吉州防禦使、權發遣邕州（愈）〔俞〕儋，措置支撥錢物、左（孺）〔儒〕林郎、準備差遣、權幹辦公事賈叔願，招馬官：保義郎黄汴，守闕進義副尉黄述，降授敦武郎、提舉右江都巡檢使蘇述，降授從義郎、横山知寨王仲，降授承信郎、横山寨兵馬監押李肇，各特與轉一官。點檢起發綱馬、右承奉郎、幹辦公事王次張，右從事郎、書寫機宜文字胡仔，右從（郎）〔事〕郎、幹辦公事趙伯梩，右迪功郎、監經撫犒賞庫收支買馬錢物宋許，各減二年磨勘；內選人比類施行。招馬官四員，内忠翊郎農案存，承信郎農意，各招馬不及五百五十匹，更不推恩。』以舜陟言歲額買馬一千五百匹，所有紹興十一年共買發二千四百五十四，其一行官員有勞。故有是命。

十五年十月十八日，通判黎州張松兑轉一官。以任内市馬及額故也。

十八年十月二十三日，都大提舉茶馬司言：『乞將利州錢帛庫監官窠闕，移就成都府專一管幹出納買馬錢物，從本司奏辟。』從之。

二十一年八月十二日，詔：西和州管下宕昌馬場，添買馬官一員。從本路諸司請也。

二十六年九月二十八日，權發遣文州魯安仁言：『文州每歲所收綱馬，多不敷元額。其弊在所屬發茶綱沿路稽緩，遂致貨馬人户守待，動經旬月，皆憚其來。乞下所屬，令專遣官屬催督茶綱，經由道路，每遇往來，不得時刻稽遲，庶免留滯人户，便於博馬。』

二十九年七月二十一日，樞密院言：『殿前司，馬、步司，輪差兵官往（與）〔興〕元府馬務取押綱馬。緣所買九歲、十歲馬到行在養餵得成，已是齒歲過大，不堪披帶。乞下茶馬司督責買馬官，收買八歲以下、齒嫩及格尺堪披帶好馬，團綱起發。』詔：令茶馬司相度。如可行收買，即依所申施行。

三十年八月四日，詔：『訪聞廣西經略司所買歲額馬，緣格尺拘礙，今歲約回四千餘匹。可令本路帥司措置，來歲據蠻人牽到馬並與收買。仍差諳曉鞍馬屬官一員，就地頭相度，收買闊壯齒嫩堪披帶馬，更不限格尺。(侯)〔候〕買一年，別取朝廷指揮。除依年例分送諸軍外，其餘並發赴行在。』

三十一年三月九日，詔令茶馬司嚴切約束諸場官吏，今後買馬，須管盡還償直，即時支付，不得減尅積壓，及不得虛用文券折當。如有違戾，按劾聞奏。仍多方請諭蕃夷，每將齒嫩堪披帶馬中賣，先次開具見今買馬則例，申樞密院。以上《中興會要》。

《嶺外代荅》云：『自元豐間廣西帥司已置幹辦公事一員於邕州，專切提舉左右江峒丁、同措置買馬。紹興三年，置提舉買馬司於邕。六年，令帥臣兼領。今邕州守臣提點買馬〔九一〕，經幹一員，置廨於邕者不廢也，實掌買馬之財。其下則有右江二提舉：東提舉掌等量蠻馬，兼收買馬印；西提舉掌入蠻界招馬。有同巡檢一員，亦駐劄横山寨，候安撫上邊，則率甲兵先往境上警護。諸蕃入界，有知寨、主簿、都監三員，同主管買馬錢物。產馬之國曰大理、自杞、特磨、羅殿、毗那、羅孔、謝蕃、滕蕃等〔九二〕，每冬以馬叩邊。買馬司先遣招馬官賫錦繒賜之。馬將入境，西提舉出境招之〔九三〕，同巡檢率甲士往境上護之。既入境，自四城州行六日至横山寨，邕守與經幹盛備以往，與之互市。蠻幕樵門而坐，不與蠻接也。東提舉乃與蠻(酉)〔酋〕坐於庭上，羣蠻與吾兵校博易〔九四〕，等量於庭下。朝廷歲撥本路上供錢、經制錢、鹽鈔錢及廉州石康鹽、成都府錦，付經略司，爲市馬之費。經司以諸色錢買銀及回易他州金錦綵帛，盡往博易。以馬之高下，視銀之重輕。鹽錦綵繒，以銀定價。歲額一千五百疋，分爲三十綱赴行在所。紹興二十七年，令馬綱分往江上諸軍〔九五〕，後乞添綱。今元額立外〔九六〕，凡添買三十一綱，蓋買三千五百疋矣。此外，又擇其權奇以入内廐，不下十綱。馬政之要，大略見此。

馬產於大理國，大理國去宜州十五程爾〔九七〕。中有險阻，不得而通。故自杞、羅殿，皆販馬於大理，而轉賣於我者也。羅殿甚邇於邕，自杞實隔遠焉。自杞之人強悍，歲常以馬假道于羅殿而來。羅殿難之，故數致爭。然自杞雖遠於邕，而乃邇於宜，特隔南丹州而已。紹興三十一年，自杞與羅殿有爭，乃由南丹徑驅馬，直抵宜州城下。宜人峻拒，不去。帥司爲之量買三綱，與之約曰：『後不許此來。』自是有獻言于朝，宜州買馬良便，下廣西帥臣議，前後帥臣皆以宜州近内地不便。本朝（堤）〔提〕防外夷之意，可爲密矣。高麗一水，可至登、萊，必令自明州入貢者，非故迂之也，政不欲近耳。今邕州横山買馬，諸蠻遠來，入吾境内，見吾邊面闊遠，羈縻州數十，爲國藩蔽，峒丁之强，足以禦侮。而横山夐然，遠在邕城七程之外，置寨立關，傍引左右江諸寨丁兵，會合彈壓，買馬官親帶甲士以臨之，然後與之爲市。其形勢固如此。今宜州之境，虎頭關也，距宜城不三百里〔九八〕，一過虎關，險阻九十里，不可以放牧。過此，即是天河縣平易之地，已逼宜城矣〔九九〕。此其可哉！』

《名臣言行録》云：『當時買馬路久未通，吴璘首開之。貿以茶綵，撫以恩信，招致小部族首領四十二，國馬通行而人賴之〔一〇〇〕。』《邕州志》云：『紹興五年指揮，每歲正額一千四百疋，以十分爲率。建康、鎮江、鄂州每處三分，（各）〔合〕九，池州一分三綱，隆興元年指揮，於買到綱馬數内選出格良馬，每三十疋爲一綱，押赴行在，投進十綱。二年指揮，於歲額外收買六綱，發赴襄陽府。乾道元年指揮，於歲額外更買二綱，應副建康府。三年指揮，於歲額外更買二綱，應副鎮江府。五年指揮，於歲額外更買一綱，應副池州。又當年指揮，於歲額外收買三十綱〔一〇一〕，赴行在。』

紹興三十二年十二月二十四日，孝宗即位，未改元。詔：『廣西買馬，係撥定本路上供錢七萬貫，經制、贍學錢五萬貫，靜江府買鈔錢八萬貫，及每年撥定錦二百疋，鹽二十萬斤。令經略安撫司取撥，裒同應副支使。又廣西收買戰馬一千五百匹爲額，並要四尺二寸以上、八歲以下闊壯堪披帶馬數。其買馬，係横山寨收買，價直畫時支給。昨來已將提舉買馬司官吏添置幹辦官並罷，令本路帥臣兼提舉，邕州知州兼提點，及幹辦公事一員，於邕州置廨宇。仰廣西南路經略安撫司依見行條法，常切檢察。有違法處，具當職官吏姓名，申取朝廷指揮施行。』以士庶封事言：『市馬之弊，每與蕃蠻博易，則支與鋌銀，或要器皿，以鋌銀打造。今者多集銀匠，以鋌銀鉟銷，夾入赤銅。元法：每鹽一籮計一百五斤，算銀五兩，折與蕃蠻。今則以二蘿分作三蘿，折銀壹拾伍兩。元每馬四尺一寸，算銀三十六兩，每高一寸，加一十兩。今市馬作兩樣赤度等量。舊每銀一兩，折錢二貫文足。唯（時）〔特〕磨不曉銀價低昂，只取見錢，以高補低。是以每歲有出剩之數，暗將入己。馬口齒在六七八歲，方可收買。今來逐官計囑獸醫，有騎退老馬，即印過支銀，馬場官吏作弊，遂別差經幹一員兼提舉。逐司公吏取善織水紬，又買典没舊錦，支與蕃蠻。』故有是詔。

孝宗隆興元年二月十三日，都督江淮軍馬張浚言：『朝廷每歲於川廣收買戰馬，計綱起發，每匹不下三四百千。近措置於兩淮買到戰馬七十四，每匹通不過二百千，非惟價例差小，且無道塗例斃之患。緣所管錢物不多。』詔：令買到馬，總領所逐旋支給價錢。

四月二十三日，詔：管幹御前馬院蔣宗和，差同措置廣西收買御前馬。

六月二十四日，詔：『廣西經略司每歲買發戰馬三十綱，合一千五百匹。買馬官吏溢額，並與推賞。所有蠻人販到馬雖不及四尺一寸，如委是強壯，可以披帶，許額外買發。價錢就提舉茶鹽司賣鈔錢及提刑司經總制錢内截撥。』從知静江府方滋之請也。

同日，知静江府方滋言：『得旨，條具白劄子陳請廣西買馬利害事。契勘廣西先置提舉官一員，措置買馬事務。廢罷今已近三十年，只就邕州置買馬司，令知州兼領。又差經略司幹辦公事一員，兼提舉買馬。帥臣總提其事，經久已是利便。今來白劄子乞依舊復置，竊恐復置一司，官吏費用不貲。乞候到任，如見得在任之人不堪任職，亦許依舊制舉辟施行。廣西買發綱馬，多是西南諸蕃羅殿、自杞諸國蠻，將馬前來邕州横山寨，兩平等量，議定價直。從蠻人所願，或用綵帛，或用鹽銀等物，依彼處市價博易。其合破買馬錢，係朝廷分撥本路逐州合起上供錢物截撥，赴經略司應副支用。今來白劄子乞支撥度牒、紫衣、師號，召人入馬，竊慮臨時發泄不行，有誤指準買馬。欲乞量行給降度牒一百道、紫衣師號各五十道，如變轉得行，即接續申乞支降。』從之。

二十九日，詔：差殿前司統制湯尚之前去四川等處買馬。其合用錢，令四川總領所取撥銀二萬兩，絹五千疋，錢引一十萬貫，專充買馬使用。

十月二十六日，都督江淮軍馬、魏國公張浚言：『近措置兩淮諸州所買户馬合用價錢。據諸州發解到馬，内多有堪乘騎出戰及壯實可充駝負馬，等第支給價錢，乞令總領所支還。』從之。

十一月七日，詔：都督府準備統制李澤特轉一官。以樞密〔院〕言：澤措置買馬，首先買到五十八匹，欲示鼓勵故也。

十七日，樞密院言：『南平軍買馬，權行立定額數。如知、通每歲買及四百匹，與減半年磨勘；及五百匹，減一年磨勘。不及四百匹，展半年磨勘。如每歲買到及額馬數，須管子細開具格赤、齒歲，及團發往是何去處交納，保奏推賞。』從之。

二十七日，都大茶馬司言：『得旨，令本司於今年額外添買馬二十六綱，應副江淮宣撫使司創添神勁武騎等支用。契勘夔路管下珍州，係與南平軍接連界分。本州夷人多出好馬，緣爲未曾置場，遞年止是見任官、形勢户私買。今相度，欲乞行下珍州，委自知、通措置，收買三綱，應副趁辦起綱。』詔依。須管收買及格赤、齒嫩堪好馬數團綱，毋致將齒老、低矮、怯薄馬夾帶在内起發。

二年正月二十四日，湖北京西路制置使虞允文言：『被旨，收買戰馬。承朝廷支降（恭）〔茶〕引十萬貫、度牒三百道。緣本路總領所茶引前後請降數目至多，見今發泄不行，望改給淮鈔或乞併支度牒，庶幾易爲變賣。』詔於已降茶引十萬貫内，將一半紐計，改降度牒一百六十道，差小使臣一員管押前去交付。其餘一半茶引，令本司多方招誘出賣，專充應副買馬支用。

二月二日，詔：『廣西買馬官於歲額外買到溢額馬及二百匹，招買官各通減一年磨勘。四百匹，減二年；六百匹，減三年；八百匹，減四年磨勘。一千匹，轉一官。每買及二百匹，更增減一年磨勘。如買不及一千五百匹，各展一年磨勘。或有文臣，比折施行。其招馬効用，每人依招買及三百匹與轉一資，依八資法轉補，至承信郎止。仍差招馬官不得過兩員〔一〇二〕，招馬効用不得過二十名。内如買到四赤以上、不及四赤二寸，計數攢申，訴（許？）以溢額。每三百匹，當溢額及格赤二百匹之數。令廣西經略司，今後遇有保明上件綱馬酬獎，須管分明問具若干及格赤，若干不及格赤，團發起綱數目，逐一具發往是何去處，并招買官、効用職位、姓名，及（校）〔效〕用每名下招買到馬數，保奏推賞施行。即不得依前泛濫違戾，及不得於招買官、効用額外，別有妄亂攙雜他官申明乞賞。』以權發遣靜江府余良弼言，方滋所條具買馬推恩等事，未能一一曲當，故有是詔。

五月二十七日，鎮江府駐劄御前諸軍都統制劉寶言：『昨於兩淮州縣刷買户馬四千五百一十二匹，乞於内存留堪好馬一千七百匹外，將不堪披帶馬發往元科州縣，給還人户。内已支價錢，令拘收發付總領所。』詔依。仍令兩總領所措置，分送諸州出賣。

六月一日，主管殿前〔司〕公事王琪言：『本司隆興二年分合得馬七十一綱。已差統領官孟慶孫前去宕昌等處，同共監視買發。望令孟慶孫依向昌務已得指揮，與買馬官具買到馬數并支過茶帛等數，同銜申樞密院。』從之。檢準紹興三十年殿前司差向昌務前去宕昌監視買馬，有旨，令與買馬官具買馬數，同銜申樞密院故也。

八月七日，廣南西路經略、提刑司言：『邕州提點買馬司每年買馬，以金銀等與蠻人從便折博。自知邕州、武德郎光盛到任，不依舊例，虧尅蕃蠻，致令歲不肯將馬前來中賣。契勘紹興十六年買馬二千三百四十匹，支過金銀等，係酌中數目，與蠻人折博，不相虧損。乞只用紹興十六年則例，委是經久利便。』從之。

十一月十六日，詔：令階文龍州經略使兼沿邊屯駐軍馬吳挺買馬，發御前披帶闊壯馬一千五百匹。所有價錢，令四川總領所先次應副，兑使銀絹三萬匹、兩，候買足日，具出豁限帳，申尚書省，御前依數支降。中書門下省奏：『四川總領所見有樁管契稅錢四百餘萬貫，理合就便支撥。』有旨，令四川總領所於見樁管上件錢內扣數兑使應副，餘依已降旨揮，候支降到撥還數目，卻令左藏南庫樁管。

乾道元年正月七日，詔：茶馬司買發隆興元年、二年分馬〔一〇三〕，西馬，比之遞年虧損數多，顯屬不職。令具析因依聞奏。

六月二十一日，建康府駐劄御前諸軍都統制劉源言，諸軍見管戰馬大段數少。詔令茶馬司、經略司於每歲額外各收買二綱應副。

二十九日，樞密院言：『勘會四川宣撫使吳璘赴行在奏事，將帶馬二千匹前來。詔令吳璘措置，自行收買，補填元起馬數。其合用博買錢物，令四川總領所應副。』

二年二月八日，宰執進呈廬州進士劉惟肖獻利便事十件，上曰：『第八件止絕停留買馬之人，朝廷可劄下帥司，申嚴約束，庶幾免得生事。』

三年二月八日，大理少卿陳彌作言：『四川茶馬司每年合起江上諸軍馬八十綱，并行在殿前，馬、步三司馬七十一綱，宣撫司二分馬七百二十四，總計一百五十一綱零七百二十匹。稽考得有拖欠未起隆興元年江上諸軍馬九十三綱，并三司西馬五十五綱，并隆興二年、乾道元年分宣撫司二分馬六百二匹，係累政收買，不敷年額。緣蕃蠻中馬有限，僅能敷足本年之數。竊恐前後循習，徒有掛欠。乞特賜蠲放，仍令茶馬司從乾道二年爲頭，須管買足一年歲額。所有日前年分未買馬，已收簇儹那到錢，展計錢引四十四萬餘道，令項樁管，專充還前項累政欠買馬價之數。望行下茶馬司并三衙諸軍，遵守施行。』從之。

六月五日，樞密院言：『勘會茶馬司近來起發西馬，例皆低小瘦瘠。』令茶馬司今後須管收買及格赤、齒嫩、堪披帶馬，仍不得虧損歲額。

七月二十四日，詔令淮東西路安撫司行下沿邊州軍，嚴切立賞，禁止私渡買馬。人如有違犯，具姓名取旨，重作施行。

十一月二十一日，四川宣撫使虞允文言：『依年額收買朝廷馬數足日，欲收買額外馬三二千匹，庶幾三都統〔制〕下馬政復修，可以爲戰守之備。所有買馬本錢，望更給降度牒四五百道，逐旋變賣錢物支用。』詔：爲係買戰馬，可特依，給降度牒三百道。

十二月十八日，鎮江府駐劄御前諸軍都統制王友直言：『本司諸軍戰馬昨自虜人侵犯之後，累經戰陣，委是闕少。』詔令茶馬司、廣西經略司於每歲額外各收買二綱應副。

四年二月十四日，提舉茶馬監牧公事張松言：『見措置，將宕昌馬場買到馬赤寸，於馬項下印烙引賣人姓字火印，排綱起發。若將來到行在内有短寸匹數，及齒歲不同，乞看驗火印姓字降下，責憑根究，追理短寸虧官價錢。』從之。

三月二十二日，户部言：『茶馬司申，宕昌、峰貼峽買馬以前立定賞罰，止是該説順政、長舉兩縣收發茶數外，餘將利、福津兩縣不係茶運經過地，所以未有賞罰。今來本司自紹興初運茶博馬，係於西和州管下宕昌寨、階州管下峰貼峽置場，其茶運卻從興州置口以去擺鋪運發，係經由興州順政、長舉縣，階州將利、福津縣，前去臨江茶場交納，應副博馬支用。其逐縣知縣，若不申明一例立定賞罰，竊慮無以激勸。乞參照政和三年六月七日旨揮，推行榷茶賞罰行下，庶幾有以責辦。本部尋下都茶場指定。今勘當，欲依指定到事理施行。』從之。時，户部下都茶場指定檢準政和三年六月七日旨揮：『户部狀：「都大榷茶司申：乞應成都府排岸司，興州長舉縣裝卸庫，鳳州轉般庫監官，綿州巴西，利州昭化、三泉，興州順政、長舉，興元府南鄭、西縣知縣任滿〔一〇四〕，收發過茶無失陷欺弊，提舉司保明，每四萬馱，與減磨勘二年。如不獲收附，失陷一分〔一〇五〕，展磨勘二年。其承直郎以下賞罰，並各比類施行。二分以上，依舊差替人例〔一〇六〕。本部勘當，依巡轄般茶鋪使臣任滿，減磨勘一年，先次指射家便差遣。」』

八月一日，兵部侍郎陳彌作言：『祖宗設互市之法，本以羈縻遠人，初不藉馬之爲用。故駑駘下乘，一切許之入中。蕃蠻久恃聖朝寬大，一拂其意，必起紛爭。官吏亦懼生事，無敢誰何。黎、敘、南平軍等州，每買綱馬五十匹，内良細馬不過三四匹，中等馬不上二十匹，餘皆下下，不可服乘。發以充數，則必倒斃。蓋緣博馬茶錦所入有限，公吏旁緣爲姦，寧取下乘，以敷綱額，不騖上駟，以虧茶錦。望約束川馬州軍，每綱以五分爲率，一分良細馬，餘四分依舊收買。仍令茶馬司汰其不中發綱者就賣，拘錢增置茶錦，以貼支諸州良馬之直。不惟上不失祖宗羈縻之德，下不誤諸軍緩急之須矣。』詔：令茶馬司從長相度，申樞密院。

十九日，都大主管成都府利州等路茶事張松言：『武節郎劉時敏權知叙州，到任未及半年，已買足乾道四年分歲額馬數，揀選得口齒輕嫩、及格、堪起綱駁騍馬僅五百匹，貼綱應副鄂州等軍支使。委見本官措置有方，了辦職事。乞將劉時敏正行差知叙州，專一措置增買起綱駁騍馬。』從之。

五年二月五日，池州駐劄御前右軍統制王世雄言：『右軍所買戰馬不多，望將川、廣發到綱馬，許令截留兩綱。』詔：令茶馬司、廣西經略司於歲額外各收買一綱，應副王世雄。

十九日，詔：令都大茶馬張松於歲額外，通融收買川西馬二十綱，應副建康都統郭振。即不得虧損歲額。

四月八日，詔：給降度牒三百道付宣撫司，專一椿充買馬使用。

七月八日，權發遣靜江府張維言：『邕州守臣，係提點買馬官。本司幹辦公事一員，係邕州置廨宇。每歲十二月，同到横山寨親與蠻人爲市，至四月回州，委是有勞。欲乞將邕州守臣及幹辦公事一員，每增買二百匹，各與減一年磨勘；一千匹，轉一官。其餘官屬，更不推賞。契勘廣西經略安撫司遞年收買戰馬，各用本錢，已降指揮取撥。若招馬益多，慮恐闕用。今照得靜江府乾道五年合發折布錢六萬二百八十餘貫，係赴湖廣總領所之數。今欲就内取撥三萬貫椿管，通已撥窠名錢物，衮同應副收買。』並從之。

十二日，詔：令張維於歲額外收買齒嫩及格赤、闊壯堪披帶馬二十綱，起發赴行在。如錢數不足，許於合起發官錢內先次截撥。

八月八日，户、禮部言：『茶馬司申：「承指揮，於歲額外通融收買川西馬二十綱，應副郭振。約計馬本并起綱等用錢引二十萬貫。本司見有空名綾紙度牒四百三十二道，公據內照應得係紹興四年朝廷給降淮西、川陝宣撫使司，撥赴本司樁管，未曾出賣。與見賣者度牒綾紙式樣一同。今欲將上件度牒許本司書填批跋，依見買價例拘收價錢，應副收買額外馬綱使用。緣本司年計買馬除支遣外，尚闕錢引二十八萬貫。今來所乞，係充額外馬本。所有歲闕錢引，乞別賜支降。」得旨，送逐部指定。禮部勘會上件度牒，即不見得堪與不堪行使。欲別造新法綾紙度牒四百三十二道，并公據合同號簿關吏部，差大使臣管押前去茶馬司，卻將元降度牒公據仍付使臣管押赴部，下度牒庫樁管。度支指定，欲下茶馬司照應禮部指定事理〔一〇七〕，將價錢專充收買額外馬本錢，餘數令樁管。仍據買到馬數，每匹格赤高下、齒歲、毛色并實計合用錢數，開具細帳，申四川宣撫司覈實。如歲額馬本錢委有闕數，即具申朝廷施行。』從之。

十一月二十一日，詔：令茶馬司自乾道六年分爲始，每歲於敘、珍州額外收買馬兩綱，付高郵軍駐劄御前武鋒軍。

六年二月九日，侍講胡沂言：『比年置監漢陽，以休養馬力，較其損斃之數，殆與前比。自四川經至行在數月，初亦不堪相遠，馬之受病，不在今而在乎博買之初。博買之際，皆先期系馬於厩，絕不與食，使之甚饑。伺其明日，將相視而就易也，始以糜粥豆飲乘熱飼之。馬以饑渴，自然倍食。雖得一時色澤鮮明、膚革脹飽，又從而（棄）〔奔〕驟馳騁，竭力以試之。既饑飽失宜，又勞逸過度。望行下四川茶馬司，委提舉官親行檢察，不爲估客牙儈所欺。如諸軍醫獸亦宜籍定姓名，重立賞罰。每歲醫過病馬若干，其賞幾何，損斃多數，罰亦隨之。』從之。

七年二月三日，宰執進呈御筆，四川買騾馬一千匹，廣西二千匹。上曰：『四川千匹，不難辦否？』虞允文奏曰：『西邊騾馬甚多，以官中不買，故不來爾。誠措〔置〕招誘，雖二千匹亦可辦也。』上曰：『騾馬誠有益於用，無事則孳生，出軍則令挾帶。若果易辦，令四川亦買二千匹。』於是詔令四川宣撫司、廣西邕州，每歲於額外各買發騾馬二千匹。

十六日，詔：令禮部給降空名度牒五百道，應副四川宣撫司買馬。其見管封樁度牒錢，不得取撥支用。以四川宣撫使王炎言：買騾馬一千匹，欲於見管封樁度牒錢內取撥。故有是命。

三月二十六日，宰執進呈吏部侍郎王之奇《乞令諸軍於宣撫司置場處收買出格馬劄子》，上曰：『茶馬司歲額外，更有馬可買否？』允文奏曰：『馬司自四月閉場後，宣司可以收買。但馬司近撥到西馬綱比去年一般月日大段數少。乞且令宣司措置。』上曰：『可。』

五月二十五日，江南東路轉運副使張維言：『據知南丹州莫延葚劄子：乞爲招買蕃馬，以報國恩。又備羅殿蕃羅鄉貢等狀，有出格馬，欲赴宜州中賣，即牒報莫延葚。且令措置，只就南丹置場。至春月，蕃馬到來，即差官前去，同共博馬。契勘靜江府至南丹州，比邕州地里減半，又無險阻路，馬力不耗。邕州守臣每到橫山博馬場，必調發兵丁彈壓。今南丹置場，只差宜州副將及準備將領並收支錢物官前去，略無煩費。往年，帥臣以爲蠻人深入內地不便，今置場於南丹，即無蠻人深入之患。』詔：令廣西帥臣李浩日下措置，先具已措置事節中樞密院。仍委宜州準備將陳秦，於南丹州收買合用物帛。令帥司先次應副，具已應副過數目，申朝廷撥還。其後十二月二十九日，權發遣靜江府、提舉廣南西路買馬李浩奏：『張維所乞南丹州買馬，系是更易，難以施行。竊詳廣西每年收買歲額戰馬，依已降旨揮，於邕州置司。自置司之後，經及三十餘年，委是利便。況年歲深遠，事皆就緒。』詔將已降南丹州買馬指揮，更不施行。

十一月八日，樞密院言：『四川茶馬司遞年所發綱馬，元降指揮令收買四尺四寸以上馬，近來多係四尺四寸以下至四尺一寸，不堪披帶，理宜約束。』詔：令四川宣撫司嚴行約束。如更違戾，將提舉官取旨，重作施行。

十二月二十九日，四川宣撫使王炎言：『準指揮，令四川宣撫司、廣西邕州每歲於額外各買發騍馬二千匹。契勘川蜀及關外所產騍馬不多，兼蕃蠻例皆收養，藉以孳生，委是少有前來入中。竊慮元買之數，將來難已敷趁〔一〇八〕。』詔：將乾道六年已前買騍馬並與蠲免。其乾道七年分騍馬，依已降指揮，疾速排發。

八年正月十一日，詔：令廣西提舉買馬李浩將七年分合發綱馬，比六年分已起數目，疾速依數措置收買，排綱起發，赴諸處送納。不管依前違戾，仍自今依乾道五年七月指揮，每歲收買闊壯額外馬二十綱赴行在。以樞密院言，廣西經略司乾道七年合起發馬綱，比乾道六年大段虧少。故有是命。

十五日，樞密院言：『進武校尉、前邕州上思知州事黃彬劄子：「蕃蠻之地，歲有馬出賣，橫山寨收買不絕。如小蠻家地，多有牝馬。若作孳生出產，一年買千匹，十年買萬匹計之，十年可出孳生數萬騎，以應大軍披帶。比之戰馬價例至少，稍不費朝廷財賦。情願收買一年牝馬一千匹，仍令邕州於上郭地場置監牧養。三年爲一界，押赴行在交納。如有牝馬孳生數多，併乞推賞。」』詔差監行在左藏庫中門尹昌前去，同黄彬措置收買。内黄彬與借閤門祇候，許繫紅鞓帶。候買及二千匹，即行補正閤門。繼而尹昌等言：『蠻人每歲於横山寨賣戰馬，係招馬官進武校尉、知田州軍州事黄諧，進義副尉黄球，自當年十月將帶兵丁、効用深入蠻界招誘，委是有勞。望給錦段，賞賜銀絹。仍乞出給照帖與黄諧、黄球二人，同黄彬買及一千匹，增及二千匹，即與黄球、黄諧酬賞。』詔：尹昌差充樞密院準備差遣。其黄諧、黄球同共收買，令廣西經略司量支錦段、銀絹賞賜。仍候今來買牝馬及額，令本司保明，優與推賞。

二月十七日，樞密院準備差遣尹昌言：「竊聞自來買馬場遞年雖用黄諧等招誘博馬，自今後如蠻人每名中賣到馬三百匹者，乞賞錦段一匹、鹽一百斤。乞劄下買馬場遵守施行。」從之。

六月一日，禮、工部言：『都大茶馬司申：西和州置添差通判一員，以本司幹辦公事兼之，專任宕昌監視買馬。上件窠闕，係是創置。年額買馬，幾近萬匹，出納錢物浩瀚，乞鑄銅印。并宕昌買馬所支馬價錢，舊在臨江置場支給。於乾道四年内，本司措置，就宕昌置庫，收支買馬錢糧、茶絹數百萬貫，乞鑄銅印。今欲乞擬以「西和州宕昌買馬之印」九字爲文，（人）〔又〕欲依本司已擬到「茶馬司宕昌茶帛庫記」九字爲文，鑄造施行。』從之。

七月二日，詔令諸軍於沿邊熟户等處收買好馬，不得私相販賣。仍經由河池縣茶馬司印驗〔一〇九〕，發付諸軍，申宣撫司照會，覺察施行。以臣僚言：四川諸軍於宕昌及熟户處買馬，私販出川界，於襄陽一帶轉買銅錢，致使諸軍馬數虧少。故有是命。

同日，臣僚言：『竊見祖宗以來馬政，係茶馬司專用茶錦、銀絹博易，蕃漢皆以爲便。近來茶馬司不以茶錦，專用銀(弊)〔幣〕博買，甚非立法之意。況茶錦外界必用之物，若不依舊以茶貨及綵段博易，則銀寶多出外界，甚非中國之利。』詔令四川宣撫司參照祖宗舊法，更切詳審措置經久可利便，申樞密院。

九年二月十八日，宰執進呈次，上曰：『新差知邕州姚恪頗開爽，但未知能辦買馬事否？』梁克家奏曰：『恪既開爽，於政事必有可觀。買馬亦爲政之一事也。』上曰：『然，當更訓諭遣之。』

四月二十八日，兵部言：『勘會川陜、廣西收買歲額綱馬，皆有立定齒歲、格赤，並要輕嫩闊壯、堪披帶戰馬，分撥諸軍使用。近來諸軍多有申到，每遇交割到綱馬，看驗得内口齒過大，以(致)〔至〕不及格赤，矮小怯弱，不堪披帶。充數起綱前來，不惟(往)〔枉〕費官錢，竊恐有誤諸軍支配指準，乘騎使用。今欲乞行下茶馬司、廣西經略司，督責買馬官司遵依已降指揮，今後須管收買口齒輕嫩及格赤、闊壯堪披帶戰馬，排綱起發施行，毋得依前違戾。』從之。

十一月十二日，樞密院言：『四川茶馬司排發綱馬，訪聞内有買到病瘠馬充數起發。』詔：令四川茶馬司開具因依，申樞密院。仍行下買馬去處，今後須管買及格赤、無病瘠、齒嫩馬排發，毋致違戾。繼而樞密院言：『已降旨揮約束。所有廣西買馬，理合一體。』詔令廣西經略司依四川茶馬司已降指揮施行。

十二月十六日，持節南丹州諸軍事、南丹州刺史、知南丹州公事、武騎尉莫延葚言：『竊見朝廷買馬，全藉羅殿諸蕃將馬前來邕州博買。或遇春雨連綿，溪水暴漲之時，阻絶馬路，蕃人將馬復回，是致博買不登歲計之數。兼出馬之地，至邕州横山寨五十餘程，自横山至静江府二十餘程，加之路途險阻，水草不利，馬多瘠瘦，未至靜江，往往倒斃。兼諸蕃出馬之處，至本州一十程，道路平坦，水草豐足，兼無險阻。自本州至靜江一十三程，比之邕州路近三十餘程，止將路途比較，已爲利便。頃歲本路經略張維已曾陳奏，乞於本州買馬。雖蒙省部行下，緣宜州避創事之勞，巧陳利害，其議遂罷。今因宜州沿邊溪洞都巡檢使常恭赴闕，謹將買馬利害附託上進。』詔：從議郎李宗彦特差充廣南西路提點綱馬驛程，宜州駐劄，填尹昌兼權闕，專一相度措置買馬。仍先次條具利害及合行事件申樞密院。以上《乾道會要》。

《宋史·本記》：孝宗紹興三十二年六月辛卯〔一一〇〕，『詔罷四川市馬』。《袁抗傳》：抗爲益州路轉運使〔一一一〕。『黎州歲售蠻馬，詔擇不任戰者卻之。抗奏：「朝廷與蠻夷互市，非所以取利也。今山前後五部落仰此爲衣食，一旦失利侵侮，不知費直幾馬也。臣念蜀久安，不敢奉詔。」尋如舊制。』《程之邵傳》：『〔徐〕〔除〕主管秦蜀茶馬公事〔一一二〕，革黎州買馬之弊，歲以仲秋爲市，四月止〔一一三〕，以羨茶入熙、秦易戰騎，得良馬益多。』《南軒語録》〔一一四〕：靜江買馬，恐馬不時至，求《易》卦，得晉康侯用錫馬蕃庶，更不須看文。雖使某自擇一卦，不過如此。已而馬果至。『宋韓肖胄擢工部侍郎〔一一五〕，時川陝馬綱路通塞不常。肖胄請於廣西邕州置司互市諸蕃馬。詔行之。』《中興小曆》：紹興二年初〔一一六〕，五路既陷，馬極難得。韓肖胄建議宜即邕州置市馬場。取馬嶺表，以資國用〔一一七〕。又李心傳《朝野雜記》云：『廣馬者，建炎末，廣西提舉峒丁李棫始請市戰馬赴行在。紹興初，隸經略司。三年春，即邕州置司提舉，市於羅殿、自杞、大理諸蠻。未幾，廢買馬司，以帥臣領其事。七年，胡待制舜陟爲帥，歲中市馬二千四百匹。詔賞之。其後馬益精〔一一八〕，歲費黄金五鎰、中金二百五十鎰、錦四百端、絁四千疋、廉州鹽二百萬斤，而得馬千五百疋。〔馬〕必四尺二寸以上，乃市之，其直爲銀四十兩，每高一寸，增銀十兩。有至六七〔兩〕十兩者。土人云：「其尤駔駿者，在其出處，或博黄金二十兩，日行四百里。但官價有定數，不能致此耳。」然自杞諸蕃，本自無馬，蓋又市之南詔。南詔，〔今〕大理國也，去自杞國可二十程。而自杞至邕州横山寨二十二程，横山寨至靜江府又二十餘程，羅殿國又遠如自杞十程〔一一九〕。宜州溪峒巡檢常恭者赴闕，持南丹州莫延葚表來，乞就宜州中馬〔一二〇〕，比之横山，可省二十餘程〔一二一〕。張説在樞筦，以其表聞。李壽翁時爲檢詳文字，爲説言：「邕遠宜近，人(熟)〔孰〕不知？前迂其塗，豈無意乎〔一二二〕！況今莫氏方横，乃欲爲之除道，而擅以互市之饒，誤矣！小吏妄作，將啟邊釁。請論如法。」説不聽，命從義郎李宗彦以提點綱馬驛程往宜州措置〔一二三〕。既而説罷政，密院乃奏宗彦等所言邊防不便，罷之，時淳熙元年秋也〔一二四〕。』《宋史·占城國傳》：『乾道七年，閩人有浮海之吉陽軍者，風泊其舟，抵占城。其國方與真臘戰，皆乘大象，勝負不能決。閩人教其王當習騎射以勝之。王大悦。具舟送之吉陽，市得馬數十匹歸，戰大捷。明年復來，瓊州拒之，憤怒大掠而歸。淳熙二年，嚴馬禁，不得售外蕃。三年，占城歸所掠生口八十三人，求通商。詔不許。』

淳熙元年九月二十一日，詔住罷宜州買馬。先是，樞密院言知南丹州莫延葚乞自備錢糧於諸蕃招馬，至宜州博賣。尋差李宗彦充廣西提點綱馬驛程，宜州駐劄，專一措置買馬，仍令同宜州知通相度。既而宗彦等言，於邊防利害不便，及與邕州買馬有妨。故有是詔。

十月九日，臣僚言：『敘州歲買七等馬八百五十一匹爲額，更令歲買騸駄馬三百疋。(令)〔令〕本州申乞(往)〔住〕買騸駄馬，迺以歲買七等馬額收買十歲以下者。其十歲以上至十三歲馬，令本州措置出賣，拘收本錢。竊慮有失招徠遠人之意，乞依自來條法外，有騸駄馬，責令本州依應（舊？）收買，但不過三百疋元科之數。』從之。

十一月九日，詔：四川所買西馬並依廣西已降指揮施行。先是，有旨：廣西自淳熙二年收買四尺四寸馬。經略使范成大言：『其間四尺三寸及三寸帶分之馬，齒嫩闊壯，一切棄之可惜。乞令邕州於内揀選壯嫩權奇者收買，入常綱起發外，四尺二寸帶分二寸以下，即更不印買。』既從其請，故令四川依此。

二年正月十六日，興州都統吴挺言〔一二五〕：『本司諸軍戰馬，除茶馬司得歲額綱馬六百五疋外，例用諸軍青草錢，歲於宕昌以來自行收買。自張松變更馬政禁之，合得歲額之數，亦支撥不及。乞許本司以青草錢依舊宕昌、威遠鎮等處收買。』詔茶馬司逐旋補發數足，餘從其請。四月又言：乞於阜郊、威遠鎮、東柯、太平監等處北馬驛，許相兼收買。詔許每歲買七百疋。

五月八日，湖廣總領劉邦翰言：『相度忠訓郎劉琛乞依舊將荆鄂都統司馬青草錢買馬，補填倒斃。青草錢歲買馬七十匹，撥付闕馬官兵。』以金州都統于友言：『本軍自買馬半年，只得三疋。乞從都大司收買。』故有是命。

十一月二十日，侍衛步軍都虞候田世卿言：『三司買發綱馬，昨於漢陽軍住程十日。竊謂金、房州界山路險惡，乞於住程十日内那移六日，於險惡處各住程一日，於泥濘處一日，實爲利便。』詔京西轉運司行下住程州縣，委守令督責所屬，修整驛舍，排辦槽具。其草料錢糧，令湖北轉運、總領將現應副漢陽十日程内就撥七日，付京西轉運司，均撥逐處支遣。自金州至平利縣，住程一日；次女媧山至寶豐驛，住程一日；次確白山至竹山縣驛，住程一日；次房州之東至故郡驛，住程一日；次八坳九疊至於平驛，住程一日；次歷外朝内乾峻嶺至梅溪驛，住程一日；次涉陂澤泥濘至郢州，住程一日；至於漢陽軍三日，共十日。

三年正月十四日〔一二六〕，權四川茶馬司朱佺言，漢陽軍、郢、房州及金、洋州、興元府、興、成、西和州抵宕昌馬驛狹隘弊陋。詔逐路漕臣選委有才力官躬親前去，逐驛檢視，疾速措置督責，務要整肅，不致闕誤。如敢違戾，按劾以聞。

二月五日，茶馬司言：『收買舊宣撫司闊壯馬一千疋。數内五百疋撥付三都統軍。内興州都統司二百八十五疋。緣吴挺近申明每歲自行收買馬七百疋，更有茶馬司合均撥歲額馬數，委是重疊。』詔：興州軍與支撥二百疋，餘八十五疋自淳熙三年分排發赴御前投進。

四年二月二十七日，詔：茶馬司拘收金州都統司內應幹買馬價錢窠名、收支見在，并綱馬毛色、齒數、尺寸，每匹價錢若干，及發納去處，開具夾細帳狀。每歲，於次年春季申尚書省。

五年二月五日，詔：『御前降到量馬尺樣付茶馬司，令收買戰馬，須四尺四寸以上。其兩齒馬聽低二寸，四齒馬聽低一寸，足齒馬依已降指揮收買。四尺四寸以上闊壯、堪披帶馬，計綱排發施行。』從之。

閏六月十八日，詔：關西四州民間依舊從便買馬孳養，不得禁止拘籍。頃因張松有請禁之，至是弛其禁。

十二月二日，詔：四川茶馬司自今年爲始，將本年數目，已與荆〔鄂〕都統王琪議〔一二七〕，每年留一半貼買戰馬。兼江州都統皇甫倜議，每年留一萬貫雇人收打青草，餘錢盡數收買戰馬於各軍。從之。

〔十〕二月十四日〔一二八〕，詔：『自今綱馬到來，並先經主帥子細契勘確實齒數、格尺，有無低小、病瘠、狹瘦，報審驗官司覆實印留，仍具不及齒歲、格尺、堪充駞負馬匹數，申樞密院。』以樞密院言：『已降指揮，令四川茶馬司、廣西經略司行下買馬去處，收買兩齒及四尺〔三〕〔二〕寸以上，四齒及四尺三寸以上，五齒及四尺四寸以上，並闊壯無病堪披帶馬，計綱排發。歲終，委兵部開具賞罰。及令內外審驗官司并主帥子細契勘齒歲、格尺〔一二九〕，方許收接即留。』故有是命。

六年四月二十四日，四川都大茶馬吴總言：『本司買馬，全藉幹辦公事官招徠幾察，任滿，止得減二年磨勘。其西和州知、通絶不干與買馬事務，止是隨例應辦糧草、馬驛等事，而任滿得轉兩官。今乞將西和州、宕昌場買馬每歲買及五千二百疋以上，其西和州知、通及本司幹辦公事官三員任滿，各與轉一官。本司幹辦公事四員，內一員差兼西和州通判，專住宕昌買馬。其賞格乞依舊外，今來更不增賞。』從之。

七年二月二十一日，四川總領李昌圖言：『乞權住茶馬司添買興元府都統司戰馬二千五十三疋。』上曰：『興元府都統司所管馬舊額幾何？』趙雄等奏：『紹興年間以二千匹爲額。』上曰：『可令茶馬司將興元府都統司馬據見管數揍買成二千匹〔一三〇〕，補填元額。』

三月二十四日，詔：茶馬司將黎州蕃馬並文州馬並買四尺二寸五分以上，齒嫩向長、堪披帶馬起發，餘遵依已降指揮。五月二十八日，詔：『黎州蕃部輒敢侵擾省地作過，意欲逼脅邊郡將不及格式馬中賣入官。令茶馬司下本州，今歲且依淳熙五年二月五日指揮口齒、尺寸收買。其近降減作四尺二寸五分以上指揮，俟蕃部畏服，可自淳熙八年分爲始。仍更切審度蕃部作過情理輕重，隨宜措置施行。』

七月四日，臣僚言，黎州市馬，專委通判，慮守臣不預馬政，理宜申飭。詔：黎州知、通均任其責，仍須不失事體，賞罰依見行條法。

八月三日，宰執奏事畢，上語及黎州邊事。令宰執以書諭胡元質、吴總等：如蠻人以市馬邀我，則且住一兩年，使權常在我，彼無能爲，自然安帖畏服。趙雄等奏曰：『聖諭可謂明見萬里矣。』

九月十七日，詔：廣西經略司行下邕州，自今每歲買馬，止令通判前去，仍輪差將副一員，量帶將兵彈壓。守臣依舊銜帶提點買馬，只在本州治事，不妨檢察。以樞密院言，守臣往邊上彈壓，有妨郡事故也。後八年九月一日，廣西經略王卿月言：『守臣臨邊，不專爲馬政，溪峒事宜不一，正在酌情調護。一但易以通判，事權寢輕，不能號令溪峒。』詔令依舊。八年五月，都大提舉茶馬吴總言黎州買馬，乞依邕州指揮，令守臣依舊帶銜。從之。十年十二月，敘州亦依此。

八年二月四日，知興國軍朱晞顏言：『茶馬司所買馬，並四尺二寸以上、十歲以下，方許起綱。自四尺一寸以下，或十歲以上，雖四尺五寸亦不收買。其間多骨相驍駿而馳驟超逸者，例以不及格棄之，又不許民間收買。乞於茶馬司所買外，不堪撥發起綱之馬，不拘軍民，並聽從便收買。』詔：『茶馬司契勘十歲以上四尺五寸馬，見今曾與不曾收買，其不及格尺之馬，令買馬官等驗用退印給據，令民間從便交易。』

六月十一日，詔關外四州民間孳養到馬，從便賣買，不得拘籍禁止。

九年五月二日，都大茶馬王渥言：『黎州買馬，舊額二千一百二十四疋，一年計用絹二萬三千匹。乾道九年，趙彦博以青羌作過，優支馬直，始用絹三萬四千匹。至淳熙八年，龔總到任，買馬三千三百八十一疋，將數内不及格尺馬一千九百八十八疋陞作良細馬，共支絹七萬六千餘匹，與乾道八年買馬相類，而支絹加一倍以上。今乞以十年買馬支用數目，取一年酌中之數，立爲定則科撥。仍立定每綱五十疋，止許以十五疋爲良細，使買馬官吏從實互市。所有淳熙八年買馬官，乞朝廷重作施行。』詔：『龔總已放罷〔一三二〕，特降三官；通判孫醇、監押楊仲禮，各特降一官放罷。仍令陳峴、王渥參照紹興年間一歲酌中之數，立爲定制聞奏。』既而，峴等言：『黎州馬政循習既久，爲獘已極，至有全綱作良細者。蕃蠻所得馬價既優厚如此，若依（來）〔自〕來所降指揮，以紹興年間酌中之數立爲定則，乃是一旦革去十分之九，卻恐蕃蠻别致生事。今取酌中年分。如淳熙六年共買馬一千一百二十九疋，内良細馬只計五百四十疋。若以此年爲則，庶從中制，於邊防馬政兩便。乞行下黎州，照淳熙六年酌中之數漸行更革，令及此（類）〔額〕。如將來蕃蠻馴服，從實互市，其所減又不止此。』從之。

十年六月二十四日，臣僚言：『江、池二州阡陌狹隘，深溝斷塹而又津梁不修。況石溪、冷水馬驛有二，相距六十餘里，狹隘泥濘。冬日差短，馬行至暮，方能抵驛。望令江、池二州重修馬路，石溪、冷水添置馬驛。』詔江、池州守臣相度聞奏。既而知池州岳甫言：『石溪驛至冷水驛計五十五里。若於中間添置馬驛，每驛不及三十里，地程促近，别無合置驛去處。今相度，將地里高低迂曲去處，牒巡尉重行興築高壯平闊及開渠道，無致泥濘。』從之。

十一年四月十二日，興州駐劄御前諸軍都統制吴挺言：『鄂州江陵府副都統制郭杲乞下川秦買馬司及興州都統制司，各應副騍馬五綱。仍乞於御前闊壯良細馬内截撥兩綱，以充腳馬。緣户民所養騍馬稀少，艱於收買，令止買得一百五十匹，排足三綱，起發兩綱。竊恐未能便得辦集。』詔令一面接續收買。

七月二日，興元府駐劄御前諸軍都統制彭杲言：『所部馬軍見以二千匹爲額，又有倒斃。乞許令依興州、金州兩都統司例，每歲除合撥二分馬外，差官齎椿收青草錢於四川茶馬司宕昌馬場摘買馬二百疋，逐旋補填闕額。』從之。十二年五月九日言：『依已得指揮，每歲就宕昌馬場摘買，更不援例自行置場。』從之。十三年四月二日言：『近準茶馬司奏，乞候買發闊壯馬日，照興州例對減。得旨，各與應副一年。契勘本司馬軍近年揀退倒斃積壓數多，今乞行下，每歲買一百五十疋。』詔：令茶馬司每歲將本軍納到青草錢收買一〔百〕疋。

十二年正月二十三日，建康都統制郭鈞言：『本軍先用官錢買到叱白大馬，堪充披帶，已將補填闕額。若不印烙，竊慮無以關防。緣從來即無承降到指揮。除已權行印烙外，日後如有似此買到之數，乞令照前項已降指揮施行。』從之。

七月六日，四川茶馬司言：『每年買發闊壯馬七百疋。先準尚書省劄子，自淳熙十年爲始，住買三年。其淳熙十三年分如依舊收買，乞早降指揮下本司，預期説諭蕃客興販入中。仍乞下總領所，照例科降本錢施行。』(照)〔詔〕：依年例收買，特應副鎮江軍一次，須將及格尺、齒嫩、堪披帶馬起發。候到，委官覈實。

八月十六日，詔：湖北轉運司移石牆馬驛於京山縣曹武市驛舍，令京西運司修蓋。其每歲錢糧草料，仰湖北運司依舊應副，毋致闕誤。

十二月五日，四川茶馬司言：『乞將興元府都統司所買馬二百疋，依興州都統司例，於本司合買闊壯馬或三衙馬内依數對減施行。』詔令應副堪好馬一次。

十三年四月二十九日，四川茶馬司言：『宕昌買歲額馬自遠蕃來，太半瘦瘠。既已入中，便行排發。若至大澤縣瘠(？)驛，經涉横水汨水驛，乞住程一日，實爲利便。』從之。

十一月十五日，詔：四川茶馬司每歲市馬若干，價直增損若干，收支茶綵銀兩若干；並令制置司通知。

十四年五月十四日，都大主管四川茶馬李大正言：『西和州買馬係本司選辟差官前去，通判略無干預。乞(令)〔今〕後西和州通判更不推買馬之賞。』從之。

二十五日，宰執進呈趙汝愚等奏，相度到邊場用銀買馬利害。上曰：『所買闊壯馬與綱馬何異，卻用銀二萬餘兩？可行下，權住買闊壯馬，依令茶馬司每歲用銀買馬不得過乾道五年以前之數。』

七月十六日，樞密院進呈四川(置制)〔制置〕司申虚狠蠻乞自來黎州中馬事。上曰：『虚(狠)〔恨〕蠻既是久例附帶邛部川〔蠻〕出漢中馬，難以許其自來。可令趙汝愚行下黎州(宛)〔婉〕順説諭，仍令嚴飭邊備，以防不測。』

八月十一日，樞密院進呈趙汝愚、李大正奏到增添銀兩買馬事。上曰：『用銀買馬，宜以漸革。使諸蕃互市，由之而不知。當以此意諭與兩司。』

十五年二月十五日，詔：四川茶馬司權住收買淳熙十五年分闊壯馬。其銀兩令項樁管，不得妄用，歲終具數聞奏。

十六年五月二十四日，詔更任一年〔一三二〕。

五月十一日，詔：州郡互市去處，每歲買馬銀兩，可更措置減省以聞。

二十四日，殿前副都指揮使郭杲言〔一三三〕：『茶司牽馬官兵，係諸州抽摘庸宜〔一三四〕，類皆游手。押綱使臣初非遴選，不諳馬(姓)〔性〕，綱馬多斃，其實由此。乞只從三司選差官兵前去取押。仍乞自川路至國門，相度道里遠近，定地分，令逐處都統司各選差將官一員，點檢驛舍草料。遇有覺察到作弊等人，許牒赴所屬懲治。仍以一年一替。所過綱馬，全無倒斃少量〔一三五〕，與等級酬賞。或前弊不革，罰亦如之。』侍衛步軍都虞候梁師雄言：『乞行下所隸州縣，相視驛舍，量加修葺，及將合用草料常切應辦，各就馬驛附近樁頓。綱馬到日，隨即支給。仍乞更令沿路都統制司分定驛程，各差素有心力將官一員，逐司量給盤費，與諸州軍所委官同共提點。自宕昌至興州一十五驛，屬興州都統司；自大桃至漢陰一十五驛，屬興元府都統司；自衡口至干平一十三驛，屬金州都統司；自梅溪至石牆一十四驛，屬江陵副都統司；自應城至石田一十四驛，屬鄂州都統司；自邊城至楊梅一十一驛，屬江州都統司；自紫巖至廣德軍一十二驛，屬池州都統司；自段村至臨安府餘杭門六驛，屬殿前、馬、步軍司〔一三六〕。各令所差將官，用心巡視，務要驛舍草料應辦齊整。如有違戾去處，從提點將官具申所屬都統司等，移文州縣，將本驛不職官吏依公責罰。若更(減)〔滅〕裂，備申朝廷。逐司所差將官，歲一更替。如實有勞効，即與支給犒賞。』從之。以上《孝宗會要》。

紹熙元年十月二日〔一三七〕，宰執進呈茶馬司申綱馬格尺，上曰：『馬只要齒嫩。若齒嫩，自會長進，不可拘格尺。』繼而茶馬司言：『承殿前司申，乞下本司將四尺二寸馬日後不許買發。本司照得昨於淳熙五年二月內準指揮，令本司照元降到尺樣買發，品類均分，揍綱排發。竊詳邊場買馬，自準指揮降到格尺，見今諸蕃執爲久例。今若將四尺二寸馬盡數退出，恐阻遏蕃情，別致生事。乞下殿前司，於本司發到馬綱，逐匹應得元降歲數、尺寸，即遵淳熙五年指揮施行。』從之。

十二月三日，樞密院言：『殿、〔馬〕、步司申：舊例，宕昌買馬，本司自差使臣、兵夫短送至興元秦司。其三衙人就興元秦司領馬，長押歸司。緣茶馬司短差綱官，止是寄居待闕使臣，其短送人諸州所差軍兵不足，多是雇夫牽送，皆烏合游手。自宕昌雇夫應數，冒請雇錢，出門之後放散，卻與興元近地借人應數，赴秦司納馬，沿路偷盜草料。自宕昌至興元二十驛程，養飼失節，因而受病，到務相繼倒損，弊害非一。欲令三衙官兵徑赴宕昌取馬，將雇費量與添助券食。乞下有司詳酌施行。』殿〔前〕、馬、步司看詳：『照得差官兵去宕昌取馬，緣宕昌窄狹民稀，艱得舍屋安泊。又是極邊，慮恐積留官兵，在彼歇程，因而與西夏賣馬蕃客博易物貨，引惹未便。乞自紹〔興〕〔熙〕二年以後，本司官兵到興元，從排馬將官於每綱〔二〕〔三〕十二人內，差綱馬官、醫獸、軍典各一名，牽馬軍兵五人，前去宕昌本司監視買馬統領官處，先次識認本綱馬毛色、齒歲、尺寸，候茶馬司發回。乞令就茶馬司批支券食錢米，仍令茶馬司差能部轄押馬使臣一員、牽馬人夫一十七名，揍本司所差綱官等八人，通二十六人，同共沿路提督飲餵。至秦司，將本司所差綱官等入務守馬，止宿照管。如一綱五十三疋內有損斃病患馬，許從綱官陳乞退換，令秦司貼揍作五十疋，排發前來。若五十三疋全到，其茶馬司押馬使臣，乞支短綱賞。本司綱馬官等不預賞罰，止令不以疋數準備揀選五十疋團綱，庶得不致別司馬衮同交雜，亦無攙換之弊。其餘小管押二十四人，止在興元住程，伺候排發綱馬，一就起發歸司。不唯戰馬飲餵便得其宜，又且茶馬司得本司所差軍人提督照管送馬人夫，實爲便當。本司官兵自興元〔府〕取馬至行在，賞罰並乞依見今條格施行。』詔：依殿、馬、步司相度到事理施行。

二年十月二日，宰執進呈四川總領司申權住買闊壯馬價錢，上云：『闊壯馬亦須間歲與買一次。恐今後蕃人只將低小馬來賣。前數年住買價錢，令別司樁管，防其他用。』

十二月二十六日，湖廣總領（張）〔詹〕體仁等言〔一三八〕：『昨準指揮，江陵副都統率逢原奏，荆襄民間土生馬蕃多，格尺深類西馬。令本司措置，每歲收買二百疋，發付江陵軍收管。其價錢，總領所支給。』奉旨，令相度經久利便聞奏。今相度：襄陽一帶土産馬低小。雖有及格尺馬，數亦不多，止可入隊披帶，蓋與陝西不同。馬之優劣，相去遼絶。然襄、郢地土相接，易於養飼，不甚損失，又無四川遠路辛苦之弊。緣不增官買，是致馬數不甚蕃息。今若限以尺寸，又（無）稍優其直，則人知養馬之利，皆養及格尺，牡牝日益滋多，他日爲國家之利。若以優劣較之，終不如西馬道地。若每年添撥得馬，更令湖廣總領所於朝廷樁管錢内出備價直，收買襄陽格尺馬。付鄂州都統司，改撥步軍及收子弟，以充其軍，則兵官及諸軍騎兵皆得好馬出戰乘騎，實爲經久利便。仍乞下京西、湖北帥司，約束沿邊所屬州縣，常切禁戢過界盜馬無圖之人，庶革生事之弊。』詔：令鄂州都統司逐旋收買土産格尺堪披帶馬二百疋。其錢總領所關支，仍常切關防盜馬中責。

三年三月十九日，户部言：『都大提舉茶馬、夔路安撫、提刑、運司申：「紹熙元年十二月四日，權發遣大寧監郭公益奏，所領監實處峽外，所管大昌一縣賦入甚微，而每歲買發，茶馬司撥馬銀數四千四百二十九兩，比本路州縣爲額獨多。嘗契勘官破本錢支俵民間，每兩不過支引半，而在市銀價卻當五引半。民間每一兩而遂有四引虧折。其名下科敷數少者亦自難辦，而敷多者其困可知。乞下茶馬司與本路諸司相度，量行減免。

逐司照會夔州路管下大寧監，祖宗舊法：　每年額理應副二千九百五十兩。今欲將大寧監日後合撥銀數再與裁減錢引半道，止理四道五分。每兩除發監本錢一道半外，止理民間三道，委是經久可行。」本部看詳，欲下大寧監，從茶馬司諸司相度到前項事理施行。』從之。

六月七日，詔：『鎮江都統司於淮東州軍，建康都統司於淮西州軍參酌荆襄已行事理，措置收買土産格尺壯嫩，堪充披帶馬，解赴總領所，審驗來歷分明，發往各軍乘騎，理充逐年綱馬之數。合用錢於淮東西總領所先次兑支，卻令茶馬司將拖下逐司馬價錢内對數撥還。仍仰主帥嚴行約束，不得容外界馬中賣。』以樞密院言：『昨江陵副都統率逢原乞買荊襄土産馬。竊慮邊民偷盗中賣，別致生事。湖廣總領所、京西安撫司相度，乞依神勁軍例，只就本處收買土産馬，委安撫司審問來歷，發下所屬，令所屬具實直價錢關報總領所支給。今據張詔、劉忠申：　兩司節次買到土産格尺馬，堪充披帶已發付逐軍外，所有鎮江、建康都統司緣近年茶馬司拖欠綱馬數多，竊慮軍士闕馬乘騎。』故有是命。

五年二月二日，詔：『西和州、黎州買馬賞，並以實起發過綱數委及元額，方許理賞。內茶馬司催督諸場買馬幹官，並依舊法。淳熙六年四月指揮，更不施行。』

十一日，四川制置司言：『興州都統司申：「向來吴挺申，獲指揮，每年買馬七百疋，即不聲説，令都統司買馬。照得本司互市，惟宕昌一處，每歲收買供進并三衙及諸軍戰馬，總計六千餘匹，最爲重大。若從例於宕昌買發，必將狹小馬科撥，令本司收買，有誤諸軍填闕。乞依元降指揮，令本司差官於宕昌從舊自行收買七百疋。」制置司竊詳：　四川買馬，自有茶馬一司專主其事，今欲依興元府等例，自行差官赴宕昌〔一三九〕，同茶馬司簽廳官監視收買五百疋，餘令都統司自行收買，庶幾事權歸一。』從之。

六月五日，四川茶馬司言：『敘州申：「買馬乞從黎州體例，除知州不預赴場外，止令通判與監押量驗收買。所有邊防馬政但干事務，知、通均任其責。」』從之。以上《光宗會要》。《宋史·光宗本紀》：紹熙四年六月壬寅，『詔市淮馬，充沿江諸軍戰騎』。《蘇寀傳》：『文州歲市羌馬，羌轉買蜀貨，猾駔上下物價，肆爲姦漁。寀議置折博務，平貨直以易馬。宿弊頓絶。』

慶元元年正月九日，詔：『令殿前司量差將官、軍兵於襄、漢州軍收買土産馬二百五十疋。合用價錢，先次於總領所借支，卻令茶馬司於拖下綱馬所管錢内對數撥還。仍仰約束買馬官兵，毋得收買外界馬。合行事件，條具申樞密院。』以本司有請故也。

二年三月十三日，四川制置趙彦逾、茶馬楊經言：『紹熙元年至五年，黎州買過良細馬數，照得四年所買一千一十四疋，在五年之中最爲酌中數目。欲令本州依額收買。』從之。先是，茶馬司言：『黎州買馬，自紹熙五年八月至慶元元年五月，買過馬内卻有良細馬一千五百二疋。看驗除充上號外，餘止是尋常綱馬，致多過馬本，侵動本司歲計。乞下本州，照紹熙三年例買發。』至是，兩司相度四年所買之數爲便，故從之。

同日，詔：『令興州都統制司，每歲止許於宕昌自行收買馬七百疋。依近降指揮，不得於邊上及威遠鎮等處置場收買。仍令茶馬司，將每歲合起發三衙西馬依數排發，毋致拖欠闕誤。』〔先〕是，都統制司言〔一四〇〕：『乞依元降指揮，差官於宕昌，每年自買戰馬七百疋。四川制置、茶馬司詳定所奏〔一四一〕，相度欲從淳熙二年指揮，令都統制司自行置場收買七百疋，赴茶馬司買馬場印烙。除買七百疋外，若更裒私買馬一疋，兩司重立賞典，許人告首，當職官吏並重作施行。又都統制司自開場全用銀絹、錢引收買，則馬歸戎司必多。所有拖下三衙綱馬，卻須稍寬期限。勘會昨茶馬司、興州都統制司各行收買西馬，已有定額。既茶馬司買價高，其都統制司亦無攙買之弊。所有每歲合排發三衙西馬自不相妨。』故有是詔。

三年五月九日，殿前司言：『本軍差撥正將馬興祖等前來襄漢，買到馬九綱，乞行推賞。』詔：令殿前司斟酌等（弟）〔第〕，自行犒設。

嘉泰三年六月十八日，樞密院言：『江陵副都統制司每歲截撥廣西綱馬錢二萬貫，收買土産馬。據申到去年分已買馬四百匹，每疋五十餘貫。竊慮所買馬間有不及格尺或齒老病患、不堪披帶。訪聞民户將堪好壯闊及格尺土産馬往外處就高價出賣，誠爲可惜。』詔：『令湖廣總領所椿管會子内支二萬貫，付江陵副都統制司，貼助收買土産馬使用一次。每疋以一百貫爲率，並要及格尺、齒嫩、堪披帶，委襄陽守臣如法看驗，印烙字號。每及五十疋，綵畫毛色，聲説尺寸、齒數，係幾年分買到馬，具申樞密院。』

四年三月九日，樞密院言：『建康都統制司地分，乃淮西之衝要，廣野用騎之所。乞於歲計廣馬一十綱内減五綱，换撥西馬。』詔：令廣西經略司自嘉泰四年爲始，每年減發廣馬五綱。委四川茶馬司收買西馬五綱，赴建康都統制司交納。

五月十一日，廣西經略司言：『近準指揮，今年第一綱添買馬内四尺三寸已下者，不理爲數。日後低小，定議責罰。（令）〔今〕第四綱添買馬，令揀選四尺四寸者，補發本司。元準指揮，常綱馬收買四尺二寸已上，增添綱馬四尺二三寸已上。唯出格馬係於綱馬中揀選四尺四寸以上者供進，與增添常綱馬不同。至於增添馬，又是於歲額常綱及格馬之外。若蠻馬到寨數少，常綱馬尚且不足，今欲盡買四尺四寸以上馬，必是歲額不敷。兼諸蠻已將馬到寨，不爲即買，必大失遠夷之心。乞照元許買四尺二寸馬累降指揮收買。』詔：令廣西經略司照應淳熙二年三月指揮内齒數、格尺，每綱權以十分爲率，内四尺二寸並四尺三寸馬共不得過四分。權許排發嘉泰四年分歲額及額外添買綱馬一次，並要壯嫩實堪披帶，不得仍前將低小瘦瘠馬揍數起發。

十八日，〔詔〕：『諸路綱馬驛舍多有損壞，並什物不備，草料闕少，甚者蕩然無有。仰諸路漕臣提督州縣措置。内合行修葺去處，各要如法責立近限了畢，具申樞密院。如各處守令措置（滅）〔滅〕裂，從漕臣按劾施行。』從給事中蕭逵之請也。

二十六日，樞密院言：『殿前司申，諸軍戰馬，以一萬七百疋爲額，見闕二千餘疋。蓋茶馬司有發未到馬二十綱，兼疫死數多，縱日後排發輪流，終是不能敷足元額。乞照慶元元年體例，差撥將官二員，將帶獸醫、白直等人，分頭前去襄漢州軍，收買土産馬六百疋，逐旋團綱，差人取押歸司，赴承旨司等量火印，批放合得草料，撥付馬軍闕馬官兵著脚，趂赴教閲。其買馬價錢，乞於湖廣總領所就便借支會子四萬貫收買。候買到日，具足數、支過價錢，卻下茶馬司撥還。』詔：令湖廣總領所支降會子四萬貫付江陵副都統制李奕，收買齒嫩、闊壯、堪披帶、及格尺土産馬。每及百疋，關報殿前司差將官、牽馬軍兵管押歸司，解赴承旨司審驗印烙。

八月十四日，四川都大監牧司言：『本司歲起三衙西馬七十一綱，專仰宕昌一處收買。逐綱編類，交付三衙差到取馬官兵押發歸軍。竊緣所買之馬來自外境，多寡遲速，難以預度，而三衙官兵萬里遠來，亦難約期，（令）〔令〕人馬齊到，至有留人待馬、留馬待人之弊。乞照前茶馬丁逢所請體例，令三衙於歲額七十一綱内，減發一十綱，使本司如遇蕃馬出漢擁併，則自差官押發，庶幾一舉兩得，於馬政實爲良便。』從之。

十一月九日，茶馬司言：『近準指揮，令廣西經略司自嘉泰四年爲始，每年減發廣馬五綱。委茶馬司收買西馬五綱，赴建康都統制司交納。契勘邊場買馬，歲額有限，又歲計買馬錢物，止有諸州應副博馬絹一色外，別無所入窠名，止仰茶司賣茶引息錢應副支遣。乞依舊例，於年額合起三衙馬綱數內，對減買發。』詔：令茶馬司自嘉泰四年爲始，於未發闕壯馬內支撥五綱，赴建康都統制司交納。

嘉定十五年十月十五日，詔：令湖北轉運司於寄樁行在會子內，取撥二萬七千貫付鄂州都統司，專充收買土產戰馬九綱，補填歲額綱數。仰本司日下差人前去請領，仍具已買到馬數，委廣西經略安撫司保明申樞密院。從本司申請，故有是命。

十一月十八日，樞密院言：『昨降官會一萬貫，付濠州收買土產馬。據申到，已節次買到戰馬七十九匹。更乞科降會子一萬貫，接續收買。』詔令鎮江府於樁管交會內支撥一萬貫，專充措置選買闊壯、齒嫩、及格尺、堪披帶良馬。委淮西總領所從公審驗，印烙字號。以上《寧宗會要》。

蘇黃門《龍川略志·江東諸縣括民馬》〔一四二〕：『予爲績溪令，適有朝旨，江南諸縣市廣西戰馬〔一四三〕，江東素乏馬，每縣雖不過十餘匹，而諸縣括民馬，吏緣爲姦，有馬之家，爲之騷然。予謂縣尉惇願曰：「廣西取馬使臣未至，事忌太遽〔一四四〕，徐爲之備可也。吾邑孰爲有馬者？」惇願曰：「邑有遞馬簿，歲月遠矣，然有無之實，尚得其半也。」即取簿封之。又曰：「何從得馬牙人乎？」曰：「召豬牙詰之，則馬牙出矣。」果得曾爲人賣馬者，辭以不能。曰：「吾不責汝以馬〔一四五〕，但爲我供文書耳。」曰：「諾〔一四六〕。」州符日至縣，督責買馬。乃以夏稅過期爲名，召諸鄉保正、副問之曰：「汝保誰爲有及格馬者？」相顧，辭不知。曰：「保正、副不知，誰當知者！第勿以有爲無，無爲有，則免罪矣。汝等所具，吾將使衆人訴其不實，而陳其脫落者，不可不實也。」人知不免，皆以實告。復諭之曰：「買馬事止此矣。廣西取馬者至郡，則馬出；若不至，則已矣。」皆再拜曰：「邑人幸矣。」然取馬者卒不至。』

祭馬祖〔一四七〕

太宗太平興國五年十一月十日，帝親征河東。出京前一日，遣右贊善大夫耿振就馬祖壇用少牢行禱馬之祀〔一四八〕。《大典》卷二六七二二、《輯稿》兵二一之二三

真宗景德二年六月二十五日，羣牧司言：『按《周禮》：仲春祭馬祖，天駟也。仲夏祭先牧，始養馬者。仲秋祭馬社，始乘馬者。仲冬祭馬步，災害馬者〔一四九〕。既載國經，實助馬政。雖有司常祀，然而監牧之内，因識舊儀。望令騏驥院諸坊監務各置廟，設四神像，每四仲月，委本司官以公錢致祭。冀遵典禮之文，用集宜社之禮。』詔崇文院檢閱故事以聞。檢討官杜鎬等上言：『四神各有本壇，以時奉祀，難别建廟。但古禮用羊一，今止用羊、豕肉一斤八兩。』詔：罷置廟，祀用一羊。

高宗紹興三十一年十月二十日，詔遣侍從官禱馬祖之祀，就行在昭慶寺設位行祭。以金人敗盟，朝廷興師，依典故舉行。從太常寺請也〔一五〇〕。

馬政雜録〔一五一〕

《大典》卷二六七二二至二六七七七、《輯稿》兵二四之一至二六之二三

五代監牧多廢〔一五二〕，官失其守，國馬無復蕃息。國初，始務興葺，遣使歲詣邊益市馬，自是閑厩始

充矣〔一五三〕。

太平興國四年，太宗閲諸軍戰騎多闕，詔市吏民馬十七萬匹，以備征討。景德因用兵，時或括買。至北戎請和遂罷。是歲，平太原，遂加兵於幽州，得汾、晉、燕、薊之馬四萬二千餘匹。内阜增多，始分置諸州牧養之。孳生拘(駒？)稚，以什四爲率；有病斃者，以多少，爲主者賞罰。又西北邊鄜州軍，招市不絶。

咸平三年，置羣牧司，總内外馬政。其後，歲遣判官一人巡行諸監，取孳生駒二歲以上者點印之，歲約八千餘匹。凡京城、諸州飼馬兵校萬六千三十八人，坊、監及諸軍馬二十餘萬，每歲京城市草六十六萬六千餘束，麩料六萬二千餘石，鹽、藥、油、糖九萬五千餘觔、石，校諸州軍所費不在焉。左右騏驥院、六坊、監止留馬二千餘，皆三月出就放牧，至秋冬而入。其御馬，惟備用者在京。諸班不自放馬，寄兩院羣牧。其牧地，自京畿及諸州軍，皆遣使臣檢視水草善地標占，諸坊、監總四萬四千四百餘頃〔一五四〕，諸班諸軍又三萬九百餘頃，以爲定制。皆有涼棚、井泉〔一五五〕。所屬縣令檢校之。外坊監亦有四時逐水草以肆游牝者，孟冬別其羸病，就阜棧而飼焉。皆有醫分視□(乘？)治，校古之名良藥通用之。

凡市馬之處〔一五六〕：河東則府州、岢嵐軍，陝西則秦、渭、涇、原、儀、環、慶、階、文州、鎮戎軍，川峽則益、黎、戎、茂、雅、夔州、永康軍。皆置務，遣官以主之。歲得五千餘匹，以布帛、茶、他物準其直。舊運銅錢給之。太平興國八年，有司言戎人得錢悉銷鑄爲器，乃定此制。其後諸州市蕃馬，給直漸高，務增數以爲課績。景德中，戎事已息，因詔條約之。景祐三年四月，再定諸州買馬額，比除自前放券時病患馬數各二分。又正額外，更有省買額。秦州蕃部馬萬八千七十匹，省馬五百匹；渭(川)〔州〕蕃部馬二千五百六十匹，省馬二百四匹；府州蕃部馬千一百匹，省馬四百六十匹；階州蕃部馬五千匹〔一五七〕，省馬千匹；環州蕃部馬三百一匹，省馬不立額；麟州蕃部馬四百二十匹，省馬不立額；火山軍蕃部馬千五百一十匹，省馬不立額；保德軍蕃部馬三百二十匹，省馬不立額；文州蕃部馬二千匹〔一五八〕，省馬七百二十匹；岢嵐軍蕃部馬不立額，省馬三百五十匹。夏州唐龍鎮、豐州、儀州、慶州、涇州、原州皆不立額。凡買馬等杖〔一五九〕，自四尺七寸至四尺二寸有六等，每差以一，給其直腳。大馬自絹二十九匹端至十九匹端六等，每差以兩。牝馬自絹十六匹端至十一匹端六等，每差以一。舊馬價有以緡錢計之，爲十等，自三十八千至十八千，每差以兩。

又有招馬之處：秦、渭、階、文州則有吐蕃、回紇，麟、府州則有党項，豐州則有藏才族，環州則有白馬、鼻家、保家、名市族，涇、儀、延、鄜州、火山、保德、保安軍、唐龍鎮、制勝關則有蕃部〔一六〇〕。每歲皆給以空名勑書，委沿邊長吏差牙校入蕃招買，給路券送至京師，至則估馬司定其價。自三十五千至八千凡二十三等〔一六一〕，舊選三歲至十七歲者。景德二年，詔止市四歲至十三歲者〔一六二〕，餘聽私市。其蕃部又有直進者，自七十五千至二十七千凡三等〔一六三〕。有獻尚乘者，自百一十千至六十千，亦三等。凡入馬於官，皆使醫(辯)〔辨〕其不病者取之。腕軟、腕搭甚，偃膝甚，腳不堪，鰕脊甚，槽腳甚，膝咼，肺黃病，額□揩擦，疥癆，承重骨大，鵝鼻，蒺藜骨，掠草骨大，拽胯，轂暈眼甚，磁膝，單臢，突臢，熱發，餓瘦慢病，毛焦，腹□，粗節，臢觔，罨蹄骨，越骨大硬甚，羯骨、天定骨甚大，腳粗，槍風骨大，膊夥，通膊瘡，痟瘡，透氣，拖清，鼻有黃膿，鼻濕，附骨大，撥踝，燒啓，破筋骨，先開喉，已較〔一六四〕。已上爲病重者，不買。肺驅、肺牽氣，把腰膊，腰失力，抹硯，拽胯，卒熱；鼻濕，白膿，喉骨脹白膿，草結白膿，心黃，心疸帶黃，肝昏不明，黃膊痛，鷹翅骨大，肺毒，痟眼，掌骨跙痛，把膊，低頭難，中風，偏風，烏風，眼赤。已上馬中格，雖有小病，可療者，買之。

凡御馬有三等：御馬每日一十五匹，入殿作三番祗應，若駕出，則引駕馬十四匹，從馬二十匹，皆鞍勒纓複全。其次給用，又有十五等：一揀中馬，二不得支使馬，三添價馬，四國信馬，五臣僚馬。景德四年，詔：中使簡定厩馬六十四，以備羣臣合賜馬者取之。賜畢復增，常足其額。又，内職出使者多求賜馬。大中祥符三年，以其例或不均，詔（驅）〔樞〕密院定羣臣出使賜之以馬條例。六諸班馬，七御龍直馬，八捧日、龍衛馬，九拱聖馬，十驍騎馬，十一雲、武騎馬，十二天武、龍猛馬，十三配軍馬，十四雜使馬，十五馬鋪馬。國初，諸州廄置闕馬，取民馬補之。開寶五年，詔罷。自恩賜外，皇族及内臣、伎術官要司職掌，皆給借之〔一六五〕。

凡馬所出，以府州爲最。蓋生於黄河之中洲曰子河汊者，有善種。出環慶者次之。次秦、渭馬〔一六六〕，雖骨格高大，而蹄薄多病。文、雅諸州爲下，止給本處兵及充鋪馬〔一六七〕。契丹馬骨格頗劣，河北孳生者曰本羣馬，因其水土服習而少疾焉〔一六八〕。又泉、福州、興化軍亦有洲嶼馬，皆低弱不堪披甲〔一六九〕，唯以給本道廂軍及江浙諸處鋪馬之用〔一七〇〕。福州四牧，曰永峭、龍湖、瀝崎、海壇〔一七一〕；泉州二牧，曰浯州、烈嶼〔一七二〕；興化軍二牧，曰東越、候嶼〔一七三〕。舊十一牧，大中祥符二年，廢湄州、㟃嶼、南匿三牧。每牧置羣頭牧户以主之。每歲孳育，本縣籍其數，以使臣一人提點。

凡馬羣號十七：左字，左騏驥捧日馬内尾側印〔一七四〕，拱聖馬内尾横印，驍騎馬内溝正印。右字，右騏驥捧日馬外尾正印，拱聖馬外溝正印，驍騎馬外溝横印，龍猛馬外尾側正印。千字，左騏驥院龍猛馬内溝正印〔一七五〕，雜使馬内溝横印，遞馬内尾倒印，右騏驥院雜使馬外硯骨横印〔一七六〕，遞馬外尾側横印〔一七七〕。上字，左騏驥院給諸班直、諸軍軍員馬，臨時印，無定所。右騏驥院給諸班直、諸軍長行馬，外人所印。立字，右騏驥院給諸班直、諸軍軍員馬，外人所印。永字，左騏驥院給諸班直、諸軍長行及外諸軍長行馬，臨時印，無定所。右騏驥院，外人所印。又，諸監三歲馬亦永字，印尾骨〔一七八〕。官字，蕃戎所貢及歲時收市之馬〔一七九〕，初用之，牡印其項，牝印其髀〔一八〇〕。諸監牧駒生二歲，亦如之〔一八一〕。凡馬骨相應圖法，可充御馬者，止以『官』字印其項，令圉師調習之。吉字，兩院諸馬，自龍猛馬以上稍駔駿者印之，以備近臣中謝生日所賜〔一八二〕，及揀選支用。又坊監馬部送至京，及選配他處，亦以『吉』字印甘汙溝〔一八三〕。天字，國信馬及諸班拱聖、驍騎馬，用天字印。大中祥符三年，令別以字易之。主字、王字、方字、與字、來字、萬字、小官字，自諸班馬而下參給，諸用者無定額，或以王字至小官字，凡七等印號印之。退字，凡諸州軍和市馬，不及等及選退斥責者，皆印之。

凡馬毛物九十二種〔一八四〕：叱撥之別八，紅耳、鴛鴦、雄花、丁香、青、騮、騟、紫〔一八五〕。青之別二，純青、護蘭。白之別一，純白。烏之別五，純烏、鈞星、歷面、白腳、護蘭。赤之別五，純赤、鈞星、歷面、白腳、護蘭。紫之別六，純紫、鈞星、歷面、白腳、緑鬃、護蘭〔一八六〕。驄之別十一，白驄、鈞星、歷面、白腳、烏、青、花、黃、荏、鐵、護蘭〔一八七〕。赭白之別六，純赭、白、鈞星、歷面、白腳、護蘭。騮之別八，棗騮、金口、燕子、黃、黑、鈞星、歷面、白腳。騧之別六，純騧、繡膊、鈞星、歷面、白腳、護蘭。駱之別五，純駱、鈞星、歷面、白腳、護蘭。騅之別五，純騅、鈞星、歷面、白腳、護蘭。騟之別八，青騟、青、紫、黃、鈞星、歷面、白腳、護蘭。駊騺之別六〔一八八〕，驄、駊騺、騟騮、紫、赤、烏。驃之別七，赤驃、銀鬃、黃、鈞星、歷面、白腳、護蘭。駮之別三，駮、起雲、銀纏。凡馬色：以叱撥、青、白、紫純色及緑鬃騮馬爲上，驄、赭、驃、騮、騧、烏、赤色爲中〔一八九〕。騟、騅、駱、駮、駊騺爲下〔一九〇〕。

太祖建隆二年十月，詔〔一九一〕：先是，兩河之民入虜界盜馬，邊吏籍數以聞，官給其直。方務鎮撫，豈容私掠？自今一切禁之，仍悉還其所盜馬。

開寶四年正月，唐州刺史曹光實言：『黎州兩縣主客户止二百三十九，州司每差送官買馬至雅州榮經縣，山路險阻，往復三百餘里。人得雇腳錢百文、口食米六升，人甚苦之。』詔：令發雅州在城軍三十人往，備牽送。

十月，知邕州范旻言：『州人罕種粟豆。今（抹）〔秣〕馬草料官中雖不闕支，將來收糴，亦應至少，不足備用。然冬草長青，有馬自可放牧。』詔如實無草豆收糴，冬常有青草，則依舊牧放。

七年十一月，昇州西南面都部署曹彬言〔一九二〕：大敗江南兵於采石磯，獲戰馬三百疋。江表本無戰騎。先是，朝廷每歲賜與數百疋，至是驅爲前鋒，以捍王師。及獲之，驗其印記，皆前所賜者。

太宗太平興國八年九月〔一九三〕，詔：『臨淮、壽春浮梁，先禁馬高五尺以上，不得渡淮。今浙、江已平〔一九四〕，吏猶守舊法，宜除之。』

端拱元年四月，國子司業孔維上言，請禁原蠶，益厩馬。帝嘉之，令付史館。

淳化二年十二月，詔國人取善馬數十匹，於便殿設阜棧，教以芻秣。帝以其法親諭宰執，仍頒于諸軍。復以馬醫方書數本賜近臣。其法：馬上槽時，先飼空草，然後加麩料伴喂，不得水多。飼畢，歇一兩食時，乃可飲以新水。春夏宜數飲。不明乘騎來，候喘定汗解，方得飲餵。仍不得飼以舊草，多成腸結。冬月勿飲水。水草中無使有沙石、糞土，食之肺及腸胃成病。初乘時，勿便縱走，驟走多肺病，皆由此致也。

五年五月，雄州馬商仇緒等三人獻良馬五匹，帝親臨，命國人閱試之。四馬皆駑，悉留内閑，優給其直。先是，緒等以市鬻戎馬爲利，供奉官張從吉常私市馬于緒等，不獲，因誣奏緒等恣横。請徙河南諸州。詔令部送至闕，（鞠）〔鞫〕之，無狀。各賜白金五十兩，并其家遣還故郡。至是，緒等感帝（辯）〔辨〕其冤，以良馬來獻。

（直）〔真〕宗咸平四年十一月，詔：河東管内廣鋭兵本軍有逃亡，馬限兩月内，即許闕馬兵士承之。如過限無承者，即配别軍。先是，河東廣鋭兵悉是土人，其馬，皆本軍團甲選良馬而置，謂之馬社。故廣鋭之馬壯勇而少亡失。若其人逃亡，即官司以馬配諸軍。時有奏論：廣鋭諸軍率社置馬，人亡而馬配别軍，頗爲不便。又將帥上言：其馬若配本軍，即闕馬兵士不思買置，但冀有闕而承之，亦恐啓倖。故有是詔。（直）〔真〕宗曰：『廣鋭三十指揮各自置馬，甚利國家。若失條貫，尤所不可。今如此指揮，則闕馬兵士逾兩月無望，必自置矣。』

景德二年三月，詔：沿邊州軍歲貢馬，其堪充御馬者，止目爲第一等馬，送至闕下。所買多者，論其賞。先是，帝曰：『諸處所買馬，取其高大者，遣使臣部送，目爲御馬綱。及馬至，閲視之，率皆常品。蓋部送者利以御馬爲名，在道求索供給，頗爲煩擾。』故有是詔。

三年十一月〔一九五〕，樞密院言：『諸州所買蕃馬〔一九六〕，歲增其價。蓋沿邊州軍，冀爲課績。方今戎事已息，監牧漸蕃，亦宜常爲節制。欲遣使臣劾其增直之罪以聞〔一九七〕。』從之。

四年八月，詔：『羣牧司内外坊監累行條約，尚未整齊。如聞出入見管馬數，亦未的確。可選朝臣二人，内侍二人，遍詣諸州，點檢制置，具數以聞。事有不便，即令條例（列？），與羣牧使同定奪聞奏。』

九月，詔：『自今後諸班直、諸軍馬牧放時，有（任）〔生〕駒馬：内在京者，具數牒送羣牧司納换；在外者，即令逐處差人牽送往側近州府有馬監處送納。不得隨羣下槽牧放，枉致抛死駒子。仍具納馬軍分指揮，闕馬人數，疾速分析聞奏，支填往彼。其廣鋭等鞍馬，不得隨例納换。』鎮、定等州副都部署王能言：『放馬驍武軍使許澄、雲翼副兵馬使董嗣，令節級長行待馬生駒子，隨處打殺。恐已後牧生破死，致不迭分，所負不了。自後生得駒子，即是節級長行打殺。』澄等具狀。詔：員僚并殺馬駒長行處（軒）〔斬〕，餘干連人決配本城及牢城。論事長行董贇，令侍衛馬軍司給帖，補充驍武押官。故别有詔令而申戒焉。

十二月，詔：『契丹人使到闕，差賜御筵酒果及勾當使臣所得事例：馬令於左騏驥院送納，每匹左藏庫支與錢二十千。令內侍省依此指揮，更不逐度降宣。其書并謝恩表狀，繳送樞密院。』

大中祥符元年正月六日〔一九八〕，羣牧制置使言：『京城坊、監馬病，即送養馬務，素無賞罰之格，以故廢惰多死，愈者百無三四。自今望勒本坊、監養療，歲終比較，以爲殿最。』從之。

二十一日，羣牧制置使言：獸醫副指揮使朱峭定《療馬集驗方》及《牧馬法》，望頒下內外坊、監，仍録〔副〕付諸班軍。帝慮傳寫差誤，令本司鏤板模本以給之。

四月，羣牧司言：『近以養馬務醫養病馬，明立賞罰。今較一季，死損至少。其使臣、將士勤力者，望量與遷補及等第賜賞錢。』從之。

二年七月，羣牧制置司言：『河北、河南孳生監馬，四時在野，不給芻粟。每冬雪，無草齕，多致死損。望令諸州量加秣飼。』從之。

八月，羣牧制置使言：『河北諸州就糧禁軍，闕馬數漸多。乞差官于并州揀選麟、府州蕃部省馬，據合入色額取便路支填，不入京，免爲往復。』從之。

三年正月，帝曰：『沿邊諸州差殿侍押蕃部省馬到京，估馬司驗瘦瘠者，等第責之。如聞殿侍於逐處交割之時，元不開坐肥瘠分數，到京後估馬司裁酌科校，因緣爲弊，人頗不平。可詔：自今於逐處具肥瘠分數公文付之，至本司交割點檢。』

二月七日，羣牧司言：『在京養馬務醫治病馬，已令獸醫各上槽分，逐季比較，明示沮勸。其逐坊、監醫治病馬及上下槽時，亦約此體例，以定賞罰。』從之。

十四日，羣牧制置使言：『養馬務近已立賞罰條格施行外，其內外諸坊、監，令定抛死及一分已上，主者等第科罪；其醫較病馬約以分釐及生駒六分已上，並爲給賞。條例乞頒下。』從之。

七月二十六日，詔：『羣牧司在京及外坊、監，自今生駒及五分，死失不及分者，使臣軍校等第支賜；生駒不及數而死失及分者，差級科罰。其生駒倍多，死益少者，就遷一級。』

八月六日，詔：『沿邊買馬州軍使臣及部署、鈐轄，無得將省馬務買到官馬指射借取乘騎，仍將草料腳下請領，犯者論其罪。』

十一日，騏驥院及坊、監言：『喂〔熟〕，一馬日破草七分，料七勝；喂生，一馬日破草七分，料六勝。歲終較之，喂熟者，病死數多。』令閻承翰定之。承翰言：『先差內侍高品王守文往自府州，押省馬百匹赴京。沿路依常給草料分數，糲生秣飼。至京，送坊、監別槽養飼，如在路時分數。比及一年，止抛馬四匹。如此，知餵生甚便。今恐料六勝不足，請皆給七分。』從之。

〔大中祥符〕四年二月[一九九]，詔以西幸汾陰，沿路病患鞍馬，令行在羣牧司指揮赴同州沙苑監養餵醫療。仍本監(司)〔使〕臣據送去馬數，分擘定獸醫、節級、槽頭、兵士養餵醫療。如是醫較數多，其使臣等當議酬賞。若大段至死，並當勘斷。仍五日一具醫療已較及抛死匹數聞奏。

〔四年〕五月，宣示：在京騏驥院、坊、監馬，先據羣牧都監張繼能所奏，減支芻粟，並生餵料。內外之言，皆稱非便，可詔令依舊例施行。

十八日，羣牧都監張繼能言：『左右騏驥院、六坊、監、養馬務等處常用藥，先據獸醫指揮使朱峭等所定《醫馬藥方》十道。內二道，常使噬啗有備。遇闕絶時，即配買。餘八道，非常用，自來諸坊、監計料預備，久積塵裛，致損官物，虚有擾民。欲令約用時，收買供給。又裹脅馬要足，歲用團紙五萬二千八百張，令減三分之二。唯御馬裹脅仍用團紙，其餘乞以故紙充，一歲可減省麻豆、鷄卵、豬膽合萬餘數。其元計藥物六萬八千八百八十九，亦減十分之七。』從之。

十月，秦州言，諸蕃族首領乞印老小退馬者，欲令本州量匹數印退給付。詔：『自今甘州回紇并宗歌族進奉鞍馬到州，告乞印退者，仰看驗，委是老小不堪中官入券，即與相度印退，取便貨賣，不得夾帶。不係蕃部者，一例上京。』

五年三月，帝謂宰臣等曰：『羣牧馬數，亦當歲較其耗登。諸蕃馬月奏其數，但無比較。且以去歲所奏，比日近奏數約少二萬。』制置使陳堯叟曰：『蓋已給諸軍矣。亦慮去歲遇雪，馬有死損者多。自前牧馬雖經冬，不給芻膏。臣近已指揮坊、監，如遇雪，有妨牧，則量給之。』

四月，羣牧制置使言：『近置中牟縣淳澤監。在京自來歲留準備供使馬多至萬七千匹，少亦不減萬餘匹。於左右騏驥院及六坊、監養飼，歲費芻粟，不啻四百餘萬石。今欲分定色額，在京每歲各比留二千匹，約撥馬五千匹，赴淳澤監牧養。或京師要馬填闕拘抽，止經宿便到。歲可減草三百餘萬束，粟豆稱是。兼填闕馬在淳澤牧放，必少病患，減得抛失。』

五月四日，詔：羣牧司，自今所支填河北諸處馬鋪馬、揀選無病患、低壯堪乘騎馳騾者充。

十八日，詔：『自今臣僚使臣，已有請到合破官馬二匹及曾宣賜并已借官馬見在者，內差使，更不得乞借支。令騏驥院勘會本人腳下見無請到宣賜、借支馬，方得借與。候事畢迴日，畫時送納。若腳下已有官馬，即未得支借。具奏取旨。』

七月，詔：　在京養馬七千匹，淳澤監牧養監馬數在內，分擘養放。左院坊、監馬千五百三十匹，常留在院坊、監養餵。御馬二百八十七匹，親王馬百八十匹，駕頭傳宣馬二百四匹，楚王宮馬十匹，短鐙馬二十八匹，啓聖院十一匹，玄寂觀二匹，復改爲太和宮。四百七十匹留準備支使。如牧馬數多，逐旋送淳澤監養放〔二〇〇〕；或數少，要馬支配，即卻於本監馬內依色額揀取配填，或醫較馬內揀選支使。國信馬二十五匹，諸班馬五十匹，御龍直馬二十匹，臣僚馬三十匹，捧日、龍衛馬百匹，拱聖馬五十匹，驍騎五十匹，雲、武騎馬五十匹，天武、龍猛馬三十匹，諸雜配軍馬三十五匹，雜使馬三十五匹，馬鋪馬十五匹。右院坊、監馬千五百三十匹，常留在院坊監養餵。御馬二百匹，揀中馬三百一十匹，短鐙馬二十匹。四百七十匹留準備支使。如牧馬數多，或支馬數少，並依左院例。國信馬二十五匹，諸班馬五十匹，御龍直馬二十匹〔二〇一〕，臣僚馬三十匹，捧日、龍衛馬百匹，拱聖馬五十匹，驍騎五十匹，雲、武騎馬五十匹，天武、龍猛馬三十匹，諸雜配軍馬三十五匹，雜馬十五匹，馬鋪馬一十五匹。牧養監馬千五百匹，七百五十匹左院，七百五十匹右院。淳澤監馬三千五百匹。千七百五十匹左院，千七百五十匹右院。除（比）〔此〕馬數外，更有牧到馬，並令左右騏驥院依大中祥符五年詔，委自兩院監官勘會，逐時擘畫，定合支送去處，申取羣牧司處分。

六年二月二日，羣牧制置使言：『淳澤並諸處馬監，每冬寒，至春草未出時，馬羣在野，多因草少，致成瘦弱。遂乞預於七月散差使臣，於棚側近刈白草堆積，準備秣飼，頗甚利濟。數內有刈到萬數不少，或全不及分數者，令具等第聞奏。』帝曰：『可第爲三等：上者與家便差遣，中與依例差使，末等降近下監當。』

二十五日，知河南府言：請增市芻糧，以廣儲備。羣牧司因言：『洛陽監秣五千匹，歲費頗重，只令裁減二千。』帝曰：『大都馬數，及十萬可止。』宰臣王旦曰：『若聽民間任便畜養，官有所須，即以本直市之，猶外厩也。況所費芻秣，皆出兩税，少損馬粟，用資軍儲，亦當世之切務也。』

二十九日，詔：『雲、武騎已下，馬頗低小，自今各與增起一等。』

七月，詔：『羣牧司坊、監兵士盜殺官馬三匹已下，並決配沙門島，仍著爲定式。』先是，有鄭州原武監兵士李凝、劉乂盜馬一匹，亡走河陰，復殺其馬以鬻錢。既捕獲，(鞠)〔鞫〕之得實，決隸海島，因有是詔。

十一月，代州鈐轄韓守英等言：『勾當豐州蕃漢公事王文玉狀：當州進(奏)〔奉〕鞍馬，藏才蕃部元在黄河北巽山前後住坐。去州約五百里，皆從趙德明北界過往，並無人烟。兼於德明榷場内，每匹納買路絹一疋、大茶十斤。以此艱難，近少有至者，竊緣藏才一路，地接子河汊，所産鞍馬，格式不大，骨體甚良。若官中以天武馬爲格揀選入券，即多不及等樣。況降致勑書，令差人入深蕃勾招，其藏才最居遠地。今若令於府州揀選入券，則又所屬州府不同，慮恐阻隔蕃部，不來進奉。欲乞差獸醫一人，至當州看驗鞍馬，依舊例於當州抄劄入券，委得用心當面揀選本産鞍馬。欲依所請施行，所有獸醫人，仍乞於麟州飛騎指揮内輪差一人往彼，逐年替换。』從之。

七年三月，羣牧制置使言：『乞自今令教駿兵士擡擎馬擡杌子，每日隨至殿門外，別差騎馬小底三人將帶入殿内。候駕起，即於殿門外卻交與教駿兵士，隨馬祇應。』從之。

五月，羣牧制置使言：『近點檢羣牧司帳管三歲、四歲、五歲已上雜大馬二萬匹已來，多失調習，致生惡，乘騎不得。已擘畫創置單鎮監，并展原武、淳澤監地養放[三〇二]。於七月一日，差人先揀取二千二百匹上京，分與兩院坊、監，騎習慣熟，即送單鎮、原武、淳澤等監養放。其餘逐旋依此。於外監勾取，上京調習，送赴逐監。』從之。

六月十二日，詔：軍頭司今後應權（管）〔勾〕回忠佐帶到馬，並令送納。

二十三日，羣牧制置使司言：『奉旨，於七月一日勾取外監三歲、四歲已上雜配軍大馬。每（蕃）〔番〕作二千餘匹，上京赴天駟監騎習。乞差内臣一人，往鞍轡庫點檢見在或制造第一鞍轡三百副，付騎馬直指揮使蔡興，令分擘與四監，應副騎習鞍馬。所有騎習馬節級、兵士，乞依淳澤、單鎮監例，每月請受外，更特支錢二百文，減月糧五斗，卻日支口食二勝。』從之。

九年三月，詔：禁臣寮私於沿邊州軍買馬。必有所須，皆先稟朝旨。

九月，詔：『自今唐龍鎮進賣鞍馬，令河東轉運司指揮唐龍鎮、火山軍更不得點檢印記，並令牽送岢嵐軍。候到，子細揀堪配軍馬，依例印記、入券，上京進賣。内些小饑瘦堪擡舉者，亦與印記，上京進賣。即不得將不堪馬入券，及妄有揀退好馬，致蕃部别有詞説。』

十一月，樞密院言：『羣牧司押馬殿侍條貫，不分地里遠近及押過匹數，一例酬奬。乞自今須三年内押過馬六百匹已上，往來及萬里，如拋死、病患、寄留、減臕、饑瘦，總計三釐并三釐以上，並與三班差使；其三釐以上至五釐，押馬五百匹已上，更不理往來地里，即與指使差遣。若五釐以上不及者，並不理押過匹數、地里，特給賞錢十千。』從之。

天禧元年八月十八日，羣牧制置使請以十三歲已上配軍馬估直出賣。從之。

二十七日，帝謂宰臣等曰：『如聞諸處牧地，近緣蝗旱乏草。昨經大雨，皆復生，不妨蓄牧。』向敏中因曰：『所議減省厩馬，若止令市十三歲已上者，必慮其數無多耳。況今國家馬數倍多，望廣令出賣。』王欽若曰：『若將所市蕃部馬出賣，即羣議便謂有損武備。』帝曰：『可更酌其利害以聞。』

十二月，敏中又言：『近歲邊陲(徹)〔撤〕警，兵革頓銷。然諸軍戰馬尚未減數，頗煩經費。望加裁損。』帝曰：『已令内厩中精選，止留近上等第馬，其餘令民間貨賣，定價聞奏。』

十一月〔二〇三〕，(詔)估馬司言：『所(牧)〔收〕臣寮謝恩并節序進奉鞍馬，多是有齒歲及病患小弱，不堪配軍支使，虚費芻秣者。乞自今每進奉馬，須將壯嫩無病堪配軍支使者充，并下估馬司收納。(時)〔待〕監勒獸醫人子細看驗訖，送左右騏驥院收管，不得縱容啓倖。』

三年七月，詔：入契丹、夏州使，自今所得馬，令雄、延州差使臣部送赴京，具毛齒、羸瘠之狀以聞。

四年閏十二月，詔：『在京院、務、坊、監節級、槽頭、刷刨、長行并諸色公人等：偷拔馬尾一兩至二兩，決臀杖十七；三兩至四兩，臀杖十八。仍於本所榜枷，令衆二日。五兩已上者，臀杖二十，決訖，奏配遠處重役。如只於一匹上取到，即據所犯兩數，依立定刑名施行。若是衆馬上取到，與倍兩數斷遣。』

仁宗天聖元年十一月二十日，羣牧司言：『鄜延路有承受使臣二人，欲乞令兼管勾起發鞍馬事。候延州場買下匹數，編揀無病患者，每二百匹爲一綱，催發往同州沙苑監交割。其饑瘦、病患者，別作番次，令緩慢牽喝往彼。』從之。先是，沙苑監言延州馬綱併令人管押至監，有以九百餘匹爲一綱者，病馬相雜，至多損死。故有是命。

二十五日，羣牧判官晁宗慤言：『諸監比較馬，每至年終抛馬及分，本監使臣罰俸，正副指揮使科較。員僚已下至槽頭、醫獸、兵士，卻用羣牧比較條，有不及者，等第支添賞錢。檢會科罰條、支賞條貫止有正副指揮科罰條，即無賞給之例。若遇抛馬及分，即一例等第科罪。如支賞之際，卻獨不該；沮勸之格，似或未均。自今欲乞諸正〔副〕監指揮使，如遇抛馬不及分，依員僚賞賜例，等第支賜。』從之。

三年十二月，羣牧司言：『在京諸軍收到馬駒才及周歲，便即送納。緣其嫩小，乏致失所。自今請令及二年，方得送。若未納間，官爲量給草料。』從之。

四年九月〔二〇四〕，三司言：乞收市準備在京馬料萬數至多。帝問宰臣：『諸坊、監牧馬幾何？』王曾曰：『今來比之五代，馬數倍多〔二〇五〕，芻秣之費，歲計不下數百萬。蓋措置利害，未得其要。若將向西逐次估買入中官馬立定分數，自今取便於民間市易，可三二年，大有蕃育，急緩取之，必無闕用。如此，公私皆便。』帝深然之。

五年二月，詔：『自今從北界卻迴思鄉人户，帶到馬堪配上軍者，支錢二十貫；不任配軍者，還主。』

景祐三年七月十七日，知江州李溥言：『覩范諷言，乞今後止絕官私人不得興販蜀馬入銅錢界，南馬不得過江北。有舉人、客旅乘騎鞍馬到渡口，例不放過，只就江南岸貨賣，步行前去，艱辛道路，甚傷和氣。欲乞今後應僧道、舉人、客旅等非販賣馬者，各許乘騎一匹過江。』從之。

寶元二年七月二十二日，詔：今後諸色臣僚更不得於府州買馬。

康定二年七月，詔：『諸路本城廂軍〔軍〕員闕馬，聽自市三歲以上、十三〔歲〕以下高四尺一寸者，官用印附籍，給芻粟〔二〇六〕。』

八月，詔：『今後邊上臣僚如舊例合該于府州買馬，並許依舊例具狀聞奏，當議許令府州收買。』先是，寶元二年七月條貫，禁臣僚府州買馬。至是，言者以官中價小，蕃馬不來，故有是詔。

慶曆元年十二月〔二〇七〕，禁沿邊臣僚私市馬，闕馬者，官爲給之。

八年九月，詔羣牧司：『自今殿前、馬、步軍副都指揮使落管軍〔二〇八〕，各賜所借馬三匹；殿前、馬、步軍都虞候，捧日、天武、龍神衛四廂都指揮使二匹，軍都指揮使一匹。』舊制，凡管軍皆借馬五匹。至罷，猶借留。至是，羣牧司請裁而賜之。從之〔二〇九〕。

皇祐元年八月三日，知益州田況言：『乞將養馬務見管黎州買到第二、第三等馬，計綱發赴陝西轉運司交割，就近支配闕馬兵士。』詔令陝西轉運司相度。如堪配填諸軍，即分配；如不堪支與諸軍，並支撥與馬鋪。

九月，詔：河北兩地供輸民無得市馬出城，犯者以違制論。先是，河北安撫司言：雄州容城、歸信縣民多市馬出入邊城中，近爲契丹籍送幽州。故條約之。

嘉祐四年五月十九日，文思使帶御器械鄧守恭等言，乞支丁、萬字馬着腳乘騎。詔：於合支本等馬內先次揀選馴良者支，別有差遣，不得帶過。

英宗治平元年十二月十三日，令中使選馬賜皇子潁王。王言：『聞中使選官馬，將以賜臣，而使人乞選揀中馬。此非臣子所敢乘用，乞止於禮物丁、萬字馬中支賜。』從之。

二年二月二日，以供備庫副使劉策、内殿承制高昇分往陝西、京西路，計會馬遞闕少遞馬匹數，於監牧司或馬監雜支馬内揀撥，等第配填，及八分止。仍開析聞奏。

三年正月十八日，樞密院言：『使臣差出勾當，許乘遞馬，體例不一。欲檢會前後條例，就差本院編例官重行删定。』從之。以上《國朝會要》。

神宗熙寧元年正月十八日，樞密上《文武官合乘遞馬條貫》，因言：『先給遞馬者太濫，所在馬不能充足，以致急令有所稽留。檢會祖宗朝臣僚差遣有賜馬者，以帶甲爲名。蓋沿邊要用任使故也。時平既久，僥倖于求，日以滋蔓。今欲應使臣閤門祇侯以上、充三路州軍路分總管、鈐轄、都監之比，依舊賜馬價錢外，其餘職任文武官，一切罷去。』從之。

二十五日，樞密院言：『雄州自來將入國使、副等所得馬，送定州高陽關路總管司，配填諸軍。其間甚有病患瘦弱、不堪披帶者。』（逐路詔）〔詔：逐路〕總管司依格式揀選，驗有筋力無病患堪任披帶者，即得配填諸軍，餘充雜支。

三月四日，殿前、馬、步軍司重定奪到《牧放鞍馬約束條貫》。詔令施行，仍告示牧放官員，使曉會遵守。

十七日，樞密院言：『昨差供備庫副使高渙提舉牧放諸軍班馬，其死損數不減於舊。』詔以高渙爲大名府路兵馬都監，餘使臣並廢罷。其牧放，令殿前、馬、步軍司依舊差人，仍别立約束條貫，務定（令？）牧馬不至損斃。

八月三日，河北轉運司言：準朝旨，四路都總管司勘會騎兵見管堪披帶馬約及三分已上。詔：令羣牧司於本路諸監擇堪任披帶馬，增給之。

二年五月十七日，詔：今後御馬四直闕馬，如羣牧司闕本等馬，即支驍騎、龍猛馬充填。

十一月五日，樞密院言：『陝西都轉運司奏：「四路馬鋪盡皆闕額，存者多是贏弱不堪乘騎，恐緩急誤事。乞於同州沙苑監院見管不堪披帶官馬内，支撥與逐路添填，卻將退馬出賣收錢。」本院勘會：涇原路經略使蔡挺奏揀選戰馬，内一項（馬軍）〔軍馬〕令逐路經略使親自揀選，内有齒口不堪戰鬬，不及格尺，並送監牧使司，令擘畫支使；所闕額者，便依分數補填。今河南、河北分置監牧使，既準朝旨，見勾追本路馬軍親自揀選次，即未委送河南或河北；兼所闕額，令監牧司或本路買馬司補填。』詔：『令本司將揀下馬分配馬鋪。如内委的不堪者，估價出賣。仍據揀下合支填馬數，關報陝西買馬司，依條將合留支配本路馬支填。其環慶、鄜延、秦鳳路經略司準此，將揀下馬送轉運司配填馬鋪。如委不堪者準此。仍下都轉運司，候逐路經略司送到合分配馬，先從緊急及闕馬多處鋪分添填。如數未足，即令同州沙苑監將合支馬鋪馬支填數足。有剩，即送京西轉運司，方配轄下接連陝西闕馬鋪分。』

三年五月二十一日，羣牧判官王誨上《馬政條貫》〔二一〇〕，詔令頒行。

十二月，陝西宣撫使司言：『延、慶、環三州義勇節級已上，係第三等人户，如有田土瘠薄、無錢買馬者，並官給馬一疋。如有倒死，更不再給，勒令自填。』從之。

四年十月十九日，比部員外郎、集賢校理、同修起居注曾孝寬言：『相度到諸班直、諸軍牧馬，乞不下槽牧放。許人户出租請佃牧地，及合立條約等利害。』詔：『馬自來年更不下槽牧放。所有五箇月合支草料，令三司預行計置〔二一一〕，須管有備。每匹在京支六分草料，外處支五分。』并約束五事，並從之。內外班直、諸軍馬舊以夏初出牧，迄八月上槽。凡軍士之有馬者，利其草粟之餘與傔兵衣糧，舉族護視之。及其出也，數馬一圉人〔二一二〕。出而未至牧與自牧而歸者，常數日草粟無所給。方其在牧，晝縶之於棚，不得卧休；夕就野而牧，卒有震雷風逸，不知所在。有得之數十百里之外。雨潦霜露之不時而感寒疾，往往而斃者十常三四。被病而歸，死槽櫪與納換者不在數。圉人歲被榜罰者以千數。又牧地多占良田，圉人侵擾閭里，棚井科率無寧歲，公私苦之。故命孝寬比較相度。及詔下〔二一三〕，人以爲便。計租入以補草粟，猶有羨。百年積弊，一朝而除者，由上斷之不疑也〔二一四〕。

五年四月二十九日，詔：『諸蕃所進物色，三司初估，例不盡價，須再添估，方行支賜。馬價亦節次增添。今後初估時，便定實價，將暗添錢一就作添賜。』

六月五日，差檢估諸軍牧地官汲逢與河北監牧司同共揀踠蹋軟、齒高、駑鈍、小弱不堪配軍馬，並估價直出賣。

七年二月十四日，遣供備庫使李希一乘驛往河北東西路，計會當職官揀選諸軍馬十五歲有病不堪披帶乘騎；十八歲以上，不以有無病，其稍堪乘騎者，支馬鋪及廂軍不係披帶軍員。其不堪者，平估斥賣。

九月十六日，詔：『羣牧司除樁管不係支使及牧養監病馬外〔二一五〕，自今後以二千匹爲額。其餘堪配軍及雜支馬，權與闕馬兵士。』

八年二月十五日，羣牧使李師中言，乞立定殿前、馬軍司在京營填馬分數。詔：填及七分。

九年五月十四日，權開封府界提點諸縣鎮公事蔡確言〔二一六〕，乞府界養馬增六千匹爲額。詔：中書立法以聞。

十月二十七日，中書門下言：『禮房申：刪到諸府界養馬不得過六千匹，逐年與免户下體量草二百五十束，更不支錢布。如有倒死及瘡病，並依永興、秦鳳等路弓箭手養馬條施行。』從之〔二一七〕。已上《續國朝會要》。

神宗元豐三年二月二十八日，詔：『以國馬未備，令開封府界、京東西、河北、陝西、河東路州縣物力户自買馬牧養。坊郭户家産及三千緡，鄉村及五千緡，養一匹；各及一倍，增一匹；三匹止。須四尺三寸以上，及八歲以下。令提舉司注籍。仍先下逐路，具民户家業等第及合養馬數以聞。』從王拱辰請也。

六月二十六日，詔：『開封府界、京東西、河北、陝西、河東以物力養馬户，可依逐路提舉司所具當養匹數施行。開封府界四千六百九十四匹，河北東路六百一十五匹，西路八百五十四匹，秦鳳等路六百四十二匹，永興〔軍〕等路千五百四十六匹，河東路三百六十六匹，京東東路七百一十七匹，西路九百二十二匹，京西南路五百九十九匹，北路七百一十六匹。』

八月十九日，上批：『近立京師諸路户馬法。既有期會，必爲猾商乘時射利，以高價要養馬户，使良法不得速成；宜令羣牧司簡驍騎以上馬千匹，定價與民交易，毋得市與不養馬户。』

十月一日，環慶路經略司奏，已令諸將、蕃官等勸誘屬户養馬。詔：諸部族所買馬，委諸將按驗。及格堪披帶者，每匹於撫養庫給賞絹五匹，更不支銀楪。其鄜延、秦鳳、涇原路準此。又詔：當養馬路分人户，如鄉村、坊郭並有家業計直各不該養馬者，通計從輕收養。其鎮坊郭，依縣坊郭例。

五年二月五日，提點京東東路刑獄霍翔言：『齊、淄等州民號多馬，禹城一縣養馬三千，牝馬居三之一〔二一八〕。臣近因巡歷，密視按民馬，雖土産，亦骨格高大，可備馳突之用。兼齊州第六將騎兵多是東馬，與西馬無異。雖民間比官中養馬，所費芻秣不多，然而不有所免，則無以爲勸。緣民之所欲免者，在於支移、折變、春夫、賊盜、敷出賞錢、保正、保副、大小保長、催税甲頭、保丁巡宿十事。臣即以此事目付禹城縣，勸諭願養馬之家。已應募養馬之家計馬四百四十八：牡馬二百六十三，牝馬百八十五。然而未見所免之利，而願養者已多。乞應諸路鄉村户不拘等第高下，如願養馬，並許經官投狀。除依條分番教閲，及覺察同保違犯，並勾集追捕賊盜外，與免十事。内有田五頃，許養馬一匹；五頃已上二匹；十頃以上，物力高强，恐妨差使，不在養馬之限。其牝馬須四尺二寸以上、牡馬四尺三寸以上〔二一九〕。大縣毋過五百匹，小縣毋過三百匹，許養牝馬三之一。及委本州通判春秋呈驗，當日放散外，其餘約束，一依朝廷近降民馬指揮。』上批送吴居厚相度。

居厚言：『今轉運軍須，年計大半出於折變之物，稍有侵耗，即無從補助。自保甲之法行於諸路，其正副盡得一鄉材武之士〔二二〇〕，譏察盜賊，所在衰減。今募民養馬之法，若與免大小保長、支移、催税甲頭、春夫、賊盜、敷出賞錢、保丁巡宿七事，實便公私，可施行。』上批：『三省、樞密院可更審詳。若果有害民，必不可施行，所見官具事理論奏。苟無弊也，即宜併心一意，協力奉行。』

八月七日〔二二一〕，開封縣言：『養馬户未審止以屋業爲物力，或通計營運財物？』祥符縣言：『自頒養馬令，民已買馬後，質賣家産，或於市易務拘管抵當，未審合與不合養馬？』詔：『以屋契錢數、屋租爲物力，隱匿契者，以鹽税爲定。如有質賣，馬亦隨之。若已抵當，或因事在官拘管，本户不得課利者，驗實與免。』

十一日，鄜延路經略司言：『漢户及歸明界弓箭手買馬，乞依舊弓箭手例〔二二二〕，每匹給撫養庫絹五疋爲賞。』從之，環慶準此。

九月十四日，詔：『户馬法以屋契錢爲物力。用住宅計者元契三千緡，房錢計者二千緡，各養一馬。其住宅、房錢相兼者，以分數紐折。』

十一月一日，太僕寺言：『御馬三匹，給卒一名；常馬千匹，給卒二百飼養。』從之。

十一月三日，瀘南沿邊安撫司言：『乞以戎州所買蠻馬配本路兵外，給義軍人員，令習馬戰。』從之。

六年五月八日，詔：『聞鄜延路新支綱馬，分配闕馬諸軍，彼有新兵未堪出戰，例得善馬，其有武藝舊人，往往闕馬，甚非朝廷本意。委劉昌祚按驗有實，即改配。仍具數以聞。』

六月四日，權發遣鄜延路經略使劉昌祚言：『乞自今諸軍逃亡事故，其鞍馬許有馬與闕馬人比較武藝，優者與善馬。及監牧司所給新馬，亦準此。』從之，仍下河東、陝西路。昌祚又言：『按試諸將下新招簡投換馬軍十一人，武藝劣等，已改給與本將下有武藝闕馬舊人〔二二三〕。』詔以武藝劣等者名下馬，通一路簡試，有武藝人改給。又詔昌祚詳度〔二二四〕：每十匹以七匹改給武藝高強人，三匹給第二等武藝上名。

七年二月八日，詔：『京東、京西路保甲免教閲。每都保養馬五十匹，每匹給價錢十千〔二二五〕。京東限十年，京西十五年數足，仍專置官提舉。其京東、京西路鄉村以物力養馬指揮不行〔二二六〕。』

三月二十三日，同管勾京西保馬吕公雅言：『保馬瘻瘠、已立備償法。其充肥，未有旌賞。欲乞保馬生駒，每匹給絹一疋；其充肥，支銀楪。仍乞借常平錢五萬緡，均付諸州縣出息，爲銀絹費。每歲孟夏之月，聚而牧放，可致蕃息。』從之〔二二七〕。

五月四日，詔：三路保甲借民私馬習藝者，聽依舊。

二十六日，詔：京西、京東路民已養户馬者〔二二八〕，免保馬。

二十八日，中書省言：熙寧二年，天下應在馬十五萬三千六百三十四。詔尚書兵部取索内外馬數，比較以聞。

二十九日，提舉京西路保馬司言：『體問上等户私馬有三兩匹者，願盡印爲保馬。乞許養至三匹。除役錢、保内巡宿、催税甲頭等依元法減免外，以所養馬每匹，各聽次丁一人準法公私罪杖，非侵損於人者用贖。』從之，京東路準此。

六月十二日，知河南府韓絳言：『京西保馬，詔限十五年數足。今保馬司遍帖諸縣作二年半。京西地不産馬，民又貧乏，乞許於元限減五年。』詔：提舉京西路保馬司遵守元降勑限。

七月二日，詔：『陝府西路沿邊諸軍戰馬，並依河東麟、府州例，不以上下槽，支草料各七分。』知延州劉昌祚乞不以冬夏支八分。上批：『戰馬在軍政固已要重。今用兵未已，適當乏馬，所繫實大，特依所乞。陝西、河北、河東、熙河路準此。』

九月重陽節，特御延和殿，閱經制牧馬司進諸路簡買馬并左第一監馬駒。

十二月十三日，同管勾京西路保馬吕公雅言：『有官之家，守官在外，止出助錢，不均。乞並令養馬。』兵部言：『欲令有同居親屬自住佃田産者〔二二九〕，依餘户法養馬。』從之。

八年四月八日，哲宗即位，未改元。詔：『開封府界、京東、京西、河北、陝西、河東户馬，已買填河東、鄜延、環慶路闕馬軍分，自今府界并京東路養馬指揮並罷。』

同日，詔：『京東京西路保甲養馬法，初定年限，本易應辦，而有司促期，民用騷擾。故先帝嘗降手詔詰責約束之〔二三〇〕，至今猶有不能奉行者。其兩路保馬，宜令依元降年限置買，仍取其嬴，充以次年分之數。』又詔提舉京東路保馬兼保甲楊景芬、提舉京西路保馬兼保甲張修，乘傳赴京，於三省稟議改廢。其後，詔京東、京西路保馬分給諸軍，餘數發赴太僕寺〔二三一〕，仍以格尺不逮者，還民户變易之，納元給錢〔二三二〕。

七月二日，殿中侍御史黄降言：『京東、西兩路保馬司管勾公事官乞並權罷，候至買馬二分依舊〔二三三〕。』詔：保馬司各具合留員數、姓名。

九月二十七日，詔：京東、西路保馬數未足者，更不收買。據見管數，令逐户依舊主養，別聽朝旨。

十一月十六日，詔：馬軍所闕馬，應給者：在京、府界、京東、京西、河東、陝西路無過七分，河北路無過六分。

哲宗元祐元年正月十四日，詔保馬別立法以聞。

二月十六日，兵部言：『畿内馬監已行廢罷，即合於諸路相度置監。乞差官前去經畫。』詔：郭茂恂往陝西、河東路按行，相度以聞。

二十八日，三省言：訪聞前知鄆州陽穀縣李抃〔二三四〕，昨行下保馬指揮，不數月間，本縣買足十年馬數。詔：京東路轉運司檢按李抃如何催促，便得足備，具詣實以聞。

閏二月二日，三省言：『霍翔、吕公雅提舉京東路保馬，不循詔旨，至減朝廷元立年限之半，督責收買，急圖己功。兩路騷然，民力困弊。雖各移任，然其欺罔害民之罪，未加絀責，無以懲沮。』詔：霍翔差管勾江州太平觀，吕公雅添差監舒州鹽酒税務。

四月四日，左司諫王巖叟言〔二三五〕：『京東保馬尚有餘弊，宜因而變之。盡收退還民間馬二萬餘匹，復置監如故，委轉運使領之。其京西事體既同，乞並賜施行。』從之。

五月四日，詔：提舉陝西等路買馬監牧司，以川〔峽〕買馬給陝西馬軍，兑陝西所買馬赴京師〔二三六〕。

三年四月十三日，詔：吏部授兼管買馬官，並赴樞密院引驗。

四年七月四日，樞密院言：『新復諸監牧馬，元祐三年經春大雪苦寒，已特免一年比較。其人員兵級，欲取死亡最多、最少者賞罰。』從之。

紹聖元年正月五日，太僕寺言：『馬政，武備之要，宜講求所以蕃息之方。』詔太僕寺條畫來上。

三月二十六日，樞密院言：『廣西〔京〕〔經〕略安撫司奏，乞自四月一日已後，至九月終，將邕州四指揮官馬野牧。』從之。仍令比較移往賓、横州死損馬數，開析以聞。

四月六日，詔：『户部看詳：役法所諸路將下公使錢，歲終有剩，並留充買馬支用。勿充次年支數。』

三年四月二十五日，供備庫副使田良彦言：『陝西經略司自來令諸將下城寨勸誘蕃部買馬。近不以貧富，例皆抑配。兵官有不堪披帶馬，復強售蕃部，因是多致流移。請自今許人告，以馬價〔賞充〕〔充賞〕。有剩利，計贓定罪。當職官以違制論，不以赦降去官原免。』從之。

七月初二日，詔：『自今後陝西路弓箭手闕馬，願於官價外添備錢收買者聽。或已請官馬，而自備錢買到堪披帶馬，聽經官兑換元請馬出賣。若干繫人因買馬及兑換而留難，乞取錢物，並依重禄公人法。』從本路轉運副使吴安憲之請也。

八月八日〔二三七〕，樞密院言：『太僕寺考會得紹聖元年、二年綱、券馬死損分數，綱馬死者不止十倍。今復行券馬法，係陸師閔建議，其效已見。』詔：陸師閔特賜銀絹各一百匹、兩，仍令學士院降勑書。

元符元年十月二十九日，河東轉運司言：『體量到本路州軍爲經略司科定買馬匹數，多於人户名下配買。至昭德軍，出給公據，令人户往陝西買馬，并抑勒市户結攬軍馬中官狀有實〔二三八〕。』詔：河東路知州、通判、職官降官，展年、罰銅有差。凡降官，並展兩期敍。

二年五月九日，權通判廣信軍周綍言：邊馬不足，請取近地或西市團綱馬分配邊城〔二三九〕。詔令太僕寺相度以聞。

徽宗崇寧二年正月二十四日，詳定一司勑令所劄子奏：『契勘見看詳省、寺、監、諸司元祐勑令格式，其間馬政所隸之事，乃全衝改元豐舊法。竊緣馬政合隸尚書駕部，乃先朝官制。自元祐衝改，至元符中，令候邊事了日，依新勑施行。則看詳去取，在於今日，所繫最重。欲望下三省、樞密院，詳酌指揮。』詔：太僕寺依舊制，不治外事，撥歸尚書駕部。應緣馬事，上樞密院。

四年六月十二日，詔：『昨降指揮，令陝西茶馬司支茶五萬馱，於年額收買戰馬二萬匹，分配逐路。今已收買將足，官吏等頗宣力，可特推恩，庶勸能吏。程之邵、孫鰲抃與各轉一官，鰲抃仍賜章服〔二四〇〕。餘並取索，比附推恩。』

十一月三日，詔：『諸路馬食，儲積頗艱。其令諸城寨乘春發生，分番出牧。就野飽青，晚持草歸，以充夜秣。每名量支草價，以省官芻。』

二十五日，詔：『神宗皇帝勵精庶政，經營熙河路茶馬司，爲勾致國馬之源，其法大備。後來監司意欲侵漁茶利，以助漕司糴買，故茶利不專，馬難敷額。近雖衝改吴擇仁所乞條約〔二四二〕，（今）〔令〕茶馬司專總運茶、博馬職事，猶慮轉運司苟求目前近利，不顧悠久深害。三省可慎守已完法度，不得變亂元豐成法。』

十二月十一日，尚書省劄子：『檢會熙寧、元豐（州）〔川〕茶惟以博馬，不將他用。蓋欲因羌人必用之物，使國馬不乏，騎兵足用。竊慮淺見官司，趨一時之意，陳乞別將支費，有害熙寧馬政。欲修立下條：諸川茶非博馬，輒陳請乞他用者，以違制論。』從之。

大觀三年六月二十九日，詔：罷提舉河北路買馬所及官屬，其恩、冀、邢、趙州買馬場，令逐州知州管勾。

四年五月七日，京東路轉運使李延寧奏：『準詔，復置鄆州東平監，罷京東、西路給地養馬。令專一措置，將支與雷澤等縣人户馬并支送衛州淇水監，馬及借撥與太僕寺等處人吏、兵級與養馬户牧地，並行拘收。監内地土，舊不係本監者，仰依舊召人租佃。其槽桶動使等，依元價收買。應有合行事，仰措置聞奏。今措置下項：一、鄆州東平監昨廢爲鎮寨，今乞依舊以鄆州東平監爲名。一、今來復監，全藉舊日監兵驅使。今訪聞本監有逃走兵卒，欲限一月，許赴所在陳首，遞送本監收管寄役。』從之。

政和五年八月二十五日，臣僚上言：『伏覩陛下復神考牧馬之法，追三代寓兵於農之制。法行之初，三路之民鼓舞而從。有司遵承，日益就緒，曾未期月，已底成績。以給地之廣、養馬之數考之，動以萬計。周之盛時，所未有也。獨河東、陝西兩路，得以推行，亦既歲矣，尚未見（辯）〔辨〕驗土色，關報省部。竊慮因循苟簡，寢隳良法。臣愚欲望申嚴詔旨，庶得早見成效。』詔送尚書省。

六年四月三日，知懷州田登奏：『遵奉御筆，推行户馬法。本州管下三縣，押到養馬人户共一千一百四十户，計馬一千八百三十四匹，已集驗支散銀絹了當。』詔：『田登與轉一官。其協力奉行官屬，具等第保明，申尚書省。』

十二月十九日，詔：知興仁府王傑可特轉一官。以養馬調習，皆堪披帶故也。

七年五月二十六日，臣僚言：『給地（曾）〔增〕牧，法成令具。諸路告功，實武備無窮之利。乞令逐路春秋集教，以備選用。』從之。

八年二月，樞密院奏：『據定邊軍安撫司公事楊可世申，今來邊事，臨陣之際，惟藉騎兵禦敵。竊見環慶路自李訛哆作過之後，驅虜卻戰馬不少。即今諸將闕少騎兵，深恐緩急，步卒難以倚仗。伏乞詳酌，於同州沙苑監支撥堪披帶戰馬三五百匹，赴定邊軍，揀選闕馬精鋭軍兵、蕃漢弓箭手乘騎，庶幾緩急可以驅策。』詔支三百匹。

五月十五日，知太原府姚祐奏：『本路禁軍馬額一萬二千三百二匹。自西方兵興，累次調發，見闕頗多。緣本路控扼二虜，全藉騎兵。深慮緩急誤事。乞下陝西買馬司買發應副。』從之。

〔宣和〕三年六月十五日[二四二]，中書省言：『臣僚進奉馬價錢，乞赴左藏庫送納。勘會左右騏驥院、天駟監向緣闕少屋宇，及所阻節招軍例物，兵士日給食錢，以致逃竄，招置不行。遂具奏請，乞將臣僚進馬價錢赴左騏驥院送納。政和七年六月六日，詔依。上件錢係補還借進馬數，及增葺屋宇，補置沿馬動使〔二四三〕，支給人兵食錢，招填兵卒數闕額。今欲乞特降睿旨，令左騏驥院依舊受納。』詔：依舊存留，更不納左藏庫。

六年四月二十九日，詔：『今後因差使，官司不許奏請諸軍換移他人名下官馬。雖奉特旨，亦許執奏不行。如遇差出名下馬老病瘦弱、不堪乘騎，依條納换。』

八月二十一日〔二四四〕，樞密院言：『勘會茶馬司政和六年八月至八年七月終，依元豐舊法，買獲馬三萬四千七百一十三匹，計減省錢一十萬三千三百貫。除本司官吏已推賞外，所有川司官吏未曾推賞。』詔特與轉一官。

十月二十日，詔：『高陽關路轄下馬軍二十五指揮，見闕披帶馬五千餘匹。邊防所系，事體不輕。可支降度牒三百道，付倉度措置變轉，買馬填闕，不得别有侵使。違者以違御筆論。』

二十一日，詔：真定、中山府路馬軍闕額馬數將及二分，每路支度牒，付帥司收買填闕。亦如之。

七年五月九日，詔：『應昨降指揮，支過河北路人户見養牧馬，應副燕山府路，限一月給還價錢。尚慮有未支還去處，仰提刑司限三日給還訖，聞奏。』

十一月十九日，南郊制：『應諸路給地牧馬，其養馬人户所養官馬因病倒死。及昨宣和二年罷給牧馬，偶因官司失於拘收，止在人户名下牧養，致有倒死，見今拘系監勒備償者，仰所屬勘驗詣實，無情弊，並與蠲放。』

欽宗靖康元年二月十二日，詔：『應今來應副軍期，被差管押牧馬，如因在路倒死别無情弊者，仰所屬勘驗詣實，特與除放。』以上《續國朝會要》。

高宗建炎元年八月十四日，詔：『應官司及諸路軍腳下馬，别立印號。其印號，令騏驥院擬申樞密院。如衷私轉賣兑易之人，決脊配海島。買馬及牙儈，並與同罪。許諸色人告捉，每匹賞錢一百貫。先以官錢代支訖，於賣買及牙儈人均償。若内有能自告首，以馬價充賞，仍免罪。』

四年五月二十七日，廣西路提舉左右兩江峒丁公事李棫言〔二四五〕：『措置收買戰馬，發赴行在。探報江西路各有賊馬，道路阻節。今踏逐得廣東有便路，經自福建入兩浙，赴行在。欲起馬綱，自廣東徑路前去。乞下經由路分監司，預行指揮下州縣，準備草料、口食，及嚴責巡尉，遞相防護出界。』從之。

九月二十日，上謂輔臣曰：『前日韓世忠進馬一匹，高五尺一寸，云非人臣所敢乘。朕答以朕在九重之中，未嘗出入，何所用之？卿可自留，爲出戰之備，遂卻之。』

紹興元年十月二十六日，廣西路經略司言：『訪聞邕、賓、横州土丁被差牽馬赴行在，每名除官破和雇盤纏錢五貫文省。爲地遠，往復萬里，裹費不足。其土丁各自備錢，每名不下四五十貫足，充盤纏。乞今後馬綱經由州縣，應一行官兵驛券及馬料，並排日支給，不〔管〕〔得〕闕悮。仍令所至巡尉遞相防護出界。如違，許押綱官具事因申所至路分監司按劾。』從之。

二年五月十六日，廣西路經略安撫司言：『前後所發馬綱並係逐匹開齒歲、毛色、格赤。深慮押馬使臣、兵級人等沿路作弊换易。欲下所屬，今後本司發到馬綱，並比對綱界内馬數逐匹齒歲、毛色、格赤交納。如有不同，即乞推治。仍立賞格，下經由州縣，許人告捉。』詔廣南西路經略司：『見起綱馬赴行在，若有所犯罪賞，並依川陜路見行貿易綱馬條法。』

十月十四日，樞密院言：『廣西帥臣措置收買戰馬，近來諸軍多行申請支降，及陳乞差人前路一面截留，致令前後不相照應，合行止絶。』詔：『廣西所買綱馬，仰帥臣指揮管押官等，今後並管押到行在樞密院交納，分撥支降，雖有朝旨，亦不許截留。仍仰兩浙、江東西、荆湖、福建、廣南東西路轉運司遍行轄下州軍，遇有管押上件綱馬到來，將今降指揮關報押馬官等知委。如被官司截留，不到行在，管押等並不推恩。其管押官輒敢計會官司截留，當議重作施行。』

三年正月二十六日，詔：『邕州置買馬司，收買戰馬。每一百匹爲一綱，每綱差官二員管押，將校一名、節級二人、牽馬禁軍或廂軍五十人、獸醫一名、軍典一名。獸醫許募百姓。其廂、禁軍於一路通差，即不得差寄居待闕官及峒丁、土丁。綱馬逐匹各於兩胯下用火印「綱馬」字，及造木牌，雕刻字號，分明標記格赤、齒歲、毛色等事。於馬項如法封記，務要辨驗。及於綱解狀内聲説，實封發遣，預申樞密院。用紙畫逐馬毛色，以憑照驗交收。押綱官如到行在，損失不及一分，依得條法交割了當，與轉一官。將校、節級、軍兵，並與轉一資。失及二分，並降一官資。若有情弊，送大理寺根治。押馬綱官兵等在路换易官馬，許諸色人告捉。所有罪賞，並依川陝馬綱法。』以樞密院言：『廣西收買戰馬，召募押綱使臣無所顧藉，往往在路换易。兵級減尅草料，及差峒丁、土丁自邕管隨至行在。地理遥遠，回程口券，州縣不肯支給，遂於沿路尋於駐軍去處，計會截留。』至是，參酌措置，故有是命。

三月二十一日，詔：『廣西起發綱馬到日，委樞密院檢詳計議官各一員親赴省馬院，當官以元解發綱馬狀并圖畫到毛色、齒歲、尺寸逐一點對，并驗認火印封記、鬃尾訖，具有無異同，日下申樞密院呈驗。仍令省馬院候綱馬到院，即時依數交收，如法餵養。』

四月二十三日，瀘南沿邊安撫使蘇覺言：『瀘州江門寨引領到西南蕃武翼大夫、歸州防禦使、瀘南夷界都大巡檢使何永，差嫡弟雲禮等，進奉馬一百十八匹。契勘何永逐年進奉馬以一百一十二匹爲額。今來外有六匹，與見任官爲信。依近降朝旨，更不收受，送所屬收管。』詔令瀘南安撫司，將上件進奉馬差得力將官一員、使臣二人、軍兵據合用人數管押，赴樞密院送納。

四年二月十八日，樞密院言：『提舉廣南西路買馬李預請官馬依條合給草料七分。今相度，除已有養馬(士)〔土〕丁打採外，欲乞綱馬未起發間，支破馬料五分，於所在州勘支。庶得餵養，不致失所。』從之。

三月二十三日，神武中軍統制楊沂中言：『樞密張浚帶到選鋒五將并武騎鋭士、良家子赤心軍，數内一百人見闕官馬，止乘騎腳下私馬。其上件馬一百匹，並堪披帶，情願中官。望看驗好弱，支給價錢，即充官馬。令元主依舊乘騎，應副使唤。』(從之)詔依。令楊沂中看驗，開具格尺、毛色、齒歲，合支價錢，申樞密院。

九月十五日，明堂赦：『應昨緣軍興以來，諸色人支借過官馬，事畢，有隱匿不即送官者，可特與放罪。限一月於所在官司送納，如法養餵。因便差人管押赴樞密院、省馬院交割。』

七年五月十八日，宰執言，廣西進出格馬十匹。御批：『留一匹，餘付殿前司。』臣檜等奏曰：『所進馬毛骨皆好，前此所進，未嘗有也。』上謂秦檜曰：『朕所留一匹，幾似代北所生。廣西亦有此馬，則馬之良者，不必西北可知。』

閏十月八日，宰執言：『楊沂中乞三綱馬。』上曰：『川廣馬到，朕未嘗留，盡以均給諸軍。若小不均，則謂朕有所偏。楊沂中馬少，而張俊近以老馬數百匹納樞密院。可以兩綱付沂中，而以一綱付俊。』上駕御諸將，毫髮輕重，皆留聖意。

八年六月二十五日，都大主管成都府、利州、熙河、蘭廓、秦鳳等路茶事兼提舉陝西路買馬監牧公事張深言：『本司起發綱馬赴行在樞密院交納，全藉沿路程驛樁辦人糧、草料、槽具之類。已行得旨，專委逐路漕臣掌管一員兼帶提舉本路綱馬驛程公事。尚慮州縣程驛不切預辦，仍乞將馬綱經過州軍通判，如無通判處，簽判或判官，於銜位内添入「提轄馬綱程驛」六字，候邊事畢日仍舊。逐時遍詣所部檢察，候歲終考較，如無闕誤，從提舉司保明申朝廷，特與推賞。若有稽違闕失，取旨責罷。』詔依。押馬使臣仍添置一十員。

九年四月十九日，後殿進呈。上宣諭輔臣曰：『韓世忠欲獻一駿馬，朕卻以無用駿馬，卿可自留，以備出入之用。』世忠曰：『今和議已定，豈復有戰陣事。』上曰：『不然。虜雖講和，戰守之備，何可少弛！朕方復置茶馬司，若更得西馬數萬匹，分撥諸將，乘此閒暇，廣武備以戒不虞，和議豈足深恃乎〔二四六〕！』

十一年五月八日，太保、樞密（院）使韓世忠言：『節次蒙恩給賜，及私自買到西馬共五百餘匹。見權令諸軍乘騎〔二四七〕，謹具進納，望下所屬繫帳收管。』從之。

十五年十一月二十一日，兵部言：『秦州每歲買馬，舊以二萬匹馬額，合破押馬使臣一百一十員。今來西馬止有五十八綱，合用使臣五十八員。其餘員數，顯是冗長，乞權行減罷。』從之。

十八年四月十五日，領殿前都指揮使職事楊存中言，乞於平江府添蓋牧馬屋。上宣諭輔臣曰：『應干費用，可令支係官見錢，不得於民間少有科擾。』

十月十九日，馬、步軍司言，乞將不堪乘騎馬下臨安府賣。上曰：『若賣與市人，不免屠剥，誠所不忍。其尚堪乘騎者，可發赴省馬院。』

十一月十六日，兵部言：『參酌立定廣南西路經略安撫司提點綱馬驛程官賞罰指揮〔二四八〕，任滿，能點檢沿路驛舍、槽具、動使，供應草料無闕誤，及綱馬死失、病患、寄留、減膘，通不及下項釐數：三千匹以上，不滿半釐，減一年磨勘；不滿一釐，更不賞罷〔二四九〕。如任内弛慢，倒斃、寄留滿一釐，展一年磨勘；通滿二釐，展二年磨勘；通滿三釐，展三年磨勘；以上，展四年磨勘。』從之。

二十三年正月二十五日，詔：『茶馬司進到綱馬，緣押馬使臣失於看護，多至瘡疥、瘦瘠，僅存皮骨，往往餵養不成。樞密院可委承旨看驗，有似此者，管押使臣更不推恩。仍劄下沿路州軍，令如法應副草料。』

二十四年十二月二日，詔：『西和州宕昌寨、階州峯貼硤兩處買馬場〔二五〇〕，每歲起發綱馬赴樞密院，押綱使臣往往不得其人，餵養失時，多致倒斃。可自二十五年爲始，循環撥付殿前、馬、步三司。如二十五年並撥付殿前司，二十六年分撥付馬、步軍司，二十七年卻撥付殿前司。周而復始，皆循此三年爲例。仍令逐司當撥馬年中，每一綱，選差有心力使臣一員，軍兵三十人，就買馬場團綱起發，赴樞密院交納。賞罰，依已降指揮。』

二十五年十二月二十一日，尚書省言：『平江府、湖、秀州三衙牧馬寨屋，除步軍司已造瓦屋外，餘係（席）〔蓆〕屋。訪聞歸司隨即毀拆。州縣公吏利于乞取，逐時科率於民，顯屬騷擾。』詔：『令兩浙轉運司同逐州措置，以係官錢改造瓦屋。仍差使臣看管，遇有損缺，隨時修治。日後更不得科敷。如有違戾去處，許人户越訴。』

二十六年十月四日，成都府、利州等路提舉買馬李潤言：『綱馬驛頓遥遠，乞下利州等路添置、改移驛舍。』上曰：『修蓋驛舍，所費不多，令於上供係省錢内支撥應副，免致騷擾。』

十月六日，和州言：『本路轉運司標撥和州城外姚岡地蓋屋，應副王權軍中牧馬，侵占農田。』上謂輔臣曰：『放牧所在，實妨農耕。淮甸曠閑之地甚多，何必逼近居民？可令更切相度，於寬閑去處移蓋。』

閏十月十五日，樞密院言：『茶馬司逐年團發綱馬赴行在，委承旨司看驗。有瘡疥、瘦瘠馬數，其管押使臣等，依寄留、倒斃賞罰。内軍兵牽馬二匹，並瘡疥，不推恩；一匹瘡疥，減半推賞支錢。其諸軍於茶馬司取到并廣西起發綱馬，即未該載，理宜一體。』詔：『今後諸軍於茶馬司取馬并廣西起發綱馬，賞罰準此。仍令御前諸軍都統制遇綱馬到，子細看驗，分明開具，申樞密院。』

十二月十七日，尚書駕部員外郎楊偰言：『川、廣各置馬司，所費不貲。而馬以綱來者，皆損耗羸瘠之餘，誠可深惜。蓋近牽送皆和雇遊手充代〔二五一〕，往往坐視倒斃，甘心逃竄。今欲（取）〔乞〕除諸軍取押外，須遵依舊制，均差諸州在營兵卒，則可無損耗之患。終日奔馳，饑倦生疾，至於暮夜，始得餵啗。今若添芻秣爲日中計，使馬不至甚饑，則可以無羸瘠之患。驛程儲峙不足，所管官吏往往逃避，以致無所批請，人馬俱困。宜申勅提轄驛程官常切覺察。』從之。

二十七年五月十日，前知化州趙不茹言〔二五二〕：『欲行下廣西帥司，今後管押馬綱，並於逐州見任使臣内差。如此，則州郡無横費之財，使臣無户禄之憂。』從之。

十七日，樞密都承旨陳正同言：『乞自今後管押馬五十五匹、五十四匹到，轉一官，減二年磨勘；五十三匹到，轉一官，減一年半磨勘；五十二匹到，轉一官，減一年磨勘；五十一匹到，轉一官，減半年磨勘。以上使臣，不支犒設。餘照見行賞格則例施行。』從之。

七月十九日，詔：『成都府每歲合起川馬，更不發來行在。歲凡六千匹〔二五三〕，以十分爲率，撥付御前諸軍鄂州駐劄田師中、建康府駐劄王權、鎮江府駐劄劉寶各三分，池州駐劄岳超一分，令逐軍差人前去取押。』

二十八年正月九日，上謂輔臣曰：『平江府改造牧馬瓦屋，合用錢物，止令州郡措置，必至科之民間。莫若據間架，每間支與價錢付逐軍，令自管認修蓋，州郡更不干預。不惟便可辦集，亦免科擾之患。如户部闕錢，當從内庫支降應副。』

二十五日，給事中賀允中言：『平江府改造馬屋，殿前司彩畫到圖子兩段。其一在舊寨地傍，西至、南至目今皆係稻田，即非荒閑白地。其一在常熟縣界，係創行。踏逐北枕山，南瞰湖，東西皆百姓住屋，四至之内，皆膏腴良田。既係民間累世久安之業，豈肯輒以售人？望只委平江府及本路轉運司差清强官，親行踏逐係省寬閑水草便利官地，撥付殿前司。依已降自行管認修蓋指揮施行。』詔：『令平江府委官審實，如不係稻田，即優給價直摽撥，不得抑勒騷擾，務在軍民兩便。』

四月十九日，都大提舉茶馬司言：『西和州宕昌寨、階州峯貼硤馬場，舊來買馬，並發在興元府馬務團綱。昨得旨，自二十五年爲始，循環撥付殿前、馬、步三司，令逐司自差官兵就買馬場團綱起發。切緣宕昌寨、峯貼硤寨屋窄隘，難以屯泊取馬官兵。望依舊令三司官兵就興元府馬務團綱起發。』從之。

七月二十八日，領殿前都指揮使職事楊存中言〔二五四〕：『宕昌寨、峯貼硤馬場至興元府二十程，舊來買到馬，和雇人夫牽送，並不用心養餵，致有損壞。』送户部勘當。本部欲行下茶馬司：和雇人夫，將所買馬自宕昌寨、峯貼硤牽送五程，交付吳璘所差官兵牽送七程，接連交付姚仲官兵牽送八程，至興元府馬務團綱施行。仍乞下四川總領所，將管押使臣一員，每日添破銜官五人例銅錢券一道六百六十六文；牽馬人兵各添破鐵錢七十五文、米二勝。仍劄與吳璘、姚仲照會。從之。

二十九年六月二十四日，中書舍人、兼權樞密都承旨洪遵言〔二五五〕：『川路所遣押馬綱使臣，多是見任大夫者。一歲之間，當轉官者，亡慮數十人，積而計之，蓋不鮮矣。此而不革，何以善後？伏覩近制，文臣承議郎以上，不得押綱。望下有司看詳，比附文臣條例，今後武臣不得以綱賞轉至武翼大夫以上。仍行下發綱去處，無得輒〔遣〕大夫以上及合轉大夫武臣押綱。』從之。

閏六月五日，兵部言：『三司退馬，並分送宣、嚴、饒、信、衢、婺、處、明、徽、秀州、紹興、平江、臨安府等處出賣。乞行下前項去處，將已承受未賣馬數，盡行分撥本州寬闊諸營牧放，差廂軍養餵出賣。其賣到錢，發納所屬。如有科擾，令監司覺察。所有日後如遇揀選不堪披帶病患馬，量支草料，從本軍養餵，一面出賣。候賣到錢，發納所屬。』從之。以臨安府收禁錢塘保正，緣不納寄養官馬價錢。詰其由，乃是本府承受馬、步兩司所報退馬倒斃，須管陪填。監繫經時，無所從出故也。

三十年十二月十七日，樞密院言：『殿前、馬、步軍司每年於茶馬司輪取綱馬，雖經承旨司看驗訖進入，附付逐司交管，並不曾用火印記號。竊慮無以(辦)〔辨〕認。』詔：『今後三衙取押到綱馬，看驗訖，候降出，令都承旨用火印，撥付逐司。其見管馬，亦依此用印。江上諸軍，委總領所；江州、池州、荆南，委使臣。』其後三十一年正月十五日，樞密院言：『欲以殿前司「甲」字，馬軍司「乙」字，步軍司「丙」字，鎮江府「丁」字，建康府「戊」字〔二五六〕，池州

「己」字，江州「庚」字，鄂州「辛」字，荆南「壬」字爲文。內戰馬左胯，輜重馬并騍馬右胯，并用印。退馬右胯，「出」字印。其火印，三衙令軍器所，江上(軍諸)〔諸軍〕令總領所，江州、池州、荆南令逐州製造。』從之。

三十一年正月二十七日，樞密院言：『知濠州劉時乞，兩淮所生馬雖低小，名爲淮馬，自成一種。比之江南，尚可蕃息。州縣拘籍户馬，應副過往借使，是以民間不敢蓄養，甘心負擔。望責監司、帥臣嚴禁差籍户馬，庶幾民户皆敢放心置買，滋養蕃息。若州縣合用馬差使者，並各自養一二十匹應副。』詔依。令本路帥臣、監司常切覺察，所部州縣，不得依前科擾差借。稍有違犯，奏劾取旨，官吏重行黜責。

三月二十五日，馬步軍司言：『望將紹興三十一年分馬綱，分撥付馬、步軍兩司遣人取押。仍乞將以後年分綱馬，以二年爲例，殿前司取押一年，馬、步軍兩司分取一年，周而復始。』從之。

八月二十三日，宰執言：『四川茶馬司每年起撥騍馬一十綱，(長)〔常〕是補發不足。乞減免二綱，庶幾易辦。』上曰：『此一項馬數雖多，而所收駒絶少，其間倒斃者半之，往往軍中未必得用。可降指揮，自後住買騍馬，亦省官吏草料之費。』以上《中興會要》。

紹興三十二年六月二十六日，孝宗即位，未改元。詔四川宣諭使虞允文將已買到馬數，先次疾速具數申樞密院，取旨支發。其後，允文言：『收買戰馬，約計一百綱，即日買到已及一千餘匹，見在興元府團綱。除已揀選御馬(馬)見差官管押赴行在外，所有戰馬，見逐旋排發十綱。其餘馬數，若接續排發，竊慮科撥與江上諸軍，道路迂迴。乞指揮分撥交納去處。』詔：『令虞允文將買到戰馬一千匹作二十綱支撥。內荆南諸軍五綱，江州諸軍十綱，池州諸軍五綱，委川、秦茶馬司差使臣、人兵管押，赴逐軍交割。其御進馬，不須揀撥。』

七月九日，詔：『川陝宣諭使司將起發赴行在綱馬，照應每綱合用使臣、牽馬人兵等，關報都大提舉川、秦茶馬兩司，那融差撥應付。賞罰並依本司團發綱馬體例。其成都、潼川府、夔、利州路，京西、湖北、江東、西、兩浙轉運司行下綱馬經由州縣，據起到綱馬合批支口券、草料、錢米，依茶馬司見起發馬體例，於合取撥窠名内批支應副。其新復州軍，未有合發財賦，候將來買到細馬起發日，據合批支口券、錢米、草料，於州縣應有管窠名内應副。』以川陝宣諭使虞允文申：『本司得旨買馬，所有將來買到馬起發赴行在等處，其沿路驛程批支草料，並管押官、牽馬人兵口食錢米，欲下所屬，依茶馬司見起發馬綱體例批支應副。所有賞罰，亦依例施行。』故有是詔。

八月五日，主管馬軍司公事李顯忠言：『本司取撥紹興三十一年分綱馬三十六綱，已取押到二十綱。其〔餘〕一十六綱，乞許於所至州軍截留，關牒總領所火印。如駐劄去處無總領，即關報本州守臣火印，依例批放草料。』從之。

十一月十二日，詔廣南西路歲額綱馬合用押綱使臣，許令召募寄居待闕或無差遣小使臣，通行差撥。依條給券外，量支與贍家錢。以本路經略安撫司言：『年例：綱馬二月已後，次第排撥，至四月間發盡。其春草茂盛，天氣暄和，水草可食，極爲利濟。近因臣僚言，廣西押馬使臣於寄居待闕選差，侵耗常費。得旨，于逐州見任使臣内差撥。本司雖管見任指使一二員，各差押諸般錢銀綱運，少有見任人可差。遂致邕州横山寨買下戰馬闕官管押，常是積留，至夏秋間起發未畢。』故有是詔。

十二月二十五日，詔：廣南西路押馬使臣至鄂州，全不倒斃、寄留，與添減一年磨勘。通計四年，軍兵添錢五貫文省，通作二十貫。若願就半資公據，亦更支錢五貫文省。其綱内倒斃分數降罰等，並依已降指揮施行。以本路經略安撫司言：『押馬使臣差往邕州横山寨領馬，管押至諸軍交納，各有立定賞罰。假如池州比較鄂州，祇（爭）

〔增〕八程。其池州全綱到，除轉一官資外，更減二年磨勘，占射差遣一次。其鄂州全綱，祇減三年磨勘，委是賞罰不均。乞將池州二年磨勘，裨補鄂州，與轉一官資。』兵部契勘：『廣西差人管押綱馬，昨來各以斟量地里遠近，立定分數、賞罰起發。除池州減賞一節難行外，所有鄂州押馬官兵轉資，若依所乞，切思太優。』故有是詔。

孝宗隆興元年三月二十四日，四川茶馬司言：『本司合起綱馬，先從諸軍自差使臣、軍兵，前來取押，往往全綱到軍。近緣臣僚言三司取押西馬，所差官兵職資高大，費耗批請，又取馬官兵二年一次往來道途，棄習武藝。遂令每綱差醫獸一名，沿路點檢調護外，令茶馬司依舊差使臣、軍兵管押。照得四川牽馬人兵不諳養馬，沿路偷盗草料，便自逃竄。故近日諸軍官兵取押，損斃已多。欲令諸軍於逐軍揀下不堪披帶、曾經養馬人内選差。其逐軍每歲得馬一十五綱，一年不滿四百五十人，逐旋差撥，循環歸軍，委是易於輟那。將校日給米一勝半、銅錢一百五十文省；軍兵日支米二勝半、銅錢七十文省。至鐵錢地分，紐計支給。本司已用遞年開場月分買到馬數約度，分作六次到司，開坐月分綱數。〔令〕〔今〕後須得照應本司以前立定期限，節次差撥。若依限到來，自無積壓留滯。』從之。

五月四日，樞密院言：『茶馬司差牽馬軍兵等，自來各有立定賞罰。緣知瀘州王葆乞將牽馬軍兵止許轉至十將，不許轉至副都頭。自副都頭以上，每一資依條支錢三十貫，即是賞輕罰重。竊慮軍兵在路，不肯用心照管，致寄留、倒斃數多。』詔：『令兵部遵依自來立定賞格陞轉施行，仍行下茶馬司常切覺察，不得重疊差撥。』先是，紹興三十二年十月六日，知瀘州王葆言：『四川諸軍差押馬〔綱〕運，一次到行在，便轉一資，更有借請優厚。』詔：茶馬司差撥牽馬軍兵，止轉至十將，更不許轉行副都頭。自副都頭以上資級，并支給賞賜。每一資，依條支錢三十貫文省。其綱内若有責罰降資等，并依已降指揮施行。

六月十八日，樞密副都承旨張説畫一綱馬利害：

一、茶馬司起發綱馬到行在，并送承旨司看驗。其單狀内稱進馬，於鬃下使『進』字火印。闊壯馬於兩胯下使『行在』火印并封記，鬃尾用蠟固護，并用墨漆木牌子雕刻字號、毛色、齒歲、尺寸於馬項下對繫。今後先次畫所用火印樣制，申樞密院。

一、押馬使臣往往在路與牽馬軍兵夾帶商貨、禁物，并附私馬隨行，以致換易及侵奪綱馬草料。應到行在，皆是病疥。分往軍中餵養半載，方堪乘騎。今後有似此之人，重賜責罰。其茶馬司如不覺察約束，乞令承旨司取旨黜責。

一、綱馬遇到所在驛内州縣，往往數日方關，則草料尚有不足。欲行下逐路提點綱馬驛程官常切點檢。若有違戾去處，具申樞密院，乞重加黜責。

一、起發進馬，每人牽拽一匹；闊壯馬，每人牽拽二匹。近來押馬使臣將沿路逃走人名下一般毛色馬，抵填見到人名下死損數目，僥求推賞。今後許本綱諸色人告首，仍重立賞錢，將犯人送所屬重作施行。

一、押馬到行在，沿路有寄留、倒斃馬數，於所在官司給到公據照驗。近來多有公據内刮補馬行第，或改易作逃走姓名。今後有刮補公據之人，送所屬根勘。

一、綱馬每遇經過州縣，將合得草料并行折錢均分，卻令牽馬人打草，失於飲餵。欲乞經由州縣，不得將草料折錢，須管應辦本色。並從之。

二十四日，新知靜江府方滋言：『白劄子陳請廣西買馬利害，得旨，條具申樞密院。白劄子乞：

一、所發馬綱，係差諸州兵級數少，往往拖延，差撥不繼。乞逐州更互差人，所至輪替，前期關報管押使臣，更不別差。見有提點綱馬驛程官兩員，一員在靜江府，一員在撫州，別無責委。若差（官）管押使臣及輪差兵級，乞責委幹辦鈐束，嚴降指揮，不管稍有違滯疏虞〔二五七〕。契勘每年買發戰馬，每綱差使臣一員，將校五名、醫獸一名，分隸諸州軍差撥，前去邕州橫山寨領馬。所至州，別差兵級一名傳送，逐州交替，至經略司呈驗，排綱分送諸軍交納。依立定賞罰，如全綱交納，各有轉賞；若有倒斃分數，降罰斷罪，以爲懲勸。今白劄子乞逐州更互差人，所至輪替，竊慮傳馬之人既無賞罰，必不能用心。兼馬綱所過州郡，不依時差人替換，深恐留滯，別致死損。欲乞諸州管押兵級依舊例差撥職次人外，今來增買馬數，竊恐臨時闕使臣差撥。今（指）〔措〕置，如有心力使臣，願管押兩綱，止請一綱請受之人，即與併行兩綱賞罰。所有提點綱馬驛程官，欲乞依白劄子所請，朝廷申嚴約束指揮，如稍有違慢，即從本司點檢奏劾。

一、沿路使臣、兵級等合支錢米，乞別撥度牒出賣，撥還諸州支過錢數。契勘押馬使臣、兵級批支口食，緣支省錢米。今來白劄子所乞撥度牒出賣，撥還諸州支過錢數。欲乞朝廷行下沿路諸州軍，契勘每年押馬使臣、兵級經由州縣，批支錢米實數，申本路轉運司保明，申尚書省，下所屬給降度牒，前去逐州，依數撥還。每一年買發戰馬，依已降指揮，沿路州縣應付草料四分。緣每年并是春間起發，竊恐後時。今欲不以時月起發，竊慮秋冬草枯，不堪餵飼，長途卻至瘦損。欲依四川茶馬綱體例，行下沿路州縣。如遇秋冬馬綱經由，即支破本色草料七分應副，不致妨闕。』並從之。

七月十三日，御營使、和義郡王楊存中言：『紹興二十四年十二月二(十)日得旨，西和州宕昌、階州峰貼硤兩處，每歲起發綱馬可自紹興二十五年爲始，循環撥付殿前、馬、步三司。如二十五年並撥付殿前司，二十六年分撥付馬，步軍司、二十七年分卻撥付殿前司。周而復始，皆循此三年爲例。後來馬、步軍妄有申請，改以二年爲例，將殿前司三十一年綱馬取押了當。竊詳三十一年、三十二年兩年馬綱，三司交互取押，所有隆興元年本司合得馬數，馬、步軍司又已取押。今乞更不撥還本司外，望將歲額合起西馬七十一綱，自隆興二年爲頭，令遂司照應紹興二十四年十二月二日已降指揮，皆循三年爲例，各司自行差人取押。并令依例各差統領官一員，前去宕昌馬場監視買發。』從之。

十二月三十日，詔：『令茶馬司將歲額川陝綱馬，差人管押至漢陽軍，置驛歇泊。仍令三衙及江上諸軍差人前去，就漢陽軍取押。令茶馬司不得依前和雇人夫牽送。約度馬到漢陽軍數目，預期申取朝廷指揮，下逐處差人依資次前去，庶免擁併，在彼等候，虛費批請。其賞罰，以地里遠近別行參照，比折輕重擬立。茶馬司收買武騎毅士、神勁左右兩軍二十六綱并額外措置買馬，係本司差牽送外，所有文州歲額馬三十六綱，合赴荆南，止令茶馬司就便交納。其江州一十綱，依今降指揮，就漢陽軍馬監歇泊，江州諸軍差人取押。行下江州都統制〔司〕遵守施行。』

二年二月七日，樞密院言：『四川宣撫使吴璘同郭昇申，差使臣趙千等，管押御前馬一綱五十匹到行在，看驗得并無瘡疥瘦瘠，送兵部施行。本部契勘：「興州即非團發綱馬去處，昨降指揮内，亦無賞罰，許依茶馬司進馬見行條法明文。」緣茶馬司起發御前馬到行在交納，每綱係五十匹，差使臣二員，將校、醫獸各一名，牽馬軍兵五十人。今來本綱比之茶馬司，除差使臣二員，人員、醫獸各一名，牽馬軍兵五十人外，計少差使臣一員，卻多差節級，先牌旗頭，押請料庫子、曹司、火頭一十人。』詔：『郭昇買到馬，其綱內多差過人，并以茶馬司進馬賞罰體例施行[二五八]。乾道元年八月八日，御前中軍統制、權知興州吴挺收買到御前潤壯馬一綱五十匹，差使臣范皐等押到行在。三年六月十四日，四川宣撫司差使臣楊全等，管押到進馬一綱五十匹，除沿路倒斃外，見在馬四十八匹到行在，看驗得并無瘡疥、瘦瘠病馬。詔依郭昇進馬賞罰〔體〕例指揮施行。今後並准此。

五月五日，主管殿前司公事王琪言：『紹興三十年二月二十七日指揮，差統領官一員躬詣宕昌、峰貼硤監視買發綱馬。依舊差撥官兵，起興元府茶馬司團綱，交割歸司，往往稍及臕分，少有損（弊）〔斃〕之數。紹興三十一年指揮，止令本司差醫獸一名，茶馬〔司〕差廂兵、雇夫等送至行在。馬沿路倒斃過多，不堪醫療，利害灼然。今來若仍前差委廂兵哀同人夫牽送，又限至漢陽軍，不無卻將瘦病之馬交付本司官兵，委是枉費官錢。所有本司合得隆興二年分馬七十一綱，欲乞權依紹興三十年二月二十七日指揮，本司差統領官一員前去監視買發，繼續差撥人兵，就茶馬司團綱處交割，管押歸司。所貴綱馬到司，易于養飼，便得爲用。』詔：隆興二年分馬，令殿前司權取一年，餘令樞密院別行措置。

七月九日，臣僚言：『四川茶馬司每歲（置）〔買〕馬一萬匹，截二千應副吴璘外，有八千攤撥三司及江上諸軍。向緣多斃，朝廷下茶馬司於宕昌寨、峰貼硤、黎、文、叙州置場處，委屬官説誘番羌。於價外增支犒錦綵、酒食之類，每疋不下用茶七馱，準絹七十疋。并部押一行官兵資賞、口券，馬一匹，約銅錢三百貫文，而多斃如故，合行措置。』

一、州縣批請元降指揮，係截用輕總制司錢和買支遣。本州縣違法折支，不惟人馬闕食，又慮欺隱和買價錢，或至擾民。欲下逐路監司，就驛置庫，預辦草料、錢米，常令有餘。綱到即時批請，免有折支之弊。

一、差廂、禁軍牽馬長行，日支米二勝、銅錢六十文，委是贍給不足，難以責辦。今欲逐人日支銅錢一百五十文，川界折支錢引三分，米依舊二勝半。其餘人員、醫戰，添作一百七十文，川界折錢引三分四釐，米二勝半。回程到川約四千八百里，空行每八十里爲程，欲破六十券。雖有指定州軍支給，例多阻節。今後欲於左藏庫及鄂州總領所各支三十券。乞下逐處，不拘窠名，於應干官錢内即時支給。

一、茶馬司買馬到官，并沿路日破料七勝，草十分。到及三月破料八勝，半年方料十勝。今欲乞沿路依舊支破十分草料。

一、金、房州一帶，皆崎險山谷，路皆曲折。值潢潦雨雪，必須（致？）人馬失所。竊見自金州至均州梅溪驛二百八十里，皆淺山土路，更無險峻。緣兵火後不曾修葺，乞劄下金、均兩州，重行開廣，改此驛路，比舊路裁損三驛，又道路坦夷，利便非小。乞下本路安撫司及都統制司同相視新舊兩路，令制置司參詳利害，一面施行。其添減程驛批請，令轉運司應辦。

有旨：『第一項令户部申嚴行下，應綱馬經由處，如有違戾，令提點綱馬驛程官申本路轉運司并提舉司，具官吏申取朝廷指揮，（等）〔第〕二項行下應經由處，長行日支銅錢一百文，餘依舊。第三項行下諸軍，并綱馬經由路分轉運司，關報所屬州縣，如遇綱引，須管依數批支，不得稍有闕誤。第四項，令趙樽、王宣看詳所陳事并改移驛程，於邊（房）〔防〕有無利害，具經久利便，申取朝廷指揮施行。』

二十七日，宰執進呈諫官論州郡送馬轉資人多，所至指揮使充滿，只合依條支錢。上曰：『恐此徒益不肯在路照管綱馬。今邊境未寧，特有所不得已爾。』

九月十二日，詔：添差使臣州軍，令逐州每月轉差五名。在界首，每名管馬一綱，宿驛批支草料。自入界，轉交次界，要處處照管，不致損斃。以湖北、京西制置使韓仲通言：『馬綱經由州縣，無人照管，添差使臣端坐無事。』故有是命。

乾道元年二月十日，樞密都承旨張説言：『廣西邕州横山寨馬，每匹價直大約用銀四五十兩，而全綱善達者十無二三。開具利害如後：

一、永州界排山驛四望空迴，人烟在數里之外，草木深茂，虎狼出没，最爲危險。尋常馬綱經由，不敢就驛存住，卻於道次客店人家寄歇。今乞下永州，將此驛踏逐依傍人烟去處蓋造。

一、潭州湘潭縣管下有青石、梅下等四驛，舊來草料、錢糧差人就驛給散。近年卻（今）〔令〕押馬將校停住行程，迂路八十餘里到縣請領。所有草料，往往不能般運，遂致馬皆饑餓。乞嚴降約束，依舊將草料、錢糧就驛給散。

一、豐城起程分路到曲湖驛，約四十餘里，沿江有簷岸十餘里，路極窄隘，不住頽塌。馬綱經由，常致攧落江中。乞行下常切開修隘窄之處，仍置欄干防護。

一、廣西發馬舊例，每綱破官兵五十人牽控，後減去元數，只破將校五人、醫獸一名，經過州郡，貼差兵級十一人傳送，逐州交替。至饒州，止肯差五六人。池州直至鎮江府，雖一名亦不應副。乞行下逐州，須管依數貼差十一人。

一、沿路驛舍頹塌傾損，上漏下濕，堆積糞壤，馬入輒病。一馬感疾，衆馬傳染。乞行下逐處州縣官常切點檢，修葺洒掃。』並從之。

十一日，詔：令茶馬司，日後將及格尺、堪披帶、口齒輕嫩、闊壯馬，交付取馬使臣，管押前來。如稍有違戾，當議重行降黜。以樞密院奏：『訪聞茶馬司將無膘分病馬，衮同支撥元數希賞，是致沿路損斃。』故有是命。

十四日，四川茶馬陳彌作言：『契勘綱馬多斃，緣迫於期程，沿路不得停泊，兼芻秣失時。欲於漢上踏逐水草便處置監，少令休(自)〔息〕。擇瘦病者暫留餵飼，肥壯者先次起發。乞委本路漕臣措置施行。兼馬綱經由處，全仰修整驛亭，預辦草糧。訪問沿路驛亭多是倒塌，及減尅草料，或折支價錢，人馬皆受其弊。今欲乞專委知縣措置馬驛，委巡尉監支草料，依程趲發出界。如界内全無倒死，與依巡尉綱運無沉溺法推賞。或倒死及分，亦乞嚴行責罰。應經由地分，如有官吏應辦弛慢，許本司奏劾。』並從之。

二月二日〔二五九〕，權馬軍司職事李舜舉言：『今年分綱馬，合當本司取押。檢照得紹興三十一年指揮，係茶馬司差人牽拽前來，人夫不切用心，是致倒斃。所有今年合得綱馬，乞令本司自行差撥慣熟能養馬官兵，前去興元府取押。貴得不壞官馬。』從之。

十一日，主管殿前司公事王琪言：『本司差人前去興元府茶馬司，取押隆興二年分馬七十一綱。續承指揮，每綱止差使臣一員，餘差軍兵牽取。緣軍兵往往係新招之人，不諳馬性，欲乞每綱差使臣一員充管押外，餘差闕馬効用前去取押〔二六〇〕。所有添破錢米，止依軍兵例添破，出給券歷，庶得取押好馬歸司。』詔依，馬、步軍司準此。

四月四日，步軍司言：『本司契勘殿前司所乞，差撥闕馬効用取馬。緣本司所管闕馬効用數少，委實敷差不足。又，逐綱合要獸醫一名。其闕馬効用内少有諳曉馬政之人，竊恐（關）〔闕〕人調護。今除差使臣一員充管押外，餘於闕馬効用及慣熟能養餵馬軍兵内通融差撥。所有合用醫獸，亦乞於本司應管軍効用内選差。』從之。

十八日，四川宣撫使、判興州吴璘言：『得旨，（令）〔今〕時暫赴行在奏事，可令將帶馬二千匹起發前來。除已下諸軍輟那，便槩行起發去訖。』詔：可下茶馬司，依數撥選。

五月二十七日，鄂州駐劄御前諸軍都統制趙樽言〔二六一〕：『本司合得綱馬，茶馬司有隆興二年一全年未曾發到。兼令茶馬司收買四尺二寸以上堪披帶、齒嫩騍馬，計綱差人押付本軍，後來止承發到一綱。望下茶馬司，疾早收買騍馬。若四尺一寸，恐難披帶。望（今）〔令〕將四尺四寸以上壯嫩騍馬，交付本司所差官兵。』從之。

六月二十六日，樞密院言：『勘會吴璘見行起發戰馬二千匹赴行在。及應有非泛所起綱馬，沿路經過州縣不爲預期椿辦草料〔二六二〕，深屬不便。』詔：『令逐路轉運司除椿辦歲額綱馬草料外，其非泛起綱馬，亦仰逐司預於經過驛頓椿辦應付。如違，重寘典憲。仍下（違）〔建〕康府、江、池、鄂州，委自都統制，置驛提領。如遇綱馬到日，令應付草料，歇泊三日，津遣。』

七月七日，樞密院言：『得旨，（王）〔三〕衙私馬，令承旨司權住火印。江上諸軍，火印私馬，乞依三衙已降指揮施行。』從之。

十三日，兵部言：『沿邊屯駐軍馬吳拱，差使臣郭(下)〔下〕管押進馬四匹到行在送部，照應見行格法施行。本部契勘：吳拱於紹興二十四年、二十五年各進馬四匹，係差節級一名、牽馬軍兵四名。今來差郭(下)〔下〕管押進馬，計多差四人。欲將節級一名、牽馬軍兵四名推轉施行。并行下四川都統制〔司〕，今後遇有進馬四疋，并依此人數差撥。』從之。

八月二日，兵部言：『勘會進馬匹數推恩，今將無體例進馬數參酌有體例數目，逐一擬定下項。有體例：四匹，五人各轉一官資。六匹，八人各轉一官資。八〔匹〕，一十一人各轉一官資。一十二匹，一十七人各轉一官資。一十四匹，二十人各轉一官資。二十匹，三十四人各轉一官資。二十五匹，四十人各轉一官資。三十匹，四十二人各轉一官資。五十匹，七十一人各轉一官資。無體例：五匹，六人各轉一官資。七匹，九人各轉一官資。九匹，一十二人各轉一官資。十匹，一十二人各轉一官資。十一匹，一十八人各轉一官資。十三匹，二十人各轉一官資。十六匹，二十八人各轉一官資。十七匹，二十九人各轉一官資。十八匹，三十人各轉一官資。十九匹，三十一人各轉一官資。二十一匹，三十五人各轉一官資。二十二匹，三十六人各轉一官資。二十三匹，三十七人各轉一官資。二十四匹，三十八人各轉一官資。二十六匹，三十九人各轉一官資。二十七匹，四十人各轉一官資。二十八匹，四十一人各轉一官資。二十九匹，四十二人各轉一官資。三十一匹，四十三人各轉一官資。三十二匹，四十四人各轉一官資。三十三匹，四十五人各轉一官資。三十四匹，四十六人各轉一官資。三十五匹，四十七人各轉一官資。三十六匹，四十八人各轉一官資。三十七匹，四十九人各轉一官資。三十八匹，五十人各轉一官資。三十九匹，五十一人各轉一官資。四十匹，五十二人各轉一官資。四十一匹，五十三人各轉一官資。四十二匹，五十四人各轉一官資。四十三匹，五十五人各轉一官資。四十四匹，五十六人各轉一官資。四十五匹，五十七人各轉一官資。四十六匹，五十八人各轉一官資。四十七匹，五十九人各轉一官資。四十八匹，六十人各轉一官資。四十九匹，六十一人各轉一官資。』從之。

十日，（認）〔詔〕：『吴璘起發諸路進馬二（十）千匹到行在，將諸綱合轉官資之人，并特與免納綾紙錢，仰所屬限十日，出給所授告命、宣帖等，并赴樞院承旨司送納，當官給散發回。』

二年正月二日，詔：『諸軍養馬倒斃，自合依著令，帶甲射弓應法與免科校。其乾道元年四月内所降指揮，更不施行。已經降官展年，並與改正。』先是，乾道元年四月九日指揮，樞密院言：『勘會川、廣所起綱馬，管押使臣、人兵（以）全到及倒斃，已有定立賞罰指揮外，交付三衙及江上諸軍之後，其部轄將佐等縱容合干人減尅草料[二六三]，全不用心養餵，往往瘦瘠，（到）〔致〕令倒斃數多，理合措置。兵部今參附馬綱賞罰，隨宜措置。擬立到諸軍逐將部轄將佐合干人等賞罰：全不倒斃，轉一官資，減一年磨勘；軍兵、將校、白身人，每一年磨勘，折錢一十貫文。倒斃及一分至不及二分，減三年磨勘；軍兵、（劾）〔效〕用、將校、白身人每一年磨勘，折錢一十貫文。倒斃及二分至不及三分，展二年磨勘；將校、軍兵、白身人各從杖六十科斷。倒斃及三分，降一官資。每增及一分，更展一年八箇月磨勘。分數准此遞展。内無磨勘人，後理磨勘日展年；將校、軍兵、白身人各從杖八十科斷。乞下殿前、馬、步三司及江上諸軍，責委主帥自今年爲始，將見存及日後收到馬數置籍抄轉。以十分爲率，候至歲終，將見存並倒斃馬的實匹數，及部轄逐將將佐等合干人職位、姓名，供申朝廷，賞罰施行。諸軍所養馬數，其馬主名下若有倒斃，即合別行攤撥養餵，難以候至歲終叠較賞罰。如遇倒斃，馬主即便科斷，有名目人，供申所屬展年。若養餵實及一年，別無損斃，從本軍量支犒賞施行。』故有是命。

四月十一日，利州路轉運判官范南仲等言：『契勘茶馬司所起川、秦綱馬，從來於四川州軍差撥官兵押發。所有隆興二年分馬，殿前司自差八十七綱官兵前來取押[二六四]。抵今年八月，節次差發到七十綱。官兵止取發過馬三十九綱外，餘三十一綱，官兵只在興元府守候綱馬，坐費券食。又更接續差到取押乾道元年分綱馬一十七綱，官兵若等候資次，須是半年以上，委見虛費錢糧。所有綱馬既於水路津發，自不須更差人前來取押。乞下殿前、馬、步軍司住行差撥，只依舊例，自茶馬司差人押發。』詔并依，如後次綱馬不堪，將茶馬司差到押發人重作施行。

六月十四日，詔四川軍兵（目）〔自〕今十將以上，毋差押馬。十將以上，非武藝合格，毋得轉資。以秘書省正字黃（釣）〔鈞〕言：『竊見四川州郡軍員之數最冗，軍員之選最濫。蓋押馬轉資之弊，有以致之也。押馬轉資，其弊有二：一曰壞軍政，二曰耗國用。昔者祖宗立禁軍之額，課其武藝而爲排連轉補之法。使之歆慕踴躍，日夜磨礪，而後有得。今也不然。驅馬二駟，平達在所，則轉一資，大率不過五六往返，則爲都頭，爲指揮使。一歲馬綱凡三百有奇，所差不啻千兵，遷補軍員，其數不少。蜀郡之兵，多者四五千人，少者一二千人，而軍員之數，大郡踰千人，小郡亦不下七八百人，可謂最冗最濫矣。擊刺、射御之事則不能，坐作進止之節則不知，以道路之小勞，一旦偃然於一軍之上，顧使負材力、習武藝者，俛首而下之。此軍政之所以壞也。自押官等而上之，至於指揮使，資級愈高，則衣糧愈增。以衣食數兵之資，而後能給其一人。一郡而軍員千人者，計其資用，雖養數千兵可也。視祖宗之舊，增者十倍。此州郡所以困於供億，而國用所從而耗也。紹興二十三年以後，四川茶馬制置司及普州守臣各有陳請，乞將押馬轉資爲之止法，諸州軍員爲之定額。及省部看詳之際，不知其爲四川之害，止降指揮，輪流差撥，不許搯運。沿此，轉員日多，省計日侵，其弊滋甚。方陛下修明百度，訓治六師，而使游手無能之人僥冒賞級，壞軍政而耗國用。望嚴立禁令。』故有是詔。

三年二月二日，詔：『今後茶馬司起發西馬到行在，不以年分，輪撥付三衙。内殿前二綱，馬、步軍司各一綱，周而復始。仍自今年三月一日爲額。以馬軍司李舜舉、步軍司陳敏言，乞將發到西馬，以四綱爲率，分撥三司。』故有是命。

十月四日，四川宣撫使虞允文言：『契勘宕昌所買西北之馬，産於沙場平川之地。一旦使行金、房州路，固已損壞。草料不辦，遂致饑餓，倒斃甚多。又自房州以去行在，馬驛地（理）〔里〕稍遠，每程有八九十里者，盡一日之力，不能得至。既抵驛舍，馬已困乏，芻秣不齊，來日又是催趕前去。若有蹄脚病患，州郡不肯寄留，直至倒死而後已。蓋州縣馬綱、草料批請程驛，多是委之縣令、簿尉，守臣殊不干預，事力至輕，例皆不辦。伏望專委知州。所有逐驛程，每驛大約作五十里以下。所有病馬，即權（守）〔寄〕留，如法醫治。每歲若能醫治及五十匹，知州即與減二年磨勘；不及五十匹，分數給賞。』從之。

四年正月十五日，四川總領查籥言：『前宣撫吴璘起發進馬，係於諸軍入隊馬内摘揀，發赴行在，即不係買馬起發。其牽馬（宫）〔官〕兵、該賞一半折資錢，合於契税錢内支給。』從之。

十九日，詔：『四川宣撫司所起進馬五百匹，令御前諸軍都統制員琦，第一至第四綱馬二百匹，差有心力官兵管押赴行在。沿路如法養餵，仍賫元發綱解毛色馬圖前來，不得换易。』

二十三日，提舉四川買馬監牧公事張松言：『本司所買馬，係在西和、階、文、黎州、南平軍置場收買，出自遠蕃。纔買到場，便行起發。（徑）〔經〕由道路，多是山坡險峻，自早至暮，餵飼失時。雖依元降指揮於房州、鄂州、襄陽府、江州、宣州各有住程歇泊，緣爲十程以上，方得歇泊。今相度，更於房州竹山縣、光化軍卧佛驛、郢州長壽縣驛、漢陽軍漢川驛、興國軍驛、江州石溪驛、池州貴池縣、湖州安吉驛八處，各住程驛歇泊一日。所有草料錢糧，望行下所屬寬剩樁辦應副，檢日批支。』從之。

二十九日，樞密院言：『白劄子：馬驛新路，自（今）〔金〕州用船裝運。水路至淨口約五百餘里，淨口至梅溪一百八十里之間，凡有大小溪水近二百處，恐虛費措置，終不可行。舊路自金州至梅溪一十二驛，若於竹山縣至寶峰，并高水田至長安，各添置一驛，使促其程。將房州山路修鑿，巇險便爲坦塗，則爲力不勞。』同日，又白劄子：『近來綱馬疲瘦倒斃，緣宕昌中賣之初，卻令元賣之人看養，候五十匹足數，然後排作短綱。押短綱使臣，往往多是付身不圓之人〔二六五〕，茶司別無請給，挨排守等，只候押綱，止得交子三十餘道。押至興元，全綱無損，方椿收錢四十餘道。間有一匹病患，則被尅罰。交割之後，或有病者，預知必罰，沿路於所請草料偷減入己。又緣西蕃之馬，素不食料，驟爾餵料，皆成蹄注之疾。莫若於本處添置兵級，每遇買到馬，如法養餵調停。草料，須自一升漸加至數升，候見腸胃慣熟，方可盡給全料。』詔：令虞允文行下張松，同共從長措置，務要革去舊弊。

同日，詔：『令逐路提舉綱馬驛程官并逐州知、通，專委清強官，前去點檢逐處驛舍、橋道、草料等，如有驛舍窵遠去處，即仰添置。或有疏漏損壞，即行修整。及常切預前椿辦草料（狂）〔在〕驛，不得依前滅裂。如有違戾去處，仰提舉官按劾聞奏。朝廷不測差官前去點檢〔二六六〕。如提舉官縱容不舉，重作施行。以白劄子言：『自襄陽（王）〔至〕、臨安，驛舍疏漏，槽具不全，池州、宣、江間尤甚。或無監官驛子，村路間，草料全無糴處。池州城下雖有馬驛，止許吴璘進馬占下，綱馬不許占泊。橋道亦多狹小，綱馬擁併，多墜落溪澗。』故有是詔。

二月十四日，臣僚言：『自蜀抵吴，道里修阻，馬之得全者十無四五。且如州縣之瀕於江湖者，馬至，給一日券，阻風五六日者，以一日之備爲五六日之用。欲望今後綱馬所經州縣，專委通判、知縣置歷，所過開說交割，逐考批其印紙，以殿最陞降之。儻無（遺關）〔遺闕〕，旌以一二年之賞；其敗事者，展磨勘。』從之。

三月十四日，樞密院言：『茶馬司每年起發御馬一綱，係差使臣二員，將校、醫獸各一名，牽馬軍兵五十人。每人各牽馬一疋，內（住）〔加〕備馬五匹，附綱牽拽。如軍兵名下馬一匹到，轉一資；馬一匹不到，降一資。今來綱馬內有牽馬二匹并牽馬一匹到軍兵，及二匹內一匹倒斃之人，欲乞將馬二匹到軍兵更各（興）〔與〕轉一資。二匹內一匹不到軍兵，更不推恩。若日後有二匹全不到，與降一資。』從之。

十七日，四川宣撫使虞允文言：『張松爲提舉買馬官，首以京西上京舊驛路檄之，使修治道路。將半，會有以虜境相近爲言，松等議改置水程五驛，即畫圖具奏外，欲且乞從新路發馬一年。或未便利，卻改從上京舊路，浮言自息。』從之。

二十二日，虞允文言：『都大主管茶馬張松昨來乞將每年起發行在馬綱，依御馬例，每綱貼馬五匹，作五十五匹起綱。得旨依。契勘茶馬司逐年所買宕昌西馬，常是拖欠。今來遽然每歲添貼三百五十五匹起發，竊慮買發不前。望且令依舊額馬數排發。』從之。先是，三年十二月六日，張松言：『本司每年起發行在三衙馬綱，押馬綱官少有被賞，多是降罰。今來相度，每馬五十匹爲一綱，依御馬例貼馬五匹。所有賞罰分數，并令依舊格法，更不增減。內貼綱馬，不在比較之數。庶被賞之人稍多。』詔依。仍不得虧損歲額合起綱馬。故有是詔。

四月六日，樞密院言：『漢陽軍置收發馬監。檢會紹興三十一年正月十四日指揮，今後三衙取押到綱馬，看驗訖，候降出，令都承旨用火印，撥付逐司。其見管馬，亦依此用印。江上諸軍委總領所，江州、池州、荆南委守臣。自近及遠，欲以下項字爲文：殿前馬軍「甲」，馬軍司「乙」，步軍司「丙」，江上駐劄御前諸軍：鎮江府「丁」，建康府「戊」，池州「己」，江州「庚」，鄂州「辛」，荆南「壬」。』詔：『令茶馬司將所起三衙并江上諸軍綱馬，先於左胯上各隨逐司并駐劄諸軍字號，用火印訖；仍選差有心力人及能養馬軍兵，管押赴收發馬監交割。其荆南、鄂州所得馬，更不入監，徑押赴逐軍交割。如茶馬司依前滅裂，所差官兵不當，卻致倒斃，重作施行。』

七月(日？)，詔：『令茶馬司將三衙西馬内殿前司二綱，馬、步軍司各一綱，輪撥起發，周而復始。其江上諸軍綱馬，并照應歲額合發綱數施行。』

二十八日，兩浙路轉運副使沈度、轉運判官劉敏士言：得旨，條具買馬驛經久利便。今條畫下項：

一、臨安府、湖州管下馬驛修葺并得圓備。欲乞專委通判，每季親詣管下馬驛相視；仍令縣尉，每月前去照管有無損壞。

一、臨安府錢塘縣餘杭門外馬驛，屋宇大小二十四間，若遇綱馬併至，則無處安着。本驛周回，并無地步可以添蓋。今欲令臨安府，於左側別行修蓋馬驛一所。

一、臨安府餘杭縣跨水馬驛至湖州安吉縣馬驛，計七十里，難以一程趕趁。今欲於中路安吉縣界添置馬驛一所，添差官一員看管。

一、管下馬驛，每遇綱馬到來，合支草料。其押馬官附帶私馬，卻於正馬草料内減尅均養。乞令諸處發馬官司，今後遇進納綱馬，嚴立罪賞。約束押馬官兵，將附帶私馬自行計備草料，不得於官馬草料内減尅。

一、沿路橋梁、道路低窊去處，如遇雨水，即皆渰没。乞令所屬縣分，專委巡尉脩治填疊，取令高闊牢壯，應副通行。

一、馬驛合將揀淨稻子、大麥及齊頭整草支給。訪聞日來逐驛多是折支見錢，設或支給，又用陳濕糠秕、亂草和夾。乞令所屬縣令，不得仍前違戾。

一、所管馬驛，要得人兵打併照管官物。欲乞令逐縣每驛各差人兵五人，日支給食錢五十文省，於係官錢內支。每季一替。並從之。

五月十八日，兵部言：『今看詳，乞將殿前、馬、步軍司自臨安府至漢陽軍取馬，依昨來興元府發馬至荊南立定賞罰。欲牽馬軍兵，自三衙於漢陽軍取馬至行在，如牽馬二匹到，無瘡疥、瘦瘠病馬，并與減半推賞。願折資者，支錢一十五貫。內一匹瘡疥、瘦瘠病，支錢七貫五百文。不願折資者：若兩次押馬該賞，許作轉一資收使。』從之。昨來興元府馬至荊南，立定賞罰：全綱至，倒斃不及二分，謂九匹以下，使臣減三年磨勘；將校、醫獸、執色合干人，各轉一資。倒斃、寄留及二分至不及三分，謂十匹至一十四匹，使臣展二年磨勘；將校、醫獸、執色合干人更不推恩。倒斃、寄留及三分，謂一十五匹，使臣、將校、醫獸、執色合干人各降一官資。每增及一分，使臣更展一年磨勘，余分數準此遞展。其將校、醫獸、執色合干人更別無加罰。牽馬軍兵：二匹到，轉一資；一匹到，更不推恩。二匹到，并瘡疥，更不推恩；二匹到，內一匹瘡疥，減半推賞，支錢一十五貫文。二匹全不到，降一資。已上賞罰外，若綱內看驗得有瘡疥、瘦瘠病馬，合依寄留、倒斃馬數除豁。若降資軍兵內無資可降人，從杖八十科斷。

七月十二日，鄂州駐劄御前諸軍都統制趙樽言：『諸軍戰馬，舊管萬餘匹，累經戰陣，見管數少。望除本司合得歲額綱馬外，別行支撥綱馬，應副披帶教閱。』詔令趙樽將乾道四年分合撥付三衙馬內截撥十綱。其三衙所闕馬數，聽候御前逐旋支降。

十二月十七日，樞密院言：『茶馬司起發三衙西馬赴行在，每綱依御馬例貼馬五匹，共五十五匹爲一綱。今來止依舊每五十匹爲一綱，趙樽截撥西馬十綱，止以五十匹爲一綱。如趙樽已行截撥，卻令據截過綱數報茶馬司，將多收過馬數，貼以後起發綱馬，揍作十綱。』從之。

五年二月一日，兵部言：『廣西經略司使臣、守闕進義副尉張横押馬五十匹，全綱倒斃。緣從來即無全綱倒斃降罰體例。今來若依格法紐計，不過降一資，展四年半磨勘止。乞別作施行，以爲後來之戒。』詔：張横追毁所授三資文書，令本軍行遣訖，降充効用使唤。

五月十四日，張松言：『本司將每歲所起綱馬，并赴漢陽軍新置馬監交納。令諸軍差官兵，就監牽取歸軍。照對川、秦之馬，乍入中國，皆非本性所宜，例生諸病，因致傳染。若綱馬到監積壓數多，一馬纔病，旬月之間，即成群皆病矣。欲乞下三衙、江上諸軍，每歲預差將官一員，於當年八月内，將帶本軍取馬一百人，在馬監安泊。每發一綱，申本軍接續差人，候馬綱到監，歇泊十日，先行起發。内有病患，即留本監餵養，免其傳染。亦不致衆綱擁併。』詔依。仍令茶馬司，遇有排發綱馬，約度到監月日，預先關報三衙及江上諸軍。指期接續差人前去取押，不得留滯積壓。

八月十五日，詔：『三衙并江上諸軍，廣西經略司取押綱馬軍兵，今後并不許差十將以上人。』以樞密院言：『已降指揮，四川軍兵十將以上，不許差押馬。其餘去處，合一體施行。』故有是詔。

六年三月二十五日，廣西經略安撫司言：『本司每歲起發行在及鎮江、建康、池州軍前馬綱，官校各係轉一官資，使臣更減磨勘二年。内鄂州命官，全綱止減磨勘四年，將校只得半資公據外，襄陽府依鄂州已降指揮體例施行。致所差使臣及將校，多不願就。乞將押鄂州、襄陽府全綱到軍押馬使臣、醫校與轉一官資。若有倒斃，并依舊例施行。』從之。

閏五月九日，樞密院言：『乾道五年分步軍司諸軍牧放戰馬，數内中軍統領官苗茂，親隨將第一將副將王明，左軍統領官孟俊，第三將張國珍下，各倒斃馬分數最多，理宜懲戒。』詔：苗茂、孟俊各特降一官〔二六七〕，王明、張國珍各特降兩官。

十二日，江南東路轉運副使張松言：『乞行下茶馬司及逐路轉運司，約度全年合用草料，以時計置足備，以馬驛側近堆樁。令茶馬司於行程口券外，別給足備歷一道，付押馬官收執。如到，逐驛支給草料數足，方令驛司批下。如有欠闕，更不得批。候七日終，朝廷差官取足備歷比較，將逐路闕誤最多去處，責罰施行。』從之。

六月十八日，主管侍衛步軍司公事王友直言：『本司節次取押到綱馬，並承御前降到馬數合得草料。其糧料院動經月餘，方始放行。欲望日後取押到綱馬，赴承旨司火印訖，依呈刺拍試過人體例，日下放行合得草料。』從之。七年九月二十六日，殿司乞依此已得指揮施行。從之〔二六八〕。

二十一日，王友直又言：『每歲差撥官兵前去漢陽軍馬監取押綱馬，内有合該轉半資、願請折資錢之人，往往留滯，動經三兩月，方始支請。竊詳倒斃馬數，所屬便行責罰；其無瘦斃，亦合畫時支賞。欲望日後赴承旨司審驗火印訖，并令日下支請給散，庶幾有以激勸。』從之。

二十七日，詔：『三衙及都統制司於諸軍馬軍逐將内，各創置醫馬院一所。將病輕者作一處，病重作一處，逐將差將官一員，并逐將管事人各一名，及醫獸、馬主在彼，專一提點，灌啗醫治。每半年一次，比較痊可及倒斃數目，申樞密院，重行賞罰。』其後九年六月十二日，樞密院言：『殿前、馬、步軍司諸軍各置醫馬院，遇有病馬，不以輕重，盡拘一處醫治，病勢相傳，例有倒斃。乞止令馬主在家養餵，委將官一員巡視提點，勒醫獸用藥灌啗，令主帥比較賞罰。』從之。

九月二十三日，兵部言：廣西經略司所起綱馬，每一名牽拽六匹。常綱，每一名牽拽十匹。緣人力不勝，致病瘦、倒斃數多。得旨，（今）〔令〕廣南西路經略安撫司今後起發綱馬、進馬，每人牽拽二匹；常綱，每人牽拽四匹。其賞罰，令兵部參照見行格法，比擬施行。本部今將格法體例指揮并地里參照比擬〔二六九〕，立定到因依：

一、契勘茶馬司自來於成都府起發御馬，至行在六千一百一十九里，牽馬軍兵每人牽馬一匹。今來廣西經略司自靜江府起發進馬，至行在二千八百七十七里，比之成都府至行在地里，雖止及一半，每人卻牽馬二匹。

一、契勘茶馬司自來於興元府起發常綱西馬，至行在四千八百八十九里，牽馬軍兵每人牽馬二匹。今來廣西經略司自靜江府起發常綱馬，至行在二千八百七十七里，至建康府三千五百八十六里，至鎮江府三千七百六十里，至池州三千里。四處地里，比之興元府至行在地里，各及一半以上。至襄陽府二千三百六十二里，至鄂州一千八百八十二里，其兩處地里，各不及一半，每人卻牽馬四匹〔二七〇〕。今後廣西經略司起發進馬赴行在，每人牽拽二匹，全到無瘡疥、瘦瘠、病，轉一資。若內有一疋瘡疥、瘦瘠、病，減半推賞，支錢一十五貫；二匹並瘡疥、瘦瘠、病，并寄、斃馬一匹，並更不推恩。其綱內通管將校、醫獸全綱至，寄、斃不及一分，各轉一資；寄、斃及一分至不及二分〔二七一〕，通管將校、醫獸更不推恩；寄、斃及二分，通管將校、醫獸各降一資；若更有倒斃分數〔二七二〕，別無加罰。

一、今後廣西經略司起發常綱馬赴行在并鎮江、建康府、池州都統司，每人牽拽四疋。全無瘡疥、瘦瘠、病馬，轉一資；若內有一疋瘡疥、瘦瘠、病減半推賞，支錢一十五貫文；二匹至四匹瘡疥、瘦瘠、病，并寄、斃馬一匹，并更不推恩。其綱內通管將校、醫獸全綱到，并寄、斃不及二分，轉一資；寄斃及一分至不及二分，通管將校、醫獸更不推恩；寄斃及二分，通管將校、醫獸降一資；若更有倒斃分數，別無加罰。

一、今後廣西經略司起發常綱馬赴鄂州、襄陽府都統司，每人牽拽四匹。五十匹全綱到，醫獸、牽馬四匹全到〔二七三〕，無瘡疥、瘦瘠、病，轉一資。若內有一匹瘡疥、瘦瘠、病，牽馬人減半推賞，支錢一十五貫文；倒斃、寄留不及一分，醫獸、牽馬四匹全到，無瘡疥、瘦瘠、病，各支錢一十貫；若有一匹瘡疥、瘦瘠、病，減半推賞，支錢五貫文。牽馬將校名下馬四匹全到，若二匹至四匹瘡疥、瘦瘠、病，并寄、斃馬一匹，更不推恩。寄、斃馬二匹至四匹，並降一資。倒斃、寄留及一分，醫獸更不推賞；倒斃、寄留及二分，醫獸降一資；若更有倒死分數，別無加罰。

一、本部契勘，廣西經略司自來差使臣管押出格馬赴行在投進，每綱係三十匹。雖有賞罰體例指揮，從來未有立定格法。今參照體例指揮，比擬下項：

一、全綱三十匹到，使臣、通管將校、醫獸各轉一官資，內使臣更減一年半磨勘。

一、倒斃、寄留不及一分，謂一匹至二匹，使臣、通管將校、醫獸各轉一資。

一、倒斃、寄留及一分至不及二分，謂三匹至五匹，使臣展二年磨勘，通管將校、醫獸各更不推恩。

一、倒斃、寄留及二分，謂六匹，使臣、通管將校、醫獸各降一官資。每增及一分，使臣更展半年磨勘。餘分數，准此遞展。其通管將校、醫獸別無加罰。

一、契勘廣西經略司起發綱馬赴前項去處交納，若看驗得內有瘡疥、瘦瘠、病馬，其使臣、通管將校、醫獸，合依寄留、倒斃馬數除豁。

一、契勘廣西經略司起發常綱馬赴行在并江上諸軍，每人牽拽四匹，每綱差一十二人，止牽拽馬共四十八匹外，有零馬二匹未有該載。今欲乞令廣西經略司每綱更差將校一名牽拽，即與減半推賞，支錢一十五貫文。如內有一匹瘡疥、瘦瘠、病，更與減半支錢七貫五百文。若二匹並瘡疥、瘦瘠、病，并寄斃馬一匹，更不推賞；二匹全寄、斃，降一資。從之。此上《國朝會要》。

（乾道）六年十月九日，四川宣撫使王炎言：『得旨，令於階、成、西和、鳳州選擇水草豐美去處置監〔二七四〕。竊聞四州之地，山林陵谷，幾居其半。欲求寬閑之地，可以牧馬三五百匹，不可得也。且以二千匹計之，養馬人須千人以上，取之軍中，必妨教閱。即今階、成、西和、鳳州見管忠勇軍、弓箭手三千餘人。內忠勇馬軍，免家業錢有至三百八十貫者，步軍免家業錢有至二百八十貫者。弓箭手官給田土，內馬軍兩頃五十畝，步軍兩頃。從來各家多有鞍馬出戰，無異正兵。近年茶馬司不許私下買馬，今闕馬之家十有七八。欲令茶馬司收買騍馬二千匹，馬翁二百匹，給撥與忠勇軍、弓箭手闕馬人及步軍情願養馬人着腳，養餵牧放，仍與理放有馬家業錢及田畝税課。有孳生騮駒，即時申報官司係籍。候及二年，委官相視，分作三等。上等支錢引一百道，中等八十道，下等六十道，付養馬之家。其馬經官火印，籍充官馬，解赴茶馬司團併起綱，或支付諸軍。若已爲官中生兩騮駒者，即後來所生駒子，不以騮騍，許以一匹與所養人，亦許經官中賣與諸軍。先據茶馬司買到襄、郢置監騍馬五百餘匹，取撥排綱外，見在一百三十二匹，乞將就充給撥之數。』從之。

二十日，主管殿前司公事王琪言：『先降指揮，每遇都大茶馬司差官押到綱馬，據實到監匹數，申殿前司，差撥合用取馬人兵。竊詳自漢陽馬監至行在，往復七十餘日。緣路途遥遠，若馬監候見得馬數報本司，差撥合用人兵，旋行出給券歷前來，須是兩月餘日。是致在監積壓馬數，不下千餘匹。乞不候馬監報到馬數，預先接續差撥全綱官兵，依例出給券歷前去。竊見本司逐年合得綱馬，比之馬、步司及江上諸軍綱馬數多，所是醫獸卻與諸司一般〔二七五〕，止差二人，欲乞貼差二人，通作四人，前去馬監醫治。』從之。

十一月十七日，利州路轉運司言：『四川宣撫司押馬使臣供〔二七六〕，沿路馬驛内，有巨陵、米鋪、栗溪、師子限等處，或有草無料，或有草料而無人糧。得旨，令本司具析違慢因依。照得并係金州洵陽管下新開水路程驛，守臣翟揀、知縣程縝。』詔翟揀、程縝各特降一官資。其後，八年六月十九日，四川宣撫使司言：『本司看詳昨來差使臣俞遏等管押進馬一綱，内雖有兩匹倒斃，緣係因卒患水結黑汗，灌救不下。其餘馬數，並各膘分肥壯。其逐人已該轉官恩賞，即見得非因草料不足。竊慮俞遏等沿路以需索不如私意，妄有陳言。欲望翟揀、程縝降官指揮，改正施行。』從之。

十二月二十二日，兵部侍郎王之奇言：『伏見蜀中馬綱之役，四川州郡發牽馬兵士額差四千餘人，又借請之費三十餘萬。後來雖許至漢陽交割，稍有省減，然借請之費尚二十有餘萬，不可勝言。欲乞於成都、興元、襄陽各置司牧營分，將四川州郡分差到人計逐處綱馬數目，均分作兩處住營管幹外，襄陽府司牧營分合用人數，於京西、湖北諸路州軍廂軍内差撥。如不足，許行招收曾經牽馬逃亡軍兵充填，并一年兩次輪流牽喝。所裁損人數，幾三分之一。况地里止是千餘里，往回不出五旬。况襄陽至漢陽，地里尤近，比成都、興元，又易措置。牽馬兵士更不借請，除依舊破券并支回程錢外，每起綱日，更與添支食錢二百文，則州縣無横費之擾。今措置馬綱，畫一下項。詔：令四川宣撫相度，如於馬政利便，措置申樞密院。

一、總計成都、興元府歲額馬共一百六十一綱，内成都府川馬六十綱，興元府西馬一百一綱。每綱五十匹，計八千五十匹。每綱用牽馬軍兵二十五人，節級一名，使臣、醫獸各一名。

一、成都府馬六十綱，一十五綱係鄂州都統司自行差人取發，四十五綱内一十綱係騍馬。係本府差人管押，經由興元、襄陽府至漢陽軍馬監交割。計三千五百餘里，共六十四驛程〔二七〕，往回一百二十餘日。除使臣、醫獸外，歲用兵級一千一百七十人。今欲乞令成都府管押至興元府交割，止係一千二百餘里，共二十四驛程，往回只五十日。除使臣、醫獸依舊差撥，更不交替外，其兵級以三分爲率，減免一分，止令差定七百八十人，循環牽押。每隔日起發一綱，周而復始，更輪兩次役使。所有兵士，并於成都府置司，依營收管。如有闕額，令茶馬司招填。其請給衣糧，令元差州軍支移前來，按月支散。

一、興元府馬一百一綱，今年指揮，更令起發西馬二綱，往應城縣孳生監，至今未見茶馬司申到。起發二十綱，係荆南都統司自行差人取發，八十一綱，係本府差人管押，經由襄陽府至漢陽軍馬監交割，計二千三百餘里，計四十驛程，往回八十餘日。除使臣、醫獸外，歲用兵級二千一百六人。若依今來措置，又添承受到前項成都府馬四十五綱，計用兵級一千一百七十人，兩項共用兵級三千二百七十六人。今欲乞令興元府管押至襄陽府交割，止計一千四百餘里，共二十八驛程，往回六十日。除使臣、醫獸依舊差撥，更不交替外，其兵級減免一半，止令差定一千六百三十八人，循環牽押。每日起發一綱，周而復始，更輪兩次役使。所有兵士，於興元府置司牧營收管。如有闕額，令茶馬司招填。其請給衣糧，令元差州軍支移前來，按月支散。

一、今來襄陽府承受到興元府綱馬一百二十六綱，除自有元管押使臣、醫獸外，每綱用牽馬軍兵二十五人，節級一名，計合用兵級三千二百七十六人。自襄陽府至漢陽軍并德安府應城縣馬監，計八百四十餘里，共一十二驛程，並係平川，往回不及三十日。今欲乞令京西、湖北路安撫司，於本路見管係將、不(以)〔係〕將廂、禁軍內，差撥牽馬兵級，比合用人數，以三分爲率，減免二分，止用兵級一千九十二人。如不足，許不拘等杖〔二七八〕，揀選少壯人招置。并許曾經川路牽馬逃亡軍兵，限一月令經所在州軍陳首，與免科罪。發赴襄陽府，即與舊軍分職名收管，支破請給。從襄陽府據每綱合用人數，同元管押使臣、醫獸牽至漢陽軍馬監。內騾馬十綱，至德安府應城縣交割，并每日起發一綱，周而復始，更輪三次役使。所有兵士，並於襄陽府置司牧營收管。如有闕額，令茶馬司招填。其請給衣糧，令元差州軍支移前來，按月支散。

一、今來襄陽府應辦牽馬人數，竊慮招收未足，今欲乞除騾馬一十綱令本府差人牽押至德安府應城縣交割外，其餘綱馬，欲乞權令三衙、并江上諸軍見應副漢陽軍馬監取馬兵級，權暫前去襄陽府取撥。候有應辦人，數目依舊。

一、襄陽府轉發綱馬，其牽馬軍兵賞罰，今欲參照成都府並興元府起發格例賞罰施行。

一、成都府、興元府發馬，并今來襄陽府轉發押馬等人，合得到程、回程等錢，亦合遞減。今欲乞令所屬裁定施行。

七年二月十八日，詔：『池州駐劄御前諸軍，病患馬醫治痊可及倒斃，左軍最優，統制特轉一官，提點將官、管隊事訓練官、醫獸各特減二年磨勘。右軍最劣，統制特降一官，提點將官、管隊事訓練官、醫獸各特展二年磨勘。』以池州駐劄御前諸軍都統制吴總言：『諸軍乾道六年七月一日至十二月終，病患馬醫治痊可及倒斃數，以各軍本月終見管馬十分爲率，比較下項：(尤)〔左〕軍最優： 病患馬二十七匹，合該一分二氂二毫一絲； 倒斃一十八匹，合該八氂一毫四絲。見患□匹（方案： 上四字疑誤衍）。十二月終，見管二百二十匹。 統制崔定（寔?），提點副將李大椿，準備將于翼，管隊事訓練官冉政、朱進，醫獸田忠、楊玘。 右軍最劣，病患馬三十七匹，合該一分八氂六絲。 倒斃二十七匹，合該一分三氂一毫九絲。十二月終，見管馬二百五匹。 統制趙思忠，提點權正將趙賽、準備將王政、高貴，管隊事訓練官徐立、朱珍，部將韓清，醫獸何進、郜德。』故有是命。

三月一日，詔：『馬軍司取押第三綱戰馬四十八匹，沿路倒斃、寄留外，有馬三十五匹見到，並各瘡疥、瘦瘠。押馬官依格賞罰外，特降兩官。本綱打先牌、醫獸各特降兩資，牽馬軍兵二匹全不到人，各從杖一百科斷。日後諸軍，可依此施行。』以馬軍司言：『成忠郎曲用取押本司第三綱戰馬，沿路倒斃寄留一十三匹外，並各瘡疥、瘦瘠。取到沿路批支草料券歷，照得挨日支給，即無少闕。顯是本綱打先牌、抱券人、醫獸盜賣草料，至得倒斃數多。竊恐以後遞相仿傚。』故有是命。

四月二十九日，主管殿前司公事王琪言：『護聖馬軍節次取押馬五綱，共二百一十二匹，到建康府。內一百一十五匹揀選着腳外，有九十七匹撥付神勇軍闕馬官兵寄養。竊緣神勇軍所管牧放馬軍九百六十六人、馬九百九十五匹，見闕人養餵。乞將護聖軍馬盡發遣前去秀州本軍牧放。』從之。

五月十三日，詔：令四川宣撫司行下茶馬司將未起川馬并騍馬綱數，疾速催促排綱起發，須管數足。以樞密院言：『乾道五年起發過一百四十一綱，今來川馬尚少九綱，歲額一十綱，共十九綱，并未到騍馬五綱。』故有是詔。

二十六日，詔：『令内外諸軍主帥責委逐軍統制并逐將將官，將見今戰馬并降撥到綱馬，鈐束馬主，以時飲飼，有病即時醫治。仍每年一次，比較牧養優劣。各於本軍、本將馬數十分爲率，倒死不及二釐，統制、將官各與轉一官；四釐以下，各減二年磨勘。倒死一分以上，展一年磨勘；一分半以上，展二年磨勘；及二分，降一官；二分以上，取旨重作行遣。馬主，令主帥量輕重等第責罰。有武藝絶倫者，與免罪。仍自今年歲終比較。』以樞密院言：『内外諸軍馬，統兵官全不用心，牧養失節。縶維不以時馳騁，疾病不以時醫治，致使倒斃，理宜立定賞罰。』故有是命。

六月十一日，詔：寧國府南陵知縣趙傳慶降兩官放罷；當行人吏，各從杖一百勒罷。以傳慶違旨，不預辦馬驛錢米、草料。從淮西、江東總領張松奏劾也。

十六日，詔：『殿前司取押第二十三綱馬四十八匹，除寄留、倒斃外，見到二十九匹，押馬綱官依格責罰外，更特降三官；其本綱醫獸等，各特降兩資；内無資可降人，各從杖一百科斷。日後依此施行。』

七月二日，詔：『四川所起進馬，有牽馬人兵。訪聞經過，屯駐諸軍強行拖拽招刺。今後遇有違犯之人，令同行指定強拖拽人軍分、姓名申宣撫司，備申樞密院取旨，重作施行。』從四川宣撫王炎請也。

二十四日，樞密院言：『鎮江府都統司差使臣周同等，於馬監取到川馬二十八匹，寄斃一十三匹，見到一十五匹，又病瘦四匹。以見取馬官兵等，將沿路批請草料減尅、偷糴，不用心養餵。』詔：『押馬綱官周同依格責罰外，更特降三資。其本綱打先牌、醫獸、抱券，并牽馬軍兵二匹全不到，各特降兩資。內無資可降人，各從杖一百科斷。除降官資人外，餘並令本軍問當。日後依此施行。』

八月四日，樞密院言：『勘會三衙、江上諸軍取馬官兵，并不揀擇差撥，往往不切用心，致令倒斃數多。得旨，令三衙、江上諸軍，今後差撥闕馬官兵前去馬監，牽取本名下馬歸軍，專差訓練官一員，充綱官。賞罰，令兵部措置。本部契勘：闕馬官兵元舊名下止是管馬一匹，今若循例牽拽二匹，又恐仍前不專，卻致損斃。今欲乞各人止牽取一匹，尋將從前格法體例參照，重別措置比擬，立定賞罰下項。』詔依。

一、下項去處，管押使臣、執色合干人，皆以實數十分爲率，計理賞罰。殿前、馬、步軍司及高郵軍都統司差人於馬監取馬到軍：五十匹至四十一匹全綱到〔二七九〕，至倒斃、寄留不及二分，監官減二年六箇月磨勘，執色合干人支錢一十五貫文。如不願支錢，願出給半資公據者聽。如兩次取馬該賞，許作一資收使。四十匹至三十一匹全到，至倒斃、寄留不及二分，綱官減二年磨勘，執色合干人支錢一十二貫文。三十匹至二十一匹全到，至倒斃、寄留不及二分，綱官減一年七箇月磨勘，執色合干人支錢九貫六百文。二十〔四〕至一十一匹全到，至倒斃、寄留不及二分，綱官減一年三箇月磨勘，執色合干人支錢七貫六百八十文。牽馬官兵名下馬一匹到，無瘡疥、瘦瘠、病，軍兵、將校并內有未理磨勘効用，支錢一十五貫文。如有不願支錢，願出給半資公據者聽。如兩次取馬該賞，許作一資收使。有官使臣並合理磨勘人，減一年六箇月磨勘。若寄留、倒斃，依此對展。

一、鎮江府都統制司差人於馬監取馬到軍，五十匹至四十一匹全到，至倒斃、寄留不及二分，綱官減二年零半箇月磨勘，執色合干人支錢一十二貫七百五十文。四十四至三十一匹全到，至倒斃、寄留不及二分，綱官減一年七箇月半磨勘，執色合干人支錢一十貫二百文。三十四至二十一匹全到，至倒斃、寄留不及二分，綱官減一年三箇月半磨勘，執色合干人支錢八貫一百六十文。二十四至一十一匹全到，至倒斃、寄留不及二分，綱官減一年零半箇月磨勘，執色合干人支錢六貫三百三十文。牽馬官兵名下馬一匹到，無瘡疥、瘦瘠、病，軍兵、將校并内有未合理磨勘効用，支錢一十二貫七百五十文。有官使臣并合理磨勘人，減一年三箇月磨勘。若倒斃、寄留，依此對展。

一、建康都統司并三衙差人於馬監取馬到建康府：五十四至四十一匹全到，至倒斃、寄留不及二分，綱官減一年十一箇月半磨勘，執色合干人支錢一十一貫二百五十文。四十四至三十一匹全到，至倒斃、寄留不及二分，綱官減一年七箇月磨勘，執色合干人支錢九貫文。三十四至二十一匹全到，至倒斃、寄留不及二分，綱官減一年三箇月磨勘〔二八〇〕，執色合干人支錢七貫二百文。二十〔四〕匹至一十一匹全到，至倒斃、寄留不及二分，綱官減一年磨勘，執色合干人支錢五貫七百六十文。牽馬官兵名下馬一匹到，無瘡疥、瘦瘠、病，軍兵、將校并内有未理磨勘効用，支錢一十一貫二百五十文。有官使臣并合理磨勘人，減一年一箇月半磨勘。若寄留、倒斃，依此對展。

一、池州都統司差人於馬監取馬到軍：五十四至四十一匹全到，至倒斃、寄留不及二分，綱官減一年三箇月磨勘，執色合干人支錢七貫五百文。四十四至三十一匹全到，至倒斃、寄留不及二分，綱官減一年磨勘，執色合干人支錢六貫文。三十四至二十一匹全到，至倒斃、寄留不及二分，綱官減九箇月半磨勘，執色合干人支錢四貫八百文。二十四至一十一匹全到，倒斃、寄留不及二分，綱官減七箇月半磨勘，執色合干人支錢三貫八百四十文。牽馬官兵名下馬一匹到，無瘡疥、瘦瘠、病，軍兵、將校并内有未理磨勘効用，支錢七貫五百文。有官使臣并合理磨勘人，減九箇月磨勘。若倒斃、寄留，依此對展。

一、江州都統司差人於馬監取馬到軍，地里最近，若不加罰，無以懲戒。五十四至四十一匹全到，至倒斃、寄留不及二分，綱官減九箇月磨勘，執色合干人支錢四貫五百五十文。四十四至三十一匹全到，至倒斃、寄留不及二分，綱官減七箇月磨勘，執色合干人支錢三貫六百四十文。三十四至二十一匹全到，至倒斃、寄留不及二分，綱官減五箇月半磨勘，執色合干人支錢二貫九百二十文。二十四至一十一匹全到，至倒斃、寄留不及二分，綱官減四箇月半磨勘，執色合干人支錢二貫三百四十文。牽馬官兵名下馬一匹到，無瘡疥、瘦瘠、病，軍兵、將校并内有未理磨勘効用，支錢四貫五百文。有官使臣并該理磨勘人，減五箇月磨勘。若倒斃、寄留，展一年磨勘。

一、前項去處，綱官倒斃、寄留及二分，展二年磨勘；及三分，降一官資；每增及一分，更展一年磨勘。餘分數，準此遞展。執色合干人倒斃、寄留及二分，并無賞罰；及三分，降一資。内江州，更令本軍問當。牽馬使臣、軍兵、將校，如有瘡疥、瘦瘠、病，不該推賞。其軍兵將校，〔馬〕若寄留、倒斃，降一資。内江州，更令本軍問當。

一、綱内執色合干人，仍止差軍兵，及依自來體例，差撥施行。

一、所差効用軍兵，如該降資，若無資可降，於本處從杖八十科斷。

一、所差綱官、執色合干人取馬到軍交納，勘驗得有瘡疥、瘦瘠、病，依倒斃、寄留數除豁。

八年正月三日，詔：『已降指揮，內外諸軍所養戰馬，令主帥每歲比較，等第賞罰。可自今後倒斃及二分已上，統制、將官展二年磨勘；三分已上，重作施行。馬主如本等弓四箭中帖垛，或願陞加㪷力者，并委主帥即時拍試，與免罪。其賞格，依已降指揮。』

二月八日，樞密(院)副都承旨王抃言：『每遇綱馬到行在，係承旨司看驗。自來止是係差定省馬院醫獸二人看喝，委是難以據憑。欲乞自今後每遇綱馬到來，報三衙各輪差醫獸二人前來，臨時依公看喝。庶幾革去預先計囑之弊。』從之。

三月十三日，詔：『漢陽軍馬監遇諸軍合取綱馬，令赴湖廣總領所審驗。如有瘦病馬，發回本監醫治。將堪起綱馬，責付取馬使臣管押前來。如致瘦病，重行責罰。仍令四川茶馬司今後須管將及格赤、闊壯，無瘡疥、瘦瘠、病馬，團綱起發。』以樞密(院)都承旨葉衡言〔二八一〕，漢陽軍馬監將病馬一概衮同起發，與不置監無異。故有是命。

二十六日，主管侍衛步軍司公事吳挺言：『先准指揮，令諸軍每遇取馬，差撥闕馬官兵前去牽取。專差訓練官一員，充綱官。令本司諸軍馬軍見闕之數，於步軍弓箭手內揀摘能騎馬、射弓之人，逐旋撥填。所有本司合得乾道七年分綱馬，緣目今舊管馬軍內即無闕馬官兵，止有新刷人數，未敢便行差撥。望令本司於步軍內將新刷到馬軍前去牽取〔二八二〕，依舊每一名牽取一匹。所有賞罰，乞依已降指揮施行。』從之。

四月十五日，詔：『令四川宣撫司行下諸軍，將牽馬官兵於元半年限外，與展兩月。如押馬到行在日，合該賞資及請回程折資錢數，令所屬并限十日施行盡絶。如留滯違限，許行陳訴，將當行人並從重斷。』以樞密院言：『四川牽拽馬人，三月方至行在，納馬轉資，四十五日方畢。及回程，又須兩月，計七八箇月方得歸司。訪聞都統司往回只限半年，過期不到，即令住請，老幼失所，歸司又皆斷罪。』故有是命。

五月九日，樞密院言：『諸軍戰馬有病，慮致倒斃，更不醫治，便作「出」字用印沽賣，損失官馬數多。』詔：『令諸軍今後除齒老、夏瞶馬外，將病患「出」字馬數與倒斃馬，於歲終通理分數，比較賞罰。自後遇有諸軍揀到合用火印「出」字馬，令承旨司、總領所審驗，病患堪醫治者，再令本軍寬限醫治，不得仍前作弊。仰主帥常切覺察。』

十三日，詔：逐路提舉綱馬驛程、漕臣，常切催督所屬修葺屋宇、槽道，寬剩樁辦草料、人糧，仍委逐州通判躬親檢察，漕臣巡歷所部，親至點檢。以提舉四川買馬趙彥博言，自房州以去，驛舍、橋道並不修葺，減尅草料，故有是命。

六月八日，樞密院言：『照得殿前司乾道六年五月至七年四月終，「出」字馬三百七十九匹，七年五月至八年五月終，「出」字馬六百九十三匹，顯屬情弊。』詔：令內外諸軍，今後除齒老、夏瞶馬外，其病患馬發赴醫馬院置籍，令逐軍專一責任兵、將官、醫獸，須管究心醫治，以時飲飼，月具痊、損數，令主兵官將本軍將官、醫獸賞罰。如實不堪醫馬，令承旨司、總領所審驗，印作「出」字。歲終，具印過數目申樞密院。

七月十六日，御筆：『訪聞安豐軍前後多有人於郡境內外盜馬，以至劫傷人命，殊失責任之意。可嚴行禁戢，仍移文濠州，一依今來處分，禁戢施行。』

八月二十日，荆湖北路轉運司狀：『據江夏知縣唐楠申，有馬軍司取馬訓練官張立等，押馬到本縣驛批支糧料，與驛子理會支草，在縣作鬧。』詔：『張立不能彈壓，特降兩官；唐楠不辨馬草在驛，特降一資，候改官日，更展二年磨勘。』

十一月十六日，詔：令建康都統郭剛相度，將本軍戰馬上就建康府牧養。繼而剛奏：『本軍戰馬，自來止就建康牧養，昨緣都統郭振乞移往盧州。（令）〔今〕相視，盧州三月末旬尚未有青草生發，若依舊止就建康牧養，實爲利便。』從之。

同日，詔：『三司馬軍槍手兼射弓箭人所破名下馬，如倒斃，令步射七㪷力，弓一十二箭内二箭上帖垛者，與免罪。數内如實傷手臂、不能兼弓箭者，令本司於進帳内逐人姓名下分明開鑿所患，其破名下馬如倒斃，令擊刺免罪。』

十七日，詔令廣西經略司，今後起發進馬并常綱馬，每軍兵一名止牽馬二匹。

九年閏正月三日，宰執進呈殿前司王友直劄子：『近遣准備將李宣往漢陽軍排發綱馬，在監倒斃既多，又更在路死損，可謂不職。乞罪李宣准備將差遣。』上可其奏。又曰：『若漢陽軍監牧養得宜，則發遣來者，在路自無損斃，李宣何得不懲！』

二月二日，詔：『令諸軍并漢陽軍馬監，今後遇有取發到綱馬，仰即時將元綱解并沿路倒斃及見到數，開具申樞密院。以憑稽考，無致違戾。』從樞密院請也。

二十日，詔：『令逐路漕臣，躬親遍詣所部馬驛相視。依今來降去様制體式，責委逐州縣守令限一月如法蓋造，置辦什物、槽具，并要如法，不得苟簡滅裂。每驛差撥五人看守，務要潔淨。仍於本州揀汰養老將校内選差知馬政、有心力、稍壯健二人，同老小前去本驛居住，量添鹽菜錢，部轄看管。如馬綱先牌到來，預令人夫剗草磨豆，祇備餵飼。候圓備日，申樞密院，以備差官前去點檢。』其後十一月十二日，詔：『令逐路漕臣，疾速委官前去點檢。如（來）〔未〕圓備去處，責令日近一切了畢。如尚敢違戾，按劾以聞，當議重作施行。先具已點檢到數目聞奏。』

三月十七日，詔：『令三衙并江上諸軍將見差取馬使臣、軍兵，今後經往茶馬司取押。到監歇泊三日，委本監官審驗，將肥壯馬先次起發。內瘦瘠、病，量留本綱人在監養餵，候及臕分，逐旋隨本軍以次綱馬附押歸軍。其使臣並差七人，衛官軍兵十將以下人充。仍令茶馬司先次排定綱分，預行關報諸軍，指期差人前去取押，無致擁併積壓留滯。』以樞密院言，四川茶馬司近來撥發綱馬到監，比之每歲寄斃數多。竊慮所差使臣不行精選，在路不切用心養餵。故有是命。

二十三日，宰執進呈鄂州諸軍都統制吴挺申：『內外諸軍所養戰馬，令主帥每歲比較等第賞罰。自今倒斃及二分已上，統制、將官展二年磨勘，三分已上，重作施行。今年緣有四分已上之人，合行取旨。』上曰：『若自三分減罰，卻恐人數稍多，可將四分已上之人，統制、將官各特降一官資，庶可警戒。』

四月二十八日，兵部言：『近降指揮〔二八三〕，四川宣撫司起發闊壯馬并茶馬司御進馬、常綱馬到行在，及江上諸軍綱馬到軍，并廣西經略司排撥常綱馬到行在，及江上諸軍內有全綱到并寄留、倒斃之數，以地里遠近，并牽馬人，已擬定賞罰格法。本部今參照得地里雖有些小遠近、不同去處且立賞罰格法已是酌中久遠可以遵行外，有該載未盡事件，今條具比擬，立定賞罰，開具下項。』並從之。

一、元劄子內格目：三衙往茶馬司取押常綱、并宣撫司押到闊壯馬，茶馬司御進馬，各到行在。今擬到下項：全綱到，使臣轉兩官資。寄、槩一匹，轉一官，減四年磨勘；二匹，轉一官，減三年磨勘；三匹，轉一官，減(二)〔一〕年磨勘；四匹，轉一官，減二年磨勘；五匹，轉一官資；六匹，減四年磨勘；七匹，減三年磨勘；八匹，減二年磨勘；九匹，減一年磨勘。十匹，不理賞罰。十一匹，展一年磨勘；十二匹，展二年磨勘；十三匹，展三年磨勘；十四匹，展四年磨勘；十五匹，降一官資；十六匹，降一官資，更展一年磨勘；十七匹，降一官，更展二年磨勘；十八匹，降一官，更展三年磨勘；十九匹，降一官，更展四年磨勘；二十匹，降兩官資。以後匹數，依此展降。全綱到，將校、醫獸等轉兩資；寄、槩五匹，轉一官資；十匹不理賞罰。十五匹，降一資；二十匹，降兩資。以後每五匹，依此更減一資。無資可降人，各從杖一百科斷。本部今乞依已擬定賞罰格法施行。執色將校、先牌、火頭、醫獸、曹司等，全綱到，轉兩資；寄、槩一匹至五匹，轉一資；六匹至九匹，本部今擬定，欲乞更不轉資，止支賞錢一十五貫文。十匹至至十四匹，不理賞罰。十五匹至十九匹，降一資；二十匹，降二資。本部(令)〔今〕乞並依前項擬定賞罰施行。所有以後每五匹依此更降一資。無資可降，各從杖一百科斷。及該賞人如不願轉資，每資折錢三十貫文。

一、建康、鎮江府、池州武鋒軍往茶馬司取馬到軍，依今來指揮，并依三衙取馬到行在，三分減一分賞罰。今比擬：全綱到，使臣，轉一官資，減一年八箇月磨勘。寄、槩一匹，轉一官，減一年磨勘；二匹，轉一官，減四個月磨勘；三匹，減四年八箇月磨勘；四匹，減四年磨勘；五匹，減三年四箇月磨勘；六匹，減二年八箇月磨勘；七匹，減二年磨勘；八匹，減一年四箇月磨勘；九匹，減八箇月磨勘；十匹，不理賞罰。十一匹，展八箇月磨勘；十二匹，展一年四箇月磨勘；十三匹，展二年磨勘；十四匹，展二年八箇月磨勘；十五匹，展三年四箇月磨勘；十六匹，展四年磨勘；十七匹，展四年八箇月磨勘；十八匹，降一官，更展四箇月磨勘；十九匹，降一官，更展一年磨勘；二十匹，降一官，更展一年八箇月磨勘。以後匹數，依此展降。全綱到，將校、醫獸等，轉一資，更支錢一十貫文。如不願轉資者，資折錢三十貫〔二八四〕。寄、𩥇一匹至五匹，支錢二十貫文，如不願支給上件錢數，願就半資公據者聽。如兩次押馬該賞，許依轉一資收使。六匹至九匹，支錢一十貫。十匹至十四匹，不理賞罰。十五匹至十九匹，從杖六十科斷；二十匹，降一資。本部今乞並依擬定賞罰施行。所有已後每及五匹，依此更降一資，無資可降，從杖一百科斷。

一、荆南、鄂州、江州都統司往茶馬司取馬到軍，依今來指揮，并依三衙取馬到行在減半賞罰。所有茶馬司起發騍馬、翁馬，赴鄂州都統司并荆南、龍居山孳生馬監三處，雖有賞罰格法，於今來指揮内，未有該載。其兩處押馬與本處取馬地里一同。今比擬，欲並依荆南、鄂州都統司取馬立定賞罰，一體施行。今比擬：全綱到，使臣，轉一官資。寄、𩥇一匹，減四年半磨勘；二匹，減四年磨勘；三匹，減三年半磨勘；四匹，減三年磨勘；五匹，減二年半磨勘；六匹，減二年磨勘；七匹，減一年半磨勘；八匹，減一年磨勘；九匹，減半年磨勘。十匹，不理賞罰。十一匹，展半年磨勘；十二匹，展一年磨勘；十三匹，展一年半磨勘；十四匹，展二年磨勘；十五匹，展二年半磨勘；十六匹，展三年磨勘；十七匹，展三年半磨勘；十八匹，展四年磨勘；十九匹，展四年半磨勘；二十匹，降一官資〔二八五〕。以後匹數，依此展降。全綱到，將校、醫獸等轉一資，如不願轉資，折錢三十貫文。寄𩥇一匹至五匹，支錢一十五貫文，若不願支錢，願就半資公據者聽。如二次押馬該賞，許作轉一資收使。六匹至九匹，支錢七貫五百文。十匹至十四匹，不理賞罰。十五匹至十九匹，從杖六十科斷；二十匹，降一資。以後每五匹，更降一資。無資可降，各從杖一百科斷。

一、契勘昨來殿前、馬、步軍司及江上諸軍，自差官兵前去茶馬司取押川西綱馬，並以五十匹爲一綱。每一名牽馬二匹。後來逐處往漢陽馬監，每名只牽取名下馬一匹歸軍。今承指揮，令逐處自差人前去茶馬司取馬及(令)〔令〕本部擬定牽馬人賞罰。緣所降旨揮內未有該載牽馬人每名牽取匹數明文。今乞將三衙并江上諸軍、武鋒軍依舊例，每人牽馬二匹，共二十五人。其軍兵止差十將已下之人。今擬定牽馬人賞罰，牽馬人每名牽馬二匹，各理名下賞罰：二匹全到，無瘡疥、瘦瘠、病，轉一資，不願轉資，折錢三十貫。二匹全到，內一匹瘡疥、瘦瘠、病，與減半推賞，支錢一十五貫文。如不願支錢，願給半資公據者聽。兩次押馬該賞，許作轉一資收使。二匹全到，并瘡疥、瘦瘠、病，或內寄、斃一匹，並更不推恩。二匹全不到，降一資。無資可降人，從杖八十科斷。

一、廣西經略司起發綱馬至行在并建康、鎮江府、池州都統司，今擬定賞罰，係以五十匹爲一綱。

一、元劄子內格目：全綱到，使臣轉一官資，更減三年磨勘。寄、斃一匹，轉一官資，減二年磨勘；二匹，轉一官資，減一年磨勘。三匹，轉一官資；四匹，減四年磨勘；五匹，減三年磨勘；六匹，減二年磨勘；七匹，減一年磨勘；八匹，不理賞罰。九匹，展一年磨勘；十匹，展二年磨勘；十一匹，展三年磨勘；十二匹，展四年磨勘；十三匹，降一官資；十四匹，降一官資；更展一年磨勘；十五匹，降一官資；更展二年磨勘；十六匹，降一官資；更展三年磨勘；十七匹，降一官資；更展四年磨勘；十八匹，降兩官資。以後匹數，依此展降。全綱到，通管將校、醫獸等各轉一官資，更特支犒設錢一十貫。如不願轉資，折錢三十貫。寄、斃一匹至三匹，轉一資；四〔疋〕〔匹〕至七匹，支錢一十五貫文。八匹至十二匹，不理賞罰。十三匹至十七匹，降一資；十八匹，降兩資。以後每五匹，依此更降一資。無資可降人，各從杖一百科斷。如不願轉資，折錢三十貫。牽馬軍兵名下，各牽馬二匹。各理名下賞罰：二匹全到，無瘡疥、瘦瘠、病，轉一資。如不願轉資，折錢三十貫。二匹全到，内一匹瘡疥、瘦瘠、病〔二八六〕，與減半推賞，支錢一十五貫。如不願支錢，願給半資公據者聽。如兩次押馬該賞，許作轉一資收使。二匹全到，并瘡疥、瘦瘠、病，并寄斃一匹〔二八七〕，并更不推恩。二匹全不到，降一資。無資可降人，從杖八十科斷。

一、廣西經略司起發綱馬至鄂州、荆南都統司，依今來指揮，并依到行在減半賞罰。所有廣西經略司起發綱馬至襄陽府都統司，雖有賞罰格法，今來指揮内，卻未有該載。其兩處押馬與本處押馬，地里頗同。今比擬：全綱到，使臣：減四年磨勘；寄、斃一匹，減三年半磨勘；二匹，減三年磨勘；三匹，減二年半磨勘；四匹，減二年磨勘；五匹，減一年半磨勘；六匹，減一年磨勘；七匹，減半年磨勘。八匹，不理賞罰。九匹，展半年磨勘；十匹，展一年磨勘；十一匹，展一年半磨勘；十二匹，展二年磨勘；十三匹，展二年半磨勘；十四匹，展三年磨勘；十五匹，展三年半磨勘；十六匹，展四年磨勘；十七匹，展四年半磨勘；十八匹，降一官資。以後匹數，依此展降。全綱到，通管將校、醫獸等，各特支犒設錢二十貫文。如不願支錢，願給半資公據者聽。兩次該賞，許作一資收使。寄、斃一匹至三匹，支錢十五貫文；四匹至七匹，支錢七貫五百文；八匹至十二匹，不理賞罰；十三匹至十七匹，杖六十科斷；十八匹降一資。以後每五匹，更降一資。無資可降人，從杖一百科斷。牽馬軍兵，二匹全到，無瘡疥、瘦瘠、病，支錢十五貫文；二匹全到，内一匹瘡疥、瘦瘠、病，與減半推賞，支錢七貫五百文。及通管將校、醫獸執色人，寄、斃三匹并牽馬人等〔二八八〕，如不願支錢，願給半資公據者聽。仍兩次押馬該賞，許作轉一資收使。（三）〔二〕匹全到，并瘡疥、瘦瘠、病，并寄、斃一匹，並更不推恩；二匹全不到，降一資。無資可降人，從杖八十科斷。

一、茶馬司每歲起發御進馬，以五十五匹爲一綱。其使臣、執色合干人賞罰，欲并依今來三衙往茶馬司取押馬五十匹立定賞罰格法，一體施行。

一、契勘茶馬司每年起發天申節并大禮進馬，各四十六匹，赴行在交納。雖有推賞體例旨揮，緣從來未有立定賞罰格法。今承指揮内，未有該載。本部今依倣茶馬司起發馬五十匹分數，以十分爲率，比擬賞罰：全綱到，使臣轉一官資，減四年磨勘；寄、斃一匹，轉一官資，減三年磨勘；二匹，轉一官資，減二年磨勘；三匹，轉一官資；減一年磨勘；四匹，轉一官資，減半年磨勘；五匹，轉一官資；六匹，減三年磨勘；七匹，減二年磨勘；八匹，減一年磨勘；九匹，減半年磨勘。十匹，不理賞罰。十一匹，展半年磨勘；十二匹，展一年磨勘；十三匹，展二年磨勘；十四匹，展三年磨勘；十五匹，展四年磨勘；十六匹，降一官資；十七匹，降一官資，展半年磨勘；十八匹，降一官資，展一年磨勘；十九匹，降一官資，展二年磨勘；二十匹，降一官資，展三年磨勘；二十一匹，降一官資，展四年磨勘。以後匹數，依此展降。全綱到，將校、醫獸等與轉一官資，更支錢二十四貫文。如不願轉資，折支錢三十貫文。寄、斃一匹至五匹，轉一資；六匹至九匹，更不轉資，支錢一十五貫文；十匹至十四匹，不理賞罰；十五匹至十九匹，降一資；二十匹，降兩資。以後每五匹，更降一資。無資可降人，從杖一百科斷。其不願支錢人，願轉半資公據者聽。仍二次押馬該賞，許作一資收使。

一、契勘茶馬司起發每年御座進馬二十四，并文州進天申節馬二十五匹，會慶節馬一十二匹，到行在交納，雖已有推賞體例指揮，緣從來未有立定賞罰格法。今承指揮格目内，未有該載。本部今擬定，以匹數十分爲率，立定賞罰：全綱到，至寄䮃不及二分，使臣、將校、醫獸等各轉一官資。寄、䮃及二分至不及三分，使臣展二年磨勘，將校、醫獸等更不推賞。寄、䮃及三分，使臣、將校、醫獸等各降一官資。每增一分，使臣更展一年磨勘。餘分數，準此遞展。其將校、醫獸等更别無賞罰。契勘前項茶馬司每年起發御前馬、天申節進馬、大禮進馬、御座進馬、文州進天申節馬、會慶節馬，其牽〔馬〕軍兵，係每名各牽拽一匹，無瘡疥、瘦瘠、病馬，轉一資。如不願轉資，折錢三十貫文。若有瘡疥、瘦瘠、病，更不推恩。寄、䮃，降一資。無資可降，從杖八十科斷。其牽拽準備馬，係附綱前來，自來即無賞罰。

一、契勘金州、興州、興元府都統制司，四川宣撫司每年起發非泛進馬，匹數不等，自四匹至五十匹，各有立定推賞人數指揮。今擬定，逐處今後遇進到馬數，并乞依舊制施行。

一、契勘荆南都統司每年差人於茶馬司取押文州馬、并川馬至襄陽府，雖已有立定賞罰格法，今承指揮内，未有該載。本部今欲依舊制施行。

一、契勘廣西經略司每年起發出格馬赴行在，每綱係三十匹。雖已有立定賞罰格法，今承指揮内，未有該載。本部欲依乾道六年九月二十三日已降指揮格法施行。

一、契勘建康、鎮江府、池州、武鋒軍、荆南、鄂州、江州都統司往茶馬司取馬歸軍，三衙取馬并宣撫司押闕壯馬，茶馬司起發御〔前〕進馬、天申節進馬、大禮進馬、御座進馬，文州進天申節、會慶節進馬，廣西經略司起發出格綱馬等至行在，并付建康、鎮江、池、鄂州、荊南都統司綱馬，其逐處所差使臣、執色合干人，牽馬〔軍〕兵効〔用〕，各已有立定賞罰格法外，若逐綱内有瘡疥、瘦瘠、病馬數，於今承指揮格目内，未有該載〔二八九〕。今擬定，欲將逐處所押綱馬使臣、執色合干人，不以匹數多寡，并以十分爲率。如有寄、斃、瘡疥、瘦瘠病馬，通及三分，依自來體例，并更不推恩。

一、契勘昨三衙、江上諸軍自差人往茶馬司取馬，除每綱差使臣一員，軍兵一名牽拽二匹外，其逐軍所差執色合干人，例皆差撥多寡不同。今欲乞令取馬諸軍將、執色合干人，三衙各七人，江上諸軍各五人，於十將已下軍兵内差撥。其賞罰，并依今來已立定格法施行。

一、契勘茶馬司每歲買發綱馬，内西馬在興元府團綱，川馬在成都府團綱。今來三衙並江上諸軍、武鋒軍已承指揮，自行差人前去茶馬司取合得馬數。今欲乞行下茶馬司，將已買到馬數逐一排定綱數，依資次，預行關報合得逐軍到彼月分，依次序差人前去取押。仍自乾道九年分合得綱馬爲始，庶免擁併，在彼等候，虛費批請。如已起發在道，許令本軍差取押綱馬使臣等，就所至去處，徑於茶馬司元差來管押使臣等處交割見在綱馬匹數、并綱解一宗文字等，經所〔在〕州縣陳乞，分明逐一開説因依，出給公據，隨綱前來。候到，參酌匹數，地里遠近，以十分爲率，比擬賞罰施行。

一、契勘川陝、廣西起發綱馬，全在經由州縣點檢，修蓋驛舍、槽具、動使，如法預期樁辦草料，應副足備。其綱馬至驛，既有歇泊去處，又不闕草料，自寄、斃數少。兼近得旨，彩畫馬驛圖本地段，屋舍、間架丈尺、合用槽具、動使什物數目。已行下逐路漕臣，躬親遍詣所部馬驛相視，依降去樣制體式，責委逐州縣守令，限一月如法蓋造置辦。差將校五人看守，打併部轄。如綱馬到來，預令人夫剉草磨踖，祇備餵飼。以備差官前去點檢。本部竊計，雖令逐路漕臣遍詣所部相視，蓋造置辦，慮恐州縣内有奉行不虔，以至蓋造置辦稽遲、滅裂去處。今欲乞從本部遍牒逐路漕司，并應綱馬經由州縣，須管遵依已降指揮，將合起造驛舍、什物等，并限一月如法蓋造、置辦，并支破係省官錢應副，毋得別致科敷，不管稍有違戾。

六月四日，樞密院言：『茶馬司軍兵曾祺狀：昨茶馬司差使臣尹貴管押殿前司馬一綱五十匹至漢陽軍監。尹貴到金州爲〔病〕患，除沿路倒斃外，見在四十五匹。交付王俊，牽押到均、房州。節次倒斃，見在止有二十二匹，將身逃走。衆兵夫與曾祺牽至襄陽府，又寄斃六匹，見在止有(二)〔一〕十六匹。其衆兵夫盡行逃走。止有曾祺一名，經襄陽府下狀，陳乞差官管押。馬監官司不肯受理。』詔：令兵部行下逐路應經由綱馬驛程州軍，今後如有似此陳訴，仰所在官司即時受理。仍選差人管押，如法養餵，逐州交割前來。

十五日，新成都府路轉運判官張棟言〔二九〇〕：『並邊之民，往往有馬，而向來守邊之臣，籍之於官。彼恐爲子孫之患，則殺馬而逃，誰敢有馬！望明出榜文，告示人户，聽任意畜馬，永不拘籍。』詔依。仍更行下兩淮、荆襄州軍一體施行。

十八日，主管殿前司公事王友直言：『得旨，綱馬依舊差人前去四川茶馬司取押。今勘會到下項：

一、合於本司差撥諳曉馬性統(令)〔領〕官一員，將帶白直人兵二十人、鞍馬二匹，預期前去西和州宕昌寨、階州峯貼硤兩處買馬場〔二九一〕，監視揀選買發。仍令所差統領官照應體例，具買到馬數，并支過茶帛等數，與買馬官同銜申樞密院。

一、每馬一綱五十匹，係合用牽馬官兵二十五人。每人牽馬二匹，綱官一員，小管押一名，醫獸一名，軍典一名，火頭二人，先牌一名，通計三十二人，前去興元府茶馬司取押。

一、宕昌買馬場止有人户一百餘家，每買馬及五十匹，係和雇人夫二十五人。內一半係十四五歲小兒子，止是趕逐馬行，請到草一半喂馬，一半人夫鋪卧。今欲令差去取馬官兵前去逐處，迎接照管前來。內取宕昌馬人前到西和州[二九二]，係離宕昌六程，至興元府一十四程，取峰貼硤馬使臣到階州，係離峰貼硤四程，至興元府一十六程。每員令各帶兵士二人、醫獸一名前去，其餘人令小管押彈壓，只在興元府等候。所貴得以照管。

一、提點綱馬驛程官地分闊遠，照管不前，并綱馬經過界分，通判雖帶提點綱馬驛程，其實不曾點檢。欲乞每驛於本州添差使臣，內差撥使臣一員，充監驛；軍兵六人，內一名管押。在驛看管打併，洒掃潔淨，祇備綱馬到來。如應副無闕誤，許取馬軍中主帥將監驛使臣保明申乞，再與差遣一次。及(令)〔令〕本州除請給外，每月支供給錢一十貫文。』並從之。

二十三日，宰執進呈：『王炎摘差軍兵十將何臯代使臣管押進馬二十五匹，全綱到來，并無倒斃，合行推賞。兵部告示：「何臯係十將以上之人，不合轉資。」緣當時立法，本謂牽馬人兵，今來何臯係代使臣管押綱馬，使其有倒斃之數，亦當被其責罰，即與牽馬之人不同。合令兵部依押綱馬體例，推賞施行。』從之。

八月四日，詔：諸處進馬軍兵，令兵部行下所屬，今後不得差効用、守闕進勇副尉至下班祇應人充牽馬并執色合干人。從樞密院請也。

十二月一日，四川宣撫使虞允文言：『今年分三衙取馬人未到，本司逐急先差官兵押發前去外，乞下漢陽軍馬監，如本司官兵押馬到監時，暫將馬存留。仍乞催促三衙就監取押。』詔：三衙取馬官兵到監違程，回日更不推賞。如差發稽遲，官吏重作行遣。以上《乾道會要》。

淳熙元年六月二十七日〔二九三〕，樞密院言：『廣西經略安撫司遞年所差牽馬將校，沿路倒斃數多，並逃歸本州，更不降罰。乞自今押馬將校合降資文帖，歲終經略安撫司拘收，繳申樞密院毀抹。』從之。

八月二十五日，詔：四川制置司，自(令)〔今〕興元府起發綱馬，依廣西例，選差近上屬官一員前去，與本處守臣審驗排發。以都大提舉茶馬趙彥博言：『準詔，令制置司專委屬官一員，將買到合起發及格馬數審驗排發。緣茶馬司互市係分川、秦二司，除川司專委成都守臣同茶馬司屬官一員，同共揀選起發外，所有秦司止差統制官往興元府買馬，交付官兵押發。卻與廣西事體不同。』故有是命。

九月二十一日，詔：『茶馬司買馬官，自今於文武臣內諳曉馬政之人通共選差。餘依見行條法。』先是，樞密院編修官湯邦彥言：『買馬之弊，昔分買于民間，以俟養飼。今官(關)〔闕〕草料，不容停留，多見倒斃。蓋因張松妄更事端之後，不許軍民私買。但取瘠弱，以求數多。況市馬官屬，多是文臣，不知馬政，貽患至今。欲望盡去私馬之禁，使茶馬司一遵舊制。』故有是命。

十月九日，詔：荊南每歲綱馬，內分撥六綱於鄂州都統制司。從鄂州都統王(淇)〔琪〕請也。

十七日，樞密院言：『自今降應副馬軍行司進馬〔二九四〕，就令本司差人赴承旨司火印訖，報糧料院出給草料券歷。自臨安府沿路批支至建康府。分差糧料院拘收，併入大歷批請。』從之。

十二月四日，詔：『四川制置司、總領所及利州西路都統司，將諸軍各請青草錢更不樁收，依舊盡數俵散。

令軍兵得以贍給，不致損壞官馬。』從茶馬司請也。

二十七日，荊鄂都統制王琪言：『每歲本軍差人往成都取押綱馬，損斃數多，蓋官兵不諳飼養。乞自今不以官序選差諳曉馬政使臣一員管押，餘牽馬人，並差（闕）〔闕〕馬効用、將校、醫獸等，亦選諳熟之人。所有賞罰，内使臣、軍兵依舊例外，効用該賞人正支折資錢。』從之。

二年七月十六日，詔：廣西經略司見進騍馬綱，自今並令改進大馬。

九月十一日，詔：『自今馬綱，應取馬獸醫，不以有官無官，通差諳練之人。』從權茶馬司朱佺請也。

十三日，樞密院言：『已降指揮，令吳挺每歲自行收買戰馬七百疋。竊慮有侵茶馬司歲額。』詔：『於歲額合起赴三衙西馬内減買：殿前司四綱，馬、步軍司各二綱。行在闕壯馬六綱。』

閏九月十九日，執政進呈措置四川提振綱馬官推賞。上曰：『宣司既罷，自不應差。既有押綱官，又置提振，委是太濫。自今更不差官。』其曰：『前提舉官，卻須與推恩[二九五]。』

十一月九日，執政進呈四川茶馬、廣西經略司每歲合發綱馬。〔曰〕：竊慮發到馬内，有不及齒歲、格尺之數。上曰：『近日，承旨司審驗到綱馬内有四尺一寸者，印作輜重，豈不可惜！可將今後發到馬看驗，如有不及格尺，若堪披帶，並仰印留，不理爲起發之數。仍歲終總具申樞密院，行下補發。』

十二月十六日，宰執進呈鎮江都統郭杲截撥宣撫司起發闕壯馬[二九六]，乞依赴行在格法推賞。上曰：『綱馬發赴鎮江府，與至行在地里，所事不多，可與依格推賞。』

三年二月四日，詔：『諸軍主帥，將歲終倒斃戰馬比較到分數，合賞罰人職次、姓名，限來年正月内開具聞奏。自今該賞人遇郊禮赦恩，更不原免。』以樞密院言：『馬主不以時飲飼，多致瘦瘠。』故有是七命〔二九七〕。

七月五日，執政進呈進勇副尉元信進馬，醫獸乞推賞〔二九八〕。駕部供到元降指揮，不得差守闕進勇副將，未敢推賞。可令兵部特與轉一資，餘人不得援例。仍令常切遵守上件指揮。

十一日，詔：『應江上諸軍水軍所管馬數不多，自今更不理賞罰。』以樞密院言：『江上諸軍戰馬，各立定倒斃分數，以年終比較賞罰。内水軍馬數不多，亦依分數推賞。已降指揮，建康、鎮江水軍不理賞罰外，其諸軍水軍亦合一體。』故有是命。

四年二月十一日，同知樞密院事王淮言：『牽馬人乞推賞，兵部按賞格，止有牽拽進馬人賞罰，其牽準備馬人未有立定罪賞。今萬里遠來，誠是匪易，欲減半施行。』上曰：『甚善。仍令牽準備馬人比綱内牽馬人賞減半，其到程、回程錢依例全支。内有寄、斃馬，人從笞五十斷罪。今後準此。』

七月十九日，詔：『川、秦兩司，歲差牽馬人以三分爲率，減免一分。其合差人數，選差強壯厢軍。若有違戾，許茶馬司將當職官按劾。』

十月八日，興元府都統制郭鈞言：『三路都統司見管馬數，惟本司最少。元額二千（疋）〔匹〕，今止有九百餘匹。欲將元立二千疋數外，增置一千匹，乞下茶馬司每年支撥五百匹。不五年間，馬數自足。』詔：令茶馬司措置收買，限二年數足。

五年閏六月六日，詔：『秦司歲發三衙馬六十三綱，内將二十綱（自）〔由〕本司自差官兵押發，其三衙官兵止發四十三綱。若馬多，令本司自選官兵，併行起發。』先是，有詔：『秦司馬務，須管扣其關報，差人取押，無令留人待馬，留馬待人。令本司措置。』都大茶馬吴總言：『舊係成都、潼川府、利州路州軍差官兵押發〔二九九〕。準乾道九年三月指揮，令三衙自差官兵取押。且三衙官兵跋涉萬里，自無人馬齊到之理。』故降是詔。

七日，詔：『成都、潼川府、利州路諸州軍合差牽馬軍兵〔三〇〇〕，自今止差正兵。不得將請受申解作雇夫錢。回程日，仍不得截留。』從秦司提舉茶馬吴總請也。

六年十一月三日，宰執進呈户部勘當到：『興元都統田世卿陳乞，馬軍自三月至十月，每匹合支青草錢四道二分。』上曰：『四川總領所將所管馬委官等量，如及四尺四寸以上戰馬，例令支四道二分。其不及今來尺寸馬，即行減半。』

七年正月二十五日，步軍司言：『諸軍新舊肥馬，一例披帶。竊見新馬虚膔，筋力未實，誠恐生病。欲將新馬止令趁赴常教，如遇帶甲，率腳量減遭數。候實壯日，與舊馬一同教閲。自今收到綱馬，亦乞依。』上從之。

五月二十八日，詔：『荆南都統司遇取到馬數，即申樞密院、兵部，催督拖欠綱數。其餘諸軍依此。』從吏部尚書王希吕請也。

九年八月二十一日，詔：『自十年爲始，將取馬官兵照應牒到月分，指程發遣。如綱馬（馬）在驛數多，先次排付官兵押發。其排馬，依舊各差將官一員彈壓。』從知興元府張堅請也。

十年三月十四日，殿前司言：　立定諸軍醫獸賞罰格目。

一、賞不及二厘，使臣、守闕進義副尉以上，依兵、將官立定格目減二年磨勘。候將來轉至守闕進義副尉以上，許行收使。如願支錢者，支錢十五貫。効用、白身軍兵將校至長行，各支錢十五貫。

一、罰及二分以上，使臣、守闕進義副尉以上，依兵、將官立定格目展二年磨勘。進勇副尉、守闕進勇副尉，各從杖六十科斷。如先因倒斃馬少，有援到減半年人〔三〇一〕，卻願理當科罰者聽。効用、白身軍兵將校至長行，各從杖六十科斷。三分以上，並依兵、將官例取旨施行。日後，如醫治不及一年之人，臨時比附合該賞罰，從之。仍令三衙并江上諸軍依此〔三〇二〕。

十二年正月二十五日，兵部言：『看詳到廣西經略司起發綱馬，至江陵府、鄂州、襄陽府，照得乾道格目内，比之到行在減半一等賞罰。其淳熙二年格目内，止將江陵府、鄂州增賞罰外，其襄陽府未曾增立賞罰。緣本處地里遠近，在江陵之下、鄂州之上，其罰，乞從淳熙二年立定江陵府罰格一體施行。其賞，今參照淳熙二年已立江陵府、鄂州格目重別比擬下項：全綱到，使臣：乾道格，減四年磨勘；今增作轉一官資，更減一年磨勘。寄、斃一匹，乾道格，減三年半磨勘；今增作轉一官資〔三〇三〕。二匹，乾道格，減三年磨勘；今增作減四年磨勘。三匹，乾道格，減二年半磨勘；今增作減三年磨勘。四匹，乾道格，減二年磨勘；今增作減二年半磨勘。五匹，乾道格，減一年半磨勘；今增作減二年磨勘。六匹，乾道格，減一年磨勘；今增作減一年半磨勘。七匹，乾道格，減半年磨勘；今增作減一年磨勘〔三〇四〕。全綱到，通管將校、醫獸等：乾道格，各特支犒設錢三十貫〔三〇五〕；今增作轉一資，更特支犒設錢三十貫。寄、斃一匹至三匹，乾道格，支錢十五貫；今增作轉一資。如不願轉資，折錢三十貫。四匹至七匹，乾道格，支錢七貫五百；今增作支錢十五貫。如不願支錢，願給半資公據者聽。如兩次押馬該賞，許作一資收使。

一、牽馬將校、軍兵，每人牽馬二匹。賞罰，欲乞并從乾道九年四月已降指揮施行。從之。

三月二十三日，兵部言：『廣西經略司於江陵府歲額馬內，就撥兩綱，付潭州飛虎軍。今比擬立定賞罰。每綱五十匹，全綱到，使臣：減二年半磨勘；寄斃一匹，減二年磨勘；二匹，減一年九個月磨勘；三匹，減一年半磨勘；四匹，減一年三個月磨勘；五匹，減一年磨勘；六匹，減九個月磨勘；七匹，減半年磨勘。八匹，不理賞罰。九匹，展半年磨勘；十匹，展九個月磨勘；十一匹，展一年磨勘；十二匹，展一年三個月磨勘；十三匹，展一年半磨勘；十四匹，展一年九個月磨勘；十五匹，展二年磨勘；十六匹，展二年三個月磨勘；十七匹，展二年半磨勘；十八匹，展二年九個月磨勘。以後每一匹，更展半年磨勘。全綱到，通管將校、醫獸等：各特支犒設錢十五貫。如不願支錢，願給半資公據者聽。如兩次押馬該賞，許作轉一資收使。寄、斃一匹至三匹，支錢十貫；四匹至七匹，支錢五貫；八匹至十二匹，不理賞罰。十三匹至十七匹，從杖六十科斷；十八匹，降一資。以後每五匹，更降一資。無資可降人，從杖八十科斷。牽馬軍兵：二匹全到，無瘡疥、瘦瘠、病，支錢七貫五百。二匹全到，內一匹瘡疥、瘦瘠、病，支錢三貫七百五十。二匹全到，並瘡疥、瘦瘠、病，并寄、斃一匹，更不推恩。二匹全不到，降一資。無資可降人，從杖八十科斷。』從之。

七月十八日，詔：『茶馬司自今排發馬軍行司綱馬〔三〇六〕，並令赴馬軍行司交割。』

八月二十三日，鄂州、江陵府駐劄御前諸軍都統制郭杲言：『本司歲額得綱馬，例皆川廣，少有良細。乞下都大茶馬司，於合起解三衙比較西馬內，截撥付本司收管。撥付統兵將佐，平日教閱，緩急以備出戰。』詔：『茶馬司撥殿前司馬二綱，馬、步軍司各一綱。』

十一月二十二日，南郊赦：『訪聞川廣綱馬沿路合破草料，所至州縣，多不預備。臨時科斂百姓。出錢陪備。及當青草之時，差夫斫草，動有騷擾。自今仰轉運司行下州縣，並支見錢收買，不得非理科擾。令提刑司覺察，如有違戾，按劾以聞。仍許被擾人户越訴。勘會川廣押馬軍兵，因倒斃數多，避罪逃竄。可自赦到日，限兩月，經所在州軍陳乞。出給口券，發遣歸元來去處。依舊職名收管，支破請給。』十五年九月，明堂同。

十二月四日，詔：『四川都大茶馬司，於淳熙十四年分闊壯馬内撥三百匹，付金州駐劄御前諸軍教閲乘騎。』

十三年十月二十九日，侍衛馬軍都虞候雷世賢言：『乞將本司戰馬依三衙例，至食青月分，每月批放折青草錢一貫八百付馬主，相貼收買青草。』從之。

十一月二十四日，樞密院言〔三〇七〕：『前静江府陽朔縣尉陳勣申，廣西每年起發馬五十綱。長綱，二十六人部五十匹；格馬，十六人部三十匹。每疋，日破草百斤，料一斗。一驛，日泊一綱。今部押馬官不依次第，日有三四綱擁併而至者。諸州縣驛既不供給草料，而押綱官又欲折錢。兼長綱部者止用十五人，作二十六人起券；格馬部者止用十人，作十六名起券。或遇溪橋阻險，闕人護押，致令綱馬瘦、斃者多。乞下經略司約束。』詔：『廣西經略司次第排發，毋致擁併。其支草料本色，仰諸路照應乾道九年五月指揮施行。』

十四年二月二十五日，知襄陽府高夔言：『今措置買到騍馬五十匹，騮馬一十匹。於府城南一十里創造屋宇，名爲大安監。選擇將兵管幹收養，循環孳生。乞將本府營田官莊撥付安撫司，專一應副草料之費。』從之。

五月二十四日，金州都統制田世卿言：『所部戰馬合請草估錢，每匹月請錢引二道一分。照得興州都統司每疋月支錢引七道一分二釐五毫，興元都統司每疋月支錢引四道二分。唯本司月支錢引最少，乞下四川總領所添支施行。』詔：每匹月添支錢引一道。

十五年十一月十七日，樞密院言：『殿前司左軍統制吉肇，今歲總轄平江府牧放戰馬六千六百八十餘匹，止倒斃一百八十餘匹。比之遞年，分數最少。理宜旌賞。』詔特轉一官。以上《孝宗會要》。

淳熙十六年四月二十五日，詔：『三衙及江上諸軍，各置馬院一所。專收養揀退老病馬，於元破草料内減半支給，責隊外人看餵，令醫獸常切醫治，仍差將官一員提督，不許擅行宰殺。有倒斃，方得出賣。仍月具見管數目申樞密院。』以樞密院言：『馬有老病，不堪乘騎揀退，年例委承旨司、總領所審驗訖，火印「出」字出賣。訪聞承買人便行宰殺，償納價錢。』故有是命。

閏五月十七日，侍衛步軍副都指揮使梁師雄言：『本司諸軍遞年將肥壯馬差往湖州下菰城牧放，其新綱、病瘠、馱負等馬往西溪牧養。照得下菰牧馬官兵内有家累人，除量行劈券外，又承指揮，各人依出軍例日添口食米二升五合、鹽菜錢三十文，并於湖州按旬幫支。所有差出西溪牧馬官兵，即無添破食用，係於在寨本身請給内按旬津發。欲乞下所屬，將西溪牧馬有家累効用、官兵，每日止與添口食米二升五合，候今降指揮下日，關所屬入歷批勘，按旬請撥，發往西溪俵散。日後續發牧放有家累官兵，及以後年分，亦乞依此。自起發日爲頭支給，至歸司日住支。』從之。

六月一日，詔：『今後諸軍取馬官兵遇有疾患，仰綱官申所至州縣，分劈生券，挨日批支。令本處命醫調治，差人看護。候痊可，給口券，轉牒郡邑，津遣還軍。』以淮東總領趙師羼言：『諸軍歲差取馬官兵，中道疾病，其徒迫於程役，往往棄置窮塗。口券既不可擘，藥餌又無所給，枕藉溝壑，十常八九。間有愈者，則飄泛異鄉，或乞丐以歸。』故有是命。

七月十七日，江陵府副都統制率逢原言：『竊見川廣起發綱馬，地頭價直并綱卒請給，或諸軍專差人取撥。裹費、賞給之屬，一馬不下五百緡，且更經涉長途，不習水土，大半羸瘠〔三〇八〕。軍中得之。經年餵飼，不能復舊。可以披帶者，十之四五。比年京西民間産馬蕃盛，其間中披帶者極多。如上駟市直，不過二百緡。』詔：『令京西安撫司同本司每年差官〔三〇九〕，就所屬州縣買二百疋，逐時解總領所，呈驗印記，撥付軍中教閱。』

紹熙元年二月八日，檢詳諸房文字楊經言：『四川茶馬司每年收買宕昌、階、文、黎、敘州、南平軍等處戰馬，應副三衙並沿江諸軍。緣從來未有一定資次，以致所買之馬久住務中。其取馬人未到司，或取馬軍兵擁併前來，住程已久，卻無馬可發。欲行下茶馬司，酌量道里遠近，月日先後，并馬數多寡，立爲資次，結罪繳申。候見允當，乞劄下諸軍，依期差撥官兵前去請領，庶幾整辦，郡縣亦不虛費官錢。』從之。

二年三月一十八日，宰執進呈臣僚劄子多占戰馬〔三一〇〕。上曰：『軍帥多占馬，非（時）〔特〕利其所得，又以好馬奉權貴。此弊不可不痛革。』

五月二十五日，詔：『廣西經略安撫司、四川茶馬司〔三一一〕，開具前後拖下鄂州、襄陽府大軍綱馬違滯因依聞奏〔三一二〕。仍仰疾速先次補發，月具已起發綱數，申樞密院。』以鄂州駐劄統制解彥詳奏，大軍闕馬披帶故也。

八月十三日，詔：『四川都大茶馬司撥殿前司馬二綱，馬、步司馬各一綱，應副鄂州都統司一次。』以鄂州駐劄御前諸軍都統制張詔言，本司目今自都統制以下，並無西馬乘騎，故有是命。

十七日，前權發遣融州邢紳言：『竊見廣西每歲經略司行下諸州，差官及將校押馬帥馬。惟行在、鎮江、池州、建康將校有一資之賞，而襄陽、鄂州部押全綱，緣地里不及，惟綱官有轉官賞，其餘將校只得折賞錢一十五貫，全不用心看守。是致所部之馬，沿途病瘠、損失。』奉旨，令兵部看詳聞奏。（歸）〔既〕而看詳：『所乞軍兵牽馬至鄂州，令牽馬三疋全到，與轉一資。緣有節次指揮，每名止牽馬二疋，自合遵守。照得廣西經略司至鄂州一千八百八十二里，比之到行在，地里十分爲率，止及六分半，難以一例轉資。欲將所差牽馬人至鄂州，名下馬二疋全到，增作支錢二十貫。如願給半資公據者聽，更支錢五貫文。仍兩次押馬該賞，作一資收使，更支錢五貫。若二疋全到，内一疋瘡疥、瘦瘠，與減半推賞，支錢十貫文。二疋全到，並瘡疥、瘦瘠〔三一三〕，或寄、斃一疋〔三一四〕，不推賞。二疋全不到，降一資。無資可降人，從杖八十科斷〔三一五〕。廣西經略司至行在二千八百七十七里，至襄陽府二千三百六十二里，比之到行在，少五百一十五里，難以一例轉資。欲將所差牽馬人至襄陽，名下馬二疋全到，增作支錢二十五貫文。如願給半資公據者聽，更支錢一十貫文。若兩次押馬該賞，作一資收使，更支錢一十貫文。若兩疋全到，内一疋瘡疥、瘦瘠，與減半推賞，支錢十二貫五百文。二疋全到，並瘡疥、瘦瘠〔三一六〕，或寄、斃一疋，不推賞。二疋全不到，照應鄂州體例降罰施行。』從之。

十月十一日，詔：『内外諸軍，今後戰馬遇有病患，即時與官醫治，與免斷遣。如或隱蔽不申，失於醫療，致有損斃，卻依條斷治施行。』以樞密院言：『諸軍馬軍遇腳下戰馬生病，便將馬軍斷遣。其馬軍畏懼，隱匿不申，坐待其斃。是以近年倒斃馬數頗多。』故有是命。

三年六月十六日，詔：『茶馬司將紹熙三年分起發御前闊壯西馬内支撥二綱，付池州副都統司。』以池州駐劄御前諸軍副都統制率逢原言：『到任點看所部諸軍統制、統領、將佐并隊下馬軍所養戰馬，皆是排發黎、雅、邕州等處常綱川廣馬，往往眼生脚狂，雖極力調習，終是廉薄，非道地西馬之比。』故有是命。

十一月十七日，詔：『茶馬司將紹熙三年分闊壯西馬内支撥兩綱，付鎮江都統司。』以鎮江府駐劄御前諸軍都統制司言：『本司闕馬官兵六百餘人，逐年全仰茶馬司、廣西安撫司買發〔三一七〕，合得綱馬二十四綱。兩司自紹熙三年九月終〔三一八〕，拖下六十一綱，委是有妨乘騎。於紹熙三年二月内，乞下茶馬司將每年合買發宣撫司進闊壯馬内撥二十綱〔三一九〕，至今未蒙回降。今來止乞十綱，本司應副戰士騎習教閲。』故有是命。

二十七日，詔：茶馬司將殿司紹熙三年分綱馬疾速排發，無得留滯。具已排發綱數，申樞密院。

四年二月十八日，興元府言：『本府係都大茶馬秦司置司所在。紹熙三年十二月二十日終，在府見管三衙、江、鄂等州取馬官兵四十九綱、一千六百餘人，住程挨日批支錢糧。内殿前、馬、步三衙取馬官兵三十六綱，并不依樞密院元排綱次期限指揮，仍舊預行差撥，擁併到府住程。本府并與挨日批支券食錢糧外，照得本府省計所〔住〕日有限，諸司應副綱馬券食錢逐年亦有定額，實難應辦。兼逐處官兵空住日久，有妨教閲。乞下三衙，將紹熙四年取馬官兵，照應樞密院已排綱次期限，約度一年所發馬綱資次捋絶〔三二〇〕，逐旋差發，計程前來。今後亦只依元立期限，截日批支。』從之。

同日，詔：茶馬司更支撥闊壯馬三百疋，付興元府副都統司，補填闕額。餘依已降指揮。以興元府副都統制王宗廉言，乞依郭鈞元奏，以三千疋馬額。添撥馬三百疋，共作五百疋，教閲使用。故有是命。

七月二十七日，詔：令殿、步司揀不入隊稍堪乘騎馬五十疋，撥付許浦水軍。以平江府許浦駐劄水軍副都統制司言，闕馬乘騎，乞於發到新綱廣馬内撥一綱使用。故有是命。

十一月二十七日，詔：『令三衙、江上諸軍，今後取馬官兵每綱各先給十日草料價錢，將帶前去，準備過住程闕少去處，接續收買草料，如法養餵。或有支用錢物不盡，回納本軍。』從殿前司護聖馬軍統制劉世榮之請也。

五年二月二十五日，殿前都指揮使郭杲言：『本司所管諸軍戰馬，内有齒老、雙瞶及疾久難醫治馬數，年例於牧馬〔司〕往回揀選，申朝廷送承旨司，於馬右胯火印「出」字。往年令諸軍出賣，將賣到肉臟錢納内藏庫。後來淳熙二年九月指揮，將「出」字馬從本司發兩浙東西路安撫司，分攤付逐州軍支破草料養餵。淳熙十六年四月指揮，令三衙別置馬院，減半草料看餵。竊詳本司一年兩次揀退不下五百餘疋，虚費日支草料。乞從舊解赴承旨司火印「出」字，發送安撫司交管。』詔依。馬、步軍司依此施行。

三月六日，都大提舉四川茶馬楊經言：『照得本司每歲排發三衙綱馬，并揀十歲以下壯嫩闊、實無病及格好馬排發。今體訪得押綱人輒於漢上一帶沿路州軍，將綱内皮毛正有看相及格馬私自盜賣〔三一〕，卻買矮小不堪馬填數起發。竊慮馬到納官驗出，其押綱官兵必以本司排發藉口交納。雖有法禁，所在官司多不覺察。乞下漢上沿路州軍，委逐處守令措置，嚴切覺察。仍多出榜，許人告首，依條斷罪。』詔湖北、京西安撫、轉運司常切覺察〔三二〕。

四月七日，殿前都指揮使郭杲言〔三三〕：『本司應管戰馬一萬七百疋爲額，比之元額，見闕二千二百餘疋。蓋緣近一二年間，茶馬司發馬稽緩。況諸軍日有損斃，及每歲牧放，往回兩次揀退，是致補數不敷。(令)〔今〕諸軍馬軍正隊内，見有闕馬趁赴教閲之人，指擬綱馬到來，攤撥著腳。乞行下茶馬司疾速團綱起發。仍乞指揮，自今後免行截撥付別司軍分。』詔：四川茶馬司將殿前司合得綱馬照數排發，毋令稽緩。餘依此施行。

五月二十四日，金州諸軍副都統制田世輔言：『所部馬軍，中軍一將額管入隊戰馬一千疋。至紹熙四年，闕四百八十七疋。每年雖準四川制〔置〕司均撥二分馬，不過五六十疋。本司自以青草錢，每歲於都大茶馬司收買七十疋。一半應副諸軍統兵將官，充腳下驛料馬乘騎。所得入隊馬二項，共不過八九十疋補填，尚未能敷補上年倒斃、揀退之數，委是積歲闕額。乞下茶馬司，於紹熙五年分買發闊壯馬支撥一十綱，差人取押歸軍。調習養餵，應副入隊，披帶教閲，以備緩急出入之用，亦可補及元額。』詔支撥五綱。以上《光宗會要》。

紹熙五年九月十四日，明堂赦：『川廣綱馬，沿路自合預辦草料。訪聞州軍臨時科斂百姓，及差夫採斫青草。仰轉運司行下州縣，并支見錢收買，不得非理科擾。令提刑司覺察，如有違戾，按劾以聞。仍許被擾人户越訴。』自嘉泰三年至嘉定十四年，南郊、明堂赦並同。

閏十月二十七日，步軍司言：『本司今歲諸軍差往湖州下菰城牧放戰馬二千五百六十五疋，於内倒斃六十一疋。比之淳熙十一年至紹熙四年十年之内，斃馬最少。委見總轄官、前軍統制、武德郎高宗周究心職事，牧養有方。』詔高宗周特轉一官。

慶元元年正月五日，詔：『茶馬司權住收買闊壯馬一年。其銀價錢，同日前年分一就樁管，聽候指揮，不得輒行支用。仍先次開具前後已樁收數目奏聞〔三二四〕。』

四月三日，廣西經略安撫司言：『乞照襄陽副都統馮湛所請，徑令本軍就便收買土産馬，實爲兩便。檢詳所擬到：「照得諸軍逐處闕馬，江陵、襄陽猶少，今四年、五年已是不買。若住廣西經略司買馬，將來萬一要用，不可卒置，委是不便。若不許江陵副都統司收買土馬，又有率逢原等申請利害分明。乞下總領所，將每歲買馬錢四萬貫兩處分撥。一、欲將錢二萬貫令經略司買馬三綱起發，赴江陵副都統制司交納。起綱既無迫促之弊，又可以揀擇好馬。一、欲將錢二萬貫令江陵副都統制司揀買及格土產馬。將所買馬赴襄陽府，帥臣審驗及尺寸、堪披帶馬時直價例，置歷印烙。季具有無買到數目，申樞密院。庶幾兩便。」』詔：依檢詳所擬到事理施行。

九月二十一日，詔：『殿、步司主帥，限三日拘收諸處官司見借官馬，具申樞密院。仍約束諸軍兵官，今後或有違戾，重作施行，必罰無赦。』從臣僚請也。

二十八日，詔：『已降指揮，令殿、步司不許私借戰馬與諸處官司。合行拘收外，其見趁赴朝參及從駕官僚，若一例拘收，卻恐有妨乘騎。如委闕省馬，許權暫存留元借馬一疋。已差破省馬人，不得再行占留兩司官馬。仍不得指占踏逐差取及將省馬換易戰馬。如有違戾，重寘典憲。餘依已降指揮。』

十月二十六日，詔：茶馬司於殿前司慶元元年合起綱馬內除豁五綱，仍依宕昌〔的〕實買馬價錢，照數撥還湖廣總領所〔三二五〕。以茶馬司言：『已得指揮，令殿前司於襄漢州軍收買土產馬二百五十疋。合用價錢，先於總領所借支，卻令茶馬司於拖下綱馬所管錢內對數撥還。照得邊場買馬，每疋錢引一百三十四道半，其殿司每疋約一百五十道。今來止合據本司實價應副發納，仍乞於殿前司紹熙五年分未起歲額內銷豁。』故有是詔。

十一月十九日，詔：『廣西經略安撫司於額外添貼馬綱內全撥三綱〔三二六〕，付江州都統制司。今後令茶馬司將文〔州〕馬十綱，依數排撥，毋令仍前闕誤。』以都統趙廞有請故也。

十二月三日，茶馬司言：『乞下承旨司，日後遇馬綱到來，先勒將校、醫獸、軍兵責問，綱官有無係是正身。如非正身，馬雖全到，更不推賞。』從之。先是，臣僚言，管押進馬官多是代名冒賞，令本司相度措置故也。

同日，詔：『内外諸軍嚴行約束，責委各軍統制等（狀）〔將〕收買堪好藥材，監視修合。遇馬病患，勒令醫獸對證醫治。如歲終倒斃戰馬數多，一例重作施行。』從臣僚請也。

二年二月十三日，詔：『今後買馬官陳乞酬賞，諸軍報到馬數，保明圓備放行，與免制置司覈實。餘照自來條例施行。』從四川茶馬楊經請也。

九月十九日，樞密院進呈臣僚劄子：『三衙諸軍，每歲收到馬不足以補一歲倒斃之數。乞明立賞罰，嚴作施行。』鄭僑等奏：『雖有已降指揮，立定賞罰，歲久，遂生欺弊。每次奏申，多是將倒斃數逐軍互相均攤，謂不該二分之罰，苟免罪責。』葉翥又奏：『近年馬政不修，極有弊倖。當責之主帥，委自逐軍統制、將官，每於歲終，具逐軍倒斃之數，申樞密院，比較損失多寡。不許巧作回護均攤，以免罪罰。』詔：兵部參照見行條法指揮，申嚴聞奏。

三年三月四日，兵部言：『茶馬司係專一管買馬職事。乞下本司，須管照歲額合買馬數，於歲終排發盡絶，不管依前拖延。仍令制置司，每歲取見茶馬司排發過綱及諸場買到馬數，并當職官吏姓名，開具申部。以憑稽考，行下催促。如見得有虧欠元額數多去處，即將當職官吏具申朝廷，取指揮施行。所有在路減尅草料，不切用心看管一節，欲令諸軍主帥須管依已降指揮，并選差廉謹諳曉馬性之人前去取押。嚴切戒諭，令在路用心擡舉，將批到草料，盡數依時餵飼，不管稍有違慢。如或有減尅草料之人，許互相覺察，歸司陳告。如追究是實，即與支賞。將犯人重行斷遣。其綱官合干人失於覺察，一例坐罪。〔賞〕罰務在必行，不管違戾。』詔：『依兵部看詳到事理施行〔三二七〕。仰内外主帥、都統常切督責所部諸軍，如法養餵戰馬，毋令瘦瘠，有病隨即醫治。仍令兵部，每歲終依已降指揮，比較諸軍統制已下斃馬多寡賞罰外，參酌臣僚所陳，將各司所管總額馬數，令項稽考倒斃分數，中樞密院取旨，以議賞罰。』

四年正月十五日，兵部言：『乞從江東安撫司所請，下馬軍行司、建康府、池州都統司，將揀退馬，仍舊令各軍置馬院，差隊外人兵看養。』詔：『依兵部指定到事理，照應淳熙十六年已降指揮，内外諸軍依此施行。其倒斃馬價錢，並依舊例解發。』

五年三月二十七日，司農寺丞潘子韶言，唐、鄧榷場監勒牛馬牙人，立賞以招南客，乞行措置。詔：『湖北、京西安撫司行下守令，嚴切禁止。督責巡尉常切巡警，不許透漏，務要革去舊弊。或仍前違戾，除犯人重作施行外，其當職官吏并地分鄰保，例作行遣。如客旅興販馱載貨物，内有及格尺壯馬，并不得輒往沿邊界首。先次揭榜鄉村曉諭。仰帥臣、監司常切覺察，旬具有無透漏，結罪保明聞奏。』

五月二十五日，閤門舍人厲仲詳言：『乞詔殿、步帥臣，自今呈馬之際，除十分病(發)〔廢〕，不任醫治，别作行遣區處外，應見管馬無問肥瘦，並從牧放。如合量留在寨，亦須壯實可用，以備緩急。不許專養肥馬，以爲冒賞之地。歲終，算計實數，馬軍之馬耗及二分，步人之馬耗及四分，自統制而下，一等鐫秩。』從之。

十月五日，臣僚言：『乞諸路漕臣，凡馬綱經過州縣，必差縣尉及巡檢一員監飼草料，不得循習舊弊，準折價錢。仍令主管綱馬驛程之官，往來諸驛，以檢察之。馬或羸瘠，疋數不全，即綱吏與主管驛程者例皆坐罪，比舊法責罰稍重〔三二八〕。如軍中裨將牧馬損折之罪，不以赦原。』從之。

十二月五日，詔：『廣西提刑司將慶元六年分合起發湖廣總領所經總制錢内，截撥買發江陵副都統制司歲額馬六綱價錢四萬貫。於內分撥二萬貫，付江陵副都統制司。於襄陽等處權行揀買及格尺土產馬，解赴襄陽府帥臣審驗來歷。如委堪披帶及不係外處盜馬，即與印烙，發往本軍。季具買到數目，申樞密院，餘二萬貫，仍舊解發赴廣西經略司。依數收買堪好齒嫩馬三綱，疾速起發，赴江陵諸軍交納。不管稍有闕誤。』以湖廣總領有請故也。

嘉泰元年二月十七日，臣僚言：『諸軍馬軍今後比較倒斃馬數，有外官差借，因病發遣，歸軍倒斃，即仰分明申說，豁出免行比較。』詔依。『令殿、步司主帥，將依指揮合借差馬先次置籍，開說各軍將隊，毛色、齒歲，不許頻併踏逐換易。如有發遣回軍病斃馬，即行批鑿，委因是何病患，月日倒斃〔三二九〕。每歲終，具申樞密院，以憑稽考。如因病患在軍倒斃〔三三〇〕，依舊例理爲分數。仍不得將軍寨馬作借差之數，避免比較。如是見得稍涉情弊，重作施行。』

二年正月二十七日，鎮江府副總管劉忠言：『伏見頻年以來，北界用兵，日在兩淮、漢上用銀收買淮馬。貪利冒禁者紛紛，我空彼盈，利害不細。乞下帥司禁戢，立賞許告，不問大小，不得透漏。有馬之家地分，官司常切覺察。』從之。

四月三日，樞密副都承旨司言：『茶馬起進御馬到部，押綱官二員，各轉兩官。今四川茶馬司押進嘉泰元年分御座打毬馬五十五疋，所差綱官王文正等，止蒙轉一官，減三年磨勘。竊緣所部之馬，若或倒斃數多，責降與御馬綱格法一同，而推賞不當有異。今來軍兵已依押進闊壯馬格轉兩資，其綱官亦合一體施行。』詔：各特轉兩官，今後依此推賞。

八月二十八日，樞密副都承旨司言：『已降指揮，川廣遞年買發綱馬，令審驗官司將今後發到馬等量看驗。如有不及格尺，不堪充披帶，并與印留，即不理爲合起發之數。仍歲終總其逐綱低小疋數，申樞密院，行（不）〔下〕補發，不得有虧元數。今據殿司差李舉管押嘉泰二年分歲額第三十一綱馬，計五十疋全到，數内一十四疋低小。步司差張旺管押嘉泰二年分歲額第十三綱馬，除寄斃外，見到四十五疋，數内一十疋低小。既有已降指揮，候年終行下補發。孰若隨即關報排發官司揀退，庶免虛費官錢收買，徒勞人力押發。』詔：『令茶馬司照數先次補發。今後仰督責買馬官吏，並要收買壯嫩、及格尺、無疾患、堪披帶馬排綱起發〔三三一〕。或審驗官司等量，更有短小不堪馬數，先將茶馬司官吏責罰。其買馬去處，一例重作行遣。廣西經略安撫司依此施行。』

十二月十四日，兵部侍郎虞儔言：『川廣買馬費用，朝廷錢物不貲。其使臣等，自當在路留心照管。近日，廣西經略司差使臣趙焕等，押馬五十疋赴建康都統制司，倒斃四十九疋。本部將公據照對，見得所至縣分，止據押馬官狀陳乞出給，其間有稱差人下所屬鄰保勘會；或止差行人看驗開剥，或將死馬安埋，及公據内姓名有差誤。雖依格降官展年斷罪，本所竊慮使臣等衷私換易，遂至多有倒斃。雖有繳到公據，不曾委官躬親驗看詣實，批上元給印歷，顯是違戾。今措置，欲令廣西經略司、四川茶馬司今後起發綱馬，須管照應元承指揮，出給印歷，付使臣。如有寄、斃馬數，所至州縣委官驗實，批歷給據，同皮、鬃、尾封付納馬官司驗實〔三三二〕，如有異同，即將使臣、合干人申取朝廷指揮根究，從條施行。仍令提舉綱馬驛程官逐季檢舉約束。』從之。

閏十二月二十日，樞密副都承旨司言：『殿前、步軍司近於四川茶馬司取到西馬數内，有四歲馬止及四尺已下，公狀内作四尺二寸。印驗之際，例皆瘦瘠，或旋即倒斃。不欲一一陳其弊倖，姑以短小馬不理爲數，行下補發。今來茶馬司録（連）淳熙四年十月指揮，降到量馬尺樣，内兩齒馬聽低二寸，係四尺二寸。四齒馬聽低一寸〔三三三〕，係四尺三寸。足齒馬依指揮收買四尺四寸。當時以爲向長嫩壯馬可以養餵，是以減饒寸數。自後發到短小馬養餵，雖膘分肥腯，少有長及四尺四寸，實難作披帶馬，緩急豈不誤事！乞下四川茶馬司，將依淳熙四年十月十七日指揮，遵用御前降下量馬尺樣，四尺四寸已上、齒嫩向長、闊壯堪披帶戰馬起發，自餘續降指揮，更不施行。或有收買低小一寸、齒嫩向長馬，恐阻遏蕃情，即仰權宜於附近官司收養。候及格尺，團綱起發。仍自今遇起發以前，令監視排發官并押綱使臣同醫獸逐疋等量審驗，同共監視，於左胯上分明火印，交付綱官。沿路養餵，不許瘦瘠。候到，以元發數十分爲率，如不及格尺并在路倒斃之數，共虧三分，都大茶馬司并買馬官、簽廳排發官各一降一官。如虧二分，與免責罰，更不推賞；或止虧一分，則減半推賞；不及一分，依例施行。庶幾利害切己，不致仍前苟簡。』從之。

三年三月十三日，池州副都統制李燮言：『本司每歲差發官兵前去茶馬司取押歲額川馬五綱，自池州至成都，往回萬里。全藉有心力、諳曉馬性綱官部轄。所差綱官，止於使臣、校副尉、下班祇應人内差撥。緣使臣多是昨來立功補轉官資，年及六十已上，不能任事。竊見廣西經略司差押歲額廣馬赴本司交納，其押綱官亦有効用、進勇副尉、守闕進勇副尉名目之人。乞將本司取押川馬綱官五人，自守闕進勇副尉、進勇副尉、使臣、校副尉、下班祇應通行選差有心力、諳曉馬性人充〔三三四〕，庶幾鈐束軍兵，照管綱馬，不致損斃。』從之。

六月二十六日，江州副都統制李汝翼言：『本司馬軍合用披帶馬一千六百八十疋，目今不及千疋。照得茶馬司拖下本司戰馬一百一十六綱，計五千八百疋。乞添截一十綱，分撥闕馬官兵，緩急庶免誤事。』詔：特令茶馬司將慶元六年、嘉泰二年分闊壯馬内支撥六綱，付江州都統制司。

八月二十九日，殿前副都指揮使郭倪言：『昨降指揮，令三衙每歲各差統領官一員，前去西和州宕昌馬務，與本處買馬官同共監視揀選。并差將官一員，前去興元府馬務彈壓取馬。今緣宕昌簽廳官自謂代監司行事，專擅事權，所差統領官不過塊然坐視，聽其自互市，自排發，儹换之弊，牢不可革。徒有監視之名，而無監視之實。卻有一行官兵沿路批支，并宕昌等處添給，歲不下六七千緡，虛費朝廷財賦。上駟竟不可得，實爲至弊。乞將三衙差往興元排馬將官減去，免此添給一項。即將監視買發綱馬統領，只差在興元監視排發，許令與秦司簽廳官同共收買〔三三五〕，選類排綱。内有病患、短寸、不堪者，許令退换。其監視排發官應有申請，仍許徑申樞密院。所貴與秦司簽廳事體相敵〔三三六〕，得以精選上駟。若歲終馬數額，沿路倒斃數少，歸司日，仍乞特賜旌賞，庶幾排發盡得好馬，實爲便利。』從之。

九月四日，都大主管四川等路買馬監(收)〔牧〕公事彭輅言：『三衙取馬，綱兵積壓數多〔三三七〕，重費州郡批支券食。乞截自日下將三衙年額合差人數住差一半，候發馬及分數，卻行關報三衙差撥。』從之。

十一月十一日，南郊赦文：『川廣押馬軍兵，因倒斃數多，避罪逃竄。可自赦到日，限兩月經所在州軍陳首，出給口券，發遣歸元來去處。免罪依舊職名收管，支破請給。』開禧二年至嘉定十四年南郊、明堂赦并同。

四年二月二十七日，都大主管四川等路買馬監牧公事彭輅條具馬政合行事件下項：

一、邊場買馬，止有諸州應副銀、絹、綾、紬，餘錢引一色，别無所入窠名。從條係於茶司收到茶引息錢内，每年轉撥七十萬道上下，用充馬本。其間馬司亦有代支茶司窠名錢數。年終，兩司會算〔三三八〕。緣今次遵奉朝旨，更不排發格尺低小之馬。所買馬，自有久來立定則例，不敢妄增馬價。且格尺高者，價亦隨增。今欲每歲權以八十萬道爲率〔三三九〕，取撥應副。其錢只於當年四五月間收納七分，限七月十五日以前數足。候年終，兩司會算。具帳申省。

一、臣見行前去宕昌措置，目今已是歲終，開春馬來擁併，竊慮馬本不繼。照得川司賣引所庫管見在錢引一百二十三萬餘道，欲先次取撥八十萬道，轉入馬司庫管椿收。其錢，仍理作嘉泰四年分合撥馬本。

一、興元府見積三衙取馬官兵僅五十綱〔三四〇〕。照得前官丁逢任内慶元三年一全年起三衙馬九十三綱；錢鍪任内七十一綱；王寧任内九十七綱，次年九十六綱；至王璆任内嘉泰元年七十八綱；胡大成任内嘉泰二年六十四綱。今年正月至十一月終，只起三十二綱。竊詳衙馬頓虧，始自去年。今馬來既少，自是庫管有攢下馬本錢物。臣今措置，戒諭遠人，各令廣販及格尺馬出漢互市。若日後馬來絡（驛）〔繹〕，可以補發虧下綱次。卻合令茶司將嘉泰二年、三年虧買馬本錢物，令項椿管，容臣接續取撥互市。

一、茶、馬舊爲一司，其合破衙從，元係諸州於年額合應副牽馬人外，又差白直人數，其一歲總四千餘名。後來三經裁減，比舊不及一半，白直人兵，更不取撥。照得上件人兵，係分撥場監養馬及牽押進御馬綱，每歲尚不足用，常是雇夫添貼。今既分爲兩司〔三四一〕，慮恐過數占破，妨誤養馬。今欲將馬司提舉官、衙從只破一百二十名，幹辦公事、白直人外，每聽破牽馬人十名。此外，不許妄有差占。

一、馬司事務繁多，所管地分闊遠。舊有指使一闕，向因制置司申明，候辟書下日，方與放請，是致無人願就。照得四川共管八場買馬，内黎、叙、珍州、南平、長寧軍五場應副江上諸軍，分送裏外兩馬務團養，兩務各差官一員監轄。緣監官係文臣，不諳養馬，遂申朝廷廢罷，止是差官權攝。兼成都府裏外馬務舊有監官兩員，今止乞辟差裏馬務監官一員，所有指使一員，許自本司起辟日，放請上件員闕。自此更不辟置文臣，并於大小使臣内選辟有材幹、諳曉馬政人，庶幾協濟國事。』詔並依。仍同趙善宣更切從長詳度施行。

四月二十三日，權發遣信陽軍黄石孫言：『伏見秦司排發綱馬兵士已至，而馬數未足，官司每以多支日券爲憂。馬數已登而兵士未至，官司復以多費草料爲念。幸而人馬俱集，則督促發遣，一不暇顧。且馬産於深蕃，涉遠而至，力猶未充，不問羸病，遽責之以經涉險阻，沿路倒斃，皆此之由。乞下秦司，今後綱馬有羸瘠、病患者，且須醫療、飼養，十分充壯，然後排發。此亦馬政一助。』從之。

嘉泰四年五月六日，樞密院言：『江陵副都統制李奕申，諸軍官兵前去川蜀取馬綱官，元降指揮，止許差銜官五人例以上人。緣此等人多係六十歲以上，年老不任遠役。乞將所差綱官，不拘銜官五人三人例，以至守闕進勇副尉，從本司選少壯、諳馬性人通行差撥。』詔依。如取馬綱馬倒斃數多，綱官無官可降，以罰歸之選差官。

開（僖）〔禧〕元年十一月十四日，樞密院言：『乞將襄陽收土産馬綱官兵，照興元〔府〕取馬例，比折地里，立定賞罰。』兵部申：『襄陽取土産馬，每綱五十匹。興元府至行在四千八百八十九里，襄陽府至行在三千一百里。以興元府地里（細）〔紐〕計，每四百八十八里有零爲一分，襄陽府計及六分有零。照得雖及六分，緣川蜀道路夷險不同，欲與减半推賞。』從之。

二年正月十三日，右衛郎將、管幹殿前司職事郭杲言：『本司歲差人於四川茶馬司取押馬三十六綱，每綱綱官一員，以使臣充。綱兵三十一人，悉以步軍正帶甲人爲之。自臨安至興元，往返萬里，經涉山險，若得諳曉馬性之人在路牽取養餵，庶幾不致瘦、斃。今步軍不惟有妨教閲，墮武藝又且不諳馬性。今相度，自後所差取馬官兵，内綱官從舊選差使臣，餘牽馬軍兵等，除醫獸一名外，并於諸軍闕馬効用及雄効内差撥，必肯在路留心養餵。止依軍兵例添破錢米，出給券歷。賞罰，從兵部參照擬定施行。若闕馬人差撥不足，即於馬軍傔兵并步軍準備帶甲人内貼差，庶得取押好馬，敷補闕額。』從之。

十一月二十八日，江陵副都統制魏友諒言：『本司每歲合得四川綱馬，係諸軍差人前去取押。今來見調發軍馬，委是抽摘人兵不得。緣目今緊要騎軍防捍，乞速賜劄下四川茶馬司，將歲額馬綱疾速差人押送前來襄陽軍前交納。候平定日，本司自行差人前去取押。』詔權依。

三年正月二十九日，樞密院言：『内外諸軍比較（到）〔倒〕斃馬及二分已上，合該展年之人，元降指揮，合該罰人遇郊祀赦恩，更不原免。如遇非次赦恩，臨時取旨。近來有日前已經展年之人，陳乞引用非次赦免展。』詔：『今後内外諸軍倒斃馬，已有指揮展年責罰之人，雖遇非次赦，并不許叙免。』

嘉定二年二月八日，詔：『三衙、江上諸軍，自今應押馬綱官，並差承信郎已上人，不得差校、副尉。』從樞密副都承旨韓杙之請也。

十一月五日，樞密院言：『湖南安撫司申，本司飛虎軍舊管馬軍二百五十人，并添宣撫司發回敢勇、効用等軍，委是闕馬教閱。目今馬數截自五月終，止管一百四十二疋，見闕一百八疋。乞下廣西經略司，候來春，先次支撥兩綱馬一百疋，從本司差人前去押發，下軍應副教閱。餘闕八疋，一面措置收買，湊足元額，庶幾緩急可備使用。』詔：『令廣西經略司將嘉定二年分江陵副都統制司合得歲額綱馬內，截撥一綱付飛虎軍。應副軍士，毋致闕誤。』

五年七月七日，廣西經略安撫使李訦言：『馬綱之弊，言之者不一。最爲害者，曰以毒藥害馬是也。今年馬自橫山至本府，千四百餘里，綱到皆全。比校過押馬官校，則前路往往多斃，而其斃者，又皆肥壯之馬。因綱官陳狀，乞免入馬院安泊，別尋水草便利放牧，以俟發行。窮其所以，秘而弗言。密行訪問，有寘毒之弊。乞遍劄下馬綱經由馬驛，逐路所隸運司立賞，許人告捕，嚴行禁止，庶綱馬道路少斃，官校之賞可全，不誤軍用，不枉官錢。』從之。

六年三月七日，臣僚言：『將佐之馬，往往取之馬軍。則馬軍雖合請三百，止得一百食錢，而主軍者密取其三分之二。又統制官占馬至四五十疋，名爲科馬。豈特占請馬料，每一疋必有一卒以預其名，而盜取其食錢以入己者。今欲措置，立爲定額。』詔：『統制官止許差破戰馬六疋，統領官差破四疋，馬步軍正副準備將各止差破兩疋。其減下馬拘收，從公撥付入隊官兵，如法養餵。仍仰嚴切鈐束兵將官，今後不許輒於官兵名下差撥換易。具知稟狀申樞密院。』

二十五日，詔：『今後茶馬司、廣西經略司發到御前綱馬，先經承旨司看驗訖，令御馬院限三日揀留堪用好馬外〔三四二〕，其餘揀退馬，不拘疋數多少，隨即逐旋降付三衙，充戰馬使用。內馬軍行司實不再下舊司養餵，仍不得別將病馬貼數支降，即不許過遞年合降三衙馬數。』以主管馬軍行司許俊言：『逐時蒙御前降賜下馬，緣本司移屯建康府，權前行在馬軍舊司收管。候承旨司火印訖，養餵一月，差官兵牽拽至本司交管〔三四三〕。綱馬多有怯瘦，官兵皆年老不諳馬性，往往水草不節，多有倒斃。今後乞於步軍司差撥諳曉馬政將官一員，部押前來交管。將押到馬數，斟量支給犒賞，不致沿路枉有倒斃。』故有是命。

七年十月七日，詔：『令茶馬司今後（名）〔各〕發三衙、江上諸軍綱馬，仰自正月以後，預期排定綱數，申樞密院行下各軍。自七月以後，方得起發前去取馬。』以樞密院言：『各軍差撥使臣軍兵前去取押，或有馬多而人未至，或人到而馬未有。留馬待人，則茶司有芻秣之費；留人待馬，則州郡有券食之（頌）〔頒〕。合行措置。』故有是詔。

八年三月二十七日，樞密院言：『興元府乞權住差取馬官兵，少寬券食之費。已降指揮，令茶馬司預期排定綱數，自七月以後，方得起發。官兵數、程限，因依施行。仍令茶馬司預期排定各司合得綱馬，不得稍有宿留，及照應前項因依施行。各具知稟文狀，申樞密院。』

九年七月二十八日，臣僚言：『國家市川廣之馬，以備戰陣。所過郡縣，批支草料錢糧，驛程不過五六十里。初無馱載馳騁之勞，顧乃羸瘦骨立，或在路耗損，良由綱兵兼其利而奪其食也。綱兵率皆中夜起程，黎明至驛，一日之内，無所用心，惟事飲博。所請馬料，隨即貨糶，以資其用。馬之芻秣，何暇顧邪？無怪乎馬之饑餓羸瘦，以致耗損也。至如川蜀所差進馬綱兵，尤爲恣横。所抵縣邑，百端生事，稍不如欲，則扇摇全綱，縱馬冲撞，或繫之廳事之上，或散之廊廡之下，非得厚賄不徙焉。管押之官利其負販，置而不問；州縣之間，重以進貢，莫敢誰何。所至被害，甚於盜賊。乞下三衙及江上諸軍、四川茶馬司，戒飭綱官、綱兵，今後取押馬如有羸瘠耗損，重加責罰。又令所過州縣，得以節制綱兵，禁其需索，制其蹂踐。或有違戾，許令飛申。應支馬料，預於先牌入境之時，先次煮熟；及其餵飼，并與驛官監分。如此，則綱兵無盜糶之弊，而馬有全養之益。』從之。

十二年十一月五日，臣僚言：『竊見茶司之馬，每歲發卒，取隸諸軍。積而計之，宜不可勝數，而諸軍之馬曾不加多。嘗訪其故，蓋緣馬生西北，驟至東南，已失其性。兼萬里馳逐，沿塗馬驛止留一宿，不得休息。且官給糧草，多是折錢，吏卒侵用去取(馬)〔焉〕。今據茶馬司申：(儻)〔儻〕積馬在廄，官兵不來，無可發泄，尤更利害。今兵部供三衙合得綱數，進奏院供相去程途多寡，各司將每年合得綱數目，均作四季取押。先次立定官兵起發日分，於半月前期移文茶馬司，計幾綱官兵起發前去，約至某月某旬到，請排定綱數，伺候官兵前來取押。其取馬官兵，各給行程一道，須管照限到彼。有零裡者，與當一程。沿路實有故者除之，仍於所在州縣、鎮寨等處批書因依。押馬回日程限準此。』詔：『令殿前、馬、步軍司，照前項立定綱數，餵飼失時〔三四四〕。暨發至諸軍，已勞苦饑瘁，所以倒斃者多，虛費官兵請給，何益於用。臣愚以爲漢陽當道里之中，舊有馬監，便於牧養。廢罷日久，欲乞行下湖北運司相度，隨宜興復，使川秦之送馬者至監而止，俾之從容飼養。候諸軍闕馬，旋發卒取之。馬既得休息之所，不致病死，而取馬官兵之費，亦可減省。』詔依。其興復漢陽馬監事理，仍令湖北轉運司相度，申尚書省。以上《寧宗會要》。

川馬綱

孝宗乾道元年五月十九日，臣僚言：『川蜀綱馬程驛，迂路經由州縣山險，有損無補。如宕昌寨所買西馬，欲自本處排綱，陸路至利州上舡，順流而下，不過一月，可到荆南，出陸赴行在。成都府路所買川馬，欲自合州上舡，順流而下，不過二十日，亦可到荆南出陸。其經由水路，合用馬舡及諳識水脈梢工、草料等，令所屬州縣預先約度計置，仍委逐路監司提舉。乞自朝廷立格推賞，以爲激勸。』詔令吴璘看詳提領，疾速措置。

其後，九月二十一日，知夔州張震言：『四川綱馬改移水陸一路，見茶馬司一處，每年合發歲額馬及宜州所買馬約計二百三十五綱〔三四五〕。』每綱五十匹，共計一萬一千七百五十匹。每一綱要得舡三隻，每一隻頓放一十八匹。每舡摇櫓六枝，水手三十六人，梢工四人，計舡三隻，合用一百二十人。每人日支雇錢二百文，食錢三百文。自夔州順流至歸州三日，泝流雖是空回，係上水，梢工、水手依舊銷得上件人數。且約十二日可回，共計十五日。計支破錢九百貫文，止係一綱。二百三十五綱，計支破錢二十一萬一千五百貫文。止係一州之費。其餘十州，可以類推。所有起蓋馬驛及一行官兵批支錢糧、草料數目在外。

一、川蜀無載馬舡，今若制造，每一綱舡三隻。一年内，除四個月半水漲月分外，每一日發一綱，半月方得往返一遭，必又須更有十五綱舟舡。並每船各要梢工、水手在岸下，方可循環津載，不致積壓。須要四十五隻舡，一千二百人。梢工、水手不輟往來，日破口食若干，州縣每年要一萬二千人，別無差雇去處。船四十五隻，每隻打造縻費八百貫文，共計三萬六千貫文。每一船，一年往回十五次，必是敗腐，又須一年一次打造。馬綱一萬一千七百五十四，每匹日支大麥八勝，粟草十三斤，到發約批支三日，計每三〔日〕批支大麥二千八百二十碩〔三四六〕，每碩二貫，計五千六百四十貫文；粟草四十五萬七千五百五十斤。委是出産不敷，難以樁辦。

一、江道自利至合，春冬淺澀，難以樁重載。自合至歸，夏秋江漲，阻水難行。峽山之間，寸草亦無，何以飼馬？

一、且以利、閬、果、合、恭、涪、忠、萬、夔、歸、峽等一十一州計之，每年分外虚費二百餘萬緡。』詔：除打造舟船外，其餘事件，並令吴璘管辦。其州船，令王十朋疾速應副。《朝野雜記》云：『又且出産不敷，決難樁辦。大臣進呈，上曰：「第令造舟與璘，他日有損壞，軍自修，其他皆吴璘自辦。」事遂行〔三四七〕。汪聖錫時在成都，亦言其不便。不聽。始議馬綱至鄂州遵陸〔三四八〕。』

十一月十五日〔三四九〕，知樞密院事汪（徹）〔澈〕奏：『川馬既委吴璘用船自峽江發出至鄂渚，若令諸軍以馬船去取，自大江順流而下，似亦爲便。』上曰：『大江風濤或作，即數日不可行，但依舊令出陸。』

是月二十五日〔三五〇〕，執政進呈吴璘奏《馬綱經由水路畫一》。汪澈等奏曰：『先降指揮，除造船外，並委吴璘管辦。今吴璘條具，卻復委茶馬等司及沿流諸州。若從其請，事決不可辦。』上曰：『只可依元降指揮，别條具上來。』至二十六日進呈，得御筆：『依。』

二十六日，樞密院言綱馬由水路，切慮舟船未辦，排發留滯。詔：令三衙且依舊陸路取旨揮〔三五一〕，候舟船辦日，依已降旨揮施行。

十二月五日〔三五二〕，樞密院言：『綱馬改移水路，勘會打造舟船，分付吴璘掌管。所有撑駕人并草料，並係吴璘管辦。』詔並依。令吴璘催督夔路安撫司打造舟船，先次經由水路發十綱。其餘照應已降旨揮施行〔三五三〕。

十二月十二日〔三五四〕，宰執進呈四川制置使汪應辰《論馬綱由水路利害》〔三五五〕。上曰：『可更令吴璘相度，已作如何施行。』

是月十五日〔三五六〕，宰執進呈吴璘《乞催夔歸州造馬綱船及修棧道》，洪適奏曰：『夔、歸、峽州道路險峻，人猶不可行。所謂棧道，非西路棧道之比，馬豈可行也。元降旨揮，係至荆南出陸。』上曰：『可即依元降旨揮行下。』

二年五月十九日〔三五七〕，宰執進呈吴璘奏《馬綱經由水路劄子》，并録到知歸州周升亨書，稱已辦集舟船、草料、什物。上曰：『歸州亦不易皆辦。』適等奏曰：『先來乞歸、夔二州未辦，今辦只歸州，夔州未見申到。吴璘稱先將宕昌西馬由水路排發，如將來水路通行，比較出陸，别無死損，即將所買川馬亦於水路排發。臣等觀吴璘之意，次第亦疑水路有未盡善。』上曰：『吴璘所奏，正依得元降旨揮，先於水路起發十綱。』

二月六日，進呈吴璘等《論水路綱馬利害》，适等奏曰：『王十朋、查籥等具奏，皆已降出。惟吴璘奏狀未見。』上曰：『此事本責辦吴璘。具今次所申，理會得全然未是。下水用取馬軍兵，不知船如何回？奏狀已專使人持去，令别措置矣。今未須理會，且俟其回報。』

是月十二日，宰執進呈吴璘奏〔三五八〕：『水路先起西馬五十綱，逐州合用船人、草料皆已支俵交子。』上曰：『此回措置得甚好，可依。』适等奏曰：『周時等先理會回船上水，少人牽駕。今吴璘以取馬人帖船下水，不曾及上水一節，莫更備周時等所陳，令吴璘相度措置。』上曰：『善。』

十三日，夔州路轉運判官周時、查籥奏：『綱馬改移水路，竊見本路所隸六州，自恭至涪，水路往回九日；自涪至忠，往回七日；自忠至萬，往回七日；自萬至夔，往回十日；自夔至歸至峽，正當灩澦、瞿唐、人鮓甕、新灘、查灘之險，往回各一十二日。蓋下水載馬，逐州交替，不過三兩日；而回船上水，或費八九日。灘磧至多，牽挽甚難，所破人夫，正要趁回摺運。今宣司旨揮，每隻用招梢四人，搖櫓四枝；用火兒四名，貼差逐州回船軍兵五人，與牽馬人二十五人〔三五九〕，同共搖櫓。此特論下水一劑，不知馬船回日，卻令何人牽拽？兼回船軍兵并牽馬人，皆是上江未曾經歷灘險之人，而欲令搖櫓於驚波怒浪之中，以載踶齧不可測之馬，豈不誤事？』詔吴璘從長相度施行。

同日，吴璘言：一、打造馬船。近據合州申，創造每隻合用物料、人工、口食等錢共四百四十貫。本司已那支過錢引七萬五千貫，僅可打造馬船二百隻。今來諸州馬船及七分，已見就緒。

一、今乞將川馬由陸路發行外，先次管認發三衙所取西馬五十綱。除馬草已行下諸州應副，具申本司支撥價錢外，有馬料每綱五十四，日支料四碩，五十綱共料二百碩。以逐州遠近約度，支過馬料價錢：利州至閬州三日，今大約四日；閬州至果州三日，今大約四日；果州至合州三日，今大約四日。已上計三州綱馬五十綱，經過日支料二百碩，四日料共計八百碩，每碩支錢引兩貫。本司已每州支錢引一千六百貫。合州至恭州，恭州至涪州，涪州至忠州，忠州至萬州，萬州至夔州，已上逐州，止是一日或一日半可到。今大約兩日，馬五十綱，兩日共四百碩，每碩價錢一貫五百文。今大約支兩貫，每州合支錢八百貫。已每州各支錢引一千貫。夔州至歸州，歸州至峽州，已上逐州，各約三日可到。馬五十綱，三日支料六百碩。每碩價錢一貫五百文，今大約兩貫，已每州各支錢引一千二百貫。已上共計支過馬料錢引一萬二千二百貫，付逐州收管。如有少數，具申本司支撥，並不令科於民間。

一、和雇梢公、火夫。近據閬州申，本州打造七百料馬船二十隻，每兩隻可載馬一綱。契勘若五百料已上船，亦可裝載。若及七百料，可載馬二十五匹。每隻合銷梢工四人，搖櫓四支，共用搖櫓、火兒四名，貼差逐州所差回船軍兵五人，與牽馬人二十五人，同共搖櫓。若是五百料以上船，用三隻載馬一綱，每船一隻，合銷梢工三人，搖櫓兩枝，用火兒二名，與回船軍兵、牽馬人同共搖櫓。其和雇梢工、火兒若從多數，每馬五十匹計一綱，用梢工八人、火兒八人，共一十六人。以逐州水路遠近約度，那支過諸州和雇梢工、火兒五十綱錢引下項：利、閬、果、夔、歸五州，水路稍遠，約計三日或四日可到。梢工往復，各支錢引肆貫，火兒各支錢引兩貫。每綱支和雇錢引四十八貫，五十綱共支錢引二千四百貫。五州計支錢引一萬二千貫，已支撥付逐州收管。令本州相度，如更有少數，令逐州量行添搭，不令科於民間。合、恭、涪、忠、萬五州，水路稍近，一日或一日半可到。梢工往復，各支錢引兩貫五百，火兒各支錢引一貫五百。每綱計支錢〔引〕三十二貫，五十綱計支錢引一千六百貫，五州共計支錢引八千貫。本司支撥付逐州收管。令本州相度，如更有少數，令逐州量行添搭，不令科於民間。已上十州，共計支錢引二萬貫，付逐州應副和雇梢工、火兒去訖。通前共支造船并馬料，和雇梢工、火兒等錢，共計錢引一十萬七千二百貫。打造馬船錢引七萬五千貫，綱馬料錢引一萬二千二百貫，和雇梢工、火兒錢引二萬貫。今乞將川馬由陸路發行外，乞將三衙所取宕昌西馬，發五十綱，經由水路前去赴行在。如將來水路通快，比較得所發馬比陸路別無死損阻滯，即乞將西馬經由水路排發施行。詔依〔三六〇〕。

《朝野雜記》：『於是大臣因爲上言，恐璘亦疑水路未盡善。上未以爲然〔三六一〕。』明年春，夔路轉運司主（掌）〔管〕文字潼川任續至行在，上言：『今造舟已畢，工役遂事〔三六二〕。』

七月十二日，提舉四川等路買馬監牧公事陳彌作申〔三六三〕：『馬綱經由夔路，取撥錢物，應副本路沿流州縣支遣。乞專委本路漕臣一員兼提舉馬綱程驛公事，庶幾錢糧有以任責，不致闕誤。』從之。

三年三月二十一日，宰執進呈臣僚《論馬綱由水路利害》〔三六四〕，且謂『造船工役，灘險山程〔三六五〕，利害相當，在所不論。惟欲撥陸路之芻秣，以免沿流之煩費；輟四路之軍兵，以免篙梢之追擾〔三六六〕。在巴峽州郡，人户彫瘵，非他路之比。今委茶馬司所撥支用，則夔路不患於煩費矣。四路廂、禁軍數目不少，各輟五千，分於沿流十郡利、閬、果、合、恭、涪、忠、萬、夔、歸，充水軍屯駐。其請給衣糧〔三六七〕，各從元來處科撥，馬綱行而迎送舟船，馬綱住而訓習水戰〔三六八〕，則差募篙梢亦不擾民而馬綱無廢事矣。』上曰：『前後論馬綱者不一，而此頗得要領。吳璘已嘗差軍兵，令相兼差撥。』於是，詔：令制置司分逐路州軍大小，抽差廂、禁軍共三千五百人，於沿路十州屯駐，同吳璘正兵相兼使喚。《朝野雜記》云：『三月甲子〔三六九〕，時真父已去，王龜齡代之，與漕臣查元章皆力論其擾人。不聽也。有知歸州周允升者，傅會璘説，言本郡舟船、草料皆已辦集，即擢爲夔路轉運判官。而任續者，亦除知涪州，又易恭州，使行其説。峽江湍險，軍士素不諳習，一過灘濆，人馬覆溺。於是驅沿流之民爲之操舟，所費衣糧皆遭劫奪，所過鷄犬爲之一空。未幾，璘薨〔三七〇〕，虞并父代爲宣撫使。』

（三年）十月三十日，四川宣撫使虞允文言：『均、房州一帶，馬路多歷險嶺，又多亂石，所以多壞馬蹄，以致死損。利州水路至荆南府凡十二郡，計三千餘里。分置船驛，數目浩大，挽而溯洄，用人力至多。若一旦阻風，行船不得，或至三五日，馬失餵飼。今別踏行馬路有二：一者舊係房、金州上京驛路，皆平坦，多係沙地，於馬行相宜。但一段去虜界稍近，二百七十里。恐生邊隙，未敢便施行。一者自金州上船，至淨口，水行五驛，出船至外口，陸行四驛，合舊行房州馬路。馬止歷均、房兩州，不過五百餘里，盡避得金、房州數十重大山。比利州水路減十之九。見一面措置到圖子進呈。』詔令允文擇其利便，一面改易施行。

十一月二十九日，臣僚言：『四川糧饟，取給於利、閬之糴買。訪聞糴買之害者曰馬綱。商販之舟，遡嘉陵而上，馬綱順流而下，則又卻行而避之。押馬官兵怙衆強橫，騷擾江村，商販之舟，尤被其毒。此馬船之害於糴買也。使江道有益於馬綱，猶於糴場大有妨礙。而況水路馬數，較之陸路，存亡相若。以此妨彼，尤爲非便。』詔：川路馬船日下廢罷，使商販米斛之舟往來通快。《朝野雜記》云：『自吳璘建請之後，利、夔兩路沿江十餘郡之被其害者三歲，而後得免云。』

牧養上下監 《大典》卷二六七三、《輯稿》二一之一至四

牧養上下監二監　大中祥符四年十一月〔三七二〕，羣牧制置使（奉）〔奏〕：請以在京諸坊監及諸軍病馬，就京城西開遠門外草地，分作兩監，量破草料牧放。詔：以爲牧養上下監；馬重病者送下監，輕者上監。

太宗雍熙二年九月〔三七二〕，太宗幸天駟監閱馬。詔：宰相、樞密、三司、節度使、上將軍、翰林、樞密直學士、軍校自選名馬〔三七三〕。既而帝親選賜之，歷四監而還。

真宗景德二年二月，以鄭州養馬務病馬，於京城置坊養飼之。

大中祥符元年六月，羣牧制置司言：『内外廄牧，月供馬籍，未有懲勸之法，今爲定式以付之〔三七四〕。違者欲差置其罪。』從之。

二年五月，詔：『在京養馬院務坊監，槽頭、刷刨，各依元舊軍例支給請受外，槽頭每人日別支口食米豆各一升，刷刨日支米一升。如闕刷刨，於長行内揀差。闕槽頭，於刷刨内不拘名次選小心勤勞者，依例奏補。其節級，即於槽頭内揀差，委提調使臣常切覺察。如有慢易不得力者，申羣牧司勘斷訖，勒充長行。』

九月，詔：左、右騏驥院及諸坊監，馬數自今旬奏月比〔三七五〕。省日奏之繁也。

三年正月〔三七六〕，詔：『左右騏驥院及諸坊監馬官，自今並以三年爲滿。如篤知馬事欲留者，羣牧司保薦以聞，當從涖他監。』

四年十二月，詔：『羣牧司在京兩院坊、監，自今病患馬數，令醫獸人逐匹當監官、使臣前看驗。排所患病名輕重，分作兩等記號，委羣牧司官員點檢過，轉送與養馬務養放、醫療。如本務人少，即於坊監押那差撥。其醫較抛死馬數，並令養馬務一面管認〔三七七〕，比較施行。每年所管醫療馬，至年終，據本務應管病馬内抛死數目比較。其使臣勾當二周年，即將前界醫較抛馬比較分數開坐。以抛馬一分至三分，乞與改轉；二分已下，賞錢五十貫；三分又上，一十六〔貫〕。四分、五分已上，不支賞。六分已上，罰一月俸；七分已上，罰一季俸；八分已上，勘罪以聞，乞行嚴斷。又，兩院坊、監止養好馬，如有轉卻病馬并在坊、監拋死數目，候至年終比較，一處算數。如比諸坊、監最少，即給賞錢。若是數多，即相度第等科罰。仍委兩騏驥院監官或羣牧官員逐時點閱病患馬數，逐旋轉送，無致積壓。候至十二月終，須管盡轉與養馬務醫療，即不得公然啓倖藏隱，留在坊、監，致有隔年方始轉送。如違，其干繫人並劾罪科斷。其使臣，三周年一度磨勘；及醫獸人比較，將轉卻病篤與死數一處紐算分數。並依元敕施行。』

五年四月，羣牧制置使言：『左右騏驥、六坊監見飼馬萬七千匹，所費芻粟四百萬。今請止留馬二千，餘悉遣就淳澤監放牧。』或言有給用，可信宿而至，歲有芻粟三百餘萬。從之。

七年九月，詔自今坊、監兵士有會諸作工藝，並令止絕。不得更於諸處交陳文狀，有所規避。

天禧二年六月，詔：『應內外臣僚，自今有差出勾當公事，若經馬監州軍路分過往，如不係管轄，不得輒於坊、監內安下。如違，仰羣（藝）〔牧〕司具職位、姓名以聞。』

神宗熙寧三年三月六日，詔以左右天駟四監併作左右天駟兩監。

八年二月十一日，詔：權廢罷左右天廄坊。

八年三月，詔：『牧養監裁減兵員，其將校委步軍司比類軍分移隸，兵士依廢左右天廄坊例施行。』從羣牧司所請也。以上《國朝會要》。

高宗建炎三年四月十三日，詔：左右騏驥院官吏減半。

紹興四年三月二十日，詔：左右騏驥院今後入殿供進（祇）〔祗〕應御馬，每匹每分支破十分草料。

二十一年三月三日，詔：交阯郡王大禮，給賜馬二匹。令廣南西路經略安撫司一面應副。

二十六年八月二十一日，詔：『騏驥院左右教駿四指揮，每指揮通見管人數，權作一百人爲額。』先是，在京日，共二千九百四十八人。紹興八年十月十日，詔每指揮權作五十人爲額。至是，以本院言差使不足，故有是命。以上《中興會要》。

孝宗乾道九年五月十八日，詔：『左右騏驥院、御前馬院，近年諸處進馬數多，闕人照管養馬。限一月，創招刺教駿一百五十人。今後遇闕，於御前馬院、馬監揀刷諳練鞍馬子弟招刺。如不足，一面收刺。御馬院同此制。』以上《乾道會要》。

諸州監務 《大典》卷二六七三、《輯稿》二一之四至五

諸州監務 諸州牧馬監附

河南府洛陽監 舊曰飛龍院，太平興國五年改牧龍坊。景德四年十一月，陳堯叟奏請以東京右養馬務人員、兵士送河南府牧龍坊牧養，在京送去少嫩馬，仍改爲洛陽監。天聖六年十一月，羣牧司言廢監，見馬支配諸軍兵級，充本京廂軍，其地募民耕佃。景祐二年五月復置。

大名府大名三監 太平興國三年，内置養馬務，改牧龍坊。景德二年五月，分爲二坊。七月，改爲大名第一、第二監。大中祥符二年，又置第三監於洺州境。

洛州廣平二監　建隆二年置養馬務，改牧龍坊。景德二年七月，改爲廣平監。大中祥符三年閏(三)〔二〕月，羣牧〔制〕置使言：河北孳生馬多[三七八]，可更於邢、洺、趙州境標地萬頃，以廣放牧。因詔增置第二監。景祐二年廢其一。

衛州淇水二監　周顯德中，置牧馬監。建隆初增葺，後改東、西牧龍坊。景德二年七月，改爲淇水監。後又分爲第一、第二監。熙寧七年四月，合併爲一。

管城原武監　舊曰馬務。建隆初增葺，後改爲牧龍坊。景德二年二月，分爲第一、第二牧監。七月，改爲廣武監。大中祥符二年，改原武監，仍合爲一。熙寧七年四月廢併，分擘羣馬於洛陽、單鎮兩監牧放。

同州沙苑二監　建隆初，葺故地爲監。後改牧龍坊。景德二年七月，改爲沙苑監。(治)〔咸〕平六年十一月，分爲二監，每監牧馬四千五百匹。

相州安陽監　周顯德中置馬坊。建隆初增葺，後改牧龍坊。景德三年七月，改今名。

澶州鎮寧監　建隆初，濮州置養馬務。開寶八年，移於澶州，後改牧龍坊。景德二年七月，改今名。乾興元年十二月廢。

白馬靈昌監　舊龍馬監。後改牧龍坊。景德二年七月，改爲靈昌監。天禧三年河決，羣牧司請以監馬送大名、淇水五監牧放。候水落別爲規畫，後遂廢。

邢州安國監　大中祥符二年，河北諸監言：邢、趙草地甚廣，宜置監牧。遣羣牧判官括視閑田，得萬餘頃，可牧馬萬匹。其年八月，置監養放，孳生鞍馬。景德二年春廢，後給充天慶觀莊田。

鄆州東平監　大中祥符元年十一月置，天禧五年正月廢。羣牧司請以監馬分配諸處，其地分，募民分佃之。熙寧七年二月六日廢。

中牟縣淳澤監　大中祥符四年置，乾興元年四月廢。

許州單鎮監　大中祥符六年七月，羣牧制置使言，單鎮有牧地；詔置監。自天聖五年，凡再置而廢。

同州病馬務　景德元年置。初（以）以沙苑監官兼主之，別養本監及諸處病馬。天聖二年，别差使臣勾當。

監牧雜録

《大典》卷二六七三、《輯稿》二一之五至六

真宗咸平六年十二日，羣牧司言：牧龍坊兵士乞給皮毛裘牧放。上曰：『迥野苦寒，賜之可也。若郊野之内被毳牧馬，有類胡服，可令以皁紬表之以賜。』

景德二年七月四日，羣牧司言：『按唐《六典》，凡馬有左右監，仍以土地爲名。欲將諸州牧龍坊改爲監，以本州軍土地爲名。先是，諸坊借用奉使印，今請各鑄印給用。』從之。

大中祥符二年二月，帝謂知樞密院王欽若等曰：『諸州（防）〔坊〕、監各有提點使臣，唯京師監牧，本司官員無暇糾察。可差使臣二人提點坊、監，仍隸本司統轄。』又羣牧制置使上言：『提點坊、監使臣相度：同州沙苑監自來祇養牝馬，乞改充孳生監。緣無四時草地，初冬即須還厩，與河北諸監不同。自前亡失馬數甚多，生駒皆不壯健。欲令羣牧副使閻承翰等相度，如别有草地，可四時牧放，即具以聞。如須初冬還厩，即罷經

度。』從之。

仁宗景祐元年三月二日，定奪所言：『臣僚起請，乞廢河北馬監等事。今勘會，河北諸監所管鞍馬不少，即未見逐色有無歲數過大及病患孳生馬數。乞差官往彼揀選編排，各别立項申奏。』從之。

四月二十五日，河北都轉運使杜衍等言：『準敕，同羣牧判官邊調相度，將大名、廣平兩監見管馬數撥併，就便牧放。已將廣平兩監馬數内第一監撥赴大名兩監。其廣平第二監，撥與安陽淇水第一監，就草地牧放去訖。今點記下三歲大馬三千一百四十四，乞令便撥赴左右廂大馬監收管。』從之。

二年二月七日〔三七九〕，羣牧司言：『洺州廢罷廣平兩監。緣此監興置年深，自來少有抛死。今揀到好骨格馬一千九百餘匹，欲乞且存留廣平監，以就養牧。』詔存留一監。

慶曆五年閏五月二十八日，羣牧司言：『同州沙苑一監見管草地一萬一千四百六十餘頃，所管馬才及一千八百餘匹，請自本司那官一員檢案。』從之。

皇祐元年四月二十五日，羣牧司言：『許州長葛馬監乞更不令知縣并都監管勾，專令許州知州、通判，今後要兼同監牧事。仍令通判逐季往本監點檢諸般官物。』從之。

治平四年，神宗即位，未改元。六月十七日，詔同州沙苑監令隸陝西提舉監牧司。本監使臣，亦令選舉，更不屬左廂提點。

十九日，羣牧司言：『欲令河北、河東、陝西路都總管〔三八〇〕，各於本路近環慶係官草地置監一所，令陝西監牧司將馬約定年額，牽送上京外，據餘數逐旋分撥與諸路馬監。久遠既成倫序，即本路馬軍可以自辦。』

從之。

十一月十四日，環慶路經略使李肅之、鄜延路經略使陸詵、陝西制置解鹽判官李師錫並言：『本路無係官草地，又密邇西界，難以興置馬監。其同州沙苑監近割屬陝西監牧司，可以增添〔牧〕馬。』詔：陝西四路都總管司，更不興置馬監。仰陝西監牧司廣市善種，務令蕃息〔三八一〕，以備逐路諸軍闕馬。又詔：河東路都總管司於太原府交城縣置馬監。先是，遣尚書比部員外郎崔台符往河北東路按視官田〔三八二〕，將以牧馬汾州。得故牧馬地三千二百頃，其中有民先佃者，令納芻豆，以備寒月馬上槽秣飼。仍俟明年春，於沙苑監移牝馬五百匹〔三八三〕，往本監牧養。

熙寧元年〔三八四〕，詔：河南諸大馬監爲孳生監。仍量度宜畜牧地土。在外諸監馬地分屬兩使。時分置河北、河南監牧使，乃有是旨〔三八五〕。

八月五日，羣牧司言：『係牧馬監縣，令逐縣主簿乞兼本監主簿〔三八六〕，同管勾帳籍、官物。』從之。仍令轉運、提刑司不得差出。

二年五月，河北監牧使崔台符言：『諸馬監各有奇巧工匠及有會奇藝者不少，欲乞盡揀送本監，換廂軍入監。』從之。

八年閏四月五日〔三八七〕，詔：沙苑監令復屬羣牧司，餘北京、元城等八監並廢罷之。時廢河南、河北兩監牧司，故有是詔。

九年三月七日，詔：河北已廢諸監廨宇、草場等，並許人户租賃。以上《國朝會要》。

高宗紹興二年十月四日〔三八〕，臣僚言乞置牧馬監。詔令三省、樞密院措置。既而，樞密院言：『欲專委饒州知、通，於四望山東、西岸等處，踏逐係官堪充孳牧羣馬地(士)〔土〕，置監孳養，蕃息羣馬。知、通專一提領，每月各給茶湯錢十貫。』令樞密院取旨，差曾經馬事使臣五員前去饒州，與本州提領官同共措置。其孳生馬母，令神武諸軍并諸路州軍剗刷係官馬，先次具數申樞密院，差人管押前去饒州交割。候綱馬到，卻令支填。其合行事件，令提領官疾速條具，申樞密院〔三九〕。

三年六月二十三日，三省、樞密院進呈置監牧養馬事。上曰：『馬政不可緩，然須擇人而任之。殺馬之禁，尤當嚴切。』〔呂〕頤浩等曰：『殺馬之罪與牛等，顧民間未知之。』上曰：『可令有司舉行，犯者必捕之，則姦可戢矣。』

八月十九日，提舉饒州孳生監牧事郄漸言：『朝廷遵倣祖宗舊制，置監鄱陽，推行孳生之利。牧地不可以不廣，棚井不可以不備，草料不可以不儲，林木不可以不植，烽堠、壕塹不可以不置。務在當職之吏公共辦集。今主管監牧已委知、通，而責令、佐未有明文。』樞密院勘會：『雙港置孳生監牧地，去州不遠，已降指揮，專委知、通兼行主管，難以更責令、佐。』詔：孳生監牧司棚井及應合用物色如闕，仰郄漸一面移文知、通應辦。

九月二十二日，郄漸言：『近降指揮，監牧地踏逐係官地土，緣雙港近下難得全係官田，如有民田，將係官田撥換。如不足，即支還價錢。切詳所降指揮，蓋欲使地土寬廣，以便出牧。緣創置之初，務在早獲就緒。今來內有合行撥換官田，肥瘠高下，事須相當。兑置民田，所估價直，理須優厚。以至給還之間，無令減尅留滯，方始易於兑買。仍出給公據，付人户收執照會，庶幾公私平允，無騷擾之患。』兵部勘當，欲下江南東路轉運司，依郄漸所乞事理施行外，户部右曹契勘：『常平司所管田産，依法並估價出賣。如未售，即量立租課，權召人承佃。其賣到錢并所收租課，並係充常平賑濟等支用。欲乞下江東提刑司及常平司，取見置監牧地内有常平司所管田産，令本監依（賣）〔實〕直價錢兑買，并行下提舉饒州監牧司照會。』詔依户部勘當到事理施行。

四年四月二十七日，樞密院言：『提點臨安府孳生牧馬監楊志憫申，得（有）〔旨〕，臨安府置孳生牧馬監，差志憫兼充提點官。所有合行事件，條具申樞密院。』（令）〔今〕先次條具下項：

一、契勘更令諸處官馬甚多，若不别立印號，切恐無以辨别。欲乞行下所屬，打造篆文『牧』字火印，於羣馬左胯上烙印記號〔三九〇〕。仍乞本監添置如意郡記，於馬尾靶上烙號〔三九一〕。所貴與請處號記不同，有所（辯）〔辨〕别，亦隔弊倖。

一、合用等杖并拍子〔三九二〕，乞下所屬制造四尺一寸至四尺七寸七色等杖并拍子，給降應付行使。詔依工部行下所屬制造，繳申樞密院給降。

八月十八日，詔：於餘杭縣南上下湖置孳生牧馬監，知州充兼提舉官，通判充兼同提舉。

二十一日，詔孳生牧馬監已差官外，其餘杭縣知縣、尉並兼主管牧地。

十三年六月二十八日，吏部言：『都大主管成都府、利州、熙河、蘭鞏、秦鳳等路茶事、兼提舉陝西等路買馬監牧公事賈思誠契勘：「成都府裹外兩馬務監官，依元祐六年勑令，從本司辟差小使臣充。自建炎三年，宣司改差文臣主管。今乞將上件員闕，依法專差能幹事小使臣，仍從本司選擇奏辟。所有其他州府馬務監官，亦乞依此。」本部勘當，欲乞依本官所乞施行。』從之。

十二月二十一日，江東安撫大使司參謀官〔馬〕觀國言：『瀕江沿海水草寬美之地，皆可分置馬監，以廣孳生之利。然牧養之道，亦必有方。宜擇精明强幹之人，先備行在馬監使令，俾令習知其事，然後委用分典監牧，必能審寒暑之節，適飲飼之宜，羈剪調御，皆得其所。量勞績等次，以加旌賞，人人得盡所能，馬必至於蕃息矣。』從之。

十六年九月十六日，宰執進呈四川茶馬司等處相度到馬監利害。上曰：『太祖皇帝初有天下，沙苑置監牧馬，就渭州水草，後來京師亦於門外置監。南方與北地水土不同，難得牧馬去處，更宜詳究利害。』

十九年四月六日，詔：『孳生牧馬以五百匹爲一監，差置監官二員。每牝馬一百匹、牡馬二十三匹爲一羣，零匹付羣。每羣差軍兵、醫獸七十人，將病〔馬〕别置監，差官一員，軍兵、醫獸據馬數差破，醫治養餵。如倒〔斃〕〔斃〕一釐以下，生駒五分，監官轉一官；倒斃三釐以下，生駒四分，減三年磨勘；倒斃六釐以下，生駒三分，減二年磨勘。軍兵、醫獸：全無倒〔斃〕，節級、槽頭、醫獸各轉一資；軍兵支錢一十貫。倒斃一釐以下，生駒五分，節級、槽頭各轉一資，仍支錢七貫；醫獸支錢一十貫，軍兵支錢一十五貫。選牧放歲久，依名次補二人充槽頭。（頭）〔倒〕斃三釐以下，生駒四分，節級、槽頭各轉一資，仍支錢五貫，醫獸支錢七貫，軍兵支錢一十貫；倒斃五釐以下，生駒三分，節級、槽頭各轉一資，醫獸支錢五貫，軍兵支錢七貫。倒斃及二分，生駒三分，監官罰俸一月；倒斃及三分，生駒二分，展一年磨勘；倒斃及四分，生駒一分，展二年磨勘；倒斃及五分，生駒不及一分，展三年磨勘。軍兵、槽頭、節級、醫獸：倒斃及二分，生駒三分，杖六十；倒斃及三分，生駒二分，杖七十；倒斃及四分，生駒一分，杖八十；倒斃及五分，生駒不及一分，杖一百。』從樞密院承旨司所請也。

八月二日，詔：『牧馬監孳生蕃息，官吏推恩下項：武節郎、閤門宣贊舍人崔良輔特轉一官，武經大夫、閤門宣贊舍人班毅、從義郎、閤門祗候黃思齊各特轉兩官；白身人華安道、莊思永並特與補承信郎。』以上《中興會要》

孝宗隆興元年九月十六日，樞密使、都督江淮軍馬、魏國公張浚奏：『承中使鄧從義傳旨，令置孳生馬監。欲乞於揚州踏逐水草穩便去處，起蓋監屋，就委守臣向子固提舉，許差監官文武臣共二員。內先差一員幹置，餘候措置就緒日差。』從之。

十月十四日，詔：支錢五萬貫與向子固，措置馬監使用。

十二月三十日，詔：『茶馬司將歲額川陝綱馬，差人管押至漢陽軍驛歇泊。仍令三衙及江上諸軍將合得綱馬，差人前去，就漢陽軍取押。委虞允文提領措置。合用錢糧等項，仰湖廣總領所應副。合行事件，令兵部看詳，條具申樞密院。』

二年二月十二日，知揚州向子固言：『準指揮，於本州踏逐水草穩便處，起置到孳生監了當。今相度，且以一千匹作一監。近緣江淮都督府拘刷過户馬計四千餘匹，即目無可收買。今諸路大軍春揀，欲乞下鎮江、建康、江、池州駐劄軍，於揀退馬内，選無肺疾四尺四寸以上堪充馬公、馬母，發付本監。』詔：『馬雖有疾，不妨孳生，但將不中披帶馬發付揚州監。』

五月十四日，户部侍郎、淮東宣諭使錢端禮言：『契勘揚州孳生馬監有名無實。見今牧養馬一百二十八四，皆駑駘下駟。設有孳生，亦不堪用，枉費官錢。欲委本路招撫司相視，堪披帶者，分撥諸軍；不堪者，估價出賣。錢同見在錢椿管，聽候指揮。所有監屋，乞存留，應副軍馬安泊。』從之。

乾道三年十二月二十四日，樞密院言：『勘會川陝綱馬經由水路，已降指揮廢罷。所有陸路，合行置監歇泊。』詔令方滋踏逐措置，申樞密院。

四年正月二十九日，詔：令趙樽於漢陽軍踏逐地段〔三九三〕，修蓋馬監，令綱馬歇泊，專委趙樽提領。以收發馬（盜）〔監〕爲名，仍於鄂州諸軍揀汰軍兵内選差五（伯）〔百〕人養餵，及於統制、統領官内選差一員提轄。所有修蓋監屋、槽具，請給、草料等，令總領所應副。餘合行事件，令趙樽條具申樞密院。

五月十四日，兵部言：『茶馬司差使臣自成都府及興元府押馬至漢陽軍馬監。全綱至，倒斃不及二分，減二年半磨勘；倒斃、寄留及二分至不及三分，展二年磨勘；倒斃、寄留及三分，降一官資。每增及一分，更展一年磨勘。餘分數準此遞展。若綱中有瘡疥、瘦瘠者，亦合除豁。已行約束，今寄留、倒斃，猶自數多。』詔：『今後綱馬到監，將寄留、倒斃及四分以上押馬使臣并所押綱馬，令趙樽差人管押赴樞密院，聽候指揮。』

十二月七日，四川宣撫使虞允文奏：『京西、荆南之地，宜置孳生監。於陝、蜀買騍馬四千，歲率以二馬計一駒之數，不五年，可得萬馬。況草地豐餘，馬食自足。臣頃使京、湖，見荆南、鄂州軍亦以騍馬爲用。臣已撥錢十萬與張松年額外計置，不數月間，已買到五百餘匹。若得旨奉行，不三數年，可足四千之數。』詔：令張孝祥、司馬倬、趙樽、張青同共相度措置，條具利害，申樞密院。

五年四月十四日，樞密院奏：『勘會近降指揮，於漢陽軍〔置〕收發馬監。已選差統制官趙宏提轄，并漢陽知軍同提點。合立賞罰，以示懲勸。詔令趙樽歲終開具到監并倒斃綱馬匹數，申樞密院，比較賞罰。醫獸合干人，一就具申施行。』

六年三月八日，知荆南軍府劉珙言：『得旨，於荆南管下踏逐到地名龍居山措置牧馬。養五百匹，合差官兵二百四十人。已行下荆南等一十州軍，於揀汰離軍人内依數刷差〔三九四〕，尚慮不足。今又承鄂州都統趙樽備坐指揮，所置馬監〔養〕二千匹，合用養馬官兵一二百一十人〔三九五〕。切慮差撥不行，必致誤事。欲望行下遴差浙西州軍〔三九六〕，於揀汰人内選差。』從之。

六月七日，樞密院奏：『勘會昨趙樽於德安府應城縣置孳生馬監，乞用騍馬二千匹，令茶馬司計綱起發前來。』詔：令茶馬司將〔今？〕年應付趙樽軍騍馬十綱盡數起發，赴應城縣馬監，仍令趙樽照會措置施行。

九月八日，三省、樞密院奏：『勘會三衙戰馬，見於浙西州軍牧放。緣地氣卑濕〔三九七〕，并餵飼茭草，多致病瘦。已降指揮，移去建康府。所有三衙日後取到綱馬〔三九八〕，理合一體。』詔：『令三衙行下取馬官并關牒沿路州軍〔三九九〕，徑赴建康府。委總領同統制官審驗、印烙〔四〇〇〕，日下放行草料，交付逐司牧馬官如法養餵〔四〇一〕。其賞罰，並依綱馬到建康府體例施行。仍具收到馬毛色、尺寸、齒歲、數目，申樞密院。』

九年閏正月二十三日，鄂州駐劄御前諸軍都統制吴挺言：『本司承準〔置〕應城縣孳生馬監，自置監至今三年，收到監馬六百三十疋。除倒斃外，見管三百三十疋，占破養馬軍兵三百三人，用過錢米、草料、添支共約十萬餘貫。收到駒子五十一疋，除倒斃外，見管三十五疋。不唯委是虚費財用，欲乞將本監截日廢罷，馬撥歸軍中，軍兵各歸元來去處。』從之。

二月二十三日，樞密院言：『勘會昨置漢陽軍收發馬監，遇茶馬司發到綱馬，並許歇泊一月，將肥壯者撥發。其病瘠者，責令養餵醫治。今來到監日久，病瘦者甚多。而方到監者有膘無病，顯是本監提轄有失督責。已降指揮，委鄂州都統制提領，並差統制提轄，漢陽知軍同提點。切恐都統制軍務至重，漢陽知軍權輕，難以責辦。理宜措置。』詔：『更令湖北漕臣每旬輪差到監提督。依立定格法，每旬與見今提領、提點、提轄官同（御）〔銜〕具申樞密院，仍關牒茶馬司，照會施行。有每歲比較賞罰，照應前後素降指揮施行。』

五月六日，樞密都（丞）〔承〕旨、兼知荆南府華衡言：『照得荆南龍居山馬監見在騾馬等一百二十四，置監數年，止生到駒子十餘匹，不堪披帶乘騎。見今差破官吏軍兵一百五十餘人，歲費萬緡，誠爲無補。乞將馬監廢罷，馬撥歸荆南神勁軍，官吏、軍兵發歸元來去處。及見管錢物、草料、馬監、屋宇之類，委自安撫司拘收，申樞密院。』從之。

十九日，詔：『御前南蕩孳生馬監可罷。見管馬，令承旨司驗火印訖〔四〇二〕，均撥付殿前、步軍司。官兵發歸元來去處。其所占地，令轉運司拘收，召人請佃。內有侵占民地，照契給還。』

二十日，詔李楷：『馬監駒子內選留騎成大駒子二十匹，撥付御馬院收養，并合發軍兵內存留一百人。』

二十四日，宰執進呈御前馬院開具到罷南蕩孳生馬監官兵，并見管馬及草料等數。上曰：『馬監所占田地極廣，今既還之於民，甚便。』宰臣梁克家奏曰：『此事出自聖慮，斷然行之，民受其利。』

十一月十二日，樞密院言：『勘會四川綱馬，已降指揮令三衙並江上諸軍差人前去取押。所有漢陽軍馬監係歇泊去處，將病馬權留醫治後，將可附綱起發。全藉監官專一管幹、醫牧排發。』詔：『令吴挺於本軍統兵官内選差官一員，專一措置。歲終比較賞罰。』以上《乾道會要》。

御馬院〔四〇三〕

《大典》卷一六六六七、《輯稿》職官三二之五一至五五，參校《補編》頁四一一至四一三

高宗建炎三年六月五日，詔：『御馬院合破草料，依昨升陽宫例，據每日合批（詣）〔請〕數目，令所屬差人赴院交納。』

四年七月十八日，詔：『行在左右騏驥院，差教駿五十人赴御前馬院養餵御馬祗應，添作二百五十人爲額。聽本院於諸處踏逐指名差取，日下發遣〔四〇四〕。』

紹興十三年閏四月十四日，詔：『殿前司寄養御前良馬，見破十分草料。自閏四月一日已後，每馬減乾草八分，（正）〔止〕支破二分。至九月一日聽本院關報，依舊支請。今後每年四月一日依此。』

七月十二日，詔：『尚書禮部下所屬鑄印一面，以「御馬院之印」五字爲文行使。舊來借用騏驥院印，至是始有是命也。』《玉海》云：紹興十三年七月十二日，鑄御馬院印。

同日，詔：『御馬院差置手分四（分）〔人〕，副知一名，兼前行書勘行遣文字。所差手分、副知，於内外諸官司指名抽差。不足，聽本院召募試補。今後副知、手分有闕，並令以次人遞遷〔四〇五〕。其手分，候遞遷充副知日，與補進義副尉。副知滿三年，與補進武副尉出職。今來副知係創行差置，未有遞遷人。將差到院及二年，依手分遞遷副知法補授立界。所有見相兼祗應騏驥院手分二人，就差充填上（下）件手分窠闕祗應。』從本院

請也。

同日，詔：『御前馬院於内外官司係公人内踏逐指名抽差二人，充庫子祗應。及副知、手分、庫子諸般請給，並依祗候庫子例。内庫〔子〕、副知無衣人，春、冬各添人絹二疋，冬加綿十兩。』

同日，詔：『餘杭、南蕩兩監，許各差手分二人。於四人内通選，差一名充副知兼前行祗應。其副知補授理年並依本院副知體例格法，仍降一等補授。初補副知，與補進義副尉。界滿三年，與補進武副尉出職〔四〇六〕。』

十四年二月三日，詔：『南蕩并餘杭門縣界牧馬兩監合破草料，依舊行在批勘，(合)〔令〕户部措置水陸近便富陽縣、餘杭縣照旁(？)就支。仍令逐縣依例差人津般赴本監交納，如兩縣支破不足，於比近縣分揍數供納〔四〇七〕。』

十六年十月二日，詔：『御前馬院諸處差到養馬軍兵，并教駿公吏月糧口食米，特與依御厨工匠等見請倉界廒分一等支給。内教駿新給歷及無歷人〔四〇八〕，並特依有舊歷人例支破本等身分請給。日後差到人準此。』

同日，詔：『御前馬院軍兵人吏，今後有逃走并見走未出首人，如遇捉獲，依法施行外，其首身合依舊收管之人，止支無歷人例請給。候及三年，方許支破本等身分請給。』

十七年五月四日，詔：『御前馬院可差管草料使臣二人，手分三人。許已、未到部使臣、校尉及無違礙官司人吏或白身人内指差。内手分請給，並依入内省手分見請則例支破。白身人自差到實及七年，與補進武副尉出職。有名目人實及七年，與轉一官資。日後，年滿之人願再留者聽，請給、理年、酬奬仍舊。所有管草料使臣請給、理任，並依主管回易庫管幹官物使臣已得指揮施行〔四〇九〕。』

十九年十二月二十三日，詔：『御前馬院見管胡羊，令户部行下勘給官司，大羊每口日支料四升，羔兒每口支料二升。就本院御前草料歷内批勘所屬依例供送。日後遇有收支羊數，聽本院關報支給。』

二十三年十一月十六日，詔：『殿前司寄養御前馬驢二百三十頭。令户部行下勘給官司，每頭支草半束，料五升，就本處寄養御前良馬草料歷内批勘。今後遇有開收，並依良馬體例關報糧審院支破施行。』

二十七年正月二十六日，詔：『御前馬院見管御馬，令户部行下勘給官司每匹每日添次黑豆二升，就草料歷内批勘所屬依例供送。日後遇有收支馬數，聽本院關報施行。』

五月三日，詔：『良馬院見闕諳曉馬性人養飼。樞密院可下吴璘：令選差陝西軍兵二百人分擘請受〔四一〇〕，將帶家屬，沿路批支口券，差官管押前來，赴殿前司交割。仍每年發五人填事故闕。』

二十八年六月二十三日，詔：『見支破御馬院御馬并羊、驢日供大麥，除御馬依舊支破本色大麥外，其餘羊、驢可改支稻穀。』以上《中興會要》。

孝宗紹興三十二年十月五日，未改元。詔：『御前馬院見管教駿，緣德壽宫并皇子三王府差過五十餘人，即目闕人差使。令依見招填旨揮招刺五十人，限一月，差赴御前馬院填闕。今後遇闕，依已降指揮施行。』騏驥院同此制〔四一一〕。

八日，詔：『太上皇帝御羊、馬，難以令本宫差人請草料。令尚書省行下合屬去處，可依建炎三年以後累降指揮，差人供送赴院。所差腳户，仰臨安府量支代雇錢。仍籍定姓名輪差，與免諸般差使。』

十五日，監草料場孫朔言：『伏覩臨安府差脚夫搬擔草料，供送御馬院。臨安府每日差脚夫五十八名，委是騷擾〔四一二〕。竊見良馬院亦係御馬數〔四一三〕，每月依宣限日自差人赴草料場支請。今來乞依良馬院立定宣限日分，令本院差人支請。不唯公私兩便，又可革供送代雇之弊〔四一四〕。下户部相度，欲依本官所乞事理施行。』

隆興元年八月十七日，御馬院狀申：『依旨揮，條具併省吏額。本院見管副知兼前行一名，手分四人。欲於數内減手分一名，止以副知兼前行一名，手分三人，共四人爲額。』詔：見在人且令依舊，將來遇闕，更不遷補發填。

乾道二年三月十四日，户部侍郎林安宅言：『大理寺參詳引例弊事内有騎御馬直人兵，依元豐令，自長行排連至十將，補内外院、坊、監或廂軍將校者聽。緣自渡江以來，不曾排連遷補，皆係泛恩補授。十將人已立定年限出職，有押官、承局、將虞候，並援例乞依條指射内外院、坊、監或廂軍將校出職。照得前項引例旨揮，雖係一時申請，日後似此陳乞之人，合要照依〔四一五〕，理難修爲成法，止合作申明存留照用。乞下兵部施行。』從之。

四年七月十六日，詔：『左驍衛上將軍王權往淮西，與淮南路計度轉運副使沈夏，權發遣和州胡昉同措置不係民田荒坡、水草地畝牧養御駒馬〔四一六〕。』

十一月十四日，詔：『騎御馬直將校、軍兵並自被差到直等及二十年之人〔四一七〕，令户部放行全分時服。』以騎御馬直指揮使朱成等乞依班直支破時服全分，故有是命也。

十九日，詔：『御前南蕩孳生馬監可罷。見管馬數，令承旨司審驗火印，撥付殿前、步軍司。其所占地段，令轉運司拘收。行下所屬，依條召人請佃。內有侵占民地，仰（印？）照驗的確，契據分明，即行給還。』以上《乾道會要》〔四一八〕。

淳熙元年五月三日〔四一九〕，詔：『自今殿前司應差赴御馬院祗應使臣內，帶將副以上軍職者，並令充額外，不得占破正闕，人從等與減半支破。如願發遣趁赴本軍管幹者聽。』

六月九日，御前馬院言：『本院手分，各理到院及七年補授進武副尉出職，委是僥倖。欲將手分窠闕依元降指揮，於內外無違礙官司并主管官司領職局或御前馬院司人吏內踏逐指差，及將見管貼司試補。候至頭名，與改作職級。及三年，通到院及一十年，與補授名目出職。如年代不及〔年〕，許令依舊在職補理；及〔年〕，方許解發。』從之。

二十四日，詔：『御前馬院計定一年合買草料價錢，報左藏南上庫〔四二〇〕，先次一併支卻。令轉運司撥還。』其後，左藏南庫言：『淳熙元年至四年分，御馬院節次於本庫借過草料錢，兩浙轉運司除撥還外，有未還錢一十一萬餘貫，積壓拖欠。淳熙五年三月四日指揮，就西庫支取。乞以後年分依此施行。』從之〔四二一〕。

十四年七月二十八日，詔：　御馬院減養馬軍兵四十人，教駿二十人。以司農少卿吳燠議減冗食，下敕令所裁定，故有是命。

淳熙十六年四月一日，詔：『御前馬院使臣罷軍中兼職，其統制、統領、正、副將願歸軍，依舊職次；不願歸軍，別聽指揮。準備將至效用，並依舊騎習御馬祗應。』

紹熙四年七月一日，御前馬院言：『照得養馬軍兵不時宣押捧拽鞍馬，出入禁中祗應。近來，殿前、馬、步三司卻將有過犯、不守行止之人，窠差赴院填闕。是致作過，有妨役使。乞今後三司軍兵數内遇有逃亡、事故名闕，從本院於逐司不入隊人内指名差取。如本院軍兵、教駿等養馬子弟内有及等（伏）〔杖〕、願投軍之人，從本院送逐司依等（仗）〔杖〕格法招刺，承填名闕。庶幾諳曉本院養馬次第，可以使喚，不致逃避。』從之。

慶元三年四月二十五日，殿前司言：『御前馬院騎習御馬使臣、效用并養馬軍兵，遇有事故名闕，並照體例指名踏逐差撥填闕。照得淳熙元年正月指揮，裁減定御前馬院習馬使、效，以一百二十人爲額，良御馬院養馬軍兵以七百八十人爲額，指揮内即無遇闕許行踏逐之文。至紹熙四年七月指揮，止是養馬軍兵遇闕，於逐司不入隊人内指差，及招收本院教駿子弟收刺承填，亦無踏逐使、效之文。后來本院遇軍兵名闕，并係招收教駿子弟承填了當。今來本院陳請習馬使、效并養馬軍兵並應奉御前，竊恐刷差作過、癃老、殘疾之人填闕。乞今後將習馬使效、養馬軍兵名闕，一例許從自來體例指名踏逐。』詔：『今後令御馬院遇闕踏逐差取，仍依公審實，或委曾作過及妨嫌回避、財物絓繫、老疾之人，發遣歸軍，別作指名差換。』

嘉定十四年二月十八日，樞密院言：『據御馬院申，使效、軍兵、教駿多是三衙官兵内差取，到院祗應。所是逐人籍請，仍舊在各司歷内幫勘支請。竊慮人、籍異處，是致幫勘籍請人等隱落、逃亡、身故人數冒請錢米〔四二二〕，因而別生奸弊。欲將各人籍請，分擘赴院令歷幫勘〔四二三〕。已劄下殿前、步、馬三司并御馬院，日下公共相度，申樞密院。』御馬院申：『本院外有三衙取到使效〔四二四〕，左右騏驥院招刺到軍兵。其籍請，見在本院歷内幫勘外，有三衙取到使效、軍兵，其籍請，亦在各司幫勘。本院遇有逃亡、事故等人，即便關報逐司開落。今準前項密院劄内事理，若將各人籍請分擘赴院令歷幫勘，委是從宜。所有使效、軍兵内有該請家口累重添支錢，并每月券食錢，係錢會中半，每貫有優潤四十文省。及入冬二次各人雪寒錢二貫文，并有事故遺留下妻口兩月日守孝錢米及孤遺養濟錢米等人舊例，係逐司支破。』詔：依御馬院相度到事理施行。

估馬司《大典》卷一一六七三、《輯稿》兵二一之一七至一八

在建隆坊，咸平元年置。掌納諸州所市馬估直、驗記，置牧養。以諸司使、副〔各〕一人勾當。

真宗咸平元年十一月十（十）三日，西京左藏庫使楊允恭言：『準詔，估蕃部及諸色進貢馬價。請印一鈕〔四二五〕。』詔以『估馬司印』爲文。

六年七月，詔：自今蕃部中賣騾馬，及諸班格尺者，量與添錢收市。

景德元年九月，詔：估馬司收到蕃部省馬，將良駑中分，與兩騏驥院收管。

大中祥符二年十二月，詔估馬司：『每省馬到京，若軍士慢易，失於擡舉，不（甚）〔堪〕者量行區分，或與免放。』

三年正月，詔：諸州差押蕃部省馬到京，令逐處具肥瘠分數公文付之。令估馬司據以交割點檢。

四年五月，詔：『應臣僚進馬，委本司看驗。如無病堪支遣，即分送騏驥院。若有病患及十五歲以上不堪支配，即迴賜本官。仍具因依，牒報訖奏。』

八月，詔：『估馬司每收蕃部鞍馬，須依久例相度，兩平估計，不得虧損官司。』

七年八月，詔：定押省馬上京綱（宫）〔官〕殿侍抛死寄留決罰條例。

天禧元年十一月，詔：估馬司今後收納臣僚謝恩并節序進奉馬時，監勒醫獸人子細看驗。以上《國朝會要》。《續會要》以下無此門。

牧地〔四二六〕《大典》卷一四一九九、《補編》頁四一三至四一九，參校《輯稿》兵二一之二四至三五

太宗淳化五年十二月，詔：閱視通利軍等數十處牧馬草地圖。先是，太宗以國馬多，草地窄，慮公私互有侵冒，遣中官與使臣同往檢責。洎進地圖，指諸牧地甚寬，不爲民害也。

至道二年閏七月，詔：邢州民先請射草地，並令撥歸牧龍坊。自餘荒閑田土，聽民請射。先是，詔：應荒閑田土許民請射，充永業，其間多有係牧龍坊草地者。州與本坊互有論列，以未能決，乃遣中使相度而有是命。仍俟秋收畢，乃得取地入官。

真宗景德元年四月，命殿直宋垂遠乘傳往原、渭、儀等州及鎮戎軍案視放牧草地〔四二七〕。先是，垂遠上言四州軍界有白草〔四二八〕，可歲刈取百餘萬束，以秣飼戰馬。真宗曰：『西鄙未能罷兵，飛芻最費民力。儻如所言，甚濟民費。』故有是命。

七月，知并州王嗣宗言：『西面諸州軍所市馬可以給戰士者，並即時送北面軍前，瘦弱者並牽赴闕。汾州

地涼，接樓煩諸監，美水草，望令於此處放牧。暑月道遠，免致死損。』從之。

十月〔四二九〕，羣牧判官王曙言〔四三〇〕：『準詔，諸州不堪放馬閑田，召牧户耕種，不可許有田輸税户棄業分房請占。又緣浮客户多苦貧乏，應募者少。請依州縣職田例，招主客户種蒔，以沃瘠分爲三等輸課。其州縣官吏、使臣，如招得民力，依元詔批歷爲勞績。』從之。

二年八月，以開封府學究鄭麟言，衛州新鄉縣東有牧龍鄉草地百餘里，爲户民所占，不輸租税。乃詔殿中丞祖昌世、内侍高班石惟清同往按視，凡得六百九十餘頃，冒佃者三之一，並伏還官。以麟補三班借職。

三年八月〔四三一〕，令河北沿邊不得焚牧馬草地。

四年十月〔四三二〕，羣牧司言：『諸監以草地充屯田，遣卒種蒔，所入不充其費。今馬數益多，闕人牧放，請廢屯田，仍爲草地，委所屬州縣摽其疆畛，免公私侵占。』從之。

大中祥符二年正月，羣牧制置使陳堯叟等言：『準詔旨，羣牧歲息馬及萬，則分爲兩監。監摽牧馬地，令臣等規畫以聞。望下京東、京西、河北、陝西轉運使并知鄆州馬元方，除舊係官草地外，應古來坊監、舊牧龍坊草地係官閑田〔四三三〕，即摽立封堠。其遠年逃土及今閑田有與民田相接者，官和市之〔四三四〕，或易以沃壤，無妨農種。仍令判官李克勤、田穀往來巡視。俟摽定訖，本司上其勤課，請行旌賞。』從之。

三月，羣牧制置司言：『内外監牧所管草地，雖已各起立封識，委隨處檢校。自今欲令每季具賬，付羣牧司管係。』從之。

三年八月〔四三五〕，詔曰：『汶上奥區，東巡所出。比從行慶，用慰來蘇。苟芻牧之是資，慮農桑之失業。特敷朝旨，永惠斯人。其令侍御史裴宗元、比部郎中袁逢吉、羣牧判官李克勤等，所摽鄆州牧馬草地，並特給與見佃户爲主。所要牧放草地，别經度以聞。』

四年十一月，（言）〔詔〕：西窑務停廢空閑地，據元係官步畝，封摽充牧馬草地。仍計會本係檢量起立封堠。

七年三月，侍衛馬軍司言，雍丘等縣牧馬地多，爲民所盜耕。詔：遣官於本縣按籍參定，立堠以表之。

八月，詔：兖州管勾充牧馬草地，並給還本主。其係官閑地，亦許人請射耕佃，羣牧司不得指占。

仁宗景祐元年六月二十五日，三司户部副使王沿言：『乞令邢州更不供申羣牧司洺州廣平監牧馬草地文賬。其洺、趙州先許人户佃牧馬草地，亦依例施行。』從之。

慶曆二年正月，詔：權以同州沙苑監牧馬地爲營田。

嘉祐四年五月十九日，差都官員外郎高訪往河北路，先與逐監官員摽定，合召人耕佃牧馬地土，不得多占頃數。凡得剩田三千三百五十餘頃；歲課一十萬七千八百二碩〔四三六〕，絹萬三千二百五十一匹，草十萬一千二百三十束。

七年三月，詔：洺州廣平監牧地聽民請佃之。以上《國朝會要》。

神宗熙寧元年二月四日，羣牧司言：『樞密副使邵亢乞將監牧馬剩地各立田官，仰專管耕種之政，以成牧養之利。勘會左右廂馬監草地，實管四萬八千二百餘頃。今約以馬立萬匹爲額〔四三七〕，每匹占地五十畝。大名、廣平四監共一萬五千餘頃，剩地不多。并原武監所管鳳凰陂八百頃，係自來與諸坊、監共占牧放。欲並且依舊外，所有原武、單鎮、洛陽、沙苑、淇水、安陽、東平等監地三萬二千四百餘頃，馬三萬六百匹，額數占放外，可以擇良田一萬七千餘頃，召人租佃。收草粟以備寒月支用，委是利便。』從之。

十二月，權河北監牧使崔台符言：『乞應係牧地人户已占佃者，並令供析所出租税。今後盡歸本路監牧司支用。』從之。

二年十月十四日，詔令羣牧司檢尋牧地帳。

三年六月二十三日，羣牧司言：『知扶溝縣姚鬪乞自今永占馬牧地權給草〔四三八〕。欲今後院、坊、監牧永占草地。如去坊、監地遠，即令使臣等驅喝，於近便州府縣鎮鄉村係官屋宇，或寺觀、祠廟安泊。支草七分，糧五勝。候晴霽依舊。所須什器，所在官司應副，仍同共照管。』從之。

四年正月十九日，樞密院言：『諸路見行根括牧地，頗聞搔擾。春耕失時，慮妨農務。欲權罷根括，候將來農閑，别聽朝旨。』從之。

五年四月二十七日，相度諸班直諸軍牧地司言：『乞依勾當官董鉞狀，將侵耕牧地分爲三等出租。』從之。

七年二月四日，詔：　廢鄆州東平監，以其牧地聽民出租。

元豐元年六月四日，詔：『牧地租課，諸路委提點刑獄，開封府界委提點司催納。每年秋科限滿，次季具納。欠數，上羣牧司。任滿無欠或欠不及二分，令本司保明取旨。即及三分以上者〔四三九〕，並奏劾。』

三年正月二十八日，詔：『羣牧廢監及諸軍班牧地租課積年逋欠，遣太常博士路昌衡、秘書丞王得臣，與逐路轉運司、開封府界提點司按租地，依鄉原例定租課。據歲輸之物，酌三年中價爲準〔四四〇〕，及合納租見錢〔四四一〕，付逐司爲年額。若催趣違滯，以擅支封樁錢法論。』

六月十五日，都大提舉淤田司請以雍丘縣黄西等十棚牧地爲官莊田。從之。

六年六月十三日，提舉河北路保甲狄諮言：『衛州遠年牧地，乞並撥屬牧地官司拘籍，以租課責轉運司。』從之。仍令自元豐元年管認送納。

哲宗元祐元年二月十六日，永興軍等路提刑司言：『昨民庶狀，興平縣靈寳鄉諸村地土約二百四十餘頃，並納二税。熙寧五年，本縣逼勒退爲牧地，乞依舊耕種。令本司定奪聞奏。如本路更有將民户税地改爲牧地者，亦依此。今看詳，欲免納租錢，令依舊。』從之。

四年四月二十二日，詔：在京院、坊、監牧馬草地，近係太僕寺拘牧者，聽民間仍舊承佃。從文彦博請也。

紹聖元年六月二十六日〔四四二〕，右正言張商英言：『先朝廢河北、京西等處馬監，募民租佃。而議養馬於涇、渭、汧、隴之間〔四四三〕，未及施行。元祐初，收已租之田，復置監牧。行之九年，死生羸壯，不足相補。而又買馬官歷本失陷，殆無文書可考。太僕卿、少牽制恩舊，謬悠行遣。望選官會計虧贏，熟講馬政，以修武備。』詔送太僕寺。

三年七月六日，權知邢州張赴等言：『據知任縣韓筠等申〔四四四〕，請應有牧地縣分，許等第人户投狀指請上色一頃，給付人户，自得耕佃而蠲其租，令養官馬一匹。各於所屬縣籍其毛色、尺寸、齒歲，給付。每歲分番就縣，令佐點集。若馬有死失，許即時申縣，自備印給。非點集日，許私自乘騎，不得出本州界若干里。如元佃地人户願養馬者，衹令將文契批鑿，除其租數。若請不盡并不願請者，依條召人租佃，赴等看詳。陝西沿邊置弓箭手，授田不過一頃，養馬一匹，又役一丁。一年之間，備邊之日，雖平時亦當過其半，與今所陳事理相類，而又無身丁之役，有利無害。望朝廷詳酌施行。』樞密院言：『先廢罷鄆州東平、鄭州原武兩監，及併衛州淇水兩監爲一。至熙寧八年，詔：河南北見管九監内沙苑監令屬羣牧司，餘八監並廢。後盡以牧地募民租佃，所收歲租計百餘萬。元祐初，興復監牧，所費不貲，殊未見効。議者或欲以牧地召人租佃，官給草料，令百姓畜養。或欲責以蕃息，或欲令逐月赴官司閲視決責，或欲分配義勇保甲，或欲分配等第人户。以此，終不可行。今據張赴所稱，體究得民間願得牧地養馬，但與蠲其租課，仍不責以蕃息，俾養馬人户無追呼勞擾之患。并不願者，不得抑勒，可以施行。今欲具爲條畫牓示，令太僕寺雕印施行。應有監牧地分州縣曉諭人户，如第四等以上願請佃，免納租課爲官養馬者，聽實封於本縣投狀。逐縣置歷收接，月終，具若干狀送州。州縣並不得開拆，具數申送太僕寺開排，申樞密院看詳，取旨施行。』從之。

四年五月十四日，詔：衛州、潁昌府馬監並廢罷。所有牧地，仰太僕寺措置以聞。詳見諸州監牧。

徽宗大觀元年二月二十五日，提舉熙河蘭湟路牧馬司奏：『據通判會州王大年申，本城迂僻地土，據人户陳狀，情願遞相委保，各養馬一匹。只乞就撥見佃迂僻地土充養馬田土。本司檢準《崇寧牧馬令》節文，止該説閑田若已請射而無力耕，許募人給養官馬。即無人户已請佃見出給租課地土，亦許就撥充養馬明文。本司未敢施行。契勘給地養馬，與出納租課，其利略等。今來若將人户見納租課地土，亦許人情願回充養〔馬〕，必當早見就緒。』詔：給地養馬，一取人願，當不限已佃、未佃之數。

四月二十八日，都省劄子：『提舉熙河蘭湟路牧馬司奏：檢會《崇寧牧馬令》節文，即是孳生戰馬，皆合牧養。行下諸州點檢養馬官，取漢蕃人情願收養逐等官馬去後〔四四五〕，今據諸處點檢養馬官申：召募到蕃漢人户，往往願養騍馬，出駒納官。本司契勘，熙河最出産戰馬之地，若取人户情〔願〕養騍馬收駒者，聽從其便。每匹收三駒，以堪牧養二駒納官，一駒給與養馬户充賞。其孳生到駒，先撥充養馬户死損之數。有餘，配本路闕馬兵士。如係騍駒，本司别無支配，即取朝旨，撥付近裹孳生監。有不堪披帶出戰及不孳生騍馬，乞就近撥與馬鋪，充填遞馬。』貼黄稱：『兼體訪得諸州願養馬户例各疑慮，恐養戰馬，緩急朝廷别有差撥。今若令願養騍馬者聽從其便，即人户不疑，出息亦厚，牧馬早得就緒。伏望詳酌施行。』詔依所奏。仍每三駒以二駒納官，一駒充賞，不限每匹之數。其騍馬户不得過堪出戰之半。

二年四月一日，詔：『追述先王寓馬於農之意，募人給地，免租牧馬。行之期年，熙河頗見就緒。然徒法不能自行，要在州縣協力赴功，以底成績。可令縣鎮、城寨、關堡官銜内並帶兼管勾給地牧馬事，佐官同管勾，庶使人各知任責。』

五月一日，詔：『昨降給地養馬之法，雖以（已？）推行，而地之頃數尚少。訪聞多緣土豪侵冒，官司失實，牙吏欺隱，百不得一。自今被差括地之官，限一日起發，親詣地所。如違及不實、不盡，杖一百；故隱落者，以違制論。』

六月十八日，臣僚上言：『河朔沿西山林木茂密，爲逋逃囊槖。良以經界未明，州郡推避。乞應諸路州軍有迂僻山林、沮洳、濼淀，牧馬監地、叢祠等，並令監司遞相關會，明立封界，各以圖上，剖析利害以聞。』從之。

政和四年十月二十三日，刑部奏：『據秦鳳等路提點刑獄司狀：今擬牧地人户久來租佃，若已典當與人，只以見今租佃人爲業。即元典當人以無錢收贖者聽，仍依法養馬。若業不離户，卻係元業户租佃者，令業户與佃户共養。』從之。

五年八月二十五日，尚書省劄子：『勘會河東給地牧馬，尚中行施行一年，方奏到文字，尚未足備。及申乞改用鄰縣人户給請，復只乞上三等，擅欲改給地牧〔馬〕之法。』詔：提舉河東路給地牧馬尚中行，送吏部與遠小處監當。

宣和二年九月四日，詔：『給地牧馬，議者本以蕃息國馬爲言。今諸路倒失，率以千計，自行法至今，即無申到出駒匹數。歲糜激賞，既已浩瀚，馬户輒蠲租税科差，致賦役日益不均。因緣搔擾，爲害不一。所有政和二年十二月以後給地牧馬條法，可更不施行。民户見養官馬，令樞密院相度拘收，支填見今闕馬禁軍。仍令逐路守臣、兵官專一鈐束應租佃牧地及置監去處，並如舊制。内牧地，先問舊佃人，如不願佃，即令見佃人依舊法租佃。又不願，即依條别召人承佃。應合措置事件，逐路提刑司措置以聞。』

二十二日，兵部奏：『召人養馬，係自政和二年十二月二十五日推行，當時只管同州沙苑監、東平府東平監。至政和三年四月内，因廢罷東平監一所。今承指揮，置監去處，並如舊制。竊慮合以政和二年十二月未行給地養馬舊制置監去處施行〔四四六〕。』詔：復置東平府東平監，餘依兵部所申。

六年九月八日，中書省言：『河北西路提點刑獄司申，奉聖旨，給地牧馬路分勸誘召人養馬。自降指揮至今年三月終，召養數多去處牧馬官吏，宜與旌賞。州府官通所管縣分及一千匹以上，縣官及三百匹以上，並各與轉一官；六百匹以上，各更減三年磨勘。令提點刑獄司保明合該賞官吏職位姓名申。』以上《續國朝會要》。

高宗紹興十七年五月一日，上謂輔臣曰：『川、廣騍馬自來付王勝軍，可令鎮江府、〔進〕〔淮〕南運司摽撥官地美水草處放牧。數年間，便見蕃息。此在軍政，所當留意。』

十九年三月二十三日，宰執進呈牧馬賞罰格。上曰：『牧馬孳生，爲利甚博。朕於近地親令牧養，今已見效。每歲進呈馬駒，皆是好馬。若得萬匹，分與諸軍牧養〔四四七〕，數年間便可濟用。既免綱馬遠來死損，又無官兵賞給之費。』以上《中興會要》。

紹興三十二年九月三日，孝宗即位未改元。詔：御馬院放牧草〔馬〕地〔四四八〕，除承買承佃并係官地並依舊存留外，應侵占監地、民產、寺觀等業〔四四九〕，並取勘照，日下給還〔四五〇〕，勿縱官吏因事苛擾〔四五一〕。

孝宗隆興元年五月十四日，都督江淮軍馬張浚言：『殿前、步軍司諸軍戰馬，見在湖、秀州等處牧放。緣淮甸水草利便，望並發遣前來，就揚州牧放。』詔：除未出戍諸軍戰馬外，餘從之。

十二月三十日，詔漢陽軍收發馬監，委本軍知軍選擇寬廣平身好水草處，充牧放之地。

乾道四年七月十六日，詔差左親衛上將軍王權往淮西，與淮南運副沈夏、權發遣和州胡昉同措置不係民田荒坡水草地〔四五二〕，牧養御前騎馬。其後，權等言：『相視到和州含山縣東十家亭西地名烏土衝一段約十餘頃，並係荒坡草地，可作監地。内止有營田陸地五十畝。迄西至昭關，約二十餘里，可作牧馬放場。東南至瀝胡草蕩約五里，監地前有華陽洞，澗水通流，亦可以用船般運馬草。含山縣西地名天公徭一段〔四五三〕，約五頃，可作馬監。迤西至昭關，約十餘里，可作牧馬放場。東至縣河二里及至瀝胡草蕩二十里〔四五四〕，可以用船般運馬草。上〔頃〕〔項〕田段，並不係民田。於内山衝有零小熟田，妨礙牧放往來路徑去處，共約計有民田二頃有餘。如措置馬監日，即乞依市價收買，作牧馬往來路徑。』詔：『令淮西轉運司將相視到地段〔四五五〕，盡行從實打量，摽立界至。内民田估價承買，並撥與御前馬院。仍令所屬州縣照管，勿令侵占，不得因事苛擾。』

五年二月四日，詔：令殿前、馬、步軍司各差統制官一員，前去建康府，同江東帥、漕臣於本府近便寬閑去處踏逐牧放馬五千匹并牧馬官兵寨屋地段，措置修蓋。所有永豐圩收到稻穀，令淮西總領所樁管。

六年九月八日，樞密院勘會：『三衙戰馬，見於浙西州軍牧放。緣地氣卑濕，并餵飼茭草，多致病瘦。已降指揮，令就移前去建康府，就水草豐美去處牧放。所有三衙日後取到綱馬，理合一體。』詔：令三衙行下取馬官并關牒沿路州軍，取徑路前去建康府。委統領同統制官審驗印烙，日下放行草料，交付逐司牧馬官，如法養餵。其賞罰，並依綱馬到建康府體例施行。仍具收到馬毛色、赤寸、齒歲、數目，申樞密院。

七年正月二十四日，詔：令張松將三衙牧放馬，候青草月分，分撥往逐内殿前司、揚州馬軍司、和州步軍司、六合縣一帶，就青牧養。

同日，主管殿前司公事王琪言：『本司諸軍戰馬共四千八百餘匹，日食草數浩瀚。其建康府界多是沙田，民産蘆蕩、菜園，少有湖濼出草去處。伏見揚州至高郵軍邵伯鎮一帶〔四五六〕，多是湖蕩茭草茂盛去處，望將二千五百匹改移前去揚州牧養。』從之。

二月十三日，主管侍衛步軍司公事王友直言：『本司依已降指揮，牧馬於六合縣，就青牧養。照得六合縣一帶平陸熟田，即無草蕩，今見得真州管下團窩一帶頗有青草，水路便於般刈，與六合縣相去不遠。乞改撥三兩軍〔馬〕就真州牧放。團窩至揚州二十餘里，竊慮殿前司及鎮江牧放人兵前來界内打刈青草，别致爭競。乞令總領所委官同真州摽撥，立定界至。』從之。

六月一日，鎮江府駐劄御前諸軍都統制成閔言：『鎮江府艱得草地，乞發戰馬七百一十六匹，馬軍并傔兵等共一千二十人，前去揚州就草地牧養。』從之。

九年六月二十一日，馬軍司言：『本司諸軍官馬未起發往建康府日，逐年於下姑城牧放。今來步軍司指占，牧放綱馬。緣本司别無所種草地，望下兩浙轉運司，將元本司西溪所置草地盡數撥還。』詔：令兩浙轉運司將權借撥與步軍司草蕩地内摽撥千畝，毋令互有爭訟。已上《乾道會要》。

涼棚〔四五七〕

《大典》卷一一六七四、《輯稿》兵二一之三六至三七

太祖建隆四年五月，詔：諸州有戰馬、涼棚、露井，並令本縣官管勾。

真宗景德二年二月〔四五八〕，詔：『河北諸州牧馬涼棚乏材木者，當以閑散官廨、軍營及伐官木充用。不足，即市木以充，不得率民及伐其園林。』先是，轉運司上言，當賦棚木於民。真宗曰：『河朔戎寇之後，民力凋弊，不可輒有賦率。又屯兵多罷，戰馬太半歸河南，不須廣有營葺。』故有是詔。

三年八月，提點府界凌策言：『中牟縣今年計度增修馬棚二十七。去年牧馬，止用棚十一。望下監牧，來

年定合用棚數修蓋，庶無枉費。』從之。

四年四月〔四五九〕，詔：『聞鄆州科率馬棚大木於民〔四六〇〕，而掌納者復多選退。遣使罷其事，仍劾官吏擅賦之罪。』

天禧元年五月，羣牧司言：『贊善大夫傅蒙請於邢州鉅鹿縣南漳河長蘆渡造橋〔四六一〕，以便放牧。今檢本渡課利錢歲止五六十千，望廢渡造橋。』從之。

仁宗慶曆八年十月二十六日，開封府界提點諸縣鎮公事李舜元言：『府界一十三縣，牧馬棚計一百二十六座，每春初，計料修蓋。於鄉村等人户税錢上預先科配椽箔材料等，令本户送納，百姓(縻)〔糜〕費甚多〔四六二〕。追呼催督，搔擾不絶。諸縣據逐棚井，便一例修蓋。及致人馬到棚，内有差出軍分不來牧放，虚開棚井十有四五，經夏風雨，復爲損壞。臣欲乞今後每遇年終，令諸縣行移公文，計會殿前、馬、步軍司，取索合要棚井數目，候見的確軍分，將在縣馬棚，相度地勢高原水草近便者，速行添修，準備人馬到棚。其餘更不檢計修蓋，免致枉費財用，疲困民力。』詔送開封府、殿前、馬、步軍司。

神宗熙寧元年四月八日，羣牧判官李端卿言〔四六三〕：『舊條：内外坊、監委使臣與縣官等，用雜使官錢收買青白楊榆，遶棚界至栽種。欲乞立定賞罰，遞相交割。如青活及萬數，與理勞績。如依前不切用心，其點檢官員并本監使臣，並以違制論。其監牧、提點等司不實，亦乞重行朝典。』從之。

二年十二月四日，權河北監牧使崔台符言：『伏覩諸監牧地，甚有難置棚井之處。欲乞委自本司擘畫，召民耕佃。其錢只得收買馬種孳生。』詔令施行，以試一歲之效。

三年十一月二十二日，詔：司農寺，開封府中牟縣馬棚十七座〔四六四〕，召側近人户三兩名看管。許於放牧地耕種上等田三兩頃，免納租課。歲令栽植榆柳，以備棚材。第四等以下，與免本等差役。後更不以税户棚子衹應。

監牧使〔四六五〕

《大典》卷一一六七四、《輯稿》兵二一之一九至二一、《補編》頁四二〇至四二二

監牧使：河北、河南各置一員，以朝臣二人充。舊有羣牧制置使，以樞密使領之。嘉祐五年八月，以權陝西轉運副使薛向專領本路監牧及買馬公事〔四六六〕。相度原州、德順軍置買馬場。其同州沙苑監并鳳翔府牧地勾當使臣，更不下羣牧司舉官，並令薛向保薦。熙寧元年，詔：河南、河北監牧使統領外監，不隷羣牧制置。八年，詔廢河南、河北監牧司，沙苑監復屬羣牧司。

治平四年六月十七日神宗即位未改元〔四六七〕。詔：同州沙苑監，令隷陝西提舉監牧司。本監使臣，亦合選舉〔四六八〕，更不屬左廂提點。

十九日，羣牧司言：『欲令河北、河東、陝西有都總管處，各於本路就近摽撥係官草地，置監一所。令陝西監牧司將買馬約定年額牽送上京外，據餘數逐旋分撥與諸路馬監。久遠既成倫序，即本路馬軍可以自辦。』詔：『遣官同逐路帥臣度地置監。羣牧司判官劉航，河北；屯田郎中孫珪，河（南）〔東〕；監牧司判官李師錫，陝西。

十一月十四日，環慶路經略使李肅之、鄜延路經略使陸詵、陝西制置解鹽判官李師錫言：『本路無係官草地，又密通西界〔四六九〕，難以興置馬監。其同州沙苑監近割屬陝西監牧司，可以增添牧馬。』詔：『陝西四路都總管司更不興置馬監，仰陝西監牧司廣市善種〔四七〇〕，務令蕃息，以備逐路諸軍闕馬。』又詔：河東路總管司於太原府交城縣置馬監。先是，遣比部員外郎崔台符往河東路按官田，將以牧馬汾州。得故牧地三千二百頃〔四七一〕，其中有民先佃者〔四七二〕，令納芻豆，〔以備寒月馬上槽秣飼〕。仍候來年春，於沙苑監移牝牡五百匹，往本監牧養〔四七三〕。

神宗熙寧元年九月十六日，樞密院言：『本朝初以左右騏驥院總司國馬。景德中，始增置羣牧使副、都監、判官，以領其政。使領雖重，不聞躬自巡察，有所更制〔四七四〕。今欲專任責成，分置官局。』詔：『河北、河南分置監牧使各一員，都監各一員〔四七五〕，並以三年爲任。將河南、河北諸大馬監並爲孳生監〔四七六〕，仍量度宜畜牧之地土放牧〔四七七〕。在外諸監，馬數分屬兩使，各令久任，以責成效。所有合行更制利害，並令所差官參酌條例以聞。其廨宇〔四七八〕，河北於大名府，河南於河中府修建〔四七九〕，諸監官吏，委監牧使奏舉、按（刻）〔劾〕〔四八〇〕。仍更不隸羣牧司，專屬制置使總領。以司封郎中劉航充河南監牧使，比部員外郎崔台符權河北監牧使。』

十九日，詔：河北、河南監牧使統領外監，更不隸羣牧制置使，隸樞密院。

十月四日，樞密院言〔四八一〕：『先奉聖旨，河南、河北諸監分屬監牧使按（刻）〔劾〕，更不隸羣牧司及制置使。』詔：今後並申樞密院。

八日，河南、河北監牧司劉航、崔台符言：『奉詔置廨宇，河南於河中府，河北於大名府。本司都監乞就使廨同修。』詔：都監，河南於西京，河北於北京，占空閑廨宇居止。如闕少，量行添修。仍令劉航、崔台符於京官以上各舉一名，供奉官以上各舉二名，充本司勾當公事。先是，上言〔四八二〕：『劉航、崔台符所管地方廣大，相去遼遠。若非許令舉一二屬官與之協力，則獨力往來，恐難辦事。可令於文臣京官以上、武臣供奉官已上舉一二人，充本司勾當公事。並理合入資序，使之身親監牧。十數年後，歲考漸深，或授以逐州通判〔四八三〕，或授以本司都監，委之以事權，責之以功效，庶幾共濟，早見成績，乃有是詔〔四八四〕。』

二年二月二十二日，詔：『選差館閣校勘王存、顧臨，於羣牧司檢尋祖帳，舊管河南、北兩監牧司所總諸監牧馬草地，令詳具逐監四至的實頃畝聞奏。』

五月十六日河北監牧使崔台符言：『諸馬監各有奇巧工匠及有會樂藝者不少〔四八五〕，欲乞盡揀送本州換廂軍〔四八六〕。』從之。

十月十六日，河南監牧使劉航言：『自治平四年正月差粟子嶺提舉採石回，差河北計會四帥創置坊、監，又〔同〕陝西經略使司勾當公事往來鄜延，與西人議事，并赴夏國封册，在京押伴。竊緣河南監牧一司已成倫序〔四八七〕，伏望詳酌，今後特免差也。』詔：押伴以駕部郎中李直躬代之。

四年六月一日，羣牧制置使文彥博言：『羣牧之官，近制不許兼領他職。今權河北監牧使周革兼本路提點刑獄，詳讞一路刑名〔四八八〕，加之按察事務繁委，必妨馬政，乞罷兼領。』從之。

五年十二月二十一日，詔：起居舍人、吏館修撰兼樞密都承旨、羣牧副使曾孝寬爲龍圖閣待制、同羣牧使。

八年四月二十九日，詔：沙苑監隸羣牧司，餘八監及河南、北兩監牧司並廢。以中書、樞密院言：『河南、北十二監，自熙寧二年至五年，歲出馬千六百四十匹，可給騎兵者二百六十四，餘止堪給馬鋪。兩監牧歲費及所占牧地約收租錢，總五十三萬九千六百三十八緡。計所得馬，爲錢三萬六千四百九十六緡而已。得不補失，故廢之。以其馬配軍及召人牧養，以次支馬鋪。病患、駒子就便出貨，價錢及租牧地利爲市易司遞年茶本，餘籍常平帳出息〔四八九〕，以充售馬之直。』

閏四月五日〔四九〇〕，詔：『沙苑監復屬羣牧司，餘北京、元城等八監，並廢罷之。時廢河南、河北兩監牧司，故有是詔〔四九一〕。』

十六日，詔：罷太原等監，依罷河南、河北監牧指揮，應河東、河南監牧，令提舉開封府界諸縣鎮公事蔡確；河北監牧，令都大提舉黄、御河、同管勾外都水監丞程昉專切勾當〔四九二〕。

九年九月十七日，詔：『自今後樞密都承旨兼羣牧使，副都承旨兼副使，更不兼别差遣。』

十年正月十九日，詔：羣牧都監自今與副使互置。

元豐二年二月二十九日，經制熙河路邊防財用司言：『岷州床川、荔川、閭川寨〔四九三〕，通遠軍熟羊寨乞置牧養十監，募兵爲監牧指揮〔四九四〕。其營田，乞依官莊例募永濟卒二百人〔四九五〕，其永濟卒通以千人爲額。以給十六官莊四營田工役，其請給，並從本司自辦。』從之。

三年四月二十一日，罷羣牧行司，復置提舉買馬監牧司。羣牧行司未詳元置。

五年七月二十四日，命鳳翔府鈐轄王君萬專主管熙河路新置監牧及給散蕃部馬種。

六年六月一日，上批：『牧馬重事，經始之際〔四九六〕，非左右近臣專總其政，隨事奏禀，付之有司，未易營辦。今日霧澤陂牧馬所造法，且於畿内置十監，俟其就緒，推廣諸路施行。可差樞密都承旨張誠一，副都承旨張山甫專提舉經度制置牧馬，條畫奏禀施行。依五路保甲例，權不隸尚書駕部及太僕寺。有當自朝廷處分者〔四九七〕，樞密院施行。』

八月十一日，提舉經度制置牧馬司言：『已遣官往諸路選買牝牡馬上京〔四九八〕，乞逐路專責監司一員提舉。』從之。令諸路差提點刑獄官〔四九九〕，開封府界差提舉官。

八年八月二十六日，罷府界新置牧馬監。提舉經度制置牧馬司、崇儀副使温從吉降一官〔五〇〇〕，提舉牧馬司、樞密都承旨張誠一罰銅二十斤。初，樞密副都承旨曹誦言〔五〇一〕：『朝廷用從吉法置孳生馬監，得駒少而死損多，請委官比較。』至是，稽考如誦言，故罷之。仍有是責。

哲宗元祐元年十二月十四日，詔：『應緣内外馬事，舊係羣牧司管勾者，專隸太僕寺，直達樞密院，更不經由尚書省及駕部，餘並依官制〔五〇二〕。』

六年六月九日，樞密院言：『新復十監，其所生駒既不足以補死損之馬，又多低小〔五〇三〕，不應軍格。今又選差知馬政大使臣二員，分詣左右廂諸監詢訪利害，與提舉官詳究事狀，同赴太僕寺講議，聞奏。』從之。

紹聖元年六月二十六日，右正言張商英言：『先朝廢河北、京西等處馬監，募民租佃而議養馬於涇、渭、汧、隴之間，未及施行。元祐初，收已租之田，復置監牧。行之九年，死生羸壯〔五〇四〕，不足相補，而又買馬官歷本失陷〔五〇五〕，殆無文書可考。太僕卿、少、牽制恩舊〔五〇六〕，謬悠行遣。望選官會計虧贏〔五〇七〕，熟講馬政，以修武備。』詔送太僕寺。元祐事未見。

七月二十七日，太僕寺言：『先朝元豐六年，於畿内置十監。緣初置監日馬多地少，又功力不足，故難孳畜。首尾方及二年廢罷。今府界牧地除占佃外，尚三千餘頃，草苗滋茂。乞依元豐指揮，於府界置孳生監。』從之。以莊宅副使麥文炳、内殿崇班王景儉充提舉，踏逐置監去處〔五〇八〕，約度將來馬數，選差殿侍，分定匹數，專一管勾。其比較賞罰合行事，令遂官條畫，申太僕寺。俟及三年比較，見得蕃息，推之外監施行。

元符二年閏九月二十三日，詔：『同州沙苑監依舊撥屬提舉陝西等路買馬司，仍以提舉陝西等路買馬監牧司爲名。』

徽宗大觀三年十二月十四日，詔：『内外祠廟獻馬，往往骨格越常，皮毛異衆，可立法拘收，不得支遣，專充京畿孳生馬監牧養用〔五〇九〕。』

四年三月六日，樞密都承旨郭天信等奏：『準朝旨，諸州納到祠廟獻馬送孳生監牧養。訪聞諸州見有獻到馬數不少，緣等候；差人多致稽留。乞今後立法，應收到獻馬，並限三日内起發。』詔：送兵部立法，申樞密院。本部擬修下條：『諸祠廟獻馬，限一日申所屬州，本州三日内具牡牝、毛色、齒歲、尺寸〔五一〇〕，差人依程牽赴提舉京畿監牧司送納。』從之。

政和五年五月二十五日，樞密院言：『專（功）〔切〕提舉京畿監牧司狀〔五一一〕：「準令，祠廟獻馬，限一日申所屬州。本州三日内具牡牝、毛色、齒歲、尺寸，差人依程牽赴提舉監牧司送納〔五一二〕。本司契勘：自來止是據憑諸處差人牽送到獻馬匹數，送孳生監牧養，即未有約束關防。深慮逐處及至京沿路不顧公法之人，與差牽送馬人得以作弊，隱匿貿易，難以檢察。本司相度：欲乞今後合送納祠廟獻馬，輒敢隱匿、貿易者，依條斷遣外，並不以去官赦降原減，庶革姦弊。」今檢會大觀三年十二月十四日樞密院修立下條：「諸州納到祠廟獻馬，送孳生監牧養。」政和令：「諸祠廟獻馬，限一日申所屬州。本州三日內具牡牝、毛色、齒歲、尺寸，差人依程牽赴提舉京畿監牧司送納。」本司看詳：諸祠廟獻馬，若盜詐或貿易，雖有條斷罪，誠恐未足禁戢。況關防亦未嚴備，理宜增立約束及注籍拘管。其在官之人有犯，既非緣公，無用去官之理，不須修立去官。若以隱匿爲文，亦似未至詳顯，合明立盜詐之文。今擬立如後：「諸盜詐或貿易祠廟獻馬者，不以赦降、原減〔五一三〕。諸承報祠廟獻馬計程不到者，移文勘會。諸祠廟獻馬，本州依限差人牽納外，別具馬記驗去處，記驗謂吊星、玉面、前後腳白之類〔五一四〕。入馬遞預報。專切提舉京畿監牧司仍歲終具獻馬人姓名、逐匹字號，供報本司。」』詔依條修定。

宣和二年九月二十二日，兵部奏：『檢會已奉御筆，罷給地牧馬。置監去處，並如舊制。劄付兵部，遵依已降御筆處分，具今來合置監及官吏、人兵等具狀申。本部檢準政和三年四月二十日三省同奉聖旨，罷鄆州東平監。宣和二年九月二日，三省、樞密院同奉御筆：「政和二年十二月以後給地牧馬條法，可並不施行。應租佃牧地及置監去處，並如舊制。應合措置事件，令逐路提刑司措置以聞。」勘會給地召人養馬，係自政和二年十二月二十五日推行，時只管同州沙苑監、東平府東平監〔五一五〕。至政和三年四月內，因給地牧馬，廢罷東平監一所。今承指揮，給地牧馬條法更不施行。應租佃牧地故置監去處，並如舊制。竊慮合以政和二年十二月未行給地養馬舊制置監去處施行。所有差置官吏、人兵等，伏乞令本路提刑司依已降指揮疾速措置施行。』

詔：復置東平府東平監，餘依兵部所申。以上《續國朝會要》。

【校證】

〔一〕太平興國四年詔市吏民馬十七萬匹　方案：是條《長編》卷二〇繫於四年十一月末，且注云：『本志載市馬事在興國四年，按正月即出師，恐在四年以前矣。實録别本載趙守倫市馬數在十一月乙巳前，今因之。』又，《長編》所録較《會要》爲詳，今併録以備考：『先是，詔中使趙守倫優給價和市在京及諸州民間私馬，於是得十七萬三千五百七十九匹。』此乃舉其成數。

〔二〕六年十二月　《宋大詔令集》卷一八一繫於十二月辛卯（二十八日），且内容稍詳。

〔三〕八年十二月　《長編》卷二四繫於十二月己酉（二十八日）。

〔四〕國馬無以充舊貫　句下，《宋史》卷一九八《兵志十二》有『且無以懷遠人』六字。

〔五〕涇原路部署陳興言　『部署』，原作『總管』，此避宋英宗趙曙嫌諱追改；『陳興』原作『陳與』，並據《長編》卷五四、《宋史》卷二七九《陳興傳》改。下凡『部署』因避諱改『總管』者，徑改，不出校。

〔六〕三月　是條，《長編》卷五四繫於六年二月癸亥（三日）。

〔七〕七月　是條，《長編》卷五五繫於七月壬辰（四日）。

〔八〕廣鋭兵……因而許焉　《輯稿》兵二二之二作小字注文，而《長編》卷五五則作大字正文。

〔九〕大中祥符四年七月一日 是條錯簡，置於『天禧元年八月四日』條後，今據年號之先後而與前條互乙。

〔一〇〕康定元年二月八日 方案：是條問題有三：其一，錯簡。寶元三年，二月丙午（二十一日）改元康定，則寶元三年（一〇四〇）與康定元年爲同一年。此條爲二月八日，卻繫於同年二月十一日條之左，今互乙。其二，二月八日在改元日前，則仍應作寶元三年，不當改爲『康定元年』，今回改，以存真。其三，檢是條，又見《元憲集》卷二八《内制・府州勾招鞍馬空名勅書》，且内容稍詳，似出於宋庠之手。但據《長編》卷一二五、一三二，寶元二年十一月壬寅（十五日），宋庠即以兩制官除參知政事，康定二年五月辛未（二十三日），出知揚州，寶元三年不掌制誥。如此詔確出宋庠之手，則繫時有誤，必爲二年十一月十五日前所撰。當然，《元憲集》中誤收他人詩文頗多，有可能繫時不誤，但爲其他學士所撰。據《學士年表》，時爲翰林學士者即有丁度、晁宗慤、王舉正、王堯臣等人。但書闕有間，無從遽定，姑仍舊。

〔一一〕詔令將三歲已上十三歲以下堪充帶衣甲壯嫩好馬赴京進賣 『十三』，《元憲集》卷二八《府州勾招鞍馬空名勅書》作『十』；『充』，同上作『勝』。

〔一二〕康定元年二月二十七日 『康定元年二月』六字原無，因上二條錯簡，又據《宋史》卷一〇《仁宗紀二》，寶元三年二月丙午（二十一日）改元康定，二十七日已改元六日，故補此六字。其條繫時無抵牾，鄭戩時正在權知開封府任（據今藏開封市博物館的《開封府題名記》）。《長編》卷一二六載，康定元年三月戊寅（二十四日）鄭戩除權三司使。

〔一三〕慶曆元年七月　《長編》卷一三二繫日於七月己未(十二日),文全同。

〔一四〕八月　是條,《長編》卷一三三繫日於八月甲申(七日),文全同。有注文證本志之誤。

〔一五〕二年三月詔河北沿邊州軍置場市馬　『三月』,《長編》卷一三五繫日於八月甲子(二十一日)。又,『市馬』句下,有『從閤門祇候侍其濬之請也』十一字。

〔一六〕六月　《長編》卷一三七繫日於六月戊寅(七日)。

〔一七〕五年七月　《長編》卷一五六繫日於七月甲午(十一日)。

〔一八〕今河東諸軍闕馬　『馬』,原脱,據同右引補。

〔一九〕以升塡其闕　『其』,同右引作『廣鋭之』,義長。

〔二〇〕八年十一月　方案:　本條記事誤繫於〔慶曆〕八年,實乃治平四年(一〇六七)十一月十四日之事,已分别兩見於《輯稿》兵二一之七及《補編》頁四二〇上,文略同。時神宗已即位,此卻誤繫於仁時記事。爲嚴重之錯簡,應調整至《輯稿》兵二二之六神宗熙寧元年八月條之前。特加説明。

〔二一〕至和元年七月　《長編》卷一七六繫日於七月庚辰(二十四日)。

〔二二〕十二月　《長編》卷一七七繫日於十二月丙午(二十三日)。

〔二三〕欲請於環慶州保安德順軍仍舊市馬　『慶』,原脱,據《輯稿》兵二二之四嘉祐五年九月條及《長編》卷一七七補。

〔二四〕五千入羣牧司　『入』原作『人』,據《宋史》卷一九八《兵十二》改。

〔二五〕八年正月　《長編》卷一九八是條繫日於正月戊寅(二十六日)。

〔二六〕從之　《長編》卷一九八作『詔：復置場永寧〔寨〕，罷古渭寨所置場。』其下還有『蕃部馬至，徑鬻於秦州』九字，爲《會要》所無。又，《宋史·兵志十二》同《長編》。

〔二七〕八月庚申朔　『申』，原作『辰』，據陳垣《二十史朔閏表》改。『八月』，蒙上爲寶元二年(一〇三九)。《涑水記聞》卷一〇原有庚午(十一日)二字，《大典》編者注引已脱；而《長編》卷一二四則繫事於己巳(十日)。

〔二八〕仁宗時　三字，《宋史·本傳》原無，當爲《大典》編者注引時酌加。

〔二九〕薛向傳　三字，原無，據《宋史》卷三二八補。注引文字，《大典》編者已有删潤。

〔三〇〕繼和領職不數月得馬千數　方案：蒙上文，似李繼和提舉秦州買馬場乃慶曆中事，其實不然。據《宋史·宦者傳三》，慶曆中，李爲河北西路走馬承受，乃平『保州兵叛』事，與此買馬乃判然兩事。據《宋會要輯稿》兵二二之四，詔市秦州券馬，已爲至和、嘉祐年間事，此乃《大典》編者删節失當而導致年代錯亂。

〔三一〕而人不擾　『不』下，原衍一『擾』字，據《宋史》卷四六八《宦者三·李繼和傳》删。方案：以上注引《記聞》、《宋史》四段文字，非《會要》原有或《會要》合訂本編者所加。乃《大典》編者所加。除末條外，前三條均與《會要》本條記事無關，堪稱注其不當注者。且注文因删節失當，而多有舛誤。特此説明。

〔三二〕以上宋會要　方案：此注當爲《大典》編者所加。其下，《大典》卷一一六六九似還收有其他書的相關内容，今已無可考見。

〔三三〕羣牧判官王晦言　方案：《長編》卷二一八較《會要》爲詳，『言』下一段文字乃本條所無，今補録以備考：『嘉祐六年以前，秦州上京券馬，歲不下萬四五千匹。嘉祐七年置買馬司於原、渭、德順三州軍，皆選良馬售以高價，於是券馬法壞，類多死損，枉費錢帛。』

〔三四〕詔今後添買及三萬匹　『詔』下，《長編》卷二一八有『原、渭州、德順軍』六字；『今後』，《長編》作『自今三年』，《宋史》卷一九八《兵十二》亦作：『乃詔原、渭、德順歲置萬匹，三年而會之。』略同《長編》。似當從之改補。否則，《會要》文意欠明確。

〔三五〕詔令經略司體量貼還其價　方案：蒙上文，『貼還其價』，似包括買馬『官錢』及『備價錢』二部分，但《長編》卷二四五有不同記載，云：『詔涇原路經略司，以官錢償德順軍蕃部所買馬，毋增備價錢。』即只償還墊支的買馬『官錢』，而不增給『備價錢』。未審孰是？

〔三六〕知成都府蔡延慶言　『府』下，原有『路』字，衍，據《長編》卷二五九及《宋史》卷一九八《兵十二》删。

〔三七〕邛部川蠻主苴尅等遣首領　『主』，原作『王』，據同右引及《宋會要輯稿》蕃夷五之五七改。

〔三八〕舊聞證誤……文龍等州買馬事　方案：注文原錯簡，誤繫於《輯稿》兵二二之九熙寧十年正月十二日條下，今據《長編》卷二五九、《宋史》卷一九八《兵十二》乙正，前移至原《輯稿》兵二二之八熙寧八年正月十二日條下。可能因月日相同而導致誤繫錯簡。

〔三九〕河東經略司韓絳言 『司』，《長編》卷二八八作『使』，義長，應據改。

〔四〇〕開諭女真入馬之利 『開』，原作『聞』，據《長編》卷三一一改。又，《輯稿》兵二二之九上有原校：『聞』，《大典》作『開』，可見此乃徐松輯本鈔胥之誤。

〔四一〕聞同管勾陝西買馬司高士言 『管勾』，原作『主管』，乃避南宋高宗趙構嫌諱追改，據《長編》卷三一二回改。下徑改，勿再出校。

〔四二〕可令郭茂恂體究以聞 『以』，原作『批』，據同右引改。『管當』，北宋公文語作『勾當』。南宋避高宗趙構嫌諱改作『干當』、『管當』、『干辦』、『管干』等。下不再一一出校。

〔四三〕宜許假道 句下，《長編》卷三二二有『後女真卒不至』；又，李燾自注云：『女真卒不至，據汪藻《金盟本末》增入。』

〔四四〕本司管認支填遞馬闕數至多 『認』，原作『總』，據《長編》卷三三一改。

〔四五〕續通鑑長編……從之 方案：此二注非《會要》原有，乃《大典》編者所加。其後條出《宋史長編》的注，今見《長編》卷三三九。

〔四六〕知延州劉昌祚……增置馬軍蕃落 本條與《長編》卷三三七卷末注引《兩朝國史·兵志》略同。但『蕃落』下，《長編》注又有『留沙苑監捧日馬爲馬種』十字，李燾注曰：『留馬種在九月十三日』。方案：此注已不見於今傳《宋史·兵志十二》。又，頗疑上條之注的後條爲錯簡，應乙正至本條『從之』之下。後注附前條，正文與注實不相符，或抄胥誤合分屬兩條之注於前條，並參見注〔四五〕。

〔四七〕已遣官往諸路選買牝牡馬上京　『牡』，《長編》卷三三八誤作『壯』。

〔四八〕令諸路差提點刑獄官　『令』，原脱，據同右引補。

〔四九〕依麟府路和市馬價　『路』，原無，據《長編》卷三三九補。

〔五〇〕付王崇拯　『付』上，同右引有『令京東路轉運副使吴居厚便置以往』十五字，疑《會要》已删節。

〔五一〕詔令提舉經度制置牧馬司裁減以聞　『置』，原脱，據《長編》卷三四〇補。

〔五二〕從之仍下京西路施行　『從之仍』三字，因《會要》本條删節失當，誤删。仍據《長編》卷三四五補。又，『從之』上，有大段文字，《會要》已删，可參閲《宋會要輯稿》兵二之三〇、《長編》卷三四五。

〔五三〕約京東路齊淄青鄆密濰六州產馬最多　『濰』，原作『維』，據《元豐九域志》卷一、《輿地廣記》卷六及《長編》卷三四五改。

〔五四〕濮濟兖沂徐單曹州淮陽軍南京產馬差少　『陽』，原作『揚』，據同右引改。

〔五五〕六月十三日　《長編》卷三四六繫日於六月庚辰（十二日），且記事稍詳。可參閲。

〔五六〕鄜延路益以永興軍等路　『益』，因諱宋仁宗趙禎舊名『受益』而作闕字。《長編》卷二〇三治平元年十一月甲子條，有『詔中外文字不得用「受益」二字』之規定。今據補。本條下文兩處『益』作闕字，一處改作『和』，均據補、改。《長編》卷三四六注引《兩朝國史·兵志》及《宋史》卷一九八《兵十二》均有『益之』、『益以』，是其證。

〔五七〕其少數即益以開封府界户馬　『即益以』，原作『和即以』；『和即』，當是『即和』之譌倒，『和』乃諱仁宗舊名『受益』之『益』而改，今回改，並乙正。下凡諱『益』字，徑改，不再出校。

〔五八〕限三年買足　『限』，原作『即』，據《長編》卷三四七改。

〔五九〕奉手詔　『手』，原無，據《長編》卷三四七補。

〔六〇〕價亦倍費　『費』，同右引作『貴』。

〔六一〕深恐本司近奏所買之數過多　『買』，原作『責』，據同右引改。

〔六二〕今累增倍　『累』，原作『界』，據同右引改。

〔六三〕買馬一匹　其下，《長編》卷四四五有四十九字，疑《會要》已删節。

〔六四〕更買三千匹　『三千』，《長編》卷四八九作『二千』。

〔六五〕内弓箭手合自備馬之人　『弓』上，《長編》卷四八九有『内』字；『之人』，原無，據《長編》補。

〔六六〕送還買馬司　句下，《長編》卷四八九有『仍逐旋具支買過匹數以聞』十一字。疑《會要》已删。

〔六七〕詔樞密直學士河東路經略安撫使孫覽特降爲寶文閣待制　『樞密』下，原有『院』字，衍，據《事物紀原》卷四、《宋會要輯稿》職官七之一九、《長編》卷四、《慶元條法事類》卷四《職制令》删。『待制』，原作『侍制』，據《宋史》卷一六二《職官二·總閣學士》改。

〔六八〕若谷拜諫議大夫知并州　『拜』，核《宋史》卷二九九《張若谷傳》，作『累遷』；其下，又有『右』字。則《大典》編者所録，已非原文。

〔六九〕故時守以武吏　『以』，原脱，據《宋史》卷二八五《賈昌衡傳》補。

〔七〇〕上者送秦州　『州』，原作『川』，據同右引改。

〔七一〕使買馬爲社　『爲社』，《宋朝事實類苑》卷七五引《東齋記事》作『高大』。

〔七二〕高宗建炎二年五月二日　『二日』，《要録》卷一五繫日於五月丙戌（三日）。

〔七三〕即日優還價直　『價』下，原衍一重字，據上下文意删。

〔七四〕馬價踴貴　『踴』，原作『涌』，據《要録》卷五五改。

〔七五〕只依舊提舉峒丁　『峒』，原作『洞』，據《要録》卷六二、六三及《朝野雜記》甲集卷一八《廣馬》、《通考》卷一六〇《兵考十二》改。下凡『洞』應作『峒』者，徑改，不出校。

〔七六〕特與忠州文學　『忠』，原作『中』，據《要録》卷六四改。

〔七七〕前提舉峒丁李棫差效用賫牒諭買戰馬　『李棫』，原作『李域』，據《要録》卷六四、《通考》卷一六〇《兵考十二》、《朝野雜記》甲集卷一八《廣馬》及《宋史》卷二四、二五《高宗紀》改。下徑改，不出校。

〔七八〕管押張羅堅　『管』下一字，原漫漶。本條上文有云：『差蕃官張羅堅管押』，疑此漫漶之字乃『押』字。無别本可校，姑據補改，或可作方圍（闕字）。

〔七九〕詔令廣西提舉買馬官李預措置　『措置』，原作『措買』，據本條下文：『仍具已措置事狀聞奏』改。

〔八〇〕廣南宣諭明槖言大理國欲進奉及賣馬事　『廣南宣諭』，原作『廣西撫諭』，誤。今考《宋史》卷二七《高宗四》載，『紹興二年九月壬午，遣監察御使明槖等五人，宣諭江、浙、湖、廣、福建諸路。』《玉海》卷一三二《紹興宣諭五使》有更詳盡的記載：『〔紹興〕二年十一月己卯，宣諭五使：御史劉大中、胡蒙、朱異、明橐、薛徽言同班入見……。』(原注：『異，浙東、福建；蒙，浙西；大中，江東、西；徽言，湖南；橐，廣東、西。)地區和官稱均十分明確。《要録》卷七〇：『紹興三年十一月甲戌，廣南宣諭明橐奏』；《宋會要輯稿》兵二二之二一則作『廣南東、西路宣諭明橐』，皆其證。據改。是條，又見《輯稿》蕃夷四之五九及《要録》七〇，較本條所記爲詳，可參閲。

〔八一〕根究諸司鹽剩利錢去著　『鹽剩利錢』，《要録》卷七三作『鹽利剩錢』。本條下文仍作『其諸司鹽剩利錢』。

〔八二〕隨馬六千餘人　『六千』，頗疑當爲『六十』之譌，無别本可校，姑仍舊。

〔八三〕本司已帖招馬官知田州黄泊遣人前去説諭　『説』，原作『就』，據下文『可令婉順説諭』改。

〔八四〕商賈囊橐爲姦　『商賈』，原作『商買』，據《要録》卷一〇五改。朱震所論，《要録》較《會要》爲詳，可參閲。

〔八五〕並擇謹愿可信之士　『謹愿可信』，同右引作『謹信可任』。方案：『謹願』或『謹信』，疑原應作『謹慎』，因避宋孝宗趙昚嫌諱『慎』，而改作『願』或『信』，『慎』原應諱改作『謹』，因前已有『謹』，故改作『愿』或『信』。朱震(一〇七二—一一三八)，兩宋之際人，似應回改。又，李心傳《要録》卷一〇五正作『謹信可任之士』，是其證。

〔八六〕革去宿弊　《輯稿》蕃夷五之三八作『庶幾貿易悠久，夷夏各得其所。』

〔八七〕七年閏十月五日　『五日』，《宋會要輯稿》職官四三之一〇四作二十七日；《要録》卷一一六繫日於閏十月乙丑（七日），而《中興小曆》卷二三又作『壬午』（十四日），差不同。

〔八八〕川陜茶當專以博馬　『專』，原作『轉』，據同右引《要録》改，同右引《小曆》作『本』，是其證。

〔八九〕聞吴璘軍前尚或以博馬價珠及紅髮之類　『尚』，同右引《要録》作『向』。『博馬價珠』，《輯稿》職官四三之一〇五作『博珠玉』，《要録》卷一一六作『博馬價易珠玉』，《小曆》卷二三作『易珠玉』。方案：徽宗時，川茶不用以博馬而博易珠玉之類，已開其漸，欽宗時明令禁止。但南宋初仍屢禁不止。此珠遂已得名爲『馬價珠』。本條所用此詞十分形象貼切。

〔九〇〕以樞密院言本司買發紹興十年分綱馬數額故有是命　方案：此二十二字，《輯稿》兵二二之二四原作雙行小字注文，據《宋會要》行文體例，似應作大字正文。無别本可校，姑仍其舊。

〔九一〕今邕州守臣提點買馬　『今』，原作『令』，據《嶺外代答》卷五《經略司買馬》改。

〔九二〕自杞特磨羅殿毗那羅孔謝蕃滕蕃等　『滕蕃』，原作『滕番』，據同右引改。

〔九三〕西提舉出境招之　『西』，原作『四』，據同右引改。

〔九四〕羣蠻與吾兵校博易　『兵校』，同右引作『六校』。

〔九五〕令馬綱分往江上諸軍　『江上』，原作『綱上』，據同右引改。

〔九六〕今元額立外　同右引作『令元額之外』。

〔九七〕馬産於大理國大理國去宜州十五程爾　『宜州』，原脱，據《嶺外代答》卷五《宜州買馬》補。方案：自此句下，皆《宜州買馬》文。

〔九八〕距宜城不三百里　『不』，原作『下』，據同右引改。

〔九九〕已逼宜城矣　『逼』，原作『副』，據同右引改。

〔一〇〇〕國馬通行而人賴之　『通』，原作『道』，據《宋名臣言行録》別集上卷九及《名臣碑傳琬琰集》上卷一四王曮《吴璘安民保蜀定功同德之碑》改。『而人』，同上引書皆作『至今』，疑是，當從。

〔一〇一〕於歲額外收買三十綱　『三十』，《大典》卷八五〇七引《建武志·買馬額》作『二十』。

〔一〇二〕仍差招馬官不得過兩員　『兩員』，原作『兩資』，似誤。據上下文義改。

〔一〇三〕詔茶馬司買發隆興元年二年分馬　『二年』上，原有『隆興』二字，疑涉上而重，今據《會要》行文體例删。

〔一〇四〕興州順政長舉興元府南鄭西縣知縣任滿　『西縣』，原在『長舉』下，『興元府』上，錯簡。今據《宋會要輯稿》職官四三之九九乙正。方案《輿地紀勝》卷三二、《元豐九域志》卷八均載：西縣隸興元府，而不屬興州；興州僅順政、長舉兩縣。是其證。又，上引《輯稿》與本條注文略同，惟『鳳州轉般庫』下，脱『監官』兩字；『西縣』下，又脱『知縣』兩字，均據本條注文補，並補出校記。

〔一〇五〕如不獲收附失陷一分　『收附』，同右引作『抄附』；又，『一分』，同右引作『一萬馱』。

〔一〇六〕依舊差替人例　『舊』，同右引無。

〔一〇七〕欲下茶馬司照應禮部指定事理　『指』下，原有『揮』字，衍。據本條上文『送逐部指定』，『度支指定』云云删。

〔一〇八〕將來難已敷趁　『已』，疑應作『以』。

〔一〇九〕仍經由河池縣茶馬司印驗　『司』，原脱。今考茶馬司分置川、秦二司於成都、秦州，乾道四年（一一六八），應四川宣撫使虞允文之請，於鳳州河池縣置秦司，因其地『既近宕昌，買馬之弊，可以稽察。上從之。』見《羣書考索·後集》卷一三《都大提舉茶馬》。據補。

〔一一〇〕孝宗紹興三十二年六月辛卯　『六月』，原作『五月』，據《宋史》卷三三《孝宗紀一》改。

〔一一一〕抗爲益州路轉運使　方案：此句非《宋史》卷三〇一《袁抗傳》原文，已爲《大典》編者以意改寫。

〔一一二〕程之邵傳除主管秦蜀茶馬公事　『傳』，原脱，『除』，原作『徐』，並據《宋史》卷三五三《程之邵傳》補、改。

〔一一三〕爲市四月止　『市』，原脱，據同右引補。

〔一一四〕南軒語録　方案：張栻（一一三三—一一八〇），號南軒，南宋著名理學家。是書《直齋書録解題》卷九著録，凡十二卷，注稱：『蔣邁所記張栻敬夫語。』明初被收入《大典》，《文淵閣書目》卷四著録。清代未見著録，是書已佚於明代，是條《靜江買馬》乃今存寥寥的佚文之一。

〔一一五〕宋韓肖胄擢工部侍郎　『肖』，原作『蕭』，據《宋史》卷三七九《韓肖胄傳》改。下徑改，不出校。又，按《大典》引書之例，應作《宋史·韓肖胄傳》，或蒙上文作《韓肖胄傳》，此作『宋·韓肖胄』，有失倫諸，似乃《大典》或《全唐文》館抄胥臆改。

〔一一六〕紹興二年初　檢今傳四庫本《中興小曆》（因避諱改稱《中興小紀》）卷一二，繫於紹興二年六月乙卯(二十六日)。已非年初,而爲歲中。

〔一一七〕韓肖胄建議宜即邕州置市馬場取馬嶺表以資國用　方案:蒙上文,末八字似亦韓氏建議,實非。本條因《大典》編者刪節失當,多有未允。『取馬嶺表,以資兵用。』乃作者熊克之語。又,『國用』,四庫本作『兵用』;『場』,四庫本《小曆》無,疑脱。

〔一一八〕其後馬益精　『後』,原脱,據《朝野雜記》甲集卷一八《廣馬》補。

〔一一九〕羅殿國又遠如自杞十程　『如』,同右引作『於』,義長。

〔一二〇〕乞就宜州中馬　『中馬』,同右引作『市馬』。

〔一二一〕可省二十餘程　『二十』,原作『三十』,據徐絜民師點校本《朝野雜記》改。

〔一二二〕豈無意乎　『乎』,原無,據同右引補。

〔一二三〕命從義郎李宗彦以提點綱馬驛程往宜州措置　『命』,原脱,據同右引書補。

〔一二四〕時淳熙元年秋也　『秋』,原脱,據同右引補。

〔一二五〕興州都統吴挺言　『吴挺』,原作『具梃』,據《輯稿》兵二三之一四淳熙三年二月四日條及《宋史》卷三三六《吴挺傳》改。

〔一二六〕三年正月十四日　方案:原次《宋會要輯稿》兵二三之一四的本條、二月五日條、四年二月二十七條,凡三條錯簡,誤繫於五年十二月十四日條之後,今據年月日爲序乙正。

〔一二七〕已與荆鄂都統王琪議　『鄂』,原脱,據《輯稿》兵二三之一三淳熙二年五月八日條『荆鄂都統司』

補。方案：『荆鄂都統司』，或即『鄂州都統司』的異稱。《輯稿》兵二三之二〇載有南宋孝宗時期各都統司之名目，可參閲。

〔一二八〕十二月十四日　『十二』，原作『二』，似脱『十』，據上下文時日排次補。另一種可能是『二』上脱『六年』二字。

〔一二九〕及令内外審驗官司並主帥子細契勘齒歲格尺　『歲』，原脱，據本條上文『齒歲』補。

〔一三〇〕可令茶馬司將興元府都統司馬據見管數揍買成二千四　『揍』，通『湊』（凑之異體字）。宋人常用此字代『湊』，如朱熹《晦庵集》卷《奏救荒事宜畫一狀》：『更乞揍作二百萬貫。』《會要·兵》多用此字代『湊』（凑），今仍其舊，不改，以存文獻之真。

〔一三一〕龔總已放罷　方案：龔總，淳熙八年知黎州，九年三月十七日放罷。並非因買馬事，具見《宋會要輯稿》職官七二之三三。至是，因王渥又論其買馬逾限，多支絹加倍而追降三官。

〔一三二〕十六年五月二十四日詔更住一年　『五月』，疑誤。『詔更住一年』，承上，指『權住收買』本年分（十六年）『闊壯馬』，考慮到孝宗已於是年二月二日内禪，似『五月』應是『正月』之譌（也有可能是光宗即位後詔令『更住一年』，則『五月』，亦可能乃『三月』之形近而譌。此後二條相繼爲五月十一日和五月二十四日，不可能日期前後倒置。如是同日兩條，後條應作『同日』，不可能重出月日之期，故疑『五月』當爲『正月』或『三月』之譌。

〔一三三〕殿前副都指揮使郭杲言　『郭杲』，原作『郭某』，據《止齋集》卷一三《外制·和州防御使殿前副

〔都〕指揮使郭杲除宜州觀察使》改。又，此人或有可能爲郭棣。

〔一三四〕係諸州抽摘廂宜　『廂宜』，疑爲『廂軍』之誤。

〔一三五〕全無倒斃少量　『無』下，疑脱『或』字，指『全無』或『少量』『倒斃』兩種情形。又。『斃』原作『弊』，據本條上文『綱馬多斃』改。

〔一三六〕屬殿前馬步軍司　『馬』，原脱，據《羣書考索·後集》卷一二《三衙》、《朝野雜記》甲集卷一八《三衙廢後》及《輯稿》兵二三之二一注文『殿馬步司』補。

〔一三七〕紹熙元年十月二日　『紹熙』原誤作『紹興』，據上條末《宋會要》原注『以上《孝宗會要》』改。『紹興』，高宗年號；『紹熙』，光宗年號。宋代史料中，類似之譌甚夥，下徑改不出校。

〔一三八〕湖廣總領詹體仁等言　『詹』，原作『張』，據《吴郡志》卷七、《水心文集》卷一五《司農卿湖廣總領詹公墓誌銘》、《宋史》卷三九三《詹體仁傳》改。

〔一三九〕自行差官赴宕昌　『自行』，原作『自軍』，據本條上文『從舊自行收買』改。

〔一四〇〕都統制司言　『制』，原作『置』，據本條正文『興州都統制司』及下文兩處『都統制司』改。同音之譌。

〔一四一〕四川制置茶馬司詳定所奏　『定』，原脱，據上下文意補。又，『詳定』或可作『看詳』，即『詳』上可補『看』字，兩通之。

〔一四二〕龍川略志江東諸縣括民馬　方案：是條見《略志》卷四，今據中華書局一九八二年點校本出校。

〔一四三〕江南諸縣市廣西戰馬　『縣』，原作『都』，據《略志》卷四改。

〔一四四〕事忌太遽　『太』，原作『大』，據同右引改。

〔一四五〕吾不責汝以馬　『吾』，原作『若』，據同右引改。

〔一四六〕諾　『諾』，原作『諸』，據同右引改。

〔一四七〕祭馬祖　方案：此乃《宋會要》的門名，《輯稿》標目誤作『禱馬祀』。《大典》收入『馬』字韻·『馬政』。事目。以下《宋會要》十門，均收入《大典》『馬』字韻『馬政』。

〔一四八〕遣右贊善大夫耿振就馬祖壇用少牢行禱馬之祀　『善』，原脱，據《宋史》卷一六八《職官志八》補。

〔一四九〕災害馬者　『災』上，疑脱『免』字。

〔一五〇〕高宗……從太常寺請也　方案：本條《輯稿》原無，據繆荃孫《藝風鈔書》補。又『昭慶寺』，原作『朝慶寺』，據《通考》卷一六〇改。

〔一五一〕馬政雜録　方案：此乃《宋會要》之門名。《大典》收入馬字韻·『馬政』事目，標目則同《宋會要》門名。其中淳熙元年至十五年的各條記事，爲《輯稿》所無，今據繆荃孫《藝風鈔書》補。光宗、寧宗兩朝記事，見《輯稿》二六之一至二三，可據繆氏《藝風鈔書》録自《大典》的復文校。

〔一五二〕五代監牧多廢　方案：自此句起，至《輯稿》兵二四之四：『荏騟騅駱駁駿驃爲下』，疑爲《會要》引宋官修《國史·兵志·馬政》之文。與《會要》體例有别。

〔一五三〕自是閑廄始充矣　方案：自『五代監牧多廢』至此，《羣書考索·後集》卷四四《兵門·馬政類》文略同，注稱出熊克《九朝通略》，是條繫於太祖建隆三年十二月。而《會要》則引作『國初』。

〔一五四〕諸坊監總四萬四千四百餘頃　《玉海》卷一四九《咸平羣牧司》同，《通考》卷一六〇《兵考十二》作『四萬九千四百餘頃』，《宋史》卷一九八《兵志十二》作：『淳化、景德間，內外坊監總六萬八千頃。』《宋史》卷二九五《葉清臣傳》作『占良田九萬餘頃』，方案：內含諸班、諸軍馬占三萬九百餘頃，實與《宋史・兵志十二》不合。『九萬余頃』，此又仁宗時葉清臣任三司使時之數，與宋初監牧占地差不同。

〔一五五〕皆有涼棚井泉　『涼棚』，原作『京棚』，據《輯稿》兵二一之三六、《補編》頁六、頁四一〇改。又，『井泉』，同上作『露井』。

〔一五六〕凡市馬之處　方案：據《長編》卷一〇四及《宋史》卷一九八《兵十二》，此乃宋初至雍熙、端拱間市馬之處，又併招馬之處而言之。《通考》卷一六〇《兵十二》則與《會要》略同而稍簡。《長編》即據宋官修《國史・兵志》，與《會要》史料來源不同，宜其市馬、招馬之處略有不同，今隨文出校。

〔一五七〕階州蕃部馬五千匹　『五千』，原譌作『五十』，券馬團綱五十或百匹稱一券，不可能立額五十。且諸州立額券馬最少者三百一匹，省馬二百四匹。更重要的是，《宋史》卷一九八載：『天聖中，蕃部省馬至三萬四千九百餘疋』；此作『五千』，下文州作『二千』，總數才基本相符，據改。

〔一五八〕文州蕃部馬二千匹　『二千』，原作『二十』誤，據同上注改。階州、文州宋初均西馬主要產地。即使此兩州作『七千』，合計券、省馬也僅三萬四千五百餘匹。疑《宋志》合計數有誤。但《長編》卷一〇四同《宋志》。

〔一五九〕凡買馬等杖　『杖』，原作『仗』，據《宋史》卷一九八《兵十二》改。

〔一六〇〕涇儀延鱗州火山保德保安軍唐龍鎮制勝關則有蕃部　『鱗州』，《通考》卷一六〇、《羣書考索·後集》卷四四皆作『鄜州』，但《長編》卷一〇四、《宋史》卷一九八招馬之處均無『鄜州』。

〔一六一〕自三十五千至八千凡二十三等　『八千』，《通考》卷一六〇作『千』，上無『八』字。

〔一六二〕詔止市四歲至十三歲者　『止』，原作『出』，據同右引改。

〔一六三〕自七十五千至二十七千凡三等　『二十七』，同右引作『十七』。

〔一六四〕先開喉已較　『較』，疑有誤，似『叫』之音譌。又，因中華書局影印本《宋會要輯稿》注文，字太小，又有漫漶，凡難以認清字，用方圍表示。又，檢唐·李石等《司馬安驥集》，（鄒介正校注本，中國農業出版社二〇〇一年版。）馬病竟幾無相合者，殊難索解。

〔一六五〕皇族及内臣伎術官要司職掌皆借給之　『借』，原脱，據《通考》卷一六〇補。

〔一六六〕次秦渭馬　『次』，原脱，據同右引補。

〔一六七〕止給本處兵及充鋪馬　『及』，《羣書考索·後集》卷四四作『級』，兩通之。

〔一六八〕因其水土服習而少疾焉　『焉』，原作『馬』，據《通考》卷一六〇改。

〔一六九〕皆低弱不堪披甲　『不堪披甲』，原作『不被甲』，據《羣書考索·後集》卷四四改、補。《通考》卷一六〇作『不勝具裝』，是其證。

〔一七〇〕唯以給本道廂軍及江浙諸處鋪馬之用　『給』、『之用』，三字原脱，據同右引二書補。『之用』，《羣書考索》作『用之』；又，『鋪馬』，《通考》作『驛置』。

〔一七一〕福州四牧曰永峭龍湖瀝崎海澶　『龍湖』，《通考》卷一六〇作『龍胡』。

〔一七二〕泉州二牧曰浯州烈嶼　『烈嶼』，同右引作『列嶼』。

〔一七三〕興化軍二牧曰東越侯嶼　『侯嶼』，同右引作『侯嶼』。

〔一七四〕左騏驥院捧日馬内尾側印　『院』，原脱，據《羣書考索·後集》卷四四補。又，『側』，同上書作『倒』。

〔一七五〕左騏驥院龍猛馬内溝正印　『馬』，原脱，據同右引書補。

〔一七六〕右騏驥院雜使馬外硯骨横印　『硯骨』，同右引書作『尾』。

〔一七七〕遞馬外尾側横印　『側』，原作『倒』，據同右引改。

〔一七八〕諸監三歲馬亦永字印尾骨　『馬』，原脱，據同右引補。

〔一七九〕蕃戎所貢及歲時收市之馬　『收』，原作『牧』，據同右引改。

〔一八〇〕牡印其項，牝印其髀　『牡』，原作『牝』，據同右引改。

〔一八一〕諸監牧駒生二歲亦如之　『二歲』，同右引作『歲』。

〔一八二〕以備近臣中謝生日所賜　『謝』，原作『諫』，據同右引改。又，『生日』，同右引書作『生辰』。

〔一八三〕亦以吉字印甘汙溝　『甘』，同右引書無此字。

〔一八四〕凡馬毛物九十二種　『九十二』，原作『九十一』，據《宋史》卷一九八《兵十二》改。以下『之别』各項合計，亦九十二種，是其證。又，『毛物』《羣書考索·後集》卷四四作『毛色之别』。似是，應從改。

〔一八五〕紅耳鴛鴦雄花丁香青騮騟紫　『雄花』，《羣書考索·後集》卷四四作『桃花』。又，『青騮騟紫』，疑有脱誤。下文『青、紫、騟』分别爲十六類不同毛色之馬中的三類。同上引書中，『紫』，又作『紫騮』，疑此應爲八字，作『青騮、青騟、紫騟、紫騮』。惜無别本可校，無從遽定，姑仍其舊。

〔一八六〕紫之别六純紫鈞星歷面白腳緑鬃護蘭　『緑鬃』原作『緑髮』，據同右引書改。

〔一八七〕驄之别十一白驄鈞星歷面白腳烏青花黄茬鐵護蘭　『白腳』下，同右引有『并』字，疑脱。

〔一八八〕駮驕之别六　『驕』，《羣書考索·後集》卷四四作『騟』，疑是，當從。《玉篇·馬部》：『駮騟』，蕃中馬也；　據《漢語大字典》縮印本頁一八八九云，即漢時西域大苑國産良馬：汗血馬。白居易《白氏長慶集》卷二四《武丘寺路宴留别諸妓》詩云：『紅旗影動駮騟嘶』，是其證。但《玉海》卷一四九亦作『驕』。

〔一八九〕驄赭驃騮騧烏赤色爲中　『烏』，原作『白』，但上文所云十六類馬毛色『爲上』四者之一，即已有『白』，此不當重出爲中。上、中、下毛色中，原均無『烏』，據上下文意改。『色』，原脱，據同右引書補。

〔一九〇〕騟雒駱駁駮驕爲下　『騟』上，原有『茬』字，『茬』乃『驄之别十一』中一目，非十六類馬之一，當衍；如加上『茬』，則已爲十七類，據删。又，無論是對馬病的認識，還是馬毛色的鑒别，就『相馬經』而論，宋人比前人有劃時代的進步。從《會要》以上論述與唐·李石等《司馬安驥集》比較，顯而易見。

〔一九一〕太祖建隆二年十月詔　『十月』，《長編》卷二繫日於戊戌（八日）。

〔一九二〕七年十一月昇州西南面都部署曹彬言　『十一月』，《長編》卷一五繫於閏十月丁卯（二十三日）。『面』，原作『路』，據同上改；『部署』，原作『總管』，避宋英宗趙曙嫌諱追改，今據同上回改。以下徑改，不出校。

〔一九三〕太宗太平興國八年九月　『九月』，《長編》卷二四繫日於甲子（十二日）。

〔一九四〕今浙江已平　『浙江』，同右引作『江浙』。

〔一九五〕三年十一月　『十一月』，《長編》卷六四繫日於壬子（十三日）。

〔一九六〕諸州所買蕃馬　『諸』，原作『請』，據同右引改。

〔一九七〕欲遣使臣劾其增直之罪以聞　『直』，同右引作『置』。

〔一九八〕大中祥符正月六日　『六日』，《長編》卷六八繫於甲戌（十二日）。

〔一九九〕大中祥符四年二月　方案：是條錯簡，《輯稿》兵二四之一〇誤置於四年十月條後，今據《長編》卷七五乙正至《輯稿》兵二四之八四年五月條前。又，《長編》卷七五繫日於二月己酉（五日），確爲西祀汾陰途中之事。『大中祥符』年號前已有，此應删。下條原作『四年五月』，承本條，亦應删『四年』二字。

〔二〇〇〕逐旋送淳澤監養放　『監』，原作『院』，據本條上文及《輯稿》兵二四之一〇五年四月條改。

〔二〇一〕御龍直馬二十四　『二十』原作『一十』，據本條上文注改。合計正爲四百七十匹。

〔二〇二〕并展原武淳澤監地養放　『原武』原作『源武』據本條下文及《宋史》卷一九八改。

〔二〇三〕十一月　方案：按《會要》體例，疑應作『十二月』。因上條已是『十一月』。

〔二〇四〕四年九月　『九月』，《長編》卷一〇四是條繫日於戊申（六日）。

〔二〇五〕今來比之五代馬數倍多　《長編》卷一〇四作：『當今比五代馬多數倍。』差不同。

〔二〇六〕官用印附籍給芻粟　『官』，原脱，據《長編》卷一三二補。

〔二〇七〕慶曆元年十二月　『十二月』，《長編》卷一三四繫日於丙戌（十一日）。

〔二〇八〕自今殿前馬步軍副都指揮使落管軍　『副』，《長編》卷一六五無，作『都指揮使』。但似以《會要》作『副都指揮使』爲是。又，『使』原脱，據同上書補。

〔二〇九〕從之　原脱，據同右引《長編》補。

〔二一〇〕羣牧判官王誨上馬政條貫　『馬政條貫』，《長編》卷二一一作『《羣牧司編敕》十二卷。』

〔二一一〕令三司預行計置　『令』，原脱，據《長編》卷二二七補。

〔二一二〕數馬一圉人　『人』，原脱，據同右引補。

〔二一三〕及詔下　『及』，原脱，據同右引補。

〔二一四〕内外班直……不疑也　方案：是注乃《會要·兵類·馬政門》原注，同上引《長編》注稱：『據《樞密院時政記》』，可證。

〔二一五〕羣牧司除椿管不係支使及牧養監病馬外　『牧』，原作『收』，據《長編》卷二五六改。

〔二一六〕權開封府界提點諸縣鎮公事蔡確言　『府』，原脱，據《長編》卷二七五、卷二七八補。

〔二一七〕從之　方案：以上兩條，參見《長編》卷二七八熙寧九年十月辛亥（二十八日）條，叙事稍詳。

〔二一八〕牝馬居三之一　『牝』，原作『壯』，據《長編》卷三四三改。

〔二一九〕其牝馬須四尺二寸以上牡馬四尺三寸以上　『牝』、『牡』二字，原互倒，今據同右引《長編》互乙。

〔二二〇〕其正副盡得一鄉材武之士　『材』，原作『村』，據同右引改。

〔二二一〕八月七日　方案：其上《輯稿》兵二四之二二有『七年五月二十九日條』凡二十七字，係錯簡重出又刪節失當之衍文，原文已見《輯稿》兵二四之二四，《長編》卷三四五同。今據刪。

〔二二二〕乞依舊弓箭手例　『舊』，《長編》卷三二九作『蕃』。

〔二二三〕已改給與本將下有武藝闕馬舊人　『本』，原脱；『武』，原作『馬』，並據《長編》卷三三五補、改。

〔二二四〕又詔昌祚詳度　『詳度』，原作『祥度』，據同右引改。

〔二二五〕每匹給價錢十千　『每匹』原脱，據《輯稿》兵二之二九、《宋史》卷一九八《兵十二》補。

〔二二六〕其京東京西路鄉村以物力養馬指揮不行　『京東』，原脱，據同右引二書及《長編》卷三四三改。

〔二二七〕從之　其下，《長編》卷三四四有『京東路準此』五字，疑《會要》已刪或奪。

〔二二八〕京西京東路民户已養户馬者　『已』，原作『以』，據《長編》卷三四五改。

〔二二九〕欲令有同居親屬自佃田産者　『令』，原作『今』，據《長編》卷三五〇改。

〔二三〇〕故先帝嘗降手詔詰責約束之　『約束』，原無，據《長編》卷三五四補。

〔二三一〕餘數發赴太僕寺　『發』，原作『廢』，據同右引改。

〔二三二〕其後……納元給錢　《長編》卷三五四是條注引吕大防《政目》：『十二月二十二日，詔：京東、西路保馬，四尺以上駮填軍鋪，四尺三寸以上騍從監牧，餘給人户變轉納錢。』可補《會要》之闕。

〔二三三〕候至買馬二分依舊　『二分』，《長編》卷三五八作『年分』，疑是當從。

〔二三四〕訪聞前知鄆州陽穀縣李抃　『陽穀』，原作『楊穀』，據《元豐九城志》卷一、《輿地廣記》卷七改。

〔二三五〕左司諫王巖叟言　『左』，原作『右』，據《長編》卷三七四、《宋史》卷一六五《職官五》、卷一七六《食貨上四》、卷三四二《本傳》改。

〔二三六〕兑陝西所買馬赴京師　『兑』，《長編》卷三七七作『據數兑』，疑是，當從補二字。

〔二三七〕八月八日　方案：本條錯簡。《輯稿》職官四三之七二繫於紹聖三年，極是；且本條紀事中，已有『考會得紹聖元年、二年綱券馬死損分數』云云，是其證。今乙至三年七月初二日條下。

〔二三八〕并抑勒市户結攬軍馬中官狀有實　『軍』、『狀』，原脱，據《長編》卷五〇三補。

〔二三九〕請取近地或西市團綱馬分配邊城　『近地』下，《長編》卷五一〇有『或府界』三字，疑脱。又，『邊城』，原作『諸城』，據同上引書改。廣信軍，景德元年（一〇〇四）改威虜軍置，治今河北徐水縣西遂城。北宋屬河北西路，地當遼易州五回嶺、狼山（即今河北易縣西南狼牙山）南下之要道。是名符其實的宋遼對峙之『邊城』。本條上又稱『邊馬』，皆其證。

〔二四〇〕鰲抃仍賜章服 『章服』,《宋史》卷一九八《兵十二》作『三品服』。

〔二四一〕近雖衝改吴擇仁所乞條約 『吴擇仁』,原作『吴澤仁』,據《宋史》卷九四《河渠四》、卷一七五《食貨上三》、卷三二二《本傳》改。

〔二四二〕宣和三年六月十五日 方案:是條及下條並錯簡,今乙正至原《輯稿》兵二四之三〇誤題『宣和八年八月二十一日』條之前。詳拙注〔二四四〕。

〔二四三〕補置沿馬動使 方案:此句疑有脱誤。檢《輯稿》兵二四之三六有『點檢沿路驛舍槽具動使』之説,似『沿馬動使』,應作『沿路馬監動使』。即,補『路』、『監』二字,文意方完。

〔二四四〕八月二十一日 原作『宣和八年八月二十一日』,必誤無疑。方案:是條之上爲政和八年五月十五日條,既書宣和,當爲元年至七年之事,宣和無八年,已改元爲靖康元年,作『八年』,誤。其後一條不書年,依《會要》體例,承上當爲與本條同年之事。後條『十月二十日』稱高陽關路馬軍闕馬,詔降度牒三百道付詹度買馬。詹度知河間府兼高陽關路安撫使任期確鑿可考。據《三朝北盟會編》(下簡稱《會編》)卷一八、卷二五記載:宣和五年(一一二三)九月六日,時同知燕山府詹度因和郭藥師交惡,詔詹度與知河間府蔡靖兩易其任。宣和七年十二月二十一日,因郭藥師執燕山府同知蔡靖等叛降金軍,金兵攻中山府,知府詹度禦卻之,不克。則詹度知河間府乃在宣和五年九月至七年十二月間無疑。十月十二日條,必爲宣和五至七年間。即其前之八月二十一日條所脱年號應爲『五、六、七』三年中之一。其既已書八年,極有可能爲『六』之形近而譌。今姑作『六年』。因原

《輯稿》兵二四之三一已有『六年四月二十九日條』，故乙至本條之上。尚不能完全排除本條爲五年或七年之紀事，俟更考。

〔二四五〕廣西路提舉左右兩江峒丁公事李棫言　『提舉』，原無；『李棫』，原作『李域』；並據《要録》卷三三補、改。

〔二四六〕廣武備以戒不虞和議豈足深恃乎　『和議』上，《要録》卷一二七有『足以待強（敵）〔虜〕』六字，疑《會要》已删。

〔二四七〕見權令諸軍乘騎　《要録》卷一四〇云：『在楚州諸軍者』，方案：韓世忠的韓家軍原駐楚州（治今江蘇淮安）。此可與《會要》互見異同。

〔二四八〕參酌立定廣南西路經略安撫司提點綱馬驛程官賞罰指揮　『賞罰指揮』四字，原無，據上下文意及《輯稿》兵二四之三七紹興二十四年十二月二日條『賞罰依已降指揮』云云擬補。疑『指揮』下、『任滿』上又脱『廣南』至『驛程官』十六字重文，似抄胥因重文而漏抄一行。

〔二四九〕更不賞罷　『賞罷』，疑當作『賞罰』。

〔二五〇〕西和州宕昌寨階州峯貼硤兩處買馬場　『寨』，原作『縣』，據《要録》卷一六七改。

〔二五一〕蓋近牽送皆和雇遊手充代　『近牽送』，原譌倒作『牽近送』，據上下文意乙正。

〔二五二〕前知化州趙不茹言　方案：是條，據《要録》卷一七七所載仍有可補之處，今録如下，可與《會要》相發明。『左朝散郎趙不茹知化州還，論廣西部馬使臣每歲五六十員，例選閑居之人。率以前任俸給爲準，各人支七月，歲費錢四萬餘緡。自今乞以見任使臣部送。』

〔二五三〕歲凡六千匹　此五字原無，據《要録》卷一七七補。疑《會要》已删或偶脱。

〔二五四〕領殿前都指揮使職事楊存中言　『領』，原脱，據《要録》一八〇補。

〔二五五〕中書舍人兼權樞密都承旨洪遵言　『權』，原脱，據《要録》卷一八二、《宋史》卷三七三《洪遵傳》補。

〔二五六〕建康府戊字　『府』，原作『軍』，據《要録》卷一八七、《方輿勝覽》卷一四改。

〔二五七〕不管稍有違滯疏虞　『不管』，據上下文意，疑應作『不敢』。

〔二五八〕并以茶馬司進馬賞罰體例施行　方案：其下『乾道元年』至『今後并準此』一百二十字，《輯稿》兵二五之六並作大字正文，依上下文意，及《會要》體例，似應作小字注文，今改。

〔二五九〕二月二日　『二月』，據上條文次序，應作『三月』，庶幾無誤。疑抄胥之譌。

〔二六〇〕餘差闕馬効用前去取押　『闕馬』，原作『關馬』，據上下文義改。下徑改不出校。

〔二六一〕鄂州駐劄御前諸軍都統制趙樽言　『諸軍』，原作『諳軍』，據《宋會要輯稿》刑法四之五二，兵一四之四二、兵二五之二一改。

〔二六二〕沿路經過州縣不爲預期椿辦草料　『辦』，原譌作『辨』，據上下文意改。下徑改，不出校。

〔二六三〕其部轄將佐等縱容合干人減尅草料　『部』，原作『都』；『干』，原作『千』，並據本條下文『部轄』、『合干人』改。『縱容』，原作『從容』，據上下文義改。

〔二六四〕殿前司自差八十七綱官兵前來取押　『綱』，原脱，本條下文有：『節次差發到七十綱』，『接續差到取押』『二十七綱』，合計正爲『八十七綱』，據補。

〔二六五〕往往多是付身不圓之人　『付身不圓』，疑非是，惟無別本可校，姑仍舊。『圓』，或爲『測』之譌。

〔二六六〕朝廷不測差官前去點檢　『不測』，疑似應作『不時』，或有誤。

〔二六七〕苗茂孟俊各特降一官　『孟俊』，原作『馬俊』，據本條上文『左軍統領官孟俊』及《輯稿》兵九之一四、職官三二之三九、禮二〇之一九改。

〔二六八〕七年九月二十六日殿司乞依此已得指揮施行從之　方案：『七年』至『從之』，乃乾道六年六月十八日條之注文，據上下文意，顯而易見。抄胥誤作大字正文，今仍據《會要》體例改作小字注文。

〔二六九〕本部今將格法體例指揮并地里參照比擬　『地里』，原作『地理』，據本條下文『地里』改。下徑改，不再出校。

〔二七〇〕每人卻牽馬四匹　『牽馬』，原作『掌馬』，據本條上下文意改。

〔二七一〕寄斃及一分至不及二分　『至』，原脱，本條下文均有『至』字，據補。

〔二七二〕若更有倒斃分數　『有』，原作『不』，據本條下文作『更有』改。

〔二七三〕醫獸牽馬四匹全到　『全到』，原作『全别』，據同條上下文多處均作『全到』改。

〔二七四〕令於階成西和鳳州選擇水草豐美去處置監　『西和』，原脱，據本條下文有『西和〔州〕』及『四州之地』云云補。

〔二七五〕所是醫獸卻與諸司一般　『所是』，據上下文意，疑當作『所有』。

〔二七六〕四川宣撫司押馬使臣供　『供』，疑當作『供申』或『供稱』。

〔二七七〕共六十四驛程　『驛』，原脱，據本條下文『驛程』補。

〔二七八〕如不足許不拘等杖　『等杖』，原作『等仗』，據《宋史》卷一九三《兵七·召募之制》改。

〔二七九〕五十四至四十一匹全綱到　『全』，原作『金』；『到』，原脱；據本條下文多處作『全到』改、補。

〔二八〇〕綱官減一年三個月磨勘　『個』，原脱，據本條上下文『月』上，均有『個』字補。

〔二八一〕以樞密院都承旨葉衡言　『院』，誤衍，『都永旨』作爲官稱時，無『院』字；又『葉衡』，原作『案衡』，據周必大《文忠集》卷一〇六《樞密都承制兼户部侍郎葉衡辭新除户部侍郎不允詔》及《宋會要輯稿》選舉三四之二五、三四之二九改删。

〔二八二〕望令本司於步軍内將新刷到馬軍前去牽取　『步軍』，原作『步人』，據本條上文兩處『步軍』改。

〔二八三〕兵部言近降指揮　『言近』二字，《輯稿》兵二五之四一原作空白二字，據上下文意擬補。

〔二八四〕如不願轉資者資折錢三十貫　《輯稿》兵二五之四三原作小字注文，據上下文義及《會要》體例改大字正文。下有正文作注文者，徑改，不再出校。『三十』，原作『二十』，據本條上下之文均稱每資『折三十貫』改。

〔二八五〕二十四降一官資　『匹』，原譌作『四』，據本條上文均作『匹』改。

〔二八六〕内一匹瘡疥瘦瘠病　『瘦』，原脱，據本條上下文『瘦瘠』補。

〔二八七〕并寄甃一匹　『一』，原作『或』，據本條上下文均作『一匹』改。

〔二八八〕及通管將校醫獸執色人寄甆三匹并牽馬人等　方案：　此句上下文疑皆有脱誤，無別本可校，姑仍其舊。

〔二八九〕於今承指揮格目内未有該載　『今』，原脱，據本條上下文『今承指揮』，皆有『今』字補。

〔二九〇〕新成都府路轉運判官張棟言　『張棟』，原作『張揀』，據《宋會要輯稿》選舉三四之二九、《宋史》卷六五《五行志三》、《大典》卷二二六三引《邵陽志》改。

〔二九一〕預期前去西和州宕昌寨階州峯貼硤兩處買馬場　『硤』，原作『峽』，據《輯稿》兵二四之四〇等改。下徑改，不再出校。又，『硤』通『峽』。『買馬』原作『置馬』，據本條下文『宕昌買馬場』改。

〔二九二〕内取宕昌馬人前到西和州　『馬人』原譌倒作『人馬』，據本條下文『取峯貼硤馬使臣』改。『使臣』，即『取馬人』之管押首領。

〔二九三〕淳熙元年六月二十七日　方案：　自本條起至十五年十一月十七日條『馬政雜録』紀事爲今本《輯稿》所無，原因不詳。各條内容原見於《大典》卷一一六七二，但是卷《大典》已佚，幸賴繆荃孫從《大典》録出而得以幸存。今據國家圖書館所藏《藝風鈔書》補入，並加標點，酌校相關資料。另外，淳熙十六年四月二十五日至嘉定十二年十一月五日各條，即原出《光宗會要》、《寧宗會要》的各條記事，今傳《輯稿》尚存，但繆氏《鈔書》亦已從《大典》録出，無疑也提供了一個彌足珍貴的校本。必須指出，繆氏在録出時，似有以私意改《大典》原文或抄錯而致衍誤倒脱之處，如將《大典》、《輯稿》中之『匹』全改作『疋』，兩字雖通用，但從忠實於原文獻考慮，均回改作『匹』，不再一一出校。

因繆鈔與《大典》抄胥之誤已難區分，校記中仍皆稱『原作某某』，而不作分別。

〔二九四〕自今降應副馬軍行司進馬　『應』原無，據上下文義擬補。

〔二九五〕其曰前提舉官卻須與推恩　『其』，疑應作『上』，或『上又』；此乃孝宗之語。

〔二九六〕宰執進呈鎮江都統郭杲截撥宣撫司起發闊壯馬　『郭杲』，原作『郭某』，據《輯稿》兵六之二改。

〔二九七〕故有是七命　『七命』，指應宰執、樞密院之請，七下與馬政相關的詔令。參閲淳熙二年七月十六日至三年二月四日之各條。

〔二九八〕醫獸乞推賞　『醫獸』，繆氏《鈔書》多作『獸醫』，據《輯稿》兵二五之八、一二、二五、二六及兵二六之九等多處作『醫獸』乙正。宋人已醫獸、獸醫並用之，此乃宋人慣用之語。下徑改，不出校。

〔二九九〕舊係成都潼川府利州路州軍差官兵押發　『府』，原脱，據下條『潼川府』補。

〔三〇〇〕成都潼川府利州路諸州軍合差牽馬軍兵　『諸州軍』，原作『州諸軍』，據上條『州軍』乙正。

〔三〇一〕有援到減半年人　『援到』，疑當作『援例』，應據改。

〔三〇二〕仍令三衙并江上諸軍依此　『三衙』，原作『三司』，指殿前、馬、步三司，應合稱『三衙』；『江上』，原作『以上』，並據《輯稿》兵二五之二二、二五之四〇、四九等多處『詔三衙並江上諸軍』改。

〔三〇三〕今增作轉一官資　『資』，原作『員』，據本條上注『增作轉一官資』改。

〔三〇四〕今增作減一年磨勘　『增』，原脱；『作減』，原倒作『減作』，今據同條『二匹』至『六匹』各條注文補並乙正。

〔三〇五〕各特支犒設錢三十貫　『三十』，原作『二十』，據本注下文、下注『折錢三十貫』及《輯稿》兵二五之四二、二五之四四、『每資折錢三十貫』等改。方案：南宋進馬賞格規定：『如不願轉資，許折錢三十貫』，屢見之於《會要》。即轉一資，可許折錢三十貫文。

〔三〇六〕茶馬司自今排發馬軍行司綱馬　『行司』，原作『馬司』，據本條下文『馬軍行司』改。

〔三〇七〕樞密院言　『言』，原脱，據上下文意及上下文多條作『樞密院言』補。

〔三〇八〕大半羸瘠　『大半』，原作『太半』，據《藝風鈔書》（下簡稱『繆鈔』）改。

〔三〇九〕詔令京西安撫司同本司每年差官　『京西』，原作『西京』，據本條上文『京西』及繆鈔本乙正。

〔三一〇〕宰執進呈臣僚劄子多占戰馬　『多占』上，疑有脱文，如『稱軍帥』之類。繆鈔本同此，姑仍舊。

〔三一一〕廣西經略安撫司四川茶馬司　『司』，原脱，據繆鈔本及上下文義補。

〔三一二〕開具前後拖下鄂州襄陽府大軍綱馬違滯因依聞奏　『違滯』，原作『違帶』，據上下文意改。

〔三一三〕並瘡疥瘦瘠　『瘠』，原作『病』，據本條上下文三處均作『瘦瘠』改。

〔三一四〕或寄斃一匹　『或』，原脱，據本條下文『或寄斃一匹』補。

〔三一五〕從杖八十科斷　『科』，原作『料』，據繆鈔本改。

〔三一六〕並瘡疥瘦瘠　『瘠』，原脱，據繆鈔本及本條上文三處均作『瘦瘠』補。

〔三一七〕逐年全仰茶馬司廣西安撫司買發　『全仰』，繆鈔本作『全仗』。

〔三一八〕兩司自紹熙三年九月終　『紹熙』，原作『紹興』，據本條下文及繆鈔本改。下徑改，不出校。

〔三一九〕乞下茶馬司將每年合買發宣撫司進闊壯馬内撥二十綱 「買發」，原作「發買」，據本注上文「買發」乙。

〔三二〇〕約度一年所發馬綱資次捋絶 「捋絶」，繆鈔本作「將絶」。

〔三二一〕將綱内皮毛正有看相及格馬私自盜賣 「私自」，原作「司自」，據繆鈔本改。

〔三二二〕詔湖北京西安撫轉運司常切覺察 「轉運」，原作「專轉」，據繆鈔本改。

〔三二三〕殿前都指揮使郭杲言 「都」上，原有「副」字，衍。據《輯稿》兵二六之五紹熙五年二月二十五日條及《宋史》卷三七《寧宗紀一》删。

〔三二四〕仍先次開具前後已椿收數目奏聞 「奏聞」，繆鈔本作「聞奏」。

〔三二五〕照數撥還湖廣總領所 「撥」，原作「發」，據本條注文作「對數撥還」改。

〔三二六〕廣西經略安撫司於額外添貼馬綱内全撥三綱 「全」，繆鈔本作「權」，疑是。

〔三二七〕詔依兵部看詳到事理施行 「詔」，原作「照」，據上下文義改。

〔三二八〕比舊法責罰稍重 「比」，原作「此」，據繆鈔本改。

〔三二九〕委因是何病患月日倒斃 「月日倒斃」，疑爲「倒斃月日」之譌倒，惟無别本可校，姑仍舊。

〔三三〇〕如因病患在軍倒斃 「病患」，原作「别患」，據本條上云「是何病患」改。

〔三三一〕並要收買壯嫩及格尺無疾患堪披帶馬排綱起發 「無」，原譌作「每」，繆鈔本已校改作「無」，今從之。

〔三三二〕同皮鬃尾封付納馬官司驗實　『皮』上，疑脱『馬』字；或『皮』應作『馬』。

〔三三三〕四齒馬聽低一寸　『齒』，原譌作『尺』，據上文『兩齒』改；『一寸』，原作『一尺』，據《輯稿》兵二三之一三、上下文意及本條正文、注文尺寸數改。

〔三三四〕諳曉馬性人充　『諳』，原脱，據本條上云『諳曉馬性綱官』補。

〔三三五〕許令與秦司簽廳官同共收買　『與』原作『輿』，據上下文意改。參見下注。

〔三三六〕所貴與秦司簽廳事體相敵　『貴』，繆鈔本作『責』。

〔三三七〕綱兵積壓數多　『綱兵』，繆鈔本作『綱馬』，據下文，似誤。

〔三三八〕年終兩司會算　『會算』，原作『會等』，據本條下文『兩司會算』及繆鈔本改。

〔三三九〕今欲每歲權以八十萬道爲率　『萬』，原脱，據繆鈔本補。上下文有『七十萬』、『八十萬』，是其證。

〔三四〇〕與元府見積三衛取馬官兵僅五十綱　『官兵』二字似誤衍；或二字下脱『待押取馬』四字。應據上下文意删或補，今姑仍舊。

〔三四一〕今既分爲兩司　『兩司』，原作『納司』，本條上文有云：『茶馬應爲一司』，此作『兩司』，是。繆鈔本已校改作『兩司』，是其證，今從改。

〔三四二〕令御馬院限三日揀留堪用好馬外　『令』，原作『今』，據繆鈔本改。

〔三四三〕差官兵牽拽至本司交管　『拽』，原作『洩』，據繆鈔本改。

〔三四四〕照前項立定綱數餵飼失時　方案：『立定綱數』下當有大段脱文，即詔令之内容，『餵飼失時』乃臣僚之言内容，兩句不相接續。今無别本可校補，姑仍舊貫。

〔三四五〕見茶馬司一處每年合發歲額馬及宣州所買馬約計二百三十五綱　『宣州』，疑乃『宕州』之譌。南宋茶馬司主管買川、秦之馬。張震所謂『每年合發歲額馬及（宣）〔宕〕州所買馬』，當指川秦之馬的合計數。秦馬主要來自西和州宕昌寨和階州峯貼硤。張震或合而言之，似又以宕州指代宕昌寨。宕州，北周王和元年（五六六）以宕昌羌地置，治陽宕縣（隋改良恭縣，今甘肅宕昌縣東南）。唐武德元年（六一八），移治懷道縣（今甘肅舟曲縣西）。安史之亂後地入吐蕃，遂廢。宋宕昌寨屬西和州，成爲主要買馬地之一。『二百三十五綱』，《朝野雜記》甲集卷一八《綱馬水陸路》作『一百三十五綱』。而《輯稿》兵二三之一又折計作一百六十五綱。惟《宋史》卷一九八《兵十二》亦作『秦、川買馬額歲萬一千九百有奇。川司六千，秦司五千九百。』約合二百三十八綱，與張震之説基本相符。又，《玉海》卷一四九亦作乾道買馬歲額『萬一千九百匹有奇』。

〔三四六〕計每三日批支大麥二千八百二十碩　『日』，原脱，據本條上文『批支三日』補。

〔三四七〕事遂行　點校本《朝野雜記》甲集卷一八作『其事遂行』。義長。

〔三四八〕始議馬綱至鄂州遵陸　『馬綱』，同右引作『馬舟』。

〔三四九〕十一月十五日　『十一月』，原作『十月』，據同右引改。《朝野雜記》注云：『元年十一月辛酉』，辛酉爲十六日，而十月無『辛酉』。疑《會要・兵》原書已誤。

〔三五〇〕是月二十五日　同右引作『是月辛未（二十六日）』，亦爲十一月。

〔三五一〕詔令三衙且依舊陸路取旨揮　『旨』，原脱，據同條下文『旨揮』補。

〔三五二〕十二月五日　『十二月』，原作『十一月』，據《朝野雜記》甲集卷一八改。説詳注〔三五四〕。

〔三五三〕其餘照應已降旨揮施行　『已』，原脱，據上條『已降旨揮』補。

〔三五四〕十二月十二日　『十二月』，原作『十一月』，據《朝野雜記》甲集卷一八注作『十二月庚寅（十五日）』改。據此類推，上條之原作『十一月』，亦據改爲『十二月』。

〔三五五〕宰執進呈四川制置使汪應辰論馬綱由水路利害　『制置使』，原作『置制』，據《輯稿》選舉三四之一四汪應辰除『四川安撫制置使兼知成都府』補、乙。

〔三五六〕是月十五日　承上，應是十二月十五日，而《會要》上條原作『十一月』，《朝野雜記》甲集卷一八亦載斯事，正作『十二月庚寅（十五日）』。併上條據改。參見注〔三五四〕。

〔三五七〕二年五月十九日　『五月』，疑應作『正月』，因下條乃『二月六日』。如確爲『五月』，則是錯簡。

〔三五八〕宰執進呈吴璘奏　『吴』，原脱，據上四條均作『進呈吴璘奏』補。

〔三五九〕與牽馬人二十五人　『與』，原作『舉』，據本條下文作『與』改。

〔三六〇〕詔依　方案：其下出現正文兩條及注文一條的連環錯簡，今據《朝野雜記》甲集卷一八及相關史料乙正，並隨條出注。

〔三六一〕朝野雜記……未以爲然　方案：此二十六字，乃《大典》編者引《朝野雜記》甲集卷一八（點校本上册頁四三一）之文，以注上條即針對二年二月十三日（《會要》稱『同日』，《雜記》作『二月丁亥』，承上注爲『三年』，實乃『二年』之譌）『吴璘言』措置馬綱水路事，宰執仍持不同意見而『因爲上言』。餘詳下注。

〔三六二〕明年春……工役遂事　方案：此三十字，乃《大典》編者引《朝野雜記》文而誤注，此乃夔路漕司主管文字任續至行在所上之奏的開頭二句，疑李心傳在修入《朝野雜記》時已以己意删改而非原文。此即《宋會要輯稿》兵二三之三五所載乾道三年三月二十一日宰執進呈臣僚《論馬綱由水路利害》中語，此臣僚即爲任續。由於《輯稿》此條已失書年、月，導致了注、文不相照應和注文與正文的連環錯簡。此注三十字，與上注二十六字，乃内容完全風馬牛不相及的二事，《大典》編者誤捏合爲一。此三十字應删，而上注二十六字，應乙至上條『詔依』下，庶幾無誤。《大典》編者未審《朝野雜記》此五十六字乃判然兩事，又將注誤繫於乾道三年三月二十一日任續之奏首句『造船工役』下，魯莽滅裂，兩失之矣。此五十六字應删爲宜。

〔三六三〕七月十二日提舉四川等路買馬監牧公事陳彌作申　方案：因上條失書年、月，導致是條錯簡。此爲乾道二年七月十二日無疑。據《輯稿》選舉三四之一五，乾道元年正月二十三日，陳彌作以直秘閣、兩浙運判除都大提舉四川茶馬，同年二月十四日已到任言事，見《輯稿》職官四七之六九。又，同書選舉三四之一八載：乾道二年六月九日張德遠除四川都大茶馬的任命發表，時張權利州路提刑，陳彌作交接後離任應在二年七月十二日後不久。據《輯稿》兵二三之一，乾道三年二月八日，陳彌作已在大理少卿任上言事。故此七月十二日必爲二年，不可能是三年。是條，《輯稿》兵二三之三六原繫三年三月二十一日條注文後，乃錯簡。今據上考陳彌作宦歷乙正。

〔三六四〕三年三月二十一日宰執進呈臣僚論馬綱由水路利害　『三年三』，三字原脱，據《朝野雜記》甲集卷一八《綱馬水陸路》：『明年春』，『任續至行在上言』，注『三月甲子』云云補。方案：承上文（點校本上册頁四三〇）注曰『三年二月庚辰（六日）』，此『三年』乃『二年』之譌，其内容，與《輯稿》兵二三之三二所載二年二月六日條完全相同可證。則承上之『二年』的『明年春』爲『三年』無疑，是條《雜記》末注『三月甲子』，『三月甲子』乃三月二十六日，與《會要》作『二十一日』，僅相差五日。更重要的是：《會要》所載臣僚《論馬綱由水路利害》，與《雜記》所載任續上言内容完全一致，僅個别文字因李心傳删削而略有不同。此臣僚即爲任續，兩書所載顯爲同一事。《會要》所脱年、月三字可據上考補。正因此三字誤奪，導致了上條注文的誤繫和下條正文的錯簡。參見注〔三六〇〕至〔三六三〕及下注。

〔三六五〕且謂造船工役灘險山程　『造船工役』，《朝野雜記》甲集卷一八作『今造舟已畢，工役遂事』；《通考》卷一六〇略同，亦明言乃任續上言。『灘險山程』，《雜記》和《通考》卷一六〇作『山程灘險』。詞異而意同。《大典》編者未明其義及兩書關係，不知臣僚即任續，故在《會要》『造船工役』下引《雜記》『今造舟已畢，工役遂事』作注，實有蛇足之嫌。

〔三六六〕以免篙梢之追擾　『追擾』，原作『追攝』，據《朝野雜記》甲集卷一八及下文『亦不擾民』改。

〔三六七〕其請給衣糧　『其』，原脱，據同右引補。

〔三六八〕馬綱住而訓習水戰　『訓習』，同右引作『訓練』。

〔三六九〕三月甲子　四字應删。《朝野雜記》甲集卷一八，原爲小字注文，即注明上條任續至行在上言的時間。《大典》編者誤讀，係於下文『真父已去』之時間，顯與此無涉。當删。今考張震（字真父）知夔州兼夔帥，於乾道元年秋冬之際已離任，繼其任者於乾道元年已到任。見《輯稿》選舉三四之一七，王十朋之除命七月十八日已發表。其到任時間，則有自述可證：『乾道改元，某被命自鄱易夔，代張震也。見《王十朋全集·文集》卷二二《夔州新修諸葛武侯祠堂記》。此注乃『三年三月甲子』，顯屬上文之注。參閲上注〔三六四〕。

〔三七〇〕未幾璘薨　『薨』，原作『夢』，據《朝野雜記》卷一八改。

〔三七一〕大中祥符四年十一月　《長編》卷七六繫斯事於是年『十月』，僅『初置牧，養病馬』寥寥六字。《玉海》卷一四九亦作『十一月』。又，是條非錯簡，乃述『牧養上下監』門之始，故置於首條。

〔三七二〕太宗雍熙二年九月　《玉海》卷一四九《太平興國天馬四監》繫於二年閏九月甲申（十三日）。疑應從補『閏』字。

〔三七三〕詔宰相樞密三司節度使上將軍翰林樞密直學士軍校自選名馬　『軍校』上，疑有脱誤。又，《玉海》卷一四九作『詔羣臣自選名馬』，似當爲令從行羣臣及侍衛軍校自選名馬乘騎。

〔三七四〕未有懲勸之法今爲定式以付之　『令』，《玉海》卷一四九《祥符馬籍定式》作『令』，且當上讀作『法令』。兩通之。

〔三七五〕詔左右騏驥院及諸坊監馬數自今旬奏月比　『月比』，原作『月日』，據同右引書改。

〔三七六〕三年正月　是條，《長編》卷七三繫於『三年正月己巳（十九日）』。

〔三七七〕並令養馬務一面管認　『管』，原作『官』，據本條下文『所管』、『應管』改。

〔三七八〕羣牧制置司言河北孳生馬多　『制』，原脱，據《輯稿》職官二三之四、五及《玉海》卷一四九《羣牧制置使》補。

〔三七九〕二年二月七日　『七日』，《長編》卷一一六繫於『二月癸卯（八日）』。且所述事與《會要》頗有出入，詳略殊異，可備參閲。

〔三八〇〕欲令河北河東陝西路都總管　『路』，原作『有』，據本條下文『諸路馬監』、『本路馬軍』改。

〔三八一〕務令蕃息　『蕃息』，原作『審息』，據楊仲良《長編紀事本末》卷七五《神宗皇帝·馬政》改。

〔三八二〕遣尚書比部員外郎崔台符往河北東路按視官田　『比部』，原作『北部』；『視』，原脱；並據同右引書改、補。

〔三八三〕於沙苑監移牝馬五百匹　『牝馬』，原作『牡牝』，據同右引改。又《輯稿》兵二一之六祥符二年二月條有云：『同州沙苑監自來祇養牝馬』，是其證。

〔三八四〕熙寧元年　是條，同右引書《長編本末》繫於元年九月乙酉（十六日），且叙事尤詳，可補《會要》之闕。

〔三八五〕乃有是旨　『乃』，原作『仍』，據同右引『乃詔河北、河南分置監牧使』改。

〔三八六〕係牧馬監縣令逐縣主簿乞兼本監主簿　『兼』下原有『令』字，衍，據上下文意删，此涉上『令』字而衍。

〔三八七〕八年閏四月五日　是條，《長編》卷二六二李焘案語云：『廢監牧實在八年四月二十八日』。且注文述其本末極詳，足補《會要》之闕，可參閲。又，《玉海》卷一四九《熙寧監牧使》是條則又繫於八年四月二十九日（庚寅）。皆不在閏四月，差不同。

〔三八八〕高宗紹興二年十月四日　『四日』，《要録》卷五九繫於『十月戊子朔』。

〔三八九〕申樞密院　其下，原有『從之』兩字，方案：『令樞密院取旨』至『申樞密院』一段文字，爲詔令中語，下不應再有『從之』，據删。

〔三九〇〕於羣馬左胯上烙印記號　『胯』，原作『跨』，據《輯稿》兵二五之二『於兩胯下使「行在」火印』改。

〔三九一〕於馬尾靶上烙號　『尾靶』，疑當作『尾巴』，無别本可校，姑仍舊。

〔三九二〕合用等杖并拍子　『等杖』，原作『等仗』，據《宋史》卷一九八《兵十二》『請製等杖』改。下徑改，不再出校。又，『并』原作『星』；據下文作『并』改。

〔三九三〕詔令趙樽於漢陽軍踏逐地段　『趙樽』，原作『趙撙』。方案：『樽』、『撙』，在釋作抑制或謙而抑之時，字相通，但在作爲人名時卻兩者必居其一。現存關於宋代史料中卻出現『樽』、『撙』，並存的混亂現象。《宋會要·輯稿》中，作『趙樽』者不下三十餘處，但兵二一之一三至一四及禮六二之七一的十餘處卻作『趙撙』。《雪山集》卷一、《攻媿集》卷九〇、《陵陽集》卷一五，《朝野雜記》甲集卷一

九、乙集卷三，《琬琰集》下卷二五，《名臣言行録》别集上卷三、下卷一〇，《羣書考索》别集卷二四及《北盟會編》十餘條均作『趙樽』； 而《文定集》卷八、《方舟集》卷七、《山房集》卷五、《後村集》卷四五及《宋史》、《玉海》等卻皆作『趙撙』。 尤令人費解的是： 在《要録》、《文忠集》、《浪語集》、《誠齋集》中均出現『樽』、『撙』兩名互見的現象。 而周必大、薛季宣、楊萬里均『趙樽』同時代人。今考明人趙琦美《趙氏鐵珊瑚網》卷二收録孝宗付楊倓御札墨本正作『趙樽』，清·卞永譽《式古堂書畫彙考》卷一三同。 據改。 下多處『趙撙』，徑改，不再出校。 趙樽乃高、孝時名將。 曾爲劉錡麾下統制，在順昌之戰中，身中數矢而力戰不止。 紹興末，完顏亮南侵，時爲馬司中軍統制的趙樽收復蔡州，乾道二年（一一六六）被宋孝宗定爲南宋抗金十三處戰功之一，見《雜記》甲集卷一九《十三處功》。 後長期擔任鄂州都統制及馬帥，駐紮於荆襄，膺寄方面。 又因在諸大將中最爲廉潔，而頗受孝宗信寵。

〔三九四〕於揀汰離軍人内依數刷差 『揀汰』，原作『揀大』，據本條下文『揀汰人内』改。

〔三九五〕所置馬監養二千四合用養馬官兵二百二十人 『千』上，原衍一『十』字，據上下文意刪。 又，『二百二十人』，必誤無疑。 檢本條上云『養五百匹，合差官兵二百四十人』； 準此，養二千匹； 應差官兵千人左右。 又，《輯稿》兵二一之一一載： 紹興十九年四月六日詔云，『孳生牧馬以五百匹爲一監』； 牝牡馬一二三匹爲一群，『每群差軍兵醫獸七十人』。 準此，則全監差破二百八十人，如養二千四馬，則需一一二〇余人。 故疑此『二百』上，脱一『千』字。

〔三九六〕欲望行下遴差浙西州軍　『遴』，原作『鄰』，據上下文義改；『軍』，原作『事』，據《輯稿》兵二一之一四乾道六年九月八日條『浙西州軍』改。

〔三九七〕緣地氣卑濕　『卑濕』，原作『黑蒸』，據《輯稿》兵二一之三四『牧地門』及《補編》頁二一四同奏改。

〔三九八〕所有三衙日後取到綱馬　『三』，原脱，據同右引及本條上下文『三衙』補。

〔三九九〕詔令三衙行下取馬官并關牒沿路州軍　『關牒』原譌奪作『闕』，據同右引改、補。

〔四〇〇〕委總領同統制官審驗印烙　『總領』，《輯稿》兵二一之三四及《補編》頁四一九上皆作『統領』。義長，應從改。

〔四〇一〕交付逐司牧馬官如法養餵　『如法養餵』，原無，據同右引補。

〔四〇二〕見管馬令承旨司驗火印訖　『承旨司』，原作『丞旨司』，據《輯稿》兵二一之一二紹興十九年四月六日條改。

〔四〇三〕御馬院　方案：御馬院門，《宋會要》兵類和職官類兩收之，惟前者收入《大典》卷一一六七三，起訖時間爲建炎三年（一一二九）至乾道四年（一一六八），今傳本見《宋會要補編》頁四一一上至四一三上，按其内容，應繫於《輯稿》兵一六、一七的空白頁面間。後者則被收入《大典》卷一六六六七，起訖時間乃建炎三年至嘉定十四年（一二二一），且其中紹興十九年十二月二十三日一條，爲前者所無，原因不明。有可能《大典》兩收所據之《宋會要》原本不同之故。後者今傳本僅見於《輯稿》職官三二之五一之五五。今以《輯稿》職官録文爲底本，參校《補編》而整理編入。

〔四〇四〕日下發遣　其下，原無注引《玉海》文：『鑄御馬院印』，而《補編》頁四一一下有此注，卻又錯簡，誤繫於建炎四年七月十八日條下，今乙正至紹興十三年七月十二日條下，并據《補編》補。注文原見《玉海》卷一四九《建炎御馬院》。

〔四〇五〕並令以次人遞選　『選』，《補編》頁四一一下作『遷』。

〔四〇六〕與補進武副尉出職　『武』，原作『義』，涉上而譌，據上條作『進武副尉』改。武階吏人出職，必爲進武副尉。下紹興十七年五月四日條亦作『進武副尉出職』，是其證。

〔四〇七〕於比近縣分揍數供納　『揍數』，《補編》原作『捧數』，今從《輯稿》。『揍』，通『湊』。

〔四〇八〕内教駿新給歷及歷人　『歷』，二字原皆作『曆』，據《補編》頁四一二上改。下徑改，不再出校。

〔四〇九〕並依主管回易庫管幹官物使臣已得指揮施行　『物』，原脱，據《補編》頁四一二上補。

〔四一〇〕令選差陝西軍兵二百人分擘請受　『分擘』，原作『分臂』，據《補編》頁四一二下改。

〔四一一〕騏驥院同此制　此六字，《補編》頁四一二下作大字正文。

〔四一二〕委是騷擾　『騷擾』，原作『搔擾』，據上下文意改。

〔四一三〕竊見良馬院亦係御馬數　『御馬』前，疑脱『按』或『據』字；『數』，或當作『所』，姑仍舊。

〔四一四〕又可革供送代雇之弊　『革』，原作『隔』；『供』，原脱；并據《補編》頁四一二下改、補。

〔四一五〕合要照依　『照依』，原作『照使』，據《補編》頁四一三上改。

〔四一六〕水草地畝牧養御駒馬　『畝』，原脱，據同右引補。

〔四一七〕騎御馬直將校軍兵並自被差到直等及二十年之人　『並』，原脱，據同右引改。

〔四一八〕以上乾道會要　小注六字，原無，據同右引補。又，《補編》『道』字原脱，據上下文意補。

〔四一九〕淳熙元年五月三日　方案：以下各條内容，皆《宋會要》職官類·御馬院門中之内容，爲同書兵類所闕，此正《宋會要》一書兩收『御馬院』之證。

〔四二〇〕報左藏南上庫　『南上庫』，原作『庫上庫』，據《輯稿》食貨五一之九及本條下文『左藏南庫』改。

〔四二一〕其後……從之　原作正文，疑當作小字注文。今考《輯稿》食貨五一之九云，自淳熙二年十一月十一日起，『左藏南上下庫』，『不用「上下」二字』，今既有『左藏南上庫』，則顯爲二年前之事。則似是條『二十四日』承上確爲淳熙元年六月之事。按《會要》體例及上考改。

〔四二二〕是致幫勘籍請人等隱落逃亡身故人數冒請錢米　『籍』，原脱，據本條上下文『籍請』補。

〔四二三〕欲將各人籍請分擘赴院令歷幫勘　『令歷』，原作『令曆』，疑『令』乃『今』之形譌；本條下文『赴院令歷幫勘』之『令』亦然。

〔四二四〕御馬院申本院外有三衙取得使效　『外』上疑脱『申本院』三字，今無别本可校，據本條末句『詔依御馬院相度到事理施行』擬補『申』字；又據本條下文兩處『本院』，擬補『本院』二字。庶幾近真。『使效』之『效』，原作空格，據本條下文『取到使效』補。乃使臣與效用之合稱。

〔四二五〕請印一鈕　『鈕』，原作『鈺』，據本條下句『詔以「估馬司印」爲文』改。

〔四二六〕牧地　方案：此乃《宋會要·兵類》的一門，因《大典》分别收入卷一一六七四馬字韻和卷一四一九九地字韻，又均被徐松命抄胥録出，今傳本分見於《輯稿》兵二一之二四至三五和《補編》頁四一三下至四一九。經對勘，存於《補編》的複文，其文字，遠勝於現存於《輯稿》的正文，遂以《補編》爲底本，參校《輯稿》和其他文獻，標點整理。《補編》偶脱紹聖元年一條則據《輯稿》兵二一之二八補録。

〔四二七〕命殿直宋垂遠乘傳往原渭儀等州及鎮戎軍案視放牧草地　「宋」，原脱，據《長編》卷五六補。

〔四二八〕垂遠上言四州軍界有白草　「四州」，原作「四川」，據同右引及本條上文所云乃陝西四州軍改。

〔四二九〕十月　本條《長編》卷五八繫於是年十月癸未。

〔四三〇〕羣牧判官王曙言　「王曙」，原作「王曉」，據《長編》卷五八、六〇改。《會要》乃避宋英宗諱追改。此真宗時人，當回改。

〔四三一〕三年八月　是條，《長編》卷六三繫日於「八月乙未（二十五日）」。

〔四三二〕四年十月　是條，《長編》卷六七繫日於「辛亥（十八日）」。

〔四三三〕應古來坊監舊牧龍坊草地係官閑田　「舊」，原脱，據《輯稿》兵二一之二五補。

〔四三四〕官和市之　「和市」，同右引作「利市」。

〔四三五〕三年八月　是條，《長編》卷七四、《宋大詔令集》卷一八六、《宋史》卷七《真宗二》均繫於三年八月辛酉（十五日），今從改。又，據《詔令集》（中華書局一九六二年點校本頁六七八），「爲主」二字無；「所要」，作「所須」。似《會要》兩本皆誤、衍，應據以删、改。

〔四三六〕不得多占頃數凡得剩田三千三百五十餘頃歲課十一萬八百二碩　「多」，原錯簡，誤置於「剩田」上，今據《輯稿》兵二一之二六乙正。『十一萬』，同上作『一十萬』。

〔四三七〕今約以馬立萬匹爲額　『立』，原作『五』，據《長編紀事本末》卷七五《神宗·馬政》改。本條其上云：『實管四萬八千二百餘頃』；其下又云：『每匹占地五十畝』，則作『萬匹』是，作『五萬』非是，是其證。

〔四三八〕知扶溝縣姚闢乞自今永占馬牧地權給草　方案：此句『權給草』上下疑有脱誤文字，今無別本可校，姑仍舊。

〔四三九〕即及三分以上者　『者』，原脱，據《長編》卷二九〇補。

〔四四〇〕酌三年中價爲準　『中價』，《長編》卷三〇二作『中界』。

〔四四一〕及合納租見錢　『租』，原脱，據同右引補。本條上文云：『依鄉原例定租課』，是其證。

〔四四二〕紹聖元年六月二十六日　方案：是條《補編》原無，據《輯稿》兵二一之二八補。又可與《輯稿》職官二三之一七至一八及《補編》頁四二二複文互校。

〔四四三〕而議養馬於涇渭汧隴之間　『渭』，原脱，據《輯稿》職官二三之一七及《補編》頁四二二上補。

〔四四四〕據知任縣韓筠等甲　『任縣』，《五禮通考》卷二四五、《宋史》卷一九八同，是。唯《通考》卷一六〇訛作『任城縣』。今考『輿地廣記』卷一一（點校本頁二九三）有載：邢州屬縣任縣，熙寧五年曾省入南和縣爲鎮，元祐元年（一〇八六）復置。而韓筠元祐三年進士，其後任知縣，無疑。

〔四四五〕情願收養逐等官馬去後　方案：此與下文語意不相連貫，疑文有脱誤。然《輯稿》兵二一之三〇與《補編》頁四一六至四一七皆同，姑仍舊。

〔四四六〕竊慮合以政和二年十二月未行給地養馬舊制置監去處施行　「置監」之上十九字，原脱，據《輯稿》兵二一之三二補。

〔四四七〕分與諸軍牧養　「諸軍」，原作「諸庫」，據《繫年要録》卷一五九改。

〔四四八〕詔御馬院放牧馬草地　「牧馬」，原脱「馬」，據《輯稿》兵二一之三三補。

〔四四九〕應侵占監地民産寺觀等業　「監地」，原作「鹽地」，據上下文意改。

〔四五〇〕並取勘照日下給還　「勘照」，《輯稿》兵二一之三三作「干照」；「日」，原脱，據同上補。

〔四五一〕勿縱官吏因事苛擾　「縱」，原作「從」，據同右引改。

〔四五二〕與淮南運副沈夏權發遣和州胡昉同措置不係民田荒坡水草地　「沈夏」，《輯稿》兵二一之三三作「沈復」。方案：《宋會要輯稿》中今見「沈夏」之名者凡數十條，已譌作「沈复」、又轉譌作「沈復」者不乏其例。但仍有多條作「沈夏」，是。沈夏、沈復、沈复在宋代史料中的含混不清由來已久。今據陸游《入蜀記》卷一、《南宋館閣録》卷八、《黄氏日鈔》卷六七《石湖文·沈夏工侍兼京少尹》、《西山文集》卷二八《沈簡肅〈四益集〉序》、《宋史》卷二〇八《藝文七》著録《沈夏文集》二十卷等，考定爲應作「沈夏」。

〔四五三〕含山縣西地名天公徭一段　「徭」，《輯稿》兵二一之三三作「徭穃」。

〔四五四〕東至縣河二里及至瀝胡草蕩二十里　「胡」，原脱，據本條上文「瀝胡草蕩」補。

〔四五五〕令淮西轉運司相視到地段　『地段』，《輯稿》兵二一之三四作『條段』，誤。

〔四五六〕伏見揚州至高郵軍邵伯鎮一帶　『邵伯』，原作『邵百』，據《輯稿》食貨一六之三、《輿地紀勝》卷四三改。

〔四五七〕涼棚　本門複文見《大典》卷七九『棚』字韻，其標目作『馬棚』，與《宋會要》的門名不相一致。其複文今存於《補編》頁六，僅存太祖至神宗時的九條記事。另外，《大典》卷一一六六六『馬』字韻還有此門頭二條重出複文，今見於《補編》頁四一〇下。經對校，發現《輯稿》兵類所載文字稍勝，今以《輯稿》爲底本，參校《補編》和相關文獻，予以點校整理。

〔四五八〕真宗景德二年二月　是條，《長編》卷五九繫於『三月己酉朔』。

〔四五九〕四年四月　《長編》卷六五繫日於『四月戊辰（二日）』

〔四六〇〕聞鄆州科率馬棚大木於民　『鄆州』，同右引作『鄜州』。

〔四六一〕贊善大夫傳蒙請於邢州鉅鹿縣南漳河長蘆渡造橋　『善』，原脱，據《補編》頁六上補。

〔四六二〕百姓糜費甚多　『多』，原作『大』，據同右引改。

〔四六三〕羣牧判官李端卿言　『端』，《輯稿》兵二一之三七、職官六五之三八，文彦博《潞公文集》卷三八《舉李端卿等》，均作『端』，是；《補編》頁六下作『瑞』，似誤。

〔四六四〕詔司農寺開封府中牟縣馬棚十七座　『司農寺』，《長編》卷二一七無；『縣』下，同上《長編》有『申』字。

〔四六五〕監牧使　方案：《宋會要》兵類的監牧使門，被收入《大典》卷一一六七四『馬』字韻，内容包括序、治平四年至宣和二年，即神宗即位至徽宗朝紀事。《宋會要》職官類·羣牧制置使門有複文，今見載《輯稿》及《補編》所録，職官二三之四、二三之八至九、二三之一三至一八。文字互有異同，今以兵類·監牧使門即相對較完整的《補編》録文爲底本，以《輯稿》職官類録文爲主要校本，參校相關史料標點整理。其中，首條序文據《輯稿》兵二一之一九至二〇録入；多條又可與《宋會要·兵·監牧雜録》互校。《補編》錯謁衍脱文字較多，用作底本，乃不得已而爲之。

〔四六六〕以權陝西轉運副使薛向專領本路監牧及買馬公事　『買馬』，原作『賀馬』，據《輯稿》職官二三之四改。

〔四六七〕治平四年六月十七日（注：神宗即位未改元）　方案：『治平』上，原有『英宗』，據《輯稿》職官二三之七删，時神宗已即位，不應有『英宗』二字。又，注文七字原無，據同右職官二三之八補。

〔四六八〕亦合選舉　『合』，原作『乞』，據《輯稿》職官二三之八改。

〔四六九〕又密通西界　『通』，《輯稿》兵二一之七作『邇』，義長。

〔四七〇〕仰陝西監牧司廣市善種　『種』，原作『積』，據《輯稿》兵二一之七改，《輯稿》職官二三之一三作『馬』，是其證。

〔四七一〕得故牧地三千二百頃　『故』，原作『放』，據《輯稿》兵二一之七改，《輯稿》職官二三之一三作『舊』，是其證。

〔四七二〕其中有民先佃者　『中』，原脱，據《輯稿》兵二一之七、職官二三之一四補。

〔四七三〕先是……牧養　原作小字注文，據《輯稿》兵二一之七、職官二三之一三至一四改作大字正文。又，『仍候』，同上兵二一之七作『仍俟』；　兩字之上，又據補『以備』等九字。《補編》、《輯稿》職官已删節。

〔四七四〕不聞躬自巡察有所更制　『自』及末四字，原脱，據《輯稿》職官二三之九補。

〔四七五〕都監各一員　『各』，原脱，據同右引補。

〔四七六〕將河南河北諸大馬監並爲孳生監　『諸大』，原作『雜犬』，據《輯稿》兵二一之七改，『河北』二字原脱，據職官二三之九補。

〔四七七〕仍量度宜畜牧之地土放牧　『之』、『放牧』三字脱，並據《輯稿》職官二三之九補。

〔四七八〕其廨宇　同右引作『其官廨』。

〔四七九〕河南於河中府修建　『修建』下，同右引有『後徙西京』四字，疑脱。

〔四八〇〕委監牧使奏舉按劾　『按劾』，原作『按刻』，據同右引改。下徑改，不出校。

〔四八一〕十月四日樞密院言　『言』，原脱，據上下文意補。

〔四八二〕先是上言　『先是』，《輯稿》職官二三之一四作『於是』；　『上言』，原作『上旨』，據上下文意改。

〔四八三〕或授以逐州通判　此七字，原脱，據《輯稿》職官二三之一五補。

〔四八四〕先是……乃有是詔　原作小字注文，今據《輯稿》職官二三之一四至一五改爲大字正文。　又，『舉一二人』，同上職官二三之一五作『二三人』，似誤。

〔四八五〕諸馬監各有奇巧工匠及有會樂藝者不少　『樂藝』，同右職官同，而《輯稿》兵二一之八作『奇藝』。

〔四八六〕欲乞盡揀送本州換廂軍　『本州』，同右引作『本監』，似誤。

〔四八七〕竊緣河南監牧一司已成倫序　『倫序』，底本和同右引職官均作『倫理』，據上下文義改。

〔四八八〕詳讞一路刑名　『詳』，原脱，據《輯稿》職官二三之一五補。

〔四八九〕餘籍常平帳出息　『籍』，原作『藉』，據《輯稿》職官二三之一六及《長編》卷二六二改。

〔四九〇〕閏四月五日　『閏』，原脱，據同右引及《輯稿》兵二一之八補。

〔四九一〕時廢河南河北兩監牧司故有是詔　此十四字，原作小字注文，今據《輯稿》兵二一之八改爲大字正文，以符《會要》體例。

〔四九二〕令都大提舉黄御河同管勾外都水監丞程昉專切勾當　『管勾』，原作『主管』，避高宗嫌諱追改，今據《長編》卷二六三回改。『勾當』，同上《長編》誤作『了當』。

〔四九三〕岷州床川荔川閭川寨　『床川』，原作『庥川』，《輯稿》職官二三之一六又訛作『床川』，從點校本《長編》卷二九六及《太平寰宇記》卷一五〇《秦州》、《元豐九域志》卷三、《宋史》卷八七《地理志》改。

〔四九四〕募兵爲監牧指揮　『爲』，原脱，據《長編》卷二九六改。

〔四九五〕乞依官莊例募永濟卒二百人　『永濟』原作『不濟』，據同右引及《輯稿》職官二三之一六改。下徑改，不出校。

〔四九六〕經始之際　『經始』，原作『經給』，據《輯稿》職官二三之一六改。

〔四九七〕有當自朝廷處分者　『者』，原脱，據《輯稿》職官二三之一七補。

〔四九八〕已遣官往諸路選買牝牡馬上京　『牡』，原脱，據《輯稿》兵二二之一〇補，《長編》卷三三八譌作『壯』，是其證。

〔四九九〕令諸路差提點刑獄官　『令』，原脱，據《長編》卷三三八補。

〔五〇〇〕提舉經度制置牧馬司崇儀副使温從吉降一官　『儀』，原作『義』，據《輯稿》職官二三之一七及《長編》三五九改。

〔五〇一〕初樞密副都承旨曹誦言　方案：是條此作注文；是。《會要》職官二三之一七作大字正文，鈔胥之誤。今考是條内容已見《長編》卷三五七，此引作罷提舉牧馬司及責官之緣由，按《會要》體例，應作小字注文。又，無論正文、注文，《長編》所載遠較《會要》爲詳，可參閲。

〔五〇二〕餘並依官制　此五字，原無，疑已删，據《輯稿》職官二三之一七及《長編》卷三九三補。

〔五〇三〕又多低小　『低』，原作『抵』，據《輯稿》職官二三之一七改。

〔五〇四〕死生羸壯　『羸』，原作『嬴』，據《輯稿》兵二一之二八改。

〔五〇五〕而又買馬官歷本失陷　『歷』，原脱，據同右引補。

〔五〇六〕太僕卿少牽制恩舊　『牽制』，原作『率制』，據同右引及《輯稿》職官二三之一八改。又，『卿少』，同上譌倒作『少卿』。

〔五〇七〕望選官會計虧羸　『羸』，原作『嬴』，據《輯稿》職官二三之一八改。

〔五〇八〕以莊宅副使麥文炳……逐置監去處　『炳』，同右引作『昞』；『踏逐』，原作『司逐』，據同右引改。

〔五〇九〕專充京畿孳生監牧養用　『牧養』原脱，據《補編》頁四二二下條及《輯稿》兵二一之二〇、二一之二一等三處作『送孳生監牧養』補。

〔五一〇〕本州三日内具牡牝毛色齒歲尺寸　『牡牝』、『尺寸』，原脱，據《輯稿》兵二一之二〇、二一之二一補。

〔五一一〕專切提舉京畿監牧司狀　『切』，原作『功』，據《輯稿》兵二一之二一本條下文作『專切』改。又，本條及下條，《補編》已無，今據《輯稿》兵二〇至二二補入。

〔五一二〕本州三日内具牡牝毛色齒歲尺寸差人依程牽赴提舉監牧司送納　『三日』，原作『二日』；『内』，原脱；並據本條下文及《補編》頁四二二下、《輯稿》職官改、補。『色』，原脱，據本條下文引《政和令》中『毛色』補。又，『送』，原脱，據《輯稿》職官二三之一八及《補編》頁四二二下補。下徑補，不再出校。

〔五一三〕不以赦降原減　『原』，原作『厚』，據上下文意改。

〔五一四〕記驗謂吊星玉面前後腳白之類　『吊星』、『玉面』、『腳白』，《輯稿》兵二四之四及《羣書考索後集》卷四四分别作『釣星、歷面、白腳』，疑當從。

〔五一五〕時只管同州沙苑監東平府東平監　『時』，原作『日』，據《輯稿》兵二一之三二改。

宋會要·職官類·都大提舉茶馬司門

〔宋〕官　修

〔提要〕

宋代茶馬互市，乃由宋初的貢賜貿易發展而來。宋初三朝，宋王朝在重建統治秩序時，對周邊少數民族實行羈縻和交好的睦鄰政策，賜茶就成爲有效的手段之一。西北少數民族地區以肉食、奶類爲主，茶葉爲必不可少的生活必需品，恃以安身立命養生。作爲回報，盛産善馬的西北、西南少數民族，常驅名馬貢進給宋王朝，作爲交流，宋廷常回贈等值或超值的茶葉及綵帛等。以茶馬爲主要交流物的貢賜貿易就在這樣的歷史條件下産生。（説詳拙文《茶馬貿易之始考》，刊《農業考古》一九九七年第四期。）

宋神宗熙寧七年（一〇七四），正當熙豐變法高潮之際，宋政府遣三司勾當公事李杞、蒲宗閔等入蜀，經劃四川榷茶，於秦鳳、熙河等路博馬，最初分置榷茶、買馬司於成都、秦州，但兩司因各自的利害沖突而産生矛盾，旋即合併爲茶馬司，統一籌劃賣茶、買馬事宜。不久茶馬司升格爲都大提舉茶馬司，分置川秦兩司，榷茶、買馬各有側重，置都大提舉一員，統領全局。秩官和待遇視都轉運使，下設準備差遣、勾當公事等職。趙宋王朝的茶馬貿易成爲不易之制。元代式微，明代又趨興盛，直至清代乾隆之後，始壽終正寢。作爲一代典制，在我國北宋中期後的歷史上延續了七百餘年之久。北宋一般買馬年額在一萬五千至二萬匹左右，南宋有所下降。茶馬比價最初僅爲一馱茶（約一百宋斤）易馬一匹。後茶馬比價節節攀升，南宋時，數十馱茶，换不來一匹善馬。馬以格尺爲衡量規格，與茶的比價不同。茶馬貿易極盛時，川茶的三分之一以上用於博馬，還得動用大量絹帛、白銀等。南宋時，因盡失西北善馬交易口岸，茶馬貿易重點轉向西南地區，但所得多爲格尺低下病弱羸馬，而茶的比價則數十倍於北宋熙豐年間。缺乏善馬，不能組建强大的騎兵軍團，也成爲宋軍戰鬥力不强，屢戰屢敗的重要原因之一。正如宋代的宋祁所論，『國在兵，兵在馬』，戰馬的數量及健駑與否，成爲影響宋朝國防實力的重要原因之一。

實事求是而論，宋朝的茶馬貿易，體現了『以無用易有用』的原則，即以東南尤其是四川剩餘的茶葉，换取西北、西南周邊少數民族的馬，是一項互利雙贏的典制。對提高宋代軍隊的戰鬥力，加强國防，滿足軍需；以及推動與少數民族和睦共處，加强雙方經濟、文化方面的交流和合作，增進民族關係，均有積極的意義。

《宋會要·職官類·都大茶馬司門》，原被《永樂大典》卷一一六八三至一一六八四完整收録，徐松從《大典》輯出後，今仍基本完整保存在《輯稿》職官四三之四七至一一八。約三萬五千字。記事始於熙寧七年（一〇七四）四月，神宗遣李杞等入蜀相度榷茶買馬，迄於乾道九年（一一七三）孝宗朝末，恰好爲一百年時間。正是宋代茶馬貿易最爲興盛、高潮迭起的時期。史料所反映的是這百年間宋代茶馬貿易的各方面内容，堪稱事無巨細，完整真實，大致還原宋代茶馬貿易的幾乎每個細節，是極爲可貴和難得的編年資料匯編，其翔實程度令人嘆爲觀止。不僅有茶馬司的機構、設置、人員配備、職能、獎懲、待遇、各級茶馬官的除罷等，還有茶馬比價、交易、運送等每個環節的實録，甚至記載了戰馬、茶苗走私貿易的規模等，無疑是研究宋代茶馬貿易（互市）最爲權威的重要史料。《宋史》卷一六七《職官志七·都大提舉司》僅五百餘字，《長編》的記載遠不如《會要》且又十分零星，李心傳《系年要録》二百卷，僅記高宗朝三十六年間事，關於茶馬貿易的記載幾付闕如。

今將這部分重要史料予以點校整理，每條均與現存宋代資料庫中今存的相關史料相比對，十分遺憾，可資比對的不過十一而已。這正充分證明，《宋會要》記載茶馬資料難能可貴的唯一性。因《輯稿》已經多次轉録，錯訛頗多，今竭盡所能，用對校、本校、他校、理校相結合之法，整理出一個全新的校本，相信會對志在研究宋代茶馬貿易的學者有所助益。本門末附《提點綱馬驛程》，雖僅寥寥三百餘言，但也是《宋會要》職官類下完整一門，今不再作爲附録而附在本門之末，特此説明。另外，《宋會要輯稿》四三之四三至四六，乃『提舉茶鹽司』門，因其内容，已爲本書《補編》之《宋會要・食貨類・茶門》及其附録《榷易門》囊括殆盡，故不再重複收入，以免繁瑣。有興趣的讀者可參閱拙文《宋代宋鹽司考略》（出處見本書附録三）。其他未及之茶馬内容，請互見本書《宋會要・兵類・茶馬門》提要。

都大提舉茶馬司

《大典》卷二六八三至二六八四、《輯稿》職官四三之四七至一一八

自熙寧七年四月，差太子中舍、三司勾當公事李杞〔一〕，著作佐郎、梓、夔路察訪司准備差遣蒲宗閔相度成都市易務。得旨令市易司經畫收買茶貨，專充秦鳳、熙河路博馬，更不相度市易。

當年十一月，權發遣三司鹽鐵判官公事、提舉成都府、利州路買茶公事李杞，同提舉成都府、利州路買茶公事蒲宗閔，應買茶博馬州軍，並令杞等提舉。謂秦鳳階成、熙河等路〔二〕。遂命杞與提點刑獄序官，蒲宗閔與提舉常平序官，後又令與轉運判官序官，自後因之。置都大提舉及(主管)〔勾當〕、(同主管)〔同勾當〕，各因其資品

高下除授云。《哲宗正史·職官志》：都大提舉茶馬司，掌收摘山之利以佐調度，凡市馬於蕃夷者，率以茶易之。産茶及市馬州郡，官屬得自辟置，視其數之登耗，以詔賞罰〔三〕。

神宗熙寧七年六月二十五日，熙河路經略使王韶言：『奉詔募買馬，今黑城夷人頗以良馬至邊，乞指揮買茶司速應副〔四〕。』從之。仍令李杞據見茶計步乘般運〔五〕，具已撥數以聞。

七月八日，中書奏，勘會達、涪州稅到客茶不少。詔：宜令相度成都府等處收買茶貨李杞等，相度此兩州茶色額，如可以應副秦州博馬，即合如何擘畫津般到得本處應副支用，速具的確事狀以聞。

九月十六日，詔：經畫成都府、利州茶貨李杞買物帛應副熙河路博買馬，仍具所博買茶數以聞。

十月十四日，太子中舍，三司勾當公事、經畫成都府、利州路茶貨李杞等奏，與成都府路轉運司同共相度到：於雅州名山縣、蜀州永康縣、邛州在城等處置場買茶，般往秦鳳路、熙河路出賣博馬。

十一月二日，又奏：『准朝旨，於本路出産茶州軍相度計置買茶，津般往熙河、秦鳳路出賣。勘會洋州、集州、興元府出産茶貨，内集州近已廢罷，本處産茶不多，難以置場收買外，有興元府，洋州廣産茶貨，自來通商興販。乞與轉運司同共相度，於興元府、洋州置場收買，津般往熙河、秦鳳路出賣。』從之。

三日，詔：李杞、蒲宗閔並專令提舉買茶等事，更不勾當三司職事。李杞於秦州，蒲宗閔於成都府，踏逐空閑廨宇居住。杞與提點刑獄序官，宗閔與提舉常平倉序官。

十一日，詔：戎州軍事推官張昌，宜令流内銓就注充本司勾當公事。其戎州推官員闕勘會施行，仍令本司候將來任滿無過犯，具勞績保明聞奏，從李杞請也。

十〔一〕月十二日〔六〕，權發遣三司使公事章惇奏：『已差李杞等提舉收買川茶，省司已應副本錢，今更有事節。今來乞於職位内稱提舉成都府、利州、秦鳳、熙河等路茶場公事。如向去事務繁多，更合要官員勾當，乞許本司奏差。今來初創置茶場，官中本息錢數有限，慮恐熙河路輒有侵使，乞於茶税息錢内每年認定四十萬貫，應副（溥）〔博〕馬並糴買糧草，餘外錢物並本司樁管。』從之。

八年正月十九日，李杞、蒲宗閔奏：『准詔許同罪保舉無贓罪京朝官、班行、選人五員，充本司勾當公事，今乞差新授秀州司法參軍孫鼇抃充本司勾當公事。本司差出諸路州軍勾當，亦乞令乘遞馬，支驛券。』從之，仍令流内銓差注。

二月二十日，又奏：乞差右班殿直段絨充本司勾當公事。從之。

閏四月二十六日，中書門下言：『提舉熙河路市易司申明，與提舉成都府、利州、（奏）〔秦〕鳳、熙河等路茶場司有無統轄。勘會成都府買茶於熙河路博馬，元係都提舉市易司擘畫。昨差李杞、蒲宗閔前去相度，遂就差提舉買茶，即是熙河路市易司一事，今相度，其茶場司合併入熙河路市易司，爲買茶税場。李杞、蒲宗閔合兼提舉熙河路市易司，仍各依舊分頭勾當，並隸都提舉市易司統轄。』從之。

六月，詔三司：具未置熙河路買馬場以前買馬錢物歲支若干，於（是）何官司出辦，自用茶博馬後如何封樁，申中書取旨。

八月六日，指舉成都府、利州、秦鳳、熙河等路茶場公事兼提舉熙河路市易司奏：『茶場司已併入熙河路市易司，所有市易司已與比部員外郎汲逢等同共勾當，及連銜申發文字，其諸州茶場亦合令汲逢於（御）〔銜〕

位內添入「同提舉成都府、利州、秦鳳、熙河等路茶場公事」，並隸都提舉市易司，協力勾當。』從之。

二十三日，權發遣三司鹽鐵判官、提舉成都府、利州、秦鳳、熙河等路茶場李杞言：『賣茶博馬，乃是一事，乞同提舉買馬，歲以萬五千匹爲額。』詔：杞兼提舉買馬，且以二萬匹爲額，候二年取旨。杞以爲數多，再詔以萬五千匹爲額。

十一月十六日，中書言：『川茶元法於茶稅並息錢內，歲認定應副熙河博馬及糴買糧草，乞令提舉買茶官歲給熙州、岷州大竹並洋、蜀州茶各三百馱，以爲應副市糴，於茶場〔司〕應副糧草數內除豁〔七〕。』從之。

九年四月二十三日，都提舉熙河路買馬司言：『監牧司闕乏，見欠市易司錢物，而市易司欲俟還足，方肯應副買馬，遞相推倚，實誤博馬日用。欲乞馬價盡用茶貨折之，若馬客願貼錢就整請茶者亦聽，候所貼見錢數多，即許與茶兼支，庶幾公私兩利。其年額博馬茶貨〔八〕，乞令茶場相度合用數支撥與四場，候數足，然後以剩數撥與轉運司糴買糧草。』從之〔九〕。

十年九月二日，〔詔〕提舉成都府等路茶場司李稷乞：應干本司職務措置、申請辭訟等事，他司毋得干與，如處置有屈抑，許經監司申理〔一〇〕。從之。

四日，詔提舉成都府、利州、秦鳳、熙河等路茶場司更不隸都提舉市易司，亦罷兼秦鳳路市易司。

十月二十八日，詔：茶場司許不依常制舉辟勾當公事官三員。

元豐元年四月七日，提舉成都府、利州、秦鳳、熙河等路茶場公事李稷奏：『議者常言茶價高大，國馬遏絕。臣以謂：博馬官司既不用貴茶，自當以銀帛和市。往時劉佐定熙河名山茶每馱直三十七貫省，呂大防用慕容允滋，價減爲二十五貫一百六十省，然去冬民間且二十七貫足。由是觀之，劉佐知增而不知減，吕大防知減而不知增，是皆立法不能變通。今且畫一起請：一、諸出賣官茶，令提舉茶場司立定中價，仍隨市色增減。應增減者，本州本場體訪詣實。增訖，申茶場司，本司爲覆按。若後時及妄謬不實，並隨事大小奏劾施行。應減者，申茶場司待報。一、臣竊詳茶法，〔茶場司〕官利在價高，以得厚利，處之無術而並與法壞者，劉佐是也。買馬官司利在茶價低，價低，則蕃部利厚而馬有可擇。近蒙朝廷已立對行交易法，銷去買馬官司爭價之弊，臣不復論列。臣以謂：既許隨市色增，竊恐逐州止務添價，卻致賣茶數少，須立定每歲課額及酬賞格法，使人人赴功，則事務不勞而辦。今勘會，熙寧十年賣茶倍於常年。欲立條下項，諸博馬場所用茶：秦州額，熙寧十年支賣茶五千九百二十四馱，今定六千五百馱；熙州額，熙寧十年支賣並博馬共一萬三百七十九馱，今定一萬九百馱；通遠軍，熙寧十年支賣並博馬共六千九百六十馱，今定七千六百馱；永寧寨，熙寧十年支賣並博馬共七千九十一馱，今定七千五百馱；岷州，熙寧九年〔支〕賣並博馬共三千九百四十六馱，熙寧十年〔支〕賣並博馬共共三千三百八十六馱，今定〔支〕賣並博馬四千馱。』並從之。

五月二十一日，提舉茶楊李稷言：『三路三十六場，大、小使臣殆及百員；乞不限員數，舉三班使臣。』詔從之。內歲舉官十員，候三年茶法成序取裁。

六月十一日，提舉成都府等路茶場蒲宗閔言，乞依李稷舉劾官吏。詔宗閔與理轉運判官資序，比李稷所舉人三分之一，其州縣官吏於茶場司職務有違，亦許按劾。

九月十六日，李稷又奏：『已降指揮，般茶鋪令提舉茶場司選三班使臣一員，具名奏差；今選到三班奉職楊廣，乞差充巡轄秦、鳳、興、利般茶鋪，填創置闕。』從之。

二年四月二十五日，三司鹽鐵判官、國子博士李稷奏：『臣檢會茶法元條，每年收息稅四十萬貫，應副博馬及糴買糧草。續準朝旨，盡數應副博馬，以其餘助轉運司。往時所收息稅不能敷辦元額，止隨手支充博馬，本息略盡。近準條與買馬司對行交易，以此本司錢物出納分明，緣前後條貫各經衝改，更無合應副轉運等司年額定數。臣竊計三路官茶稅錢，茶場司既以通認十五萬貫，即諸州出入所得盡係茶場司年額。往時轉運司亦曾應急申請支過茶稅錢，致本司所認歲入頗成散落，竊恐因循，寖越常守。欲乞自今後於年額息稅内，歲以五萬貫給轉運司，餘悉待公上詔用。取進止。合入《提舉成都府、利州、秦鳳、熙河等路茶場司敕》。』從之。

五月十三日，詔：右贊善大夫、同提舉成都府等路茶場范純粹序官、廩給、人從，視提舉常平官；薦舉官，分李稷之半。別給都大提舉茶場印付稷。聽稷、純粹同轉運司舉官知洋州，並從稷請也。

三年十二月二十五日，詔提舉成都府、利州、秦鳳、熙河等路茶場公事官，每年合舉官三分減一。李稷（等）、蒲宗閔每年合舉京官三人，縣令一人，使臣陞陟三人；同提舉陸師閔舉京官一人，縣令一人，使臣陞陟三人。

四年五月十二日，陝（西府）〔府西〕路轉運使、都大提舉茶場李稷言：『臣典領茶法五年，選辟官屬，同心一力，奉宣條詔。今所差諸州官罷滿及期〔一一〕，乞本司自今奏辟雅州、漢州知州，邛、彭、利州通判，名山、永康、綿谷、順政知縣，所貴維持法度，久益不懈。』詔：如轄下官弛慢，令茶場司奏易，劾罪以聞。

七月九日，奉議郎、權發遣羣牧判官公事郭茂恂奏〔一二〕：臣近準詔，訪聞陝西博買蕃部馬並斛㪷〔一三〕，所用錢物不如蕃部所欲，致收買數目不多，差臣相度。若專以茶博馬，以綵帛博糴斛㪷，及將茶場、買馬併爲一司，如何措置可以經久施行，詳具畫一聞奏。臣於本路體訪得蕃部所欲大抵惟茶爲急，自來將馬中官，請到折價銀絹等，只是將三二分歸蕃，其餘往往卻赴茶場博買茶貨。其買馬司所支銀、紬、絹等，又例各折價高大，茶場卻祇依市價量添些小錢數博易，其鈔亦隨時各有虧損。約計一匹馬價虧蕃部錢多者至四貫以上，少者亦三貫以上。是以不如所欲，致買數不多，及少肯將好馬入寨。臣今相度，若專以茶博馬，委是利便。兼勘會舊日亦是用茶充折馬價，雖兼用金帛等，亦從其便。自事局既分，祇於近歲已來，專用銀絹及錢鈔等，不復用茶；況賣茶、買馬，事實相須，今若將提舉買馬官通管茶場，不惟職務相濟，兼蕃部得茶，如其所欲，中國可致多馬，以充戰騎，實爲兩便。所有博糴斛㪷，勘會見今熙河等路諸司各置場博糴，或用見錢，或用茶，或用鹽鈔等，各從蕃部之便。今若專以綵帛博糴，緣其間亦自有願要見錢或茶之類者。臣今相度，欲乞兼用綵帛博糴。謹具逐項措置經久可以施行，畫一如後。

一、蕃部將馬中官其價錢並以茶充折，約計每馬一匹，支茶一䭾。如馬價高，茶價少，即將餘數以銀、紬、絹及見錢貼支。内銀、紬、絹並依逐處在市見賣實價紐折，不得有虧官私。其見錢，仍計每匹價直，不得過十分之一。如不願請銀、絹等，只願以餘數算請零茶，亦聽從便。如馬價少，茶價高，即許貼錢請茶，或合併就整請領，或據錢數算請零茶。貼黃稱：以上件馬價，若支一分見錢，每年約用五萬餘貫。提舉買馬司逐年有收到雜支、租課、内贓等錢約六萬餘貫，可以應副支用。

一、蕃部牽馬赴場候揀，中據合請茶數，限當日出給關子，赴場請茶，畫時支給。所有願貼請銀、紬、絹及見錢等，只就買馬場，亦限當日支給。已上如稍稽滯，干繫官吏並從嚴斷。

一、今來所支博馬茶，並須取蕃部情願，不得抑勒〔一四〕。

一、今來買馬額數，乞立定每年二萬匹，委提舉司拋降與逐場認數收買。仍於額外廣謀收市，候至歲終，會計賞罰。其額外買到數，仍比額內合該賞典優與推恩，每年具數，比較聞奏。貼黄稱：臣近與提舉買馬司同共會計到每年本息錢，共五十五萬六千八百八十八貫六百一十八文省，計合買馬二萬一千三百二十八匹。今來既不用鹽鈔，其紬絹又依市價從蕃部，即更無合收息錢。只有本錢並收地租課等，共四十九萬六千三百三十五貫五百八十七文，紐算只合買得馬一萬九千三百六十五匹。今定二萬匹爲額，少着錢二萬三千餘貫，乞據數於賣茶息錢內除破。其自來所收息錢，只是有賣出字馬等合收息錢，數亦不多。

一、自來德順軍、階州所買馬，不係年額數內，見今支折馬價，亦用銀、紬、絹等。臣今體訪得階州賣馬蕃部亦是多願要茶。今乞並依熙州等場定到新例外，德順軍多是側近淺蕃將馬中官，不願請茶。兼本軍亦無賣茶場，只是於税務寄賣，數目不多。今只及時將本軍見支折馬價，除見錢依見行則例更不增損外，其紬、絹、銀等並依市價紐算支折，仍聽從便請領。內階州貼支紬絹，自依舊以川小紬絹充之。

貼黄稱：德順軍買馬，係於陝西，年計一萬五千匹，外添買。今來既將買馬錢本盡數會計，立定新額，其德順軍亦係支用買馬司錢，合將本軍所買馬收入年額。令提舉司給與熙州等場一處拋買，仍令廣謀收市。一以提舉陝西買馬監牧，兼同提舉成都府、利州、秦鳳、熙河等路茶場司爲名。

一、茶場司息錢年額萬數浩瀚，買馬錢本數亦不少，各存舊額，以備鈎考。今欲乞將朝廷所給買馬紬絹，除蕃部願請外，並鹽鈔、租稞，並委本司同共擘畫，變轉移用。候歲終，將實收到錢數，與見錢並支過博買茶數各行計會。如支過茶數多，買馬錢數少，補償不足。即於茶場司事，提舉買馬監牧官並通管〔一五〕。

一、提舉茶場買馬官資任、坐次相壓及諸般請給、當直人等事，並各依舊條施行。

一、臣今體度得自來蕃部將斛㪷入漢界，見今沿邊州軍諸官司收糴，所支錢物不一。如轉運、提舉常平倉司多用見錢，茶場衹是用茶，經制司多用鹽鈔，已是各從蕃部之便，臣今相度，乞將紬絹與茶相兼，博糴斛㪷。

並從之。

十二日，詔：雅州名山茶令專用博馬〔一六〕，候年額馬數足，方許雜賣。

十八日，中書門下奏：『據提舉成都府、利州、秦鳳、熙河等路茶場司〔申〕，勾當公事官五員未有印記〔一七〕，乞下少府監先次鑄造銅記五面，並以「提舉茶場司勾當公事朱記」一十一字爲（之）〔文〕，如降送本司，責憑給付逐官行使。』從之。

八月二十一日，奉議郎、新差專切提舉陝西買馬監牧、兼同提舉成都府、利州、秦鳳、熙河等路茶場公事郭茂恂奏下項事：

一、臣近相度，茶場、買馬併爲一司。元奏請畫一條件內一項，乞將朝廷所給買馬紬絹等，除蕃部願請外，並鹽鈔、租課並委本司同共擘畫，變轉移用。今既蒙朝廷專以馬事付臣，兼領茶司。緣提舉茶場官不兼買馬之職，故條約事件尤須明具。今來雖專以茶博馬，其錢帛等亦須寬作計置應付。臣昨會計每年馬價內支一分見錢，約數只是將買馬司合得錢紐算，自可應副得足。租課收歛有時，內（贓）〔臟〕錢散在陝西諸州軍，或後用未至，即恐須要鹽鈔就買馬變轉見錢，應副支用。其紬絹，既許將馬價零數取情願貼請，亦未能便見的實合用數目。兼朝廷改法，本要致馬之多，已將紬絹依市價折算。若蕃部有願要多請紬絹者，須其所欲如此，則一歲所支未易預計。臣今欲將買馬錢帛等，先委買馬司移用，逐旋約度餘剩之數，節次關報茶場司，同共變轉。兼昨會計立到買馬年額二萬匹，盡計馬司錢物實數，已有不足。若至歲終會計，除本色支用外，見在之數並合撥歸茶司，充茶價錢。即於歲初川路紬絹未到，及收積支撥鈔錢未備、新陳不相因之際，買馬必致闕用〔一八〕。欲乞每歲終會計後，許馬司卻於茶司支撥過錢物内借撥，應副支使，於年内據數撥還〔一九〕。所有昨〔計〕會到每年買馬少著錢二萬三千餘貫，乞於賣茶息錢内除破。只是約度計算到數，緣逐年收買馬數不足，如向去支過價錢多，並合據數除豁。

一、臣竊聞朝廷已降指揮，名山茶專用博馬，候年額馬數足，方許雜賣。此有以見陛下留意馬政之切至也。今蕃部所欲茶，大抵多欲名山一色，然亦時有願得其他色額，如大竹、洋州之類者，竊恐茶場司爲有今來朝旨，不敢兼用別色。臣今欲乞特賜指揮，除名山茶依前降朝旨外，如蕃部有願請其餘色額茶者，亦聽從便。

並從之。

十月二十七日，提舉陝西買馬監牧、同提舉成都府、利州、秦鳳、熙河等路茶場司奏：『準詔，買馬價錢仰依條畫時支給。又詔：令經制熙河邊防財用司指揮，許令弓箭手依官價自買及格堪披帶馬，赴本司呈印訖、給付，買馬場當日支給價錢，仍充買馬司年額之數。本司歲額所入見錢不多，欲乞今後弓箭手自（賣）〔買〕到馬價錢，許以茶及銀、紬、絹、見錢相兼支給，所貴易爲應副支用。』從之。

十一月二十五日，中書劄子：『提舉成都府、利州、秦鳳、熙河等路茶場司奏：準朝旨，名山茶專用博馬，候年額馬數足，方許雜賣。又餘色茶如蕃部願請，亦聽博馬支用，即不妨茶場司出賣。竊緣本司年額課利浩大，祇熙河一路逐年樁認應副錢二十萬貫，及非泛支撥在外，諸雜色茶變轉絶少，全藉出賣名山茶趁辦。若伺候馬足雜賣，監牧司買馬必是年終數方足備。纔及歲首，又須卻止住出賣，應副博馬。如此，則本司無有貨賣名山茶之期。今來雜色茶亦博馬，即本司買賣，左右爲法所拘。竊慮收趁課利不足，有悞支用。兼蕃部出漢買賣，非只將馬一色興販，亦有將到金銀、斛㪷、水銀、麝香、茸褐、牛羊之類，博買茶貨，轉販入蕃。若不令本司旋行出賣，即蕃客别買物貨，不惟大段虧失本司財利，兼名山茶卻有積壓，買馬蕃部未必盡皆要茶。次下等一匹馬價，自不及茶一馱之直，大約每歲不過用茶一萬五六千馱。乞賜指揮，除依今來朝旨，諸色茶亦聽博馬，不妨出賣外，名山茶亦乞責辦本司應副博馬，年額管足，所有餘數，並許出賣，貴得兩司各不妨闕。』詔從之。以上《續國朝會要》。

元豐五年二月十八日，提舉陝西買馬監牧，兼同提舉成都府、利州、秦鳳、熙河等路茶場公事郭茂恂奏：奉聖旨，陝西逐路諸軍闕馬至多，仰臣具合如何擘畫，可以招誘蕃部，廣行收買，支填得足，速具事理聞奏。

一、勘會熙河路州軍各有蕃官，如包順、包誠、趙純忠之類，並是近上首領，蕃部素所信服，其勢力足以招致蕃客。乞賜敕書，令各官誘蕃部販馬入寨，每人且令結買五七百或一千匹，仍乞委自逐處守臣丁寧慰諭之。或要預借茶、綵，仍乞應副支借，約定期限。如能招置數足，即乞量賜恩獎。歲月之間，必有成效。

一、體問得舊日券馬上京，馬價甚高，每匹大約不下三十貫。而茶價其初頗賤，每馱不過十二貫。今則馬價減於舊日，茶價倍貴於前。緣蕃客往來販易，須有所得，乃肯趨利而來。臣今相度，若將博馬茶比之用錢及别物貨博買者，别爲兩等，其博馬茶量減錢一貫已來，如此則蕃部自然多販馬入塞矣。若以謂稍虧茶價，緣賣茶之息甚大，馬來既衆，則售茶亦多。茶價高即馬來者少，不若稍減，以致多馬，是其實無損也。

一、自來買馬，自四赤七寸至四赤一寸七等，中各以一寸爲差，而價錢自三十二貫至十六貫，其等第差降，少者祇一貫三百文，多者至五貫一二百。等量之際，蕃部以爭較等第分寸，不肯中賣。謂如四赤四寸馬二十七貫三百文，如有虧分數，須作四赤三寸收買，價直二十二貫二百文。即是寸（才？）爭一寸，便較錢五貫二百文。價直相遠，往往不肯作四赤三寸中賣。臣今相度，欲乞將諸等價裒合，重行均定，使相較不致絶遠，如此則易於收市，兼勘會熙、岷、秦州馬價並合一般，其蕃部就秦州中賣，比熙、岷州遠七八程，有芻秣裹糧之費。欲乞因今來均定馬價，於逐等内，將熙、岷州各減五百文，秦州各添五百文，所貴稍得均當。

一、勘會自來依條每月將門户蕃部勾招到中官馬數比較，最多者支與綵一匹，銀椀一隻重半兩。自來不計馬數多少，只取最多者一名支與。臣今相度，乞重别立定，每月勾招蕃馬中官，及一百匹已上者，不限人數，並各支與上項例物。如月各不及百匹，即取一名最多者支與綵一匹，銀楪子一片重二錢。所費錢物不多而有所别異，可以激勸蕃部。兼舊條蕃部中馬，其賣馬蕃部並給酒二升，自來祇是紐計價錢支給。相兼既久，祇與馬價一衮請領，不復知有犒設之食。今乞除依自來條例外，委逐州長吏每旬於中馬稍多日分，量給酒食，犒設賣馬蕃部，亦足以使遠人知朝廷之意，樂於致馬入寨。詔：所乞預借茶、絹恐致失陷外，餘並從之。

五月二十四日，朝散郎、同提舉茶場公事蒲宗閔奏：「臣伏見今來新開拓蘭州定西城，與通遠軍、熙州鄰近。蕃部所嗜略同，體問得川茶亦可博賣。近經制司奏，新添城寨費用增廣，令添助歲額錢十萬貫。今欲擘畫津般茶貨往蘭州定西城，委監酒税官兼管，漸次貨賣，就近添助，不得公私興販往彼。候見次第，即依熙州、通遠軍等處先得指揮例擘畫，差官置場。其餘約束，並依本司條貫施行。』從之。

同日，同提舉成都府等路茶場蒲宗閔言：『成都府路産茶〔州〕縣及利州路興元府、洋州已有榷法，今相度，巴州等産茶處亦乞用榷法。』從之。

六年正月十七日，同提舉茶場公事蒲宗閔奏：『監牧司新條，乞買馬錢帛等，先委買馬司移用等事。欲乞將博馬茶價錢物不須先令馬司移用，其馬司若額外更要錢物，乞令申奏，本司於息錢內正行支借。』批送兵部，檢準元豐元年正月九日指揮，仰羣牧司關牒行司，據所要茶以錢帛對數交易，不得預行指佔，致妨滯茶場司歲額。又元豐四年八月二十一日，郭茂恂奏：『乞將買馬錢帛先委買馬司移用，逐旋約度餘剩之數，節次關報茶場司，同共變轉。每歲終會計後，許馬司卻於茶司支撥過錢物內借撥〔二〇〕，應副支使，於年內據數還。』本部看詳，乞依元豐元年正月九日指揮，所有元豐四年八月二十一日條例更不施行。』從之。

四月三日，同提舉茶場公事陸師閔奏：『伏自買馬司兼領茶場，而茶法不能自立。蓋有所職，既專以多馬爲務，而又得與茶事，則其勢不免於取此以益彼。如買馬司用茶〔二一〕，並乞依舊條以錢帛對數交易，仍不許別司取撥茶貨。』詔令蒲宗閔、陸師閔共同詳具利害奏聞。

同日，提舉成都等路茶場陸師閔言：『文州與階州接境，有博馬及賣茶場〔二二〕，龍州舊許通商〔二三〕，乞以文、龍二州並爲禁地。其秦州，本司差官一員造帳。計置川路羨茶，偏入陝西路出賣，仍於成都置博賣都茶場〔二四〕。』從之。

五月三日，提舉陝西買馬監牧司奏：『據階州申，元買馬蕃部請大竹茶，每馱一十四貫六百四十文，所有近茶場司每馱添錢五貫三百六十文。近累申上衙，只每馱減錢一貫文。爲茶價高大，買馬不行。本司看詳，階州茶價添起錢數，其馬價若只依舊，恐蕃部不肯將馬中賣，須致量增馬價。』詔只依舊價，如蕃部不願請茶，並以見錢、物帛收買。

六月七日，兵部狀：『勘會提舉陝西買馬司郭茂恂奏内一項節文：「臣昨於去年中奏，乞將博馬茶比見錢及物貨博買者，每馱減錢一貫文，即蒙施行。緣今來茶價比之日前增數至多，又添長不已，而買馬價如舊。所較數〔日〕〔目〕，相遠殊甚。臣今相度，若欲稍添馬價，緣一增之後，難復減損，而日後它物價平，腳費稍少，則茶固應可減。不若只將茶價減數博買，所貴他日易於裁損，可復如舊。臣今欲乞權將應係博馬茶每馱量添色〔目〕高下及馬等第參酌〔二五〕，於見折價上更與減一二貫以來。仍從本司相度，隨時增損，候向去腳費漸少，茶價稍減，即依舊每馱祇減錢一貫文。所貴蕃部可販，易於招誘。竊恐茶場司以減錢數多，仍乞從依先降朝旨減價錢外，今來所減茶價錢，本司管認，別作項次撥還。如此則自不虧損茶司財利。」』詔：提舉買馬司更不兼茶場司。其博馬茶每馱比見賣價更與減二貫文，所減價更不撥還，許理茶場司課息。所有買馬司用過茶價，限歲終撥還取足，不得拖欠。

二十二日，提舉成都府等路茶場郭茂恂言：『昨準詔專提舉買馬，兼提領茶事。而茶場司不兼買馬，既不任責，遂立法以害馬價，〔茶〕每馱有增十餘千者，恐蕃馬歲不入，上悞國事。乞併茶場、買馬爲一司，庶幾茶司同任買馬之責。』降旨闕〔二六〕。

閏六月十二日，吏部狀：『準都省送下提舉成都府、利州、陝西等路茶場司奏，乞秦、熙、河、岷、階州、通遠軍、永寧寨茶場，並乞令本司不拘常制，踏逐諳曉事法、有心力京朝官、選人、小使臣，奏乞差充監官。本部檢會聖旨，內外官司舉行悉罷，今來係是本處創有陳請，合取自朝廷指揮。』詔特依。

十三日，〔同〕提舉茶場公事陸師閔劄子奏：『竊見新修茶場司敕尚未全備，擇出合行通用條貫三十八件，內有於新法干礙者，略加刪正下項。諸提舉官於轄下官吏，事局相干同按察，部內有犯同監司。諸提舉官點檢職務公事，杖已下罪就司理斷，事合推究者送所司，徒已下依編敕監司點檢法〔二七〕。諸路茶法、職務、措置、詞訟、刑名、錢穀等公事，除州縣施行外，合申明者，申取提舉司指揮施行，他司不得干預〔二八〕。雖於法合取索文字，並關牒提舉司施行，不得專輒行下諸處，亦不得供報。如已經處置，尚有抑屈者，許以次經轉運、提刑司申理。諸勾當公事官，川路二年、陝西二年半爲一任。選人願就三考者聽從便〔二九〕。供給，依廨宇所在州簽判例。州無簽判依職官例。京官以上及大小使臣，各隨本資給添支〔三〇〕。本資無添支者，依監一萬貫場務例給。諸勾當公事官闕無所承，許不拘常制選差轄下官權充。其餘應合差官幹事〔三一〕，並依編敕差官條施行〔三二〕。諸紙筆、朱墨、油燭、皮角，以係省錢收買，在京中省支給。諸文字往還，並入急脚遞。』從之。全文見茶門。

十月八日，户部狀：『提舉成都府、利州、陝西等路茶場司奏：「檢準元豐五年二月十八日朝旨，郭茂恂奏，博馬茶量減錢一貫已來。竊詳元無指定減過錢數，合令是何司分管認明文。今來未審令買馬司據減過茶價錢數撥還本司，或只亦依今降朝旨指揮，於本司課息錢內豁除。」本部今勘當，欲將元豐五年二月十八日後來至今年二月終已前減過茶價錢，並依今年六月七日朝旨，更不令提舉買馬司撥還，許理爲茶場司課息。』從之。

十一月八日，詔：『都大提舉成都府等路茶場，朝廷特以增廣榷賣路分，所以改置司名。其將事之人資任雖淺，不可不隨宜假借事權，宜令與轉運使敍官。』後詔：『都大提舉視轉運使，同管勾視轉運判官〔三三〕。經制熙河蘭會路邊防財用司官準此〔三四〕。』

九日，都大提舉成都府、永興軍等路榷茶公事陸師閔奏請事件於後〔三五〕：『一、本司舊於成都府，秦州兩處置司，各有廨宇、人吏等。今並乞依舊仍於兩處各置管勾文字官一員，許不依常制奏差承務郎以上或選人充，仍並依勾當公事官條。一、勾當公事官見管七員，內二員係奏差，五員係吏〔部〕選差〔三六〕。今乞並許本司不依常制奏差〔三七〕。所有吏部已差下未到任交割者，亦乞別指名奏差替換。其接送當直兵級及不許赴妓樂筵會等事，並乞依轉運司管勾文字官條。一、每年奏舉選人改官，舊條通計合舉九人，欲乞特添三人。外有縣令、小使臣陞陟員數，只依舊條併舉。一、本司舊支頭子錢七百貫充公使，今乞特添三百貫，每年共支一千貫文。一、公使合用酒欲乞隨所至州縣那兑支用，以米麴、工價算還，通計不得過合造酒數。一、本司今來赴闕，依例添差等分三人，各使遞馬及擔擎文字兵士五人，遞鋪七人。乞今後遇赴闕及出巡，並依此施行。一、本司舊條，提舉官與提點刑獄序官，同提舉官與轉運判官；　惟都大提舉官，元係陝西路轉運使兼領，未有明文。』詔：　特令與轉運使序官，餘並從之。

十二月十二日，守監察御史張汝賢奏：『近定奪郭茂恂、蒲宗閔互論公事，因兩司執議椿茶價之法至今未定，遂相度立爲酌中之法，以息紛紜。今準朝旨，送陸師閔相度聞奏。臣勘會師閔今年中嘗具劄子上殿，奏乞馬司用茶依舊條，以錢帛對數交易〔三八〕。令與蒲宗閔同其利害聞奏，亦用前説，同狀奏聞。此二人之議，固已符合。臣詳究兩司利害，博馬之利，實仰於茶，而茶司運致茶貨，自秦隴以西惟以雇賃腳乘爲患，不以出賣不行爲患。借令馬司不爲支用，蕃部亦必以他物博易，實無損於歲課。此茶司之利，所以無仰於馬司。然欲其法度相濟，可以經久，實在朝廷參酌而行之。今止令師閔相度，誠恐尚執前議，祇求自便，不顧馬司之害，則行之將來，未免牽制。臣契勘遞年買馬，冬季常多，夏季常少，春季多少不常。蓋馬性宜寒而畏熱，其來多寡不常，待用之茶宜亦有別。臣愚見，竊謂可令逐季首樁定名山茶馱，春秋各三千，冬加一千〔三九〕，夏減一千，餘茶量數樁留。若買到馬多，更要支用，仍委茶司畫時應副，所支茶價，並限次季還足。庶爲酌中之法，兩得順便。』中書省勘會：『蒲宗閔據張汝賢定奪到與郭茂恂互奏公事，多有不當。以茶法推行之初，宗閔能協力主辦職事，不爲異論所摇，特免勘，除都官郎中。今年十一月二十五日得旨，郭茂恂依赦放。其張汝賢相度到樁定博馬茶數等事，令陸師閔相度聞奏。』詔：張汝賢前奏先次施行，其今年十一月二十五日令陸師閔相度聞奏指揮，更不施行。

七年五月十七日，户部言：『都大提舉成都府、永興軍等路榷茶司奏：「利州路買馬事件内一項，有今來添額買馬合用茶貨，乞指揮茶場司於洋州、興元府應副。本司勘會，若洋州、興元府額外應副買馬司茶般赴文州支用，則是通商低價茶侵入禁地，有害茶法。今相度，乞令本司就近於文州茶場見賣茶内支撥，應副買馬。除轉運司舊額茶只用洋州、興元府元價，並雇腳錢數計算歸還本司外，有添額買馬合用茶並舊額茶内虧少錢，並乞依例計算，理爲本場課額。」本部看詳，欲乞依本司所奏。』從之。

十一月二十二日，都大提舉成都府、永興軍等路榷茶公事陸師閔劄子：『諸巡轄般茶鋪使臣請受、當直兵士並依巡轄馬遞鋪例，出巡給遞馬一匹。每歲比較，如無住滯工限，及逃死兵士不及五釐，任滿與減一年磨勘，先次指射家便差遣。』從之。

十二月十一日，兵部奏：『陝西買馬司自熙寧十年差官買馬，歲以一萬五千匹爲額。至元豐三年，每歲常買及數，其時馬價聽用茶並雜物，從蕃部所便，相兼折還。唯茶依市價外，其雜物各有量增息錢，歲收六七萬貫。至元豐四年，郭茂恂乞蕃部中馬專以茶充，其餘數仍許見錢、物帛，内物帛止依市賣實價紐折，並不收息，遂增立年額爲二萬匹。至五年八月滿一年，止買及一萬四千七百餘匹。又至六年八月並閏月，計一年有餘，又止買及一萬六千一百餘匹。至今年八月又滿一年，合行比較，約僅買到一萬二千匹，比之前二年其數愈少，各不增及新額。本司累奏，稱收市不行，乞差官詢採，參酌裁定，並乞前來奏稟。蒙朝旨令具到利害，大抵皆以茶價高及别司買馬價高爲説。本部看詳，自元豐四年後，雜物既用實估，及折馬茶比見賣市價每馱又減錢三貫，已是暗增馬直。然其所買馬不惟不及新額，亦不能過舊額所買之數。乃是每歲陡失利入不少，又買馬額數漸虧。望賜詳酌指揮，參考新舊應干買馬事件利害，措置施行。』詔：陝西買馬，撥隸經制熙河蘭會路邊防財用司，仰本司先具合行事件，畫一聞奏，候至來年下半年，交割管勾。

八年二月二日，户部狀：『都大提舉成都府、永興軍等路榷茶公事陸師閔奏：「近準朝旨，許令本司於文州茶場見賣茶内支撥，應副買馬。竊緣本司應副買馬茶，既已理爲課額，即轉運司所還舊額茶價及雇脚錢，並在定本之外，難以逐時增添收係。乞據逐年還到錢數，依川路食茶錢條，限分數於陝西路封樁，委是允當。」本部欲下榷茶司，同所屬轉運司相度聞奏。奉詔，依。今送下榷茶司，奏具其錢係屬本司所管，即與利州路轉運司別無干預，難以同共相度。本部乞依本司元奏事理施行。』從之。

十一日，户部狀：『都大提舉成都府、永興軍等路榷茶司奏：「準敕，陝西買馬監牧司相度到文州買馬利害。一、乞將買馬紬、絹、（絞）〔綵〕、茶之類，令買馬官專管。本司看詳，欲乞令買馬官親管折博支給外，依舊令職官兼管勾折博場文歷、倉庫支收出入等事，於本司茶法別無妨礙。一、乞今後茶場司合應副本路博馬茶數，並令文州茶場以洋州等處茶應副。如買馬數多，額外更合銷物色，並乞許令本司預行計度，下應副官司，依數即時應副。看詳買馬司所乞文州茶場應副茶事，已準朝廷令本司就近於文州茶場見賣茶內支撥，應副買馬。除轉運司舊額茶只用洋州、興元府元價，並雇腳錢數計算還本司外，有添額買馬合用茶，並舊額茶內虧少錢數，並依例計算，理爲本場課額。」本部欲依相度到事理施行。』從之。

七月十日，兵部狀：『成都府利州路經制買馬司奏：「今相度黎、雅、嘉州買馬、博馬合用茶數，除舊額買馬茶令於雅州官場收買外，有新額買馬合用茶數，欲乞依利州路已得朝旨體例，令榷茶司於就近場務支撥應副，仍理爲榷茶司課額。」尋下榷茶司相度，如朝廷許令本司應副，並須於春初指定的實合用斤數，關本司支撥，如支用不盡，即不許減退。本部欲依所乞施行。』從之。

九月十八日，詔：『陝西提舉買馬監牧司及成都府、利州路買馬司，並令提舉成都府、永興軍等路榷茶公事陸師閔兼提舉。仍舊用茶貨隨宜增減價直，相度穩便置場去處，計置博馬。候及一年，具買到馬實數，並應有合措置事件，令詳具畫一聞奏。所有先降陝西監牧公事撥令陝西路轉運司管勾指揮，及陝西買馬撥隸經制熙河蘭會路邊防財用司並成都府、利州路買馬指揮，並更不施行。』

哲宗元祐元年六月九日，相度措置熙河蘭會路經制財用司事所奏：　提舉榷茶司於本路買馬，歲額萬數不少。其買馬場並綱馬上京所歷州寨，支過經制司支計案草料，並係輟郡邊計應副。緣本路與內地州軍不同，經費既多，芻粟倍貴，豈任他司侵用！緣榷茶司以茶博馬，每茶一馱收頭子錢三百文，係專庫均分。竊詳買馬場所用博馬茶場專庫於此，無功輒享其利，實出僥倖。乞應副買馬場並綱馬上京，支過本路糧草等，歲終計數，令榷茶買馬司以上項頭子錢撥還。如不足，更以茶頭子錢貼支。』從之。

十月十七日，都大提舉成都府等路榷茶兼陝西等路買馬黄廉言：『按元豐六年閏六月十三日並八年十二月七日朝旨，應緣茶事於他司非相干者，不得關預〔四〇〕。設使緣茶事有侵損違法或措置未當，即未有許令他司受理關送明文，深恐民間屈抑，無由申訴。乞止依海行元豐令，監司巡歷所至，明見違法及有詞訟事在本司者，聽關送。應緣馬事，亦乞依此。』從之。

四年二月四日，吏部狀：『都大提舉成都府、利州、陝西等〔路〕路茶事司狀：　遞年於雅州名山縣買茶，數目浩瀚，應副沿邊博賣。其知縣並昭化、依政、德陽、巴西、雒縣，各係裝卸雇脚去處，若省部依名次差人前來，萬一不至得力，無由改易。乞許本司奏舉名山、依政、利州昭化等緊切處知縣三員外〔四一〕，有巴西、德陽、雒縣職事差少，只乞許本司舉官一次。』詔：　雅州名山、邛州依政、利州昭化知縣許奏舉外，餘從吏部差注。

紹聖元年閏四月九日，樞密院言：『買馬歲額錢約五十餘萬貫。自開拓熙河，運川茶易戰馬，其後官司務在收息趁賞，不以國馬爲急。至高增茶價，盡折馬司錢鈔、匹帛，以充本司之息。緣運茶、市馬共是一司，均爲朝廷之物。請自今一切官爲收市，上駟不過用茶三兩馱，而聽民以錢請買於官，則實息自倍，甸外無貢，盡令計綱上京，以供良馬之用。』詔太僕寺相度。

六月十日，都大管勾陝西等路茶事〔陸〕師閔奏：『伏見買馬用茶博易，每以茶價增長，侵費買〔馬〕錢物爲害〔四二〕。竊緣茶事司歲課浩大，其費茶之數多，而博馬之用少。不可以博馬之數減損賣茶價直，捐棄厚利。乞應用茶博馬，並依見今所行條法外，每歲將未增茶價以前一年内買馬逐等實價，立爲定額會計。支破買馬司錢物外，有增起茶價，並令茶事司於所收税息錢内支破。』從之。

二年四月二十二日，都大提舉成都府、利州、陝西等路茶事、兼提舉陝西等路買馬公事陸師閔奏：『陝西賣茶、買馬，比較賞罰，素有成法。今來券馬初行，已見得沿邊州軍買賣各與前日事體不同，蓋販馬客人多是就便入錢買茶結券。如前日沿邊入納見錢十餘萬貫，並於秦州茶場算請。又如熙、岷、通遠馬場歲額不少，今來客人多就秦州結券，則諸場必虧舊額。凡此之類，並因改法使然，即不係於官吏能否。竊慮歲終比較賞罰，有所不均。乞應今年茶場、馬場比較課額，並委都大提舉茶事司及提舉買馬司詳具逐處增虧因依奏裁，仍候法行就緒，別立條貫聞奏。』從之。《續通鑑長編》：（宋）哲宗紹聖二年八月辛卯，朝散郎、直秘閣、都大提舉成都府、利州、陝西等路茶馬陸師閔權陝西路轉運使，仍兼領茶馬事。

三年八月八日，樞密院言：『太僕寺考會紹聖元年二月綱、券馬死損分數，綱馬死者不止十倍。今復行券馬，係陸師閔建議，其効已見。』陸師閔特賜銀、絹各一百兩、匹〔四三〕，仍令學士院降敕書。

元符元年九月二十八日，都大提舉成都府、利州、陝西等〔路〕茶事司申：『準批下利州路轉運司申，檢準元豐元年二月十二日敕，文州年額買馬五百一十一匹。又準元豐八年十二月十五日敕，成都府、利州路買馬錢，並依未置司以前舊額匹數。合用錢物，令逐路轉運司應副外，有不足，並於榷茶司稅息錢內支破。後準元祐七年八月二日敕，管勾茶事閻令奏，準敕：　置馬錢本舊額，今轉運司應副外，有不足，並於茶事司息錢支破。今來川路已罷榷，除收致錢外，更無諸般課息，恐應副買馬闕誤；　以前額外買馬支過錢數，今茶司更不撥還。今後逐年買馬錢，仰成都府、利州路轉運司均敷。又準紹聖元年八月二十七日敕，文州添額買馬合用茶，令轉運司算還元買茶價並雇腳錢。近準紹聖四年二月二十五日敕，提舉茶事陸師閔奏，復行榷買川茶，依元豐法不許通商。本司勘會，文州舊額買馬，逐年額外合用錢數目，並係茶事司於稅息錢內應副。後來閻令奏請，爲罷榷川茶後來闕少課息，所以令轉運司均認。本司自承準上件指揮後來，至紹聖三年終，買過額外馬，支過馬價並生料等，見取會元價撥還。本路財稅歲入有限，應副不足，自均認後來，拖欠萬數不少，尚未有錢撥還。今來已準敕依舊禁榷川茶，其茶司歲入課息等錢，自可敷足舊額，應副買馬之費。所有元祐七年八月二日並紹聖元年八月二十七日指揮，理合更不施行。自紹聖四年二月二十五日指揮後來，合依舊令茶司管認外，有未降復榷川茶日前均認過數目，乞漸次撥還。送都大提舉茶馬司相度，申樞密院勘會。昨準朝旨，永興、鄜延、環慶三路復爲禁茶地分，後來出賣川茶倍多，並於興元、洋州收市應副，即目大段闕少錢本支使。本司(令)〔今〕相度，欲將未準紹聖四年二月二十五日復禁川茶日前合還本司茶錢，乞嚴責日限撥還，應副茶本急闕支用。所有自復行禁榷川茶日以後利州路買馬錢本，並從逐司依元豐年條法應副申聞(事)。』小貼子稱：

『所有成都府路、黎州買馬錢本，亦乞依此施行。』從之。其去年二月二十五日以前轉運司錢，限一年撥還。

三年九月二十七日，徽宗即位未改元。都大提舉成都府、利州、陝西等路茶事兼提舉陝西等路買馬公事程之邵申：『自來蕃商，唯是將馬入寨博易茶貨，今訪聞得近因熙州邊事後來，並不將馬入漢，只用水銀、麝香、毛段之類，博易茶貨，是致馬額虧少。今相度，今後許蕃商將馬並物貨各中半赴官，折請名山一色茶貨。仍令支茶場分明於茶馱上印號，出給公據，付蕃部收執前去。及委經過近邊城寨、關堡子細點檢，若有公據印號茶馱，方得放行。其公據拘收毀抹，繳赴元給茶場照會。如無公據印號茶貨，即不得放入蕃界。仍乞差本司勾當公事及準備差使官員，更互前去邊寨點檢，無令透漏茶貨入蕃，所貴招誘蕃馬，入漢中賣。』從之。

十二月十七日，提舉陝西等路買馬監牧司奏：『檢準詔：「今後許蕃商將馬並物貨各中半赴官，折請名山茶貨。」今有合申請事件：一、今來未有明文指定告賞刑名，欲乞應將不係博馬茶無公據夾帶透漏入蕃，並許人告，依匿稅條格施行。一、蕃部博馬，給公據入蕃茶經過城寨堡鎮，有合收稅去處，雖即目不多，緣公人上下，因此邀阻，乞權免收稅。所有免過稅錢，歲終計算，於茶事司年額稅息錢內除豁。其稅務監官，許將免過稅錢通入課額比較，候將來買馬通快，依舊例施行。』並從之。

二十七日，詔：『訪聞涉冬已來，熙河蘭會路漸有蕃商赴近邊博易。令都大提舉成都府、利州、陝西等路茶事司，應茶貨除胡宗回合要打誓支用，量行應副本色外，其餘入蕃茶，惟博易馬方許交易。即不得將茶折博蕃中雜貨，務要茶馬懋遷漸通。仍每月終會聚月內博馬到匹數，具狀聞奏。』

徽宗建中靖國元年四月三日，戶部狀：『茶事司奏：「蕃戎性嗜名山茶，日不可闕。累年以來，買馬大段稀少。蓋因官司及客旅收買名山茶，與蕃商以雜貨貿易，規取厚利。其茶入蕃，既已充足，緣此遂不將馬入漢中賣，有害馬政[四四]。今乞將名山茶立爲永法，專用博馬。如諸官司、客旅等輒取支賣與興販，其買賣之人、官吏等，並乞以不應爲從重科罪。如有計囑情弊，自依本法。」本部看詳，所乞專用博易馬，已有今年十二月二十七日朝旨外，有官司、客旅興販，並依本司奏乞事理施行。』從之。

五月三日，吏部狀：『都大提舉成都府、利州、陝西等路茶事司乞將準備差遣使臣二員[四五]，許舉小使臣差使，借差殿侍、軍大將充都官闕。契勘所乞左（差？）軍大將充，委是闕人應副，難議施行。殿前司申，若依條奏舉殿侍，如朝廷許差，别無諸般違礙。本部今勘當，欲依本司所乞，及逐處申到事理施行。』從之。

九月十七日，茶事司狀：『今相度綿州羅江、巴西縣界八茶鋪，令巡轄綿、利州界茶鋪使臣移赴綿州置廨宇，巡轄邛、雅州。成都府路茶鋪使臣，兼催發黎州博馬茶綱[四六]。所有逐官稱呼、窠闕，一員以巡轄綿州羅江至利州昭化縣界茶鋪稱呼[四七]，於綿州置廨宇；一員以巡轄漢州、成都府至邛、雅州界茶鋪兼催發黎州博馬茶綱稱呼，依舊只於成都府置廨宇。委是地里、職事均當。』從之。

十二月十一日，户部狀：『準茶司奏：「黎州合用博馬茶，自來隔年拋數，行下雅州在城並名山、百丈、盧山縣茶場收買應副，雖嚴加督責收市，常是不足。伏緣逐場買茶出賣收息，比額增剩。及買秦、熙等路綱茶及八分，各有賞典。管勾官減監官之半。唯收市黎州博馬茶别無賞罰，逐年常是收買不敷元拋數目。因而黎州支遣不接，遞有積欠蕃人馬價，於邊防不便。今相度，雅州在城、名山、百丈、盧山縣茶場收買黎州博馬茶，比元拋不及八分及雇發積滯，即監專公人並管勾官，買賣食茶收息雖比額增剩，並收買起綱茶雖及八分，不在推賞之限。及名山茶場買秦、熙等路綱茶，今年分拋買一百二十綱茶，近又秦州更添買二十一綱。本司已一面行下本場，且依元拋數收買一百二十綱，仍收買黎州博馬茶，候足數，接續收買。」本部欲依本司所乞事理施行。』從之。

崇寧元年五月二(月)〔日〕，都大提舉茶馬事程之邵申：『茶事並買馬監牧司，雖在川、秦兩處置司，緣所領職事並係通管，自來爲相去遥遠，行移申請文字，往往不相照應。今乞應緣川、秦兩司茶馬職事，凡有獨銜申請及雖係同狀、不曾同簽，並須互下兩司勘當。如所見不同，亦令各具利害開陳，免致利害不得詳盡。』詔令茶馬司提舉官，今後除常程文字依條外，應合更改措置事件，並須連書申奏。如有所見異同，仰各具利害開陳。

二年三月二十四日，都大提舉程之邵狀：『自元符三年九月二十七日申請專用名山茶博馬，並貼賣與中馬人逐年買馬。七州軍茶場賣過茶收獲税息錢數，比遞年收獲税息錢外，建中靖國元年二月内增剩收到税息錢二百五十三萬二千九百九十七貫一百三文省。内建中靖國元年收到增剩税息錢，已赴闕奏計(日)。已將錢六十六萬八百四十三貫八百六十七文省申納朝廷封樁外〔四八〕，餘并崇寧元年收到增剩税息錢，共一百八十七萬二千一百五十三貫一百三十六文省，係專用名山茶博馬并貼賣比遞年分外收致税息錢數目。』詔：據上件增剩息錢，並令提刑司封樁，聽候朝廷支用，仍依條具帳供申都省。

七月二十二日，尚書省劄子：『勘會收復湟州，(徐)〔除〕已降指揮用茶博馬，並移出措置糴便司、買馬司往湟州置司及支勘本錢交子等外，程之邵稱所管茶數共約四萬餘馱，數内名山茶約一半以上，依條專用博馬，不許出賣。若盡數取撥往湟州，委是闕誤今來馬額。令程之邵，今年馬額權住博買。其茶依已降指揮盡數支撥前去。若是久來蕃户，將馬中官已計置到馬，恐有誤蕃客自來入中之人，兼慮諸邊萬一闕戰馬，既相度移都大買馬司往湟州，令就近於湟州量數支撥三五千馱博馬〔茶〕，以備急用。今來支降去茶鈔、銀絹，準元博買糧草並馬，爲軍須支用外，不得別將支使。仍置簿拘管，逐一抄上所糴買到及支用過數，每季申尚書省檢點勾考。如違，並徒三年，吏人決配千里。』從之。

八月九日，樞密院劄子：『爲程之邵（令）〔今〕巡歷熙河，竊見收復湟州故地，部族甚衆，商賈通行，竊謂非茶馬無以招集漢蕃人族。蓋蕃部恃茶（馬）爲命，本州又當青唐一帶蕃馬來路，乞朝廷指揮，就本州添置茶馬場，實爲要便。如蒙俞允，乞依條令本司選舉大小使臣二員，充茶馬場監官。内馬場監官（内馬場監官）依例兼本州兵馬都監。候舉到官，令逐官各計會本處當職官，同共修蓋場庫驛舍，般運茶貨，計備芻秣等了日，開場博糴。所有茶馬場合行事件，並依逐司見行條貫施行。候及一年，見得茶馬課息，從本司申請立額』。貼黄稱：『勘會茶馬場監官依條係本司奏舉，内買馬都監，近準朝旨罷舉。今來事初，欲乞令買馬監牧司舉官一次。右檢會已降朝旨。今相度，都大茶馬司移往湟州置司，其本州茶馬場自合添置。』詔依。其茶馬場監官，今後並特令奏舉。

九月十六日，以朝請大夫、直龍圖閣、提舉成都府、利州、陝西等路茶事、兼陝西買馬監牧程之邵，爲集賢殿修撰、熙河路都轉運使、兼川陝茶馬。

十月二十三日，同管勾成都府等路茶事孫軫奏：『今年輪當臣赴闕奏計，方欲起發間，承朝旨，比年例增兩倍茶，應副新邊支用。續又令臣量添價錢，速行收買川馬。赴闕奏計，不免往迴數月，顯妨收市茶馬，乞特免今年奏計一次。』從之。

三年二月二十九日，户部狀：『提舉陝西等路買馬監牧司申：「黎州所買馬類多不堪披帶，自來止爲羈縻遠人。又慮買數過多，有損無益，遂立條。從八月一日開務，至三月一日住買。後來官司有失體究本意，不限月分收買，卻於成都府馬務經夏養餵，比之起綱時月，積留死損極多，枉費官錢、芻粟不少，馬務監官每歲例該責罰。遂累次檢會舊條，乞本州每年自八月一日開務買馬，至三月一日閉務住買，蒙朝廷施行。自後免得積留在成都府馬務，養餵病生，枉死物命。今會算，黎州見買四歲至十三歲四赤四寸大馬，每匹用名山茶三百五十斤，每斤折價錢三十文；銀六兩，每兩止折一貫二百五十文；絹六匹，每匹止折一貫二百文；絮六張，每張止折五十文；青布一匹，止折五百文。約本處價例，僅是半價支折與賣馬蕃部。自黎州至鳳翔府汧陽監四十八程，沿路倒死數目不少，其馬多充雜支。今會計，秦州買四歲至十歲四赤四寸大馬一匹，用名山茶一百一十二斤，每斤折價錢七百六十九文，比黎州減得茶二百三十八斤，又減省銀、絹等不少，袞比馬價錢，止四分之一。黎州歲買馬二千匹，元符二年買五千二百八十餘匹，元符三年買四千一百餘匹，費用茶萬數浩瀚。雅州至黎州，道路盡是山險，人夫負擔，委是不易。近準建中靖國元年十二月十一日敕，茶事司奏乞雅州在城、名山、百丈、盧山縣茶場收買黎州博馬茶，不及八分及雇發積滯，即收買起綱茶雖及八分，不在推賞之限。契勘收買陝西〔綱茶〕、名山茶一百二十綱，買及九十六綱，已及八分，該賞。其黎州收買博馬茶自來不限定分數，今若候黎州收買足茶數，及雇發無積滯方賞，其陝西綱茶必是減少留滯，有妨博（馬）〔買〕戰騎，兼於陝西貴價出賣茶處虧損課額。欲乞黎州買馬，且依元條收買三千匹，其博馬茶，比舊減半支折，所有一半茶，卻依價折與銀、絹等。合用錢物，除轉運司年例撥到外，有餘少錢物，並依舊茶事司應副。即蕃部尚爲優幸，不失撫納遠人之意。所有雅州名山買陝西綱茶，並黎州博馬茶，且依舊條收買。』送户部，（符）〔附〕茶事司連舊書申奏。今據提舉官孫鼇抃狀：『黎州南蠻及吐蕃部落惟仰賣馬爲生，久來不以配軍爲限，盡行收市，招懷遠人。今若止以三千匹爲額，更除豁不理賞之數，必致減損買馬官賞格，無以激勸，又恐因此阻節遠人，於蕃情未順。兼茶事司額外買馬銀帛，自來轉運司計置支還，茶事〔司〕止是應副茶貨，年終計算撥還。成都府轉運司見申，乞令茶事司撥還用過銀絹虧損價例，若減半支茶，卻以銀帛支折。轉運司豈肯更行應副？若依舊不限數買馬，又緣欠蕃部茶八千餘擔，亦非經久之法。所有買發黎州年額並額外馬，通數歲買不得過四千匹，賞罰並收市合用茶及支折茶、綵，且依見行條法施行。其四赤以下馬，更不收買。』本部看詳：若止三千匹爲額，不惟減損買馬官賞格，兼恐阻節遠人。若不限定分數，及比舊減半支折茶收買，緣今來應副湟州博糴萬數浩大，比（賞）〔常〕年加兩倍買茶，亦恐闕悞。除賞罰並收市合用茶，依見行條法施行，欲將黎州年額並額外馬，通歲額不得過四千匹。其博馬茶比舊減半支折，所有一半茶卻依價折與銀、絹等。所有合用買馬錢物〔四九〕，除轉運司年例撥到外，有餘少錢物，並依舊茶事司應副。其四赤已下馬，更不收買。兵部看詳：除所乞將年額並額外馬數通不得過四千匹。合係年額馬（二）〔三〕千匹依舊、一千匹額外收買外，即無未盡、未便事。從之。

四月十一日，殿前司申：『承樞密院批下都大提舉成都府、利州、陝西等路茶事司狀，殿侍、本司指使王鑑狀：竊見馬司指使、殿侍程佾先有狀，乞立磨勘年限，尋申明已奉聖旨，與理八年磨勘，改轉三班差使。外有茶事司指使、殿侍未有立定磨勘年限，乞施行。勘會本司指使、殿侍與馬司指（揮）〔使〕、殿侍窠闕資任並同，及差赴川陝，往來取送官物、應副茶本並諸般差使勾當，委是事務一般。本司契勘，欲乞將都大提舉成都府、利州、陝西等路茶事司指使、殿侍比附，依提舉陝西等路監牧司指使，理八年磨勘，改轉三班差使。』從之。

五月二十日，都大提舉茶事司狀：『本司係移運錢物，買賣收趁課利司分，即與諸司錢物事法不同。兼每年買茶收獲課息，除年例支使外，將所餘年分外增羨息錢，已逐旋具數申納朝廷，以助支用。近年以來，多爲諸司及臣僚申請，承受朝廷指揮，許於諸司錢物内取撥支用，遂將本司茶錢，一例作諸司錢取撥。今來若令他司，並作諸司錢物一概取撥支用，便見本錢妨闕，寖壞事法。欲乞今後他司及臣僚申請乞支用諸司錢，除茶馬司錢物不許作諸司錢一例支使；如朝廷非泛支用，乞下本司契勘有寬剩錢處剗刷應副。』從之。

十二月二十五日，提舉陝西路買馬監牧司狀：『黎州年額並額外馬，通歲額不得過四千匹，其博馬茶比舊減半支折，所有一半茶卻依價折與銀、絹。自八月一日開場至九月終，共買到三百五十匹，比遞年一般月分大段虧少。契勘賣馬蕃蠻以茶爲本，即目〔今〕正當買馬之際，若比舊減半支茶，不唯買馬稀少，兼恐悞事。欲申候朝旨，深慮有妨趁辦歲額，已逐急下黎州，將四赤二寸以上馬每匹合得茶，依已降朝旨比舊減半支折外，各與量添茶一擔，招誘收市。所〔有〕來年已後合用博馬茶，欲乞依舊收買應副，其減半支折指揮乞更〔不〕施行。』從之。

四年六月三日，都大提舉茶事司、買馬監牧司奏：『茶馬司〔管〕勾文字、勾當公事第一等，將仕郎張察、文林郎楊逵、將仕郎張庭玉、黃瑜〔五〇〕； 第二等，登仕郎高成章、將仕郎王易、朝奉郎孫俞、朝請郎路康國及逐司點檢文字等，自承朝旨後來，首尾管勾，催促、撥發茶貨有勞。』詔： 第一等張察特改宣德郎，楊逵、張庭玉、黃瑜各循兩資； 第二等王易、孫俞、路康國各減三年磨勘，高成章循資占射差遣一次。內選人如無資可循或已官，即比類推恩。 人吏第一（第）〔等〕各轉一資，如無資可轉及有違礙，或不願轉資，即支賜絹二十疋；第二等各支賜一十五疋，第三等各賜一十疋。

七月二日，熙河蘭湟、秦鳳路經略安撫制置使司奏： 奉詔處分相度措置馬政事。尋先次指揮岷州計置收買馬一萬匹，作制置司支用，候足日奏取處分，已令知岷州馮瓘措置。 今據馮瓘申，已牒提舉買馬司，逐急借撥名山茶，貼作三萬馱支與岷州，候見得的確數目申朝廷，卻行撥還。 及已牒茶事司依馮瓘所申，並下秦、鞏、熙、河、岷州，依所乞應副去訖。

一、於買馬場勘會到良綱馬，並係支一色名山茶下項： 良馬三等，並〔四赤〕四寸（已寸）已上。 上等，見支茶二馱一頭； 中等，見支茶二馱二十斤一十五兩半； 下等，見支茶二馱二十斤七兩半。 綱馬四赤七寸，見支茶一馱一頭二十六斤半； 四赤（四）〔六〕寸，見支茶一馱一頭一十九斤一十二兩； 四赤五寸，見支茶一馱一頭壹十四斤一兩半； 四赤四寸，見支茶一馱一頭四斤一十一兩； 四赤三寸，見支茶一馱四十九斤二兩；四赤二寸，見支茶一馱三十二斤一十二兩。

一、勘會日近蕃客稀少，即今買馬場全然收買不得，若不添展茶數，竊恐卒難收買。 乞候蕃客牽馬到場，相驗好弱，臨時添搭。 良馬，權添茶三十斤； 綱馬，權添茶二十斤。 相度欲依馮瓘所乞，權添上件茶數博馬，只作添搭支馬牙人。即不得礙買馬司博馬體例，候今來數足依舊。

一、契勘若衹買良馬一萬匹，約用名山茶三萬馱。今來本州見管有三千餘馱，止買得一千餘匹。

一、欲將秦州、鄜州鋪分擘合應副秦、鞏、熙、河州〔五二〕，名山茶以三分中且截撥二分赴岷州，準備支用。

一、今來茶數既多，即沿路不免擁併。欲乞將秦、鞏、熙、河大路榷茶鋪權行差那於本州沿路地分，貼鋪及下經由縣、鎮、堡、寨，和雇人夫併工推般，庶得辦集。從之。

十月十二日，樞密院奏：『熙河蘭湟路經略司申，熙、河、蘭、岷、鞏州舊管番兵，近年出入頻數，死過戰馬不少。雖督蕃官首領緊行收買添填，其蕃兵例各闕乏，兼無貨博買。今相度，乞將熙、河、蘭、岷、鞏州闕馬蕃兵，於逐州茶場各量借茶添助收買五千匹。每匹借茶一馱，共借茶五千馱。仍許蕃兵將斛㪷折納元價，其斛㪷可充茶事司應副，支給逐處茶場監官、巡鋪使臣、榷茶鋪兵請受。如有剩數無支遣處，許令別司樁錢兑糴。』從之。

十二月三日，中書省、尚書省〔言〕：『檢會元豐六年閏六月十三日條：「諸出賣官茶，提舉司立定中價，仍隨市色增減。應增者，本場體訪詣實增訖，申提舉司覆按；應減者，申提舉司待報。」今立到熙河路博馬、貼賣、出賣茶名色酌中價例〔如〕下項。博馬茶：名山茶，每馱七十八貫五百三十三文；瑞金茶，每馱一百二十九貫四百一十三文；洋州茶，每馱七十貫五百四十二文；萬春茶，每馱八十七貫三十六文。貼賣茶：名山茶，每馱八十一貫六百五十一文；瑞金茶，每馱一百七十三貫三百四十八文；萬春茶，每馱一百七十三貫三百四十八文；洋州茶，每馱一百七十三貫三百四十八文。出賣食茶：油麻埧茶，每馱九十三貫九百九十八文；洋州茶，每馱八十六貫二百三十文；崇寧茶，每馱八十一貫八百六十六文；楊村茶，每馱一百一貫九百七十三文；興元府茶，每馱一百二十二貫五百七十一文；永康軍茶，每馱九十八貫七百二十四文；味江茶，每馱九十三貫四百一十四文；堋口茶，每馱一百三十貫四百五十三文。』詔：川茶專充博馬〔五二〕，更不出賣。舊出賣數，令洪中孚相度博糴斛㪷。

十一日，中書省、尚書〔省劄子〕〔五三〕：『檢會熙寧、元豐川茶惟以博馬，不將他用。蓋欲因羌人必用之物，使之中賣，不至艱阻，國馬不乏，騎兵足用〔五四〕。竊慮淺見官司趨一時之急，陳乞別將支費，有害熙豐馬政，失今日繼述之意。修立下條：諸川茶非博馬〔五五〕，輒陳請乞他用者，以違制論。』從之。以上《國朝會要》。

徽宗崇寧五年二月六日，户部狀：『同提舉成都府等路茶事孫鼇抃奏：「準尚書省劄子，洪中孚奏乞會茶司見在之數。如未用折博蕃馬，即盡將博糴斛㪷。所有茶價增減，臨時視斛㪷多寡計定。詔令鼇抃同共措置，即不得有妨博馬支用。契勘茶司計名山等綱茶，有條專用博馬，不（計）〔許〕賣。其逐色茶價，係茶司依條以川路産茶場無元買茶本、縻費等錢立定。逐州價例，比其餘雜茶例各低賤，所以優潤蕃商，鈎致國馬。今來若依洪中孚陳請，必恐將漕司減損茶價，虧失歲課。欲乞除斛㪷價許臨時隨市勢增損外，其茶，依本司已定價例折博，不許減損。」又稱：「乞用提刑司封樁加買到兩倍茶交撥，與洪中孚同共措置博糴斛㪷。」本部看詳，欲依所乞。』從之。

十六日，户部奏：『熙河蘭岷路轉運使洪中孚等狀：「乞令茶司與臣同共措置茶博糴。奉詔依奏，令孫鼇抃同共措置。契勘得所管茶貨，除可以移那般運應副博糴外，今相度，乞令西寧、湟、廓州召客人先將斛㪷赴本處入中，其價錢出給合同會子，給付客人，令自齎前來河州茶場出外變轉。仍支與每馱腳錢，西寧、廓州比河州至湟州腳錢，量加饒潤。如本場闕錢，即以茶依價添搭紐折。」本部欲依崇寧四年十二月二十八日朝旨，於加（置）〔買〕到兩倍茶内支還，不得有妨博馬支用。』從之。

五月二十三日，都大提舉成都府、利州、陝西等路茶事司、提舉陝西等路買馬監牧司奏：『本司轄下見有員闕去處不少，雖依本司條，權差罷任待闕官承攝，爲無法與理在任月日，往往不願權攝，差委不行。乞應茶馬職事員闕去處，見差權官權攝月日，依陝西轉運、提刑司法，與理爲考任。』從之。

六月二十三日，詔：將加買兩倍茶並撥與茶馬司，應副博馬支用，更不博糴斛㪷。

同日，樞密院奏：『都大提舉成都府、利州、陝西等路茶事司申：「勘會川茶始自熙寧七年置司，推行迄今三十餘年。從來計置般赴秦鳳、熙河等路應副博馬，有餘出賣。元豐中立法，雅州名山茶專用博馬，候年終馬數足，方許雜賣。自建中靖國元年後來，爲買馬數多，名山茶數少，又以興元府萬春、瑞金、大竹、洋州四色綱茶相兼，應副博馬，僅能足辦。緣孫鼇抃與洪中孚同共措置茶博糴斛㪷，即不得有妨博馬支用。」尋契勘，若更將茶博糴，委是有妨博馬。望賜指揮，除將已樁加買到兩倍四色綱茶，應副博糴斛㪷外，將名山茶依累降指揮，專充應副買馬支用。餘依崇寧四年十二月十一日指揮。』

十一月十日，提舉陝西等路買馬監牧司奏：『陝西路轉運司勾當公事官，近依朝旨許存留一員。其合差官勾當，尋於轄下選差。其間拘礙不許差出者不少，雖有職官及司户可差，卻兼充買馬等同管勾，本司全然差那不行。欲乞將逐司管勾官，並就委本州依條不許差出官，不妨本職，差委勾當。奉詔：每州委見任官一員管勾，除州界時暫差使外，不許差出。又買馬司〔奉〕敕〔五六〕，諸買馬及有牧地處，委茶事司所差管勾，應〔關〕報本司文字〔五七〕，不許他司差出州界。契勘本司差定逐州（運）〔軍〕管勾官，茶馬司自來依條選擇通判或職官勾當，今若止於不得差出官内就委，竊慮合差官有限，艱得可以倚辦之人。兼録事、司理、司法體輕，緩急難以集事。今來陝西牧馬地撥隷馬司，所總錢斛不少，全藉管勾官往來點檢，兼茶司地方闊遠，職司不一，今欲乞將逐州軍茶馬司管勾官，許令本司依舊選差。』從之。

十二月六日，詔：『神考修立馬政，於川陝市茶博馬，及以茶息應副邊計，行之甚久，已見成効。其屬官等全藉能吏勾集，故舊制盡從逐司奏舉。近緣臣僚陳請，復行差注。除馬司屬官並買馬官已復奏舉外，其茶司元豐年應奏舉並同轉運司選差員闕，並依元豐舊法施行。』

大觀元年正月十九日，尚書省言：『熙河蘭湟路都轉運使洪中孚奏：「蕃地許官以茶綵博買，募人種佃。以諸司並折博務見在綵，兩路通融應副外，不足，許本司約數奏聞，從朝廷給降。其茶，並令茶事司應副取足。」奉詔，依奏。其茶，於兩倍茶内支撥應副，仍具合用數奏聞。契勘今來若許令熙河蘭湟轉運司取撥茶貨，博買蕃地，不唯違戾已降指揮，兼壞敗本司成法。蕃部以馬易茶，元非本意，必恐因此隳壞馬政。伏望遵依已得指揮，應係茶專充博馬，不得他用。』從之。

二月三日，同管勾成都府、利州、陝西等路茶事、兼提舉陝西等路買馬監牧公事龐寅孫奏：『昨准朝旨，提舉陝西、成都府等路茶馬司屬官六員，叁分中減罷一分，止支與合入資序請給等。已依朝旨裁減外，檢會《茶司令》，諸提舉官所請係省請給，歲（給）〔終〕以息錢計還。《轉運司令》節文：勾當公事官、指使添給，並以本司雜收錢給；如不足，即以茶司頭子錢充。勘會茶、馬兩司屬官並係熙寧、元豐年差置，即非後來緣事創添。兼逐員添給，並於本司雜收茶息錢等內支給，即無侵耗轉運司歲計財用。除裁減外，見存員數輪定〔赴〕兩川及沿邊以來〔五八〕，分頭催促，應副秦鳳、熙河等路博馬綱茶及買戰騎，委是緊切事務。乞將茶、馬兩司減定屬官，許依本司元豐舊法支破請給。內馬司屬官，並依茶司屬官條法，本司管認、撥還。』詔依。

三月二十四日，龐寅孫又奏：『伏見元豐立法，川茶博馬有剩，並許出賣。除名山茶外，有萬春、瑞金、大竹、洋州茶。自來措置，招誘買馬，許中馬蕃部依合得馬價對買外，更許貼買四色綱茶一馱。近承朝旨，川茶專用博馬，即未有許對賣、貼賣明文。欲望除名山茶外，將萬春等四色綱茶，並依舊例，從本司約度蕃馬中賣，並貼賣、對賣與中馬蕃商。餘依元豐舊法施行。』從之。

九月十三日，户部狀：『都大提舉成都府等路榷茶司狀，檢準敕：諸都大管勾成都府等路茶事兼買馬公事支賜、添支，依諸路提點刑獄官則例支破。本部看詳，本司《大觀令》內已有立定。提舉官請給：都大提舉依轉運副使，添支依陝西例；同提舉，依提點刑獄；同管勾，依轉運判官例。今勘當，添支自合依本司令文施行。其支賜，都大提舉，欲依《支賜令》內陝西轉運副使例；同提舉，依諸路提刑例；同管勾，依諸路轉運判官例支賜。』從之。

十一月二十六日，提舉陝西等路買馬監牧公事孫鼇抃奏：『契勘自崇寧四年六月後來，承熙河蘭湟路制置司牒，準御前處分，收買良馬。所買數並足，係本司官吏協力措置，應副茶帛，催督收市。今來除臣不敢僥求（息）〔恩〕賞外，本司官吏乞依崇寧五年十二月九日例推恩。』詔：孫鼇抃特與轉（行）一官。餘依奏。

二年三月二十七日，都大提舉榷茶司狀：『名山茶，準條專用博馬。近年額外汎抛馬數浩瀚，本司逐〔旋〕擘畫，將自來出賣萬春等四色綱茶相兼支折，方能充足。緣博馬茶依條不理年額，（不住）據諸場申陳，稱自將博馬後來，賣茶年額例各虧失。本司今相度，除名山茶準條專充博馬不理年額外，欲將萬春等四色綱茶與理爲茶場歲額，不預推賞之數。仍自大觀元年爲始。』從之。

十月七日，詔：『川茶有數品，惟雅州名山茶爲羌人貴重。可令熙河蘭湟路以名山茶易馬，恪遵神考之訓，不得他用，餘茶博糴，量度茶數，勿使過多。可委陳敦禮措置聞奏。』

二十三日，熙河蘭湟、秦鳳路宣撫（便）〔使〕童貫奏：『奉詔：「國馬所賴非輕，比聞馬數出少，川茶價低。其弊安在？可體訪目今因依，講究悠久利害，可以救正之方」。臣講究得川茶如初榷買，般赴秦鳳、熙河等路應副博馬，係以元買本錢添搭腳税，隨市增減，價例不定。其熙豐間，馬賤，茶價亦賤；即今馬貴，茶價隨市亦貴。近年以來，諸場買馬，比熙豐間雖逐等量有增添茶數，緣元降指揮，每歲買馬以一萬五千匹爲額，今來係以二萬匹爲額，除添五千匹外，逐時又有泛抛匹數甚多。若不量行添搭，深慮無以招誘蕃客收買。伏望且依目今〔斤馱〕收買[五九]。』又稱：『元豐四年，郭茂恂奏請以茶充折外，其餘數支見錢、物帛，增立年額爲二萬匹。比舊額，常買不足。』詔：且依見今斤馱收買。

三年八月二十五日，詔茶馬司餘剩錢物支撥與陳敦復，充熙河路糴買糧草。

四年五月七日，詔熙河、秦鳳等路茶馬（事）〔司〕，應今日以前泛抛買馬、添茶給引博馬等指揮並罷，一切遵依元豐法。仍令提舉茶事司措置施行。

十一月二十五日，詔：秦州場見封樁結罷宣撫司布二萬匹，可盡數撥赴提舉川陝茶馬司支用，疾速行下。

政和元年二月十一日，户部狀：『提舉陝西等路買馬監牧司狀：「今來若〔令〕〔令〕買馬司依舊博買蕃蠻物貨，移用相兼買馬，委是元豐舊法。尋關駕部勘當，欲依元豐年朝旨施行。看詳提舉黎、雅州博易司稱，黎、雅州熙寧年即不曾置〔場〕博易，始自崇寧元年置場博易，至五年正月二十八日朝旨住罷。」本部今勘當，欲依所乞住罷崇寧年所置黎、雅州博易場，並依買馬司檢具元豐舊法施行。』從之。

七月九日，樞密院奏：『尚書兵部申，準政和元年正月二十四日聖旨：「川陝茶馬司自昨降處分，罷添給引博馬，及住泛抛買馬，悉依元豐法後來，自八月至年終，計買馬八千餘匹赴闕。仍用茶數少，減省錢緡八十餘萬。所有兩司官吏，奉法勤恪，協濟事功，可取索當職人姓名，分定等第，取旨推恩。」本部勘會兩司當職官吏職位、姓名。今據買馬司申，勘會到今年正月至二月十日終，又買過馬二千五百八十二匹上京，減省茶計銅錢二十六萬九千餘貫，乞施行。提舉官張翬、李稷，特各與轉一官。管勾文字第一等陳損、王易，特與減三年磨勘，内王易特與循一資，仍占射差遣一次；第二等魏允中、高世祚、彭蟻、許廡，特各與減二年磨勘；第三等魏超、王運，特各與減一年磨勘。吏人第一等，特各支賜絹一十五疋；第二等，特各支賜絹十疋；第三等，特各支賜絹五疋。』詔：依逐項指揮，内使臣減年磨勘，仍依四年法比折。

十月二日，户部言：『提舉陝西等路買馬監牧公事李稷奏：勘會陝西買馬，以茶斤重，立定價例。舊法，上等良馬最貴不過一馱一頭，比因泛抛數多，增添茶數及倍。昨蒙依元豐舊法，其馬價比泛抛頓減茶數，蕃商故生邀勒，尚未肯多將馬出漢。竊緣戎人不可闕茶，欲乞將熙河、秦鳳路諸場四色綱茶，權住出賣。每蕃部中馬一匹，除依條支還馬價外，如願買茶者，仍許依見賣價收買四色綱茶一馱，引領門户買一頭。俟三二年間，馬來往通快，即依舊例施行。』從之。

二年六月二十五日，權發遣提舉成都府、利州、陝西等路茶事、兼提舉陝西等路買馬監牧公事張翬劄子：『契勘洋州茶場歲買茶貨浩瀚，其品搭、催督、般發茶貨，盡繫西鄉知縣，欲乞依名山知縣例，許本司舉辟，比監官減半酬獎。』從之。

三年七月二十七日，都大提舉成都府、熙河蘭湟、秦鳳等路榷茶司勾當公事何漸奏：『契勘雅州名山綱茶專用博馬，山南四色綱茶通賣漢蕃。自大觀四年後來，依元豐法減茶買馬，歲常有儹剩之數。又爲減茶之初，蕃商中馬未致通快，本司措置權住(買)〔賣〕四色綱茶，(立)〔並〕賣與中馬蕃商。其名山茶，除博馬外不許他用。是致川陝諸場庫各有儹積下茶，萬數不少。且以興州長舉縣等兩庫見管名山茶已及五萬餘馱，竊慮所買既多，所用有限，不免陳積。今相度，欲乞將名山茶依條專用博〔馬〕，如有剩數，許中馬人依見買四色茶體例，用市價支(賣)〔買〕，卻將四色茶依舊出賣收息。勘會除儹剩名山茶已降指揮添博收馬外，契勘四色綱茶貼賣與中馬蕃部等。昨指揮俟三二年買馬通快依舊，今來將及二年。』詔：每年將四色綱茶並專充博糴漢蕃斛㪷封樁，不得別將支用。仍逐旋具糴到斛㪷數目，申尚書省。

八月十三日，朝請郎、直龍圖閣、權發遣都大提舉成都府、利州、陝西等路買馬監牧公事張等路買馬監牧公事。張翬劄子：準御前劄子、臣僚上言同何漸劄子，(今)〔令〕相度措置可否、利害，保明聞奏。今檢具前後手詔、敕令及依應相度、措置到下項。

一、準元豐四年七月十八日中書劄子，奉詔，雅州名山茶專用博馬，候年額馬數足，方許雜賣。

一、準馬司格，應熙、秦、岷、階州、通遠軍，各依逐等所定茶馱數，以新茶支折。謂如有見在元祐三年四月新茶，即支四年分茶之數。如蕃部願要銀、紬、絹，洋州茶、大竹茶之類，並許各依見賣實直價例算請，更不限定分數。

一、準崇寧四年十二月十二日奉聖旨，諸川茶非博馬輒陳請乞他用者，以違制論。

一、準崇寧五年六月二十四日聖旨，應係茶並專充博馬支用，餘依崇寧四年十二月十一日朝旨施行。

一、準大觀元年三月二十五日敕，中書省、尚書省送到龐寅孫劄子，奉聖旨，依所申，他司不得侵用。

一、準大觀四年正月七日樞密院劄子，三省、樞密院同奉聖旨，熙河、秦鳳等路茶馬事，應今日以前泛拋買馬，添茶給引博馬等指揮並罷，一切遵依元豐舊法。仍令提舉茶事司措置施行。

一、準大觀《榷茶司令》節文，諸名山茶，依舊樁留博馬外，如買馬司闕博馬數多，闕支用，委提舉司即時應副。有剩，從本司相度貼賣與中馬人。又準敕，諸名山茶博馬外剩數，非中馬人輒支賣者，杖一百。

一、準政和元年十月二日敕，中書省、尚書省送到户部狀，準都省劄子：奉聖旨，提舉陝西等路買馬監牧公事李稷奏，奉聖旨依。

一、臣契勘：名山茶自熙寧榷茶之初，本以博馬。至元豐四年，計其馬足積羨，聽以出賣，實爲通法。繼復有並用大竹、洋州茶博馬之議。建中靖國年，始有許將名山茶餘數止對賣與蕃商之論。大觀中，又有權住賣四色綱茶，令對賣門户蕃商之請。然臣考利害之實，元豐之制，最爲要準。而後人之請或趨一時之利，不可爲典要。或川秦首尾相戾，不達利害之實，姑以職事陳請而已。蓋除馬司博馬外，茶司自有歲額，必待售茶而辦。其四色綱茶，實爲茶額根本。秦、熙兩路漢民，所售食茶不多，而淺蕃熟户並煎四色綱茶。遠蕃多嗜名山茶，間有姦商詭用綱茶、粗硬食茶罔之者，亦能區别。若將名山、四色綱茶一切禁之不賣，必致茶額不敷，出茶無藝，顯難屬饜而害馬政。惟斟酌非實馬足茶羨則貨之者，是通法也。其對賣尤非利害，徒益門户蕃人。乃熟户蕃族之爲駔儈者，與官場吏卒乘便爲慝，贏取官息，其利不及生蕃，於馬未始加益。若將名山茶、四色綱茶依元豐舊制，從本司參量合用博馬茶外，剩數轉易，回本入川，惟不得害馬政、妨茶額。元豐時雖曰兩司，而提舉官一以任責，苟其才下，亦能約量，不致乖戾，自取譴責。今相度，欲乞應名山茶、四色綱茶專用博馬，餘數聽本司量度轉易，回本入川，不許輒將他用。臣契勘昭化、順政、長舉庫積茶，以今年五月中旬狀考之，僅有五萬九千四百馱。蓋昨緣大觀四年前，利州路凶歉，至今居民事力未能如舊，故其昔日甲頭、脚户流莩之餘，存者逋負夥甚，雇召不行。臣比欲草具建明，乞將興元府至永興軍一帶，減下舊額茶鋪兵士七百餘人，並聽本司於洋州至興元府添立鋪，其餘添隸長舉至秦州諸鋪運茶，則永遠不致積壓。其廩給，自係本司錢内支給，一切不預别司調度。又應川界轉般茶諸邑，今辟舉有經三年，礙吏部格，雖辟書數上，終無一人得注授者。攝承之吏，玩習歲月，寖以隳弛。又臣嘗建議，乞應本司辟官，乞破格差注一次，已蒙朝廷聽行，而吏部終以合注承務郎以上者，不許降用選人。今五年，竟未有差注。臣又嘗建議，乞將〔撥〕發茶場庫監官、縣令，如成都府排岸司、興州長舉縣裝卸庫、興元府西縣轉般庫監官、綿州巴西、利州昭化、三泉，興州順政、長舉，興元府南鄭、西縣知縣，計十處；每撥發茶及四萬馱，無闕失，與減二年磨勘。以其諸縣如長舉、昭化之類，多是僻小去處，既難得人肯就，及專任茶司事務而有責無賞，誠非勸沮之道，至今未奉指揮。積是三年，茶或滯留，滯而通之，可久無弊。臣今相度，欲乞應興元府至永興軍一帶，減下舊額茶鋪兵士七百人。並令榷茶司措置，於洋州至興元府西縣，添置茶鋪，各請兵級人數外，將其餘數分添入長舉縣乾渠鋪至秦州赤谷鋪，並依茶司自來例施行。應熙、秦州路榷〔茶〕司所辟官，承務郎以上；選人、大小使臣，並許互換通舉。謂如承務郎以上知縣處，亦許奏舉選人；〔選人〕知縣處，亦許奏舉承務郎以上。不以有無拘礙，並行注差〔六〇〕。應撥川茶路地分：成都府排岸司、興州長舉縣裝卸庫、興元府西縣轉般庫監官，綿州巴西縣，利州昭化、三泉，興(川)〔州〕順政、長舉，興元府南鄭、西縣知、令，每撥茶及四萬馱無違闕，與減二年磨勘。

貼黄稱：『契勘臣僚上言，儹積茶五萬餘馱，約計每馱二百七十三貫文省，係鐵錢舊價。緣自今年奉行夾錫錢寶後來，每馱一百貫文省，以見茶數約計錢五百九十餘〔萬〕貫文。』

又稱：契勘吏部及八路差官法，無本等人亦聽破格差注。檢會下項：

一、政和三年七月三日敕，榷茶司狀：『朝旨令買馬司每年添買二萬匹。合用茶，令計置茶本，從朝廷應副取到(狀)。自減茶博馬後，每年約儹剩茶一萬四千餘馱，內利州昭化庫見在(在)名山茶四萬二千一百六十五馱，興州長舉庫見在名山茶八千六百一馱，其餘場庫未在其數。奉聖旨，據今來合添買收馬二萬匹，所用茶，於儹剩名山茶內支撥應副博馬。仍令榷茶司，今後每年寬剩計置茶一萬馱，盡數充添買牧馬之用。其合用茶價，仰具數申尚書省。所有歲額博馬茶如有剩數，亦仰裒同應副添買牧馬之用。』

一、政和三年七月二十八日敕，何漸劄子：『乞將名山茶依條專用博馬，如有剩數，許中馬人依見買四色茶體例，用市價支賣，欲將四色茶依舊出賣收息。契勘四色綱茶貼賣與中馬蕃部等，昨降指揮，俟三二年買馬通快依舊，今來將及二年。奉聖旨，每年將四色綱茶，並專充博糴漢蕃斛㪷封樁，不得別將支用。仍逐旋具糴到斛㪷數目，申尚書省。』

一、政和三年六月七日敕，户部狀：『榷茶司申，乞立定成都府排岸司、興州長舉縣裝卸庫、鳳州轉般庫〔監官〕，綿州巴西縣，利州昭化、三泉，興州順政、長舉縣，興元府南鄭、西縣〔知縣、縣令〕，任滿收發過茶無失陷欺弊，提舉司保明，每四萬馱，與減磨勘二年；如不獲抄附失陷一萬馱，展磨勘二年。其承直郎已下賞罰，並各比類施行。二分以上，依差替人例。本部看詳：本司申乞，即係累賞，竊恐太重。今勘當：欲依巡轄般茶鋪使臣任滿（去）〔法〕減磨勘一年，先次指射家便差遣。餘並依本司所申事理施行。』詔：除名山茶博馬、四色綱茶博糴，並撥發官等賞罰，並依近降指揮外；其措置鋪兵依奏，餘不行。

五年五月七日，詔：『茶事司循法舊制，特許辟官。訪聞比來不顧公議，多引四川土人。今後辟官，不許奏辟土人，已辟官並罷。仍（着）〔著〕爲令，違者，奏舉官並被舉人並降名。』

六年二月十九日，樞密院言：『同管勾成都、陝西等路茶馬監牧公事程唐奏：「勘會本司遵奉聖旨，依元豐舊法減茶買馬。臣到任，措置陝西買獲馬四萬五千二十一匹，收税息錢四百八十三萬五千餘貫。」契勘陝西自承朝旨復行錫錢，物價已平，是致鬻茶通快。今且以熙、秦路共收到税息四百七十萬三千四百餘貫，比類增羨，委是本司官吏協力，粗有成效，乞等第推恩。』詔：程唐除直秘閣外，餘分優等及第一、第二、第三等。優等轉一官，選人循兩資；第一等減三年磨勘，選人循一資，占射差遣；第二等減二年磨勘。疑有闕文，今檢未獲。人吏支賜絹：優等二十匹，第一等十五匹，第二等一十匹，第三等五匹。

七年三月十五日，詔：『管勾川陝茶事程〔唐〕應副陝西運司年額有勞，可特除右文殿修撰。其合用收買四色綱茶本，仰尚書省每歲給降度牒三百道，付程唐，自政和六年下半年爲始。』

四月二十五日，提舉成都府等路茶事郭思奏：『政和五年分，川陝收到茶息錢三百七十一萬一千一百七十二貫，其支用外，見在一十一萬一千九十八貫七百五十文省。取到諸州〔牧〕〔收〕附年帳申尚書省外，別有三十五萬貫糴到斛㪷，爲秦州本司取會未足，附次年帳供申』。詔：郭思賜紫章服。

宣和三年四月二十四日，朝奉大夫何漸奏：『臣竊惟川陝榷茶之法，本以市駿實邊，使茶無滯貨，則馬來數多，邊備充足。臣頃承乏使事，措置雇發沿路積滯茶馱，悉至邊場，頗見其利。比宣和元年茶司奏計，在臣替罷數年之後，是舉官程唐具奏，尚稱用臣計置茶貨博馬，減省錢緡。此有以見雇發之利，其博如此。今任適當川陝茶馬之衝，伏見利州昭化、興州順政、長舉三縣，雇發最爲衝要，累年縣令悉係權攝，深恐檢察不專，復有積壓之患。臣愚欲望〔聖〕慈特加訓敕〔六一〕，應雇發地分闕官，令茶司遵依元豐成憲，以時選舉，庶幾得人任職，利源增廣。』吏部供到川陝榷茶雇發地分知縣，見今依元豐法，榷茶司與本路轉運司同共選差：永康軍青城知縣，蜀州永康知縣，雅州名山知縣，漢州德陽知縣，利州昭化知縣，見闕。漢州雒縣知縣，邛州依政知縣；利州綿谷縣令〔六二〕，興州順政縣令，見闕。興州長舉縣令。詔依元豐法。

八月十二日，何漸又奏：『竊惟神宗皇帝肇建茶、馬兩司，吏員多寡，稱事繁簡。後來因事增員，不無冗濫。乞應添置員闕，悉遵熙豐成憲。』從之。

十一月十二日，吏部奏：『檢會提舉成都府等路茶馬、兼買馬監牧公事宇文常狀：準敕陞充提舉，即不帶「都大」及「同」字，所有序官限指揮。勘會宇文常係同管勾茶事，準敕陞作提舉。其《榷茶司令》文内，即無立定提舉茶事序位之文。本部今勘會，欲將宇文常序位在陝西、熙河蘭廓路轉運副使、諸路轉運使之下，諸路轉運副使、提刑之上。今年四月四日，詔依吏部申。勘會張有極元受敕内亦不帶「都大」及「同」字，與提舉宇文常事體一般。所有序官，未審合與不合，依宇文常已得指揮。』詔：依宇文常所得指揮施行，今後準此。

十二月十八日，詔：川陝買馬萬匹，提舉茶馬司郭思、張有極及官屬等，陞職進官有差。

四年四月十一日，樞密院奏：『勘會提舉陝西等路買馬監牧司(茶)〔恭〕承聖訓，遵依元豐成法，減茶買馬。宣和二年八月至三年十月，買獲馬二萬二千八百三十四匹，計減省錢二百八十五萬六千五百餘貫有畸。今具秦、川兩司合推賞官吏職位，姓名下項：提舉官郭思、張翬、宇文常、何慚，内張翬、宇文常各特與轉一官，宇文常轉行；郭思、何漸所歷月日不多，更不推恩。屬官優等，管勾文字夏思忠、勾當公事馬沖，各減三年磨勘；進義副尉張佾，減(一)〔二〕年半磨勘。第一等，管勾文字李伸道，勾當公事趙子游、劉勣、韓洪，各減一年半磨勘；第二等，管勾文字程敦臨，勾當公事范洪、張籛、劉子明，各減二年磨勘；第三等，勾當公事萬俟詠、李與同，各減(二)〔一〕年半磨勘。本司人吏優等，減二年磨勘，候出職日收使。第一等，各支賜絹八疋；第二等，各支賜絹六疋；第三等，各支賜絹五疋。』詔：特依逐項指揮，内磨勘年限不同人，依四年法比折，選人依條施行。

五年十二月十五日，樞密院奏：『勘會提舉陝西等路買馬監牧司恭依聖訓，遵守元豐成法，減茶買馬。宣和四年九月至宣和五年九月，買到二萬一千九百四十四匹，減省錢三百二萬六千五百六十貫文。今具秦、川兩司合推賞官吏職位、姓名下項：提舉官何漸、韓昭，各特與轉一官。屬官優等，管勾文字晁公邁、勾當公事范洪，各減三年磨勘；第一等，管勾文字劉黻、侯篪，勾當公事何掄，各減二年半磨勘；第二等，管勾文字程敦臨、勾當公事張籛，各減二年磨勘；第三等，勾當公事王城，減（二）〔一〕年半磨勘。人吏優等，各支賜絹十疋；第一等，各支賜絹八疋；第二等，各支賜絹六疋；第三等，各支賜絹五疋。』詔：特依逐項指揮，內選人令吏部依條施行。

六年八月十九日，都大管勾成都府等路茶事王蕃狀：『伏見前提舉官何漸昨具奏，爲闕官，逐急擇人權攝。欲乞將本司熙豐以來不拘常制許辟員闕，依元豐舊法，不得並差川人。及依近降指揮，不得奏差知州外，餘並許臣踏逐選擇公廉練達之人，不拘常制，指名奏差。奉御筆，依所（奉）〔奏〕許辟一次。後來何漸除奏外，見餘未曾奏辟去處。欲乞依已降御筆指揮，許蕃依何漸申請，不拘常制，指名奏闢一次。』從之。

七年五月二日，詔茶馬司辟官，並依元豐法。

十月三日，吏部奏：『權提舉成都府等路茶馬公事韓昭奏：「契勘本司窠闕，遵奉元豐成法，合從本司不依常制奏差。今踏逐到宣教郎王滋，乞差通判興元府；承事郎安邠，乞差充都大提舉榷茶司勾當公事；忠翊郎王義夫，乞差充階州買馬監押。」勘會王滋前任清州司户曹事，三考得替，磨勘改官，合入初任知縣資序，其興元府通判，依熙寧格係注通判人，即不係應入窠闕。兼有礙元豐令，雖不拘常制，不得奏差。茶馬司勾當公事，雖許本司奏差，緣提舉茶馬係二員，依政和令連書，或一就奏舉。今來韓昭獨〔御〕〔銜〕奏差，礙前條法。階州兵馬監押，係提舉陝西等路買馬監牧司闕，今來本官稱本司窠闕，合從本司不依常制奏辟，緣即無許舉買馬監押之文。兼王義夫不應材武，見係監當資序，依條不許舉辟。』詔令吏部行下。

欽宗靖康元年五月十五日，詔：『川陝所起歲額綱馬，全藉茶貨博買。訪聞自近年以來，買馬司不切用心，預行措置樁備，及將茶貨等輒以他用。是致收買馬不能敷額，緣此積年闕馬數多。雖已降處分，不得以茶及本息錢博買珠玉等並收羨餘，尚慮不爲遵奉，巧倖侵欺，轉易他用。可令本司今後將合博易茶貨等，預行樁備，不得轉易他用，專充買馬。仍令買馬路分走馬承受，每年取索所得茶貨等，子細驅磨，支使有無侵欺、轉易他用。若有違戾，其買馬司應干當職官吏，並以違制論。』以上《續會要》。

高宗紹興四年七月二十九日，熙河蘭廓路經略、統制熙秦兩路軍馬關師古言：『本軍所管戰馬不多，乞支撥川茶於洮、岷州界博換，應副使用。』詔令宣撫司支茶博馬〔六三〕。亦令本司別作相度，多方應副。

五年十月四日，樞密院言：『已降指揮，於永康軍、威、茂州置場，以茶博馬，並文州等處買馬。其當職官如博買到馬數多，乞與推賞』。詔：每歲各博買到四尺三寸以上堪披帶馬，每一千匹與轉一官。如買到出格堪好馬，更優異推恩。仍令宣撫副使邵溥同提舉買馬官趙開措置，疾速廣行博買，及於宣撫司選差諳曉馬事屬官一員，專一在諸州軍催促博買。候見就緒，亦當推恩。

七年閏十月二十七日，宰臣趙鼎言：『得旨復置茶馬官，舊有主管茶馬、同提舉茶馬、都大提舉茶馬凡三等。』上曰：『此猶轉運使、副、判官之比也。若擇得人，當考其資歷命之。茶本以博馬，而近來猶聞博珠玉及紅髮之類。珠玉今日固無用，紅髮特爲馬之飾而已，亦何所用，須一切禁止〔六四〕。』

十三年八月三日，詔：敘州通判，依崇寧三年指揮，許行辟差才幹官管當買馬職事。從都大提舉茶馬所請也。

十月三日，都大主管成都府、利州、熙河蘭鞏、秦鳳等路茶事、兼提舉陝西等路買馬監牧公事賈思誠言：『茶馬司措置般運茶貨，博買西馬，所有茶事，通判、縣令、合同場監官及買馬都監，全藉有材幹官究心職事，乃能辦集。自軍興後，其轉運司多不照應條法，卻將本司合專辟、並同共奏差窠闕，更不選擇人材，止以名次高下，一例出闕注擬。多致非材，曠廢職事。乞下逐路轉運司，遵依敕條施行。』吏部勘當，欲將洋州西鄉知縣，興州通判，長舉、順政知縣，階州都監，興元府監税兼合同場官，並令本司依敕條辟差施行。從之。

十四年二月十一日，都大提舉茶馬司言：『諸買馬司幹辦公事官任滿，催督諸場買馬歲額敷辦，提舉司保明，與減二年磨勘；不及八分，展二年磨勘。契勘川路歲額，黎州三千匹，文州一千匹，敍州八百五十匹，長寧軍三百九十五匹。內敘州、長寧軍並係羈縻遠人，除敘州及額外，其長寧軍累年不敷歲額，所屬官合得酬賞、保明未得。欲乞許令本路將諸處通計，若敷及歲額，即依條保明推賞。』詔許權將黎、文、敍州三處溢額馬數，通計推恩，仍戒約長寧軍不得因而爲弛。

十六年四月二十七日，御史中丞何若言：『四川茶馬司逐年起發馬數，差人管押，赴行在交納。緣所差牽押兵士別無交替，道路遥遠，經〔步〕〔涉〕月日，人力既自疲乏，加之在路草料間有不時，其馬多至死損，甚者十之四五。牽押兵士恐坐罪責，往往逋逃。況馬綱所至，州縣懼怕羸馬在界倒死，卻乃支折價錢，遣促起離，人雖受錢，馬不得食，適以爲害。欲乞將四川茶馬司綱馬(走)〔赴〕行在交納者，並依廣西路已得指揮，自起發州軍差使臣、將校等外，其牽押兵士逐州軍交替。遇有起發綱馬，預行(闕)〔關〕牒前路州縣。仍乞申：敕提舉綱馬及〔點〕檢官司〔六五〕，嚴行督察所屬州縣，遇綱馬到驛，即時支給本色草料，並不得折支價錢。其合差承替牽押兵士去處，前期差定。如敢違戾，重作施行。如此，則人不致於涉遠逃亡，馬不至於闕食倒斃。』詔：令四川茶馬司參照已降指揮措置，申樞密院。

十八年七月一日，詔：南平軍買馬，每歲權以三百匹爲額。候及三年，取酌中之數，立定歲額。令茶馬司比類諸場條格賞罰施行，從兵部所請也。

八月十六日，都大主管成都府、利州等路茶事兼提舉四川等路買馬監牧公事韓球言：『川路諸場買馬，內南平軍所買到並係出格良馬，堪充披帶。昨點檢得本軍遞年買馬，比元初措置年分並各虧少，緣本軍僻在一隅，難以檢察。照得叙州年額買馬，事委知、通主管。內通判，從本司依文州條例奏舉。其本州所買馬，十無一二堪充起綱。今相度，欲將叙州通判員闕，兑易南平軍通判，從本司依條奏舉。其叙州通判員闕，依舊歸還轉運使司闕〔六六〕。』從之。

十一月二十四日，韓球又言：『買馬州軍官員、諸色人違法與蕃蠻吏私博馬，本司已立賞，出榜禁止。訪聞尚有窮乏之人不顧條法，卻販茶(綿)〔綵〕等前去買馬附近沿邊州軍，誘引蕃蠻將馬前來中賣。如威、茂州後蕃，係接連熙河，亦嘗有蕃蠻將馬前來，與諸色人博易。不唯寖久有壞馬政，兼恐引惹踏開生路，於邊防不便。欲望將本司見管巡捉私茶使臣、並買馬州軍管下巡尉，許令巡捉諸色人私與蕃蠻博馬。內有透漏去處，以匹數比附透漏私茶條法，斷罪施行。』從之。

二十年十一月一日，詔：都大提舉四川茶馬司幹辦公事官一員，依舊於遂寧府置司。從本路諸司請也。

二十二年二十一日〔六七〕，詔：『四川都大提舉茶馬司起發綱馬，所差管押使臣，往往不識馬性，飲餵失時，致損斃數多，虛費財計。可令吴璘、楊政，每綱選差慣熟、有心力、諳曉養馬使臣二人，將校一名，醫獸一名，兵士二人，添破本等驛券錢米，專充管押。其牽馬人兵，令茶馬司依例差撥，賞罰〔依〕見行條例。』

二十三年五月一日，樞密院言：『茶馬司差使臣等押到馬綱，内有瘡疥瘦瘠馬數，依近降指揮，更不推恩。若本綱馬内有瘡疥、瘦瘠，依寄留、倒斃馬數除豁，及依得見行條法，不礙推賞。』詔：（衣）〔依〕舊格推賞施行。

二十五年三月十四日，詔：『西和州宕昌買馬，自來用茶博買。緣客人艱於般運，卻將茶於私下博絹前去。可令茶馬司措置，自後兼用茶、絹，聽客人從便博買。』

二十六年六月三日，利州西路安撫使、御前諸軍都統制吴璘言：『宕昌馬場，年額買到馬十分爲率，内撥二分應副支使。其茶馬司自紹興二十一年至二十五年分，應副二分馬共三千六百餘匹，未曾支撥。緣璘見管入隊馬七千餘匹，皆齒歲過大，若三五年之間，盡不堪乘騎。不惟虧損馬額，亦恐緩急有妨使喚。乞下茶馬司，將紹興二十六年合撥二分馬，依元降指揮早賜支撥。所有拖欠以前年分未撥馬數，恐難一併支撥，欲乞作五年帶發，支赴本司，所貴緩急不致闕事。』詔：令茶馬司將二十六年已後合撥二分馬，依已降指揮應副，不得拖欠。其積下馬，逐旋收買補發。

十二月十二日，樞密院言：『黎、文、敘州、長寧軍、南平軍等處互市買馬，以銀、絹、錦、綵折博。近年，茶馬官韓球等或拘收正色銀、絹，輒將他用。卻以積欠物數兑博馬，致欠少客人馬價，或大估銀絹價充數，或先給關子，銀、絹後時方到。及諸州知、通、買馬官不法，又借那支用，或巧作從物等，或賤買所博馬銀絹、關子，以致蕃客不肯將馬出賣。』詔：令茶馬司將博馬銀絹等並預期排辦，即不得依前大估價錢，及擅將他用，留滯客人。如諸州有違戾去處，按劾聞奏。仍令四川制置司常切覺察。

同日，樞密院言：『茶馬司所差廂禁軍牽馬，近年分差不公。如潼川府、夔州路轄下州軍，廂兵不足，科傔人；錢引，卻於附近州軍越數科差。前期追集雜役，馬務官吏（雪）〔急〕令於秋冬間打生草餵馬，卻收所破草料入己。人疲馬瘠，以故起綱多有倒損之數。』詔：令茶馬司今後遇起馬日依數差撥，即不得前期科差雜役。其偷盜草料官吏，令本司常切覺察，如有違戾，按劾聞奏。

二十七年二月十一日，樞密院言：『茶馬司歲額收買西馬，西和州三千六百餘匹，除二分七百二十匹應副四川制置司外，餘數並階州五百匹，循環撥付殿前、馬、步軍司。』詔：令茶馬司於西和州、階州歲額外，更措置增添博買，先具每歲添買數目，申樞密院。

三十二年五月四日，總領四川財賦軍馬錢糧、專一報發御前軍馬文字、兼權提舉秦司買馬監牧公事王之望言：『承成都府都大提舉茶馬司牒，分撥利州以東至陝西州軍並興元府、洋、興州等處（權）〔榷〕茶買馬職事。照得被受前項指揮，止是兼權提舉秦司買馬監牧公事，所有茶事，未曾承準指揮，未審今來如何繫階？』詔：依見今川司提舉王弗繫階，帶茶馬職事。以上《中興會要》。

孝宗隆興元年四月七日，四川安撫制置、都大提舉茶馬、成都府路提舉轉運司（舉）〔奏〕：『黎州歲額買馬三千匹，全藉知、通同共措置。通判闕，元係茶馬司奏辟。昨緣一時申請，併歸銓選，憑不得人，難以責辦。乞從茶馬司依舊法選官奏辟。」吏部勘當，欲依逐司所乞。從之。

乾道元年二月十四日，四川茶馬陳彌作奏：「臣契勘本司舊管幹辦公事三員，準備差使二員。緣近降指揮，止存幹辦公事二員，竊恐本司管四路，事繁地遠，全藉屬官分責，與他司事體不同，欲乞復置幹辦公事一員，仍乞許臣選才辟差，免致闕悮。」從之。

同日，又奏：「馬政爲今日要務，比年官屬曠職，寖成墮壞。欲乞將茶馬司元辟差闕，依祖宗舊法。內除守臣係朝(年)〔廷〕選授，如有貪懦不職，按劾以聞。其餘許從本司辟置，或已在任待闕人，亦(計)〔許〕臣銓量，庶幾人知勸沮，悉皆激厲。」詔：買馬州軍通判，(令)〔令〕茶馬司依舊法奏辟。

二年七月八日〔六八〕，四川宣撫使吳璘奏：「準樞密院乾道二年四月五日劄子，提舉四川茶馬陳彌作奏：「本司買馬，係川秦兩司文、黎、珍、敘、南平、長寧軍六州軍年額。川馬五千六百九十六匹，係應副江上諸軍；階之峯貼硤、西和之宕昌兩處年額〔六九〕，共買馬四千一百五十匹，係輪年應副三衙。緣秦司去本司二千餘里，專委本司屬官前去措置收買。自八月開場以來，祇買過馬二十八綱。近據屬官趙永申，自十月十五日以後將及一月，無匹馬到場。續得宕昌買馬官王德俊申，准宣撫司分委屯駐將官收買進馬，不限數目。竊見宕昌、峰貼硤雖係兩處置場，地里相距不遠，只洮、疊州一路蕃客前來入中，自(至)〔置〕市以來，止有此數。若是本司與宣撫司爭買，不惟蕃客觀望，重有所激，又兩司各不相照，致有私販，實爲未便。欲乞將秦司馬併於宣司買發，本司依年例應副茶帛，庶幾事權歸一，共濟國事。」(照)〔詔〕依。臣今契勘，宣撫司自隆興元年被旨收買進馬，節次發過馬四千匹，並係續觱任內，兩司各無相妨。自陳彌作到任，本司又得旨買發進馬五百匹，每匹價錢止是二百餘貫。茶馬司價錢比本司非不高大，止緣茶馬司拖欠蕃客價錢，致馬來少，今卻稱臣高價攙買。緣臣所買進馬，並係續觱任內，自有年月可考，即與陳彌作到任後買馬並無相干。兼照祖宗成法，專置茶馬司措置買馬，他司不得干預。況宣撫司事務繁冗，難以更與茶馬司（在）〔任〕買馬之責，乞下茶馬司遵守成法。』從之。

九月一日，吏部狀：『準都省批下四川茶馬司奏，檢察買馬，非祖宗舊制。緣本司一時添置，初無毫髮之補。月費俸給三百餘千，佔役吏卒四十餘人，無以支給，不免侵移博馬錢帛，致欠蕃蠻馬價，爲害非輕。欲乞依法省罷，所有買馬職事，乞依舊法，令知、通、監押，協力任責』。從之。

二十七日〔七〇〕，四川茶馬司奏：『宕昌隸西和州通判，係本司辟官，專一措置買馬。緣知西知州係武臣，通判職事非一，不容專往宕昌，今欲添差通判一員，不敢創置，止於本司屬官內差京朝官幹辦公事，兼知主管宕昌簽聽職事，請給、人從依舊，非唯職任專一〔七一〕。』

十月三十日，刑部狀：『據茶馬司申〔七二〕：「園户收販茶子入蕃界，已有申獲罪賞指揮，近有將茶苗公然入蕃博賣，深屬不便。欲望行下，並依茶子罪賞施行。」事送部勘當，本部檢照紹興十二年指揮，園户輒將茶子轉賣入蕃及買之者，並流三千里，不以赦降原免。告捉，賞錢五百貫。內園户仍將茶園籍没入官〔七三〕。州縣失覺察並透漏，當職官並徒二年科罪。照得茶苗栽種，不過二年便可採摘，比茶子爲害尤重。今欲下刑寺審覆，行下本司，遵守施行。』從之。

十月三十日〔七四〕，户部准都省批下四川茶馬司申〔七五〕：『契勘階州知、通係堂除，非本部闕。准乾道元年指揮，買馬州軍通判，許令茶馬司依舊法奏辟。』從之。

十二月十四日〔七六〕，四川宣撫使司奏：『據茶馬司申：「川、秦二司元管屬官八員，因併秦司歸川司，裁減三員；後來又減罷川司兩員，見存三員。各分一員，專一主管成都、興元、遂寧府簽聽。今於鳳州河池縣置司，所有簿書、倉庫儲積之類，必藉屬官管幹。欲乞於減罷秦司屬官三員内，再行辟置秦司幹辦公事兩員。一管幹宕昌買馬事務，一管幹河池縣秦司簽廳。令本司於京官内踏逐諳曉馬事之人奏辟，乞賜敷奏。」契勘未軍興以前，陝西岷、階州並川路，歲額買馬共八千七百四十六匹，今每年買馬一萬九百六十六匹，比之元立歲額委是增多〔七七〕，闕官分幹。欲乞許令辟幹辦公事、准備差遣各一員。』詔（時）〔特〕許添置准備差遣一員，令本司辟差。

三年二月六日，執政進呈陳彌作言，乞免四川茶馬司積欠綱馬，卻從日下年分催促。上曰：『可依所陳行下，自此立罪賞，苟或違戾，必重作行遣。』（評）〔詳〕見此門茶馬〔七八〕。

四年三月十七日，四川宣撫使虞允文奏：『照得祖宗朝都大提舉買馬官於秦州、成都各置司，居治各半年。排發馬月分〔七九〕，居秦司；訖事，即歸川司，措置發茶並買馬物帛之類〔八〇〕。（令）〔今〕欲依倣舊制，於鳳州河池縣置秦司，既近宕昌，買馬之弊可以稽察，又措置收養，最爲便利。』從之。

同日，四川宣撫使虞允文言：『都大茶馬司應副三衙歲額馬，共三千五百五十五匹，累年常是拖欠一千匹上下。自張松到任，於去年八月開場，至今年正月終，買發數足。望於松職名上特加陞進，以爲方來之勸。』詔特與轉一官。

五年二月二日，四川茶馬司奏：『准隆興元年續觳申：「獲降指揮，將諸處捉到私茶，依龍安縣體例，如園户犯私茶及十斤以上，其户下茶園，估價召人承買。五分没官，五分還犯人田價。」竊詳申請本意，止謂禁絶園户不得私賣與販人，虧損官課。今來園户或有批歷違限，或有歷不隨茶，或有借歷批賣，或有茶數與歷内不同之類甚多。州縣一例拘没茶園，致窮民破家失業。欲望特降指揮，若不係正犯私茶，秖乞照應見行條法斷罪理賞，免行拘没茶園。』得旨：今後茶園户私販茶，並依舊法。其續觳申請指揮，更不施行〔八一〕。

四月十四日，兵部申：『茶馬司差使臣，自成都府及興元府押馬至漢陽軍馬監。全綱至，倒斃不及二分，減半年磨勘；倒斃、(至)〔寄〕留及二分至不及三分，展二年磨勘；倒斃、寄留及三分，降一官資。每增及一分，更展一年磨勘，餘分數準此遞展。若綱内看驗得瘡疥瘦瘠，合依寄留、倒斃馬數除豁。今來茶馬司所發綱馬到監寄留、倒斃數多，取旨。』詔：今後茶馬司所發綱馬到監，將寄留、倒斃及四分已上押馬使臣並所押綱馬，令趙樽差人管押，赴樞密院聽候指揮。

七年五月十二日，四川茶馬司奏：『照對本司黎、文、叙州、南平軍等處互市綱馬，專用錦綵折支。本司自置錦院一所，盡拘織機户就院居止，專一織造，不許在外私織。昨奉朝廷下成都〔府〕路轉運司，織禮物錦一千疋。緣提舉官在秦司，其轉運司徑行勾差本司錦院機户，就近織造，致機户夾帶、私織販賣，竊慮事妨馬政。今後如要織禮物錦，欲乞行下諸司，將合用官錢付本司，就錦場織就，撥赴諸司起發。庶可革私販，免害馬政。』從之〔八二〕。

五月十五日，四川茶馬司奏：『檢准令節文，文州買馬，通判奏舉知縣以上資序人。又準隆興元年本司奏，乞將文州通判從本司奏辟，吏部行下，令同本路提刑、轉運司審度，連書保奏。今逐司奏：文州買馬，係（興）〔與〕化外蕃交易，全藉通判措置招誘。舊係茶馬司奏差，後緣一時申請，（今）〔令〕本路運司銓注，竊慮不得其人，難以責辦職事。若從茶馬司依舊選官奏差，委是經久利便。』吏部再勘當，依逐司審度到事理施行。從之。

七月十二日，茶馬司奏：『川、秦馬司互市之地，惟西和、階州並是西馬，比諸州爲最上。歲管四千二百七十四，應副三衙並四川宣撫使司。本司津致茶帛，應副博買。歲費壹百餘萬，全藉所屬州郡禁戢私販，招誘蕃商，協力趁辦。今文、黎等六州軍知、通，並帶主管買馬事；西（河）〔和〕、階州，舊法止是提舉買馬，並不帶主管買馬事。兼兩州通判，未係本司奏辟。馬之增損，既無賞罰，全不介意。照得宕昌等處即非無馬，止緣知、通不（識）〔職〕，縱容盜販，減尅茶帛。若不控告，朝廷無緣革弊。欲乞將西和、階州通判，依乾道元年指揮，從本司奏辟。仍一依文、黎等州，知、通專一主管買馬事，賞典亦比類文、黎州見行條法。如買馬不及九分已上，展磨勘三年，知、通並令赴本司批書，候馬額足日放行。庶幾州郡有所懲勸，不致有悞馬政。』批送兵、吏部勘會申奏。兵部：『契勘岷州買馬，自來係專委都監，其知、通止是提舉。今令知、通專一主管買馬，不須更差都監，庶事權歸一。』吏部：『兼通判可以督責本州界内蕃兵，防護馬客，及措置應辦草（判）〔料〕，禁止私販，委爲利便。乞從本司選辟諳曉馬政之人。若買馬充額，除依關外四州合得邊賞外，仍依已得指揮，將通判買馬酬賞推給。又有西和州茶場監官一員，緣極邊無賞，文臣不願就，本司止差小使臣權攝，多不辦事。契勘本處收支買馬錢、銀、茶、絹，動計數百萬，全藉廉勤、諳曉錢穀官管幹。欲乞從本司於文武四選通辟，許依關外四州合得邊賞外，如任滿錢物無欺弊，乞減二年磨勘，選人循一資。庶幾有以激勸，率皆效職。』從之。

八年六月五日〔八三〕，宰執進呈殿前司使臣李師勍押馬倒斃之數。虞允文奏曰：『自蜀至漢陽，止寄留二四；自漢陽至此皆平路，卻死損幾半，見存者皆瘦瘠不堪，乞重作行遣。』上曰：『宜從重典，仍先令殿前司取問因依。』梁克家因奏：『李舜舉昨有劄子，云取馬軍兵多東南新募之人，不諳馬性，今後取馬乞於效用内選差。臣未以爲然。蓋取馬類有賞，舜舉所云，殆爲效用轉資之地。』上曰：『然。』允文奏曰：『臣昨與舜舉言，今後取馬，不如差闕馬官兵自往，馬既着腳，自然護惜，不致損斃。舜舉亦以爲然。』上曰：『極是，前未有講論及此者。部押使臣亦須差訓練官以上，庶幾軍校有所畏憚，則沿路不敢怠於芻秣矣。』允文奏曰：『俟招三衙，與之議定，别議指揮進呈。』上曰：『甚〔善〕。』

九年二月二十一日，樞密院奏：『勘會四川茶馬司起發到三衙綱馬赴行在，並經由承旨司審驗，所有江上諸軍理宜措置。』詔：令總領所遇綱馬到，並須審驗格尺、齒歲，具有無齒、老、病患、低小數目申奏。

二十三日，樞密院奏：『所置漢陽軍收發馬監，遇茶馬司發到綱馬，並許歇泊一月。將肥壯無病者排發，其病患、瘦瘠者責令看養醫治。今到監日久，病患、瘦瘠者甚多，未堪發；卻有續到者各有臕分，亦無病患，顯是本監提轄有失督責。已降指揮，委鄂州都統、漢陽知軍同行提點。竊恐都統制軍務繁重，漢陽知軍權頗輕，難以責辦，理宜措置。』詔：更令湖北漕臣，每旬輪次到監提督。依立定格式，每旬與見今提領、提點、提轄官連銜具申樞密院，仍關牒茶馬司，照會施行。

三月十四日，樞密院奏：『勘會四川茶馬司近來排發綱馬到監，比之每歲，其斃數多。竊〔恐〕所差使臣不行精選，理宜措置。』詔令三衙並江上諸軍，取馬使臣並差七人，衙官軍兵十將以上人充。令茶馬司先次排定綱分，預行關報諸軍，指期差人取押，無致擁併、積壓留滯。各具知稟聞奏。

十七日，四川宣撫使虞允文奏：『據都大茶馬司申，自減罷提點綱馬驛程官後，所發馬綱，在路弊端百出，委於馬政有害。不敢盡復，内乞差二員，一員自成都府至興元府，一員自興元府至漢陽軍。令提點驛程，仍乞許從本司踏逐，申宣撫司差辟，欲望降旨施行。』從之。

十一月十九日，詔：『恭奉太上皇帝聖旨，每年進奉天申節馬，除四川宣撫司、茶馬司、文州許進外，其餘殿前、馬、步司並諸路都統制，並可自乾道十年爲始免進。』

提點綱馬驛程〔八四〕

《大典》卷一一六八四、《輯稿》職官四三之一一七至一一八

孝宗乾道二年四月十二日，臣僚言：『四川茶馬司提點綱馬驛程官，每至州縣，以點檢爲名，百端搔擾，虛費生事，有損無益。已得旨，將見任并差下人（並）罷，專委逐州通判。無通判，委以次官，銜内帶入「提轄綱馬驛程」六字。欲（爲）望特降睿旨，將廣南西路自靜江府至行在二員，亦依今來指揮施行。』從之。

七年正月十三日，詔：復置廣西路提點綱馬驛程二員，一員於靜江府，一員於撫州，置廨宇。從權發遣靜江府、兼提舉買馬李浩請也。

九年三月十四日，四川宣撫使虞允文言：『勘會四川茶馬司至行在提點綱馬驛程三員，已降指揮復置。成都府至興元府、興元至漢陽軍二員，令茶馬司辟差。所有漢陽軍至行在一員，亦合差置。』詔：復置漢陽軍至行在提〔點〕綱馬驛程官一員，令樞密院選差大使臣以上諳曉馬政人充。以上《乾道會要》。

〔校證〕

〔一〕勾當公事　原作幹當公事，此避南宋高宗趙構嫌諱追改，據《長編》卷二五二回改。又，『勾當』、『同勾當』，又往往作『主管』、『同主管』之類，下皆徑改不出校。

〔二〕謂秦鳳階成熙河等路　原爲大字正文，疑《大典》或徐松《輯稿》抄胥之誤，據上下文意似應作小字注文，今改。

〔三〕哲宗正史職官志……以詔賞罰　此爲注文，據《宋會要輯稿》職官四二之一九改。《輯稿》此誤作正文。

〔四〕買茶司　原作『買馬司』，據《長編》卷二五四改。又，《長編》同卷熙寧七年六月丁卯朔條載：『命知熙州王韶都提舉熙河路買馬，權提點刑獄鄭民憲同提舉。以中書言熙河路出馬最多，雖已置買馬務於熙州，立法未盡故也。方案：此條《會要》闕載。王韶既已都提舉熙河路買馬，乞指揮『速應副』者，必爲『買茶司』無疑，據改。

〔五〕計步乘般運　『般運』，《長編》卷二五四作『船運』，疑是，當從。《宋史》卷一八四《食貨下六·茶》也作：『詔趣杞據見茶計水陸運致』，此其一。方案：今考從秦州（治今甘肅天水）至熙州（治今甘肅臨洮）有渭水、洮水等水道可通船運，此其二。

〔六〕十一月十二日　方案：『十一月』原作『十月』，必誤無疑。其上條爲熙寧七年十一月十一日，下條爲八年正月十九日；　則『十』下所脱之字有『一』、『二』兩種可能。今考章惇權發遣三司使在七年九月二十日，旋於八年四月癸未擢權三司使（分見《會要》食貨五六之一八，《長編》卷二六二），則兩種可能均無法排除。但《長編》卷二五八末條載陸師閔奏事云云，其繫銜已是『提舉成都府、利州〔等〕路買茶公事』，似李杞時已於熙河路提舉買茶。更重要的是：李燾於是條末注云：『此據茶馬司《編録册》七年十二月一日中書札子云云。』顯然早在此日以前，李杞已應章惇之請，赴熙河路任職，但仍與成都、利州路爲同一買茶司，故此必爲十一月之事。

〔七〕於茶場司應副糧草數内除豁　『司』，原脱；『豁』，原作『割』，據《長編》卷二七〇補、改。

〔八〕其年額博馬茶貨　『馬』，原作『買』，據《長編》卷二七四改。

〔九〕從之　其下，《長編》卷二七四有以下一段文字：『仍指揮以川路應副京西綢絹綱内所截留充本路買馬十萬匹支費，盡撥與熙河路添助買馬。如川路闕錢買馬，卻令支成都府路坊場剩錢添助。』方案：此可補《宋會要》之闕，録以備參考。

〔一〇〕許經監司申理　『監』，原作『歷』，據《長編》卷二八四改。

〔一一〕今所差諸州官　『今』，原作『令』，據《長編》卷三一二改。

〔一二〕郭茂恂奏　『恂』，原誤作『恒』，據《長編》卷三一四、《長編紀事本末》卷七六《李稷等措置川茶》、《宋史》卷一八四改。

〔一三〕博買蕃部馬並斛㪷　『博』，原誤作『轉』，據《長編》卷三一四改。

〔一四〕不得押勒　『押勒』，疑應作『抑勒』。似爲形近而譌，鈔胥之誤。

〔一五〕即於茶場司事提舉買馬監牧官並通管　『茶場司事』之『事』字，疑衍，或爲『及』字之誤，或『事』前脱一『公』字。

〔一六〕詔雅州名山茶令專用博馬　『令』，原作『今』，據《長編》卷三一四、《長編紀事本末》卷七五《馬政》改。

〔一七〕據……茶場司申勾當公事官五員未有印記　『茶場司』下，原疑脱『申』字，句首有『據』字，補『申』方成句。

〔一八〕買馬必致闕用　『馬』，疑原脱，據上下文意補。

〔一九〕於年内據數撥還　『數』，原脱，據《宋會要輯稿》職官四三之六二：『於年内據數還』云云補。

〔二〇〕許馬司卻於茶司支撥過錢物内借撥　『許』，原誤作『計』，據《宋會要輯稿》職官四三之五七改。

〔二一〕如買馬司用茶　『買』，原作『賣』，據《長編》卷三三四改。

〔二二〕文州與階州接境有博馬及賣茶場　『接境』下，原有脱誤，當據《長編》卷三三四補改作：『而二路茶法不同。階州係禁地，見有博馬及賣茶場；文州係通商地分，兼龍州界亦係相連。』庶幾文意稍完備。方案：文州（治今甘肅文縣），轄境約當今甘肅文縣一帶；與龍州（治今四川平武縣東南）接境。北宋均屬利州路，並爲茶之通商地分。而階州（治今甘肅隴南市武都區東），其轄境約當今之甘肅隴南市、康縣、舟曲等縣一帶。北宋屬秦鳳路，乃茶之禁榷地分。因文、階兩州其地相接，故陸師閔請並爲禁榷地分。

〔二三〕龍州舊許許商　『許』，原脱，據《宋會要輯稿》食貨三〇之一八補。

〔二四〕仍於成都置博賣都茶場　『博賣』，原作『博買』，據《長編》卷三三四改。

〔二五〕博馬茶每馱量添色高下　『色』下，疑脱一『目』字，當據上下文義補。

〔二六〕方案：《長編》卷三三五全同。本條下注云：『（元豐）四年七月四日，茂恂專提舉買馬兼茶場。五年十月丙辰，但稱奉議郎，不稱職任。朱本貼簽（此）〔批〕云：「取到（户）〔兵〕部文字，不見茂恂此奏。緣見今茶場、買馬各爲一司，即是元不曾施行，合删去。」新本復存之』。疑降旨未從。

〔二七〕徒已下依編敕監司點檢法　『已下』，《宋會要輯稿》食貨三〇之二二作『以上』。

〔二八〕他司不得干預　『干預』，原譌作『千與』，據同右引改。

〔二九〕選人願就三考者　『就』，原脱，據同右引補。

〔三〇〕各隨本資給添支　『給』，原脱，據同右引補。

〔三一〕其餘應合差官幹事　『幹』，疑衍；或爲『管幹』、『幹當』（方案：均爲『勾當』之避諱而追改）之脱誤。

〔三二〕並依編敕差官條施行　『差官條施行』，原作『差官依條行』，據《宋會要輯稿》食貨三〇之二二改。

〔三三〕同管勾視轉運判官　『管勾』，原作『主管』，南宋避趙構嫌諱追改。今據《長編》卷三四一回改，下徑改不出校。

〔三四〕經制熙河蘭會路邊防財用司官　『官』，原脱，據同右引書補。

〔三五〕都大提舉成都府永興軍路榷茶公事　『成都府』，原脱；『軍』，原作『運』，據《長編》卷三四一補、改。

〔三六〕五員係吏部選差　『部』，原脱，據同右引書補。又，《長編》此作：『五員選於吏部』，是。

〔三七〕今乞並許本司不依常制奏差　『並』，原脱，據《長編》卷三四一補。又，『奏差』下，疑脱『指使五員，内有吏部所差不得力之人』十五字，似應據同上書補。疑此仍有其他訛脱文字。

〔三八〕以錢帛對數交易　『易』，原脱，據《宋會要輯稿》職官四三之六二補。

〔三九〕冬加一千　『冬』，原作『各』，形近涉上而譌，據上下文意改。

〔四〇〕不得關預　『預』，原作『與』，據《長編》卷三九〇改。

〔四一〕利州昭化等緊切處知縣　『利州』，『州』字原脱；『昭化』，原誤作『照化』。並據本條下文『利州昭化知縣』云云補、改。

〔四二〕侵費買馬錢物爲害　『馬』，疑脱，當據上下文意補。

〔四三〕特賜銀絹各一百兩匹　『絹』，原誤作『捐』；『兩、匹』，原作『匹、兩』，據上下文義改、乙。

〔四四〕有害馬政　『害』，原作『言』，據《宋會要輯稿》職官四三之八六『有害熙豐馬政』改。

〔四五〕乞將準備差遣使臣二員　『遣』字原脱。方案：『準備差遣』，宋武官差遣名。通常由樞密院差往外地辦理臨時事務。據補。

〔四六〕催發黎州博馬茶綱　『發』，原作『撥』，誤。據本條下文『兼催發黎州博馬茶綱稱呼』改。

〔四七〕以巡轄綿州羅江至利州昭化縣界茶鋪稱呼　『稱』，原脱，據本條同上下引文補。

〔四八〕已赴闕奏計日已將錢六十六萬八百四十三貫八百六十七文省申納朝廷封椿外　方案：『奏計日』以下，疑有脱誤之文字。今無别本可校，姑仍其舊。或『日』字誤衍。『赴闕奏計』，乃宋人熟語，詳見《宋會要輯稿》職官四三之七九孫軫奏。

〔四九〕所有合用買馬錢物　『所有』，原作『所是』，據本條上文『所有一半茶』云云改。

〔五〇〕文林郎楊逵……黄瑜　『楊逵』，原作『楊達』，據本條下文詔獎中之人名改。

〔五一〕欲將秦州廓州鋪分擘合應副秦鞏熙河州　『廓州』，原作『廟州』。方案：疑『廟州』之形近而訛，宋無廟州其地。今考廓州始置於北周建德五年（五七六），取吐谷渾河南地置。『以開廓邊境爲義』（《元和郡縣圖志》卷三九）。初治澆河城（今青海貴德縣）。唐武德二年（六一九），移治化隆縣（後改化成、廣威，治今青海尖札縣北）。轄境約當今青海化隆、貴德、尖札等縣地。乾元初，地入吐蕃。北宋熙寧年間收復。元符二年（一〇九九），改爲寧寨城（治今青海尖札縣北）。崇寧三年（一一〇四）棄之；同年，旋收復，仍置廓州，大觀後廢。廓州地鄰河州、湟州、青唐城，正産良馬之地。據改。《宋會要輯稿》職官四三之八七正作『廓州』，是其確證。

〔五二〕詔川茶專充博馬　『川茶』，原作『州茶』，誤。據下條『檢會熙寧元豐川茶，惟以博馬』改。

〔五三〕中書省尚書省劄子　『省劄子』三字，原脱，據《宋會要輯稿》兵二四之二八補。

〔五四〕騎兵足用　『足用』，原作『之用』，據同右引改。

〔五五〕諸川茶非博馬　『非』，原作『價』，據同右引改。

〔五六〕又買馬司敕　『敕』上，疑脱『奉』字，據上下文意補。又，『奉』或可作『準』。

〔五七〕應報本司文字　『應』下，疑脱『關』字，宋代公文中，通常有此字，據補。又，『文字』下，疑仍有脱文，無别本可校，姑仍其舊。

〔五八〕見存員數輪定兩川及沿邊以來　『兩川』上，疑脱『赴』，據上下文義補。

〔五九〕伏望且以目今斤馱收買　『斤馱』，原脱，據本條下云『依見今斤馱收買』補二字。

〔六〇〕謂如承務郎以上……並行注差　方案：此四十字，原作大字正文，乃鈔胥之誤。據本門行文慣例及上下文意，應爲小字注文。據改。又，『選人』脱一重文，據補。下正文誤作注文，或注文誤正文，徑改，不再出校。

〔六一〕欲望聖慈特加訓敕　『聖』，疑原脱，據宋人常用公文語補。《宋會要輯稿》職官四三之一〇一：『恭承聖訓』云云，是其證。

〔六二〕利州綿谷縣令　『利州』，原誤作『利字』。方案：綿谷（治今四川廣元），北宋屬利州。見《元豐九域志》卷八、《輿地廣記》卷三二，據改。

〔六三〕詔令宣撫司支茶博馬　方案：考李心傳《建炎以來繫年要録》（下簡稱《要録》）卷七二記斯事本末甚詳，今撮其要而補述之。關師古於紹興四年春上奏稱：『伏望將階、文州撥隸熙河，或只乞兩州財賦專一應副，或許將川中財穀取撥食用。兼師古所管戰馬不多，仍乞支撥川茶付師古，於洮、岷州界博(原誤「轉」)換戰馬，以壯軍聲。後數月，朝廷命宣撫司以階、文二州所入財賦，專贍師古一軍，及應副〔以〕茶博馬，而已不及矣。』當時，朝廷以重臣張浚宣撫川陝。闕師古此奏，上達數月，方有朝旨下達宣司。但師古一軍因軍糧和戰馬闕乏，兵敗於岷州管下大潭縣。遂單騎叛降僞齊劉豫，導致神宗時收復的洮、岷之地盡失。朝旨下達之時，洮、岷之地已不復爲南宋版圖所有，故李心傳浩嘆：『已不及矣。』這道詔旨，對以趙構爲首投降派主政的南宋小朝廷是絶妙的歷史嘲諷。由此可見：戰馬，於宋金之戰有何等重要意義之一斑。

〔六四〕茶本以博馬……須一切禁止　方案：此節所云，乃指四川吴璘軍不專以川茶博馬而言。周煇《清波雜志》卷一二《四川茶馬》有可補本條之處，選録如下。後又詔：『吴璘軍以川陜茶博馬價珠及紅髮之類，艱難之際，戰馬爲急。』又曰：『以茶博易珠玉、紅髮、毛段之物，悉痛朕心。』此外，《要録》卷一一六，紹興七年閏十月乙丑，『上諭大臣曰：「川陜茶當專以博馬。聞吴璘軍前向或以博馬價〔珠〕、易珠玉之屬。艱難之際，戰馬爲急，可劄下約束。」』同書同卷乙酉條又云：『知熙州吴璘常取茶至軍前博馬，因以易珠玉諸無用之物。上聞之，數加戒飭。』均可與本條參閲。

〔六五〕敕提舉綱馬及點檢官司　『點』，原脱，據下文：『昨點檢得本軍遞年買馬』云云補。

〔六六〕依舊歸還轉運使司闕　『使司』，原譌倒作『司使』，今乙正。或原作『使闕』，乃『員闕』之譌。

〔六七〕二十二年二十一日　『年』下，脱月份，應補『□月』兩字；或『二』下脱一『月』字，應補。今因無別本可考，姑仍其舊。

〔六八〕二年七月八日　『二年』兩字，原無，疑偶脱。承上文應作乾道元年事，但下文已有『準樞密院乾道二年四月五日劄子』云云，又考《文獻通考》卷六二《職官考》稱：『乾道元年，川、秦兩司馬額共九千餘匹』其下即注引上述樞密院劄子引四川茶馬陳彌作奏。今考陳於乾道元年正月二十三日除直秘閣、都大提舉四川茶馬，見《宋會要輯稿》選舉三四之一五。陳奏稱：買馬『自八月開場以來』，又云『自十月十五日以後將及一月』云云，當指乾道元年之事無疑。則『樞密院乾道二年四月五日劄子』中的『二年』，已無可能爲『元年』之誤。另外，又考吴璘卒於乾道三年（一一六七）五月，見宋人王曮《吴武順王璘安民保蜀定功同德之碑》（《琬琰集删存》卷一），則又完全排除了此所脱兩字爲『三年』之可能。又，陳奏所述川、秦兩司八場買馬年額爲九千餘匹，又見《宋史》卷一八四《食貨下六》及《文獻通考》卷一八《征榷六》，乃乾道元年（一一六五）年額。據上考擬補『二年』。

〔六九〕階之峯貼峽西和之宕昌兩處年額　『階』及『西和』下，《通考》卷六二《職官十六》引文均有『州』字，疑《會要》省略。

〔七〇〕二十七日　方案：此條原誤置《宋會要輯稿》職官四三之一一三，已錯簡，乃誤繫於乾道七年五月十二日條之後，承上當爲七年五月二十七日，似誤。雖此條有脱文，也無别本可校。但緊隨其後的一條爲乾道二年十月三十日，有確鑿依據，説詳下注〔七二〕。故是條承前似應爲二年九月二十七日，乙正並係於九月一日條後。

〔七一〕非唯職任專一　方案：其後有脱文。内容似爲茶馬司請以本司幹辦公事兼添差通判西和州奏文的結語及朝旨的批覆等。

〔七二〕十月三十日刑部狀據茶馬司申　方案：『司申』前十一字，原譌脱，據《宋會要輯稿》刑法二之一五七乾道二年十月三十日條擬補。是條載：『四川茶馬司言，園户收販茶子入蕃界，已有中書罪賞指揮，近日輒有持茶苗入蕃博賣，深屬不便。』與本條内容全同。此又見《宋會要輯稿》食貨三一之一八，《宋會要補編》頁七一一至七一二重出，内容更詳，但已卻誤係於乾道三年。説詳本書補編《宋會要·食貨·茶》拙考。方案：更重要的是，本條及下三條，即〔乾道〕三年二月六日及四年三月十七日虞允文奏二條（第三條標『同日』），這四條均錯簡，誤置於《輯稿》職官四三之一一三七年五月十二日條之下，今並據上考乙正按年月日作調整，庶幾無誤。

〔七三〕内園户仍將茶園籍没入官　原作『園户籍没入官』，因删節文字失宜而未允，據上引《宋會要輯稿》及重出之《補編》補。

〔七四〕十月三十日　方案：此條《宋會要輯稿》職官四三之一一一原係乾道二年九月一日條後，疑亦錯簡。如確爲『十月三十日』，應依例改作『同日』，故頗疑此『十月』，乃『十一月』之奪譌，無確證，姑仍其舊。

〔七五〕户部准都省批下四川茶馬司申　原『茶馬』下無『司申』二字，據上下文意及同年前後各條行文格式補。

〔七六〕十二月十四日　方案：原作『十四日』。其上必脱月份『十一月』或『十二月』三字，尤以脱『十二月』

可能性較大，參見上注〔七四〕。姑擬補。

〔七七〕比之元立歲額委是增多　『增多』，原作『歲多』，疑涉上而譌，據上下文意改。

〔七八〕詳見此門茶馬　方案：此指《宋會要·兵·買馬》門關於『茶馬』的一條，即今見《輯稿》兵二三之一至二的乾道三年二月八日條，時陳彌作爲大理少卿，其内容遠比本條爲詳。本條原錯簡，參閲上注〔七二〕。

〔七九〕排發馬月分　原作『排撥月份』，據《文獻通考》卷六二《職官考十六》注引《會要》改。又，《通考》注文正作『四年』，可證是條確爲錯簡。

〔八〇〕措置發茶並買馬物帛之類　『物帛』，原作『監申』，據同右引《通考》改。又，本條及下條（『同日』云云）乃錯簡，今乙正，參閲上注〔七二〕。

〔八一〕更不施行　方案：此條互見《宋會要輯稿》食貨三一之一九，内容較詳，可參閲。

〔八二〕從之　方案：《宋會要輯稿》職官四三之一一〇至一一四，即乾道二年七月八日至七年五月十二日條凡十二條中出現多處錯簡、脱漏、譌誤，乃至無法卒讀。今據相關文獻，重加考訂、排比，盡可能正其次序，補其奪漏，正其譌誤，並隨條出注，説明理由。並見以上各注。

〔八三〕八年六月五日　『八年』，原奪。上條爲七年七月十二日，此顯有誤。似有可能『六月』爲『八月』之譌，但核此條内容，則可完全排除這種可能。今考徐自明《宋宰輔編年録》卷一七和《宋史》卷二一三《宰輔表四》有載：乾道八年二月辛亥（十二日），虞允文、梁克家拜左、右相；同年九月戊寅（十二日)虞允文罷左相,除四川宣撫使。質言之,虞、梁並相,僅爲乾道八年二月至九月間事,凡七閏月。而本條紀事正有宰執進呈、論事等内容。其中,有孝宗與虞、梁兩相分别對話的内容。可據以判定,六月五日前必脱『八年』二字無疑,據補。又,本條末字原塗去,今據上下文意補『善』字。

〔八四〕提點綱馬驛程　方案:此雖僅存三條,且全爲南宋乾道年間記事,出於宋官修《乾道會要》,但確爲《宋會要·職官類》中的一門。今一併附録於此,以存其梗概。又,如本門首條所載,『提點綱馬驛程』又稱『提轄綱馬驛程』。『提點綱馬驛程』,乃茶馬司之屬官,主管綱馬運送過程中的巡視、檢察、督查等事。